全国水利水电高职教研会
中国高职教研会水利行业协作委员会 规划推荐教材

高职高专土建类专业系列教材

建筑工程测量

主 编 蓝善勇
副主编 靳祥升 徐启杨

中国水利水电出版社
www.waterpub.com.cn

内 容 提 要

本教材是全国高职高专土建类专业统编教材，共15章。第1章至第4章主要介绍测量学的基本知识、测量仪器的使用和测量的基本工作；第5章介绍测量误差的基本知识及计算方法；第6章介绍小区域平面和高程控制测量的建立、施测和计算方法；第7章至第9章介绍地形图的基本知识、大比例尺地形图的测绘、地形图应用的基本内容和在工程建设中的应用及土地面积计算；第10章至第13章介绍施工测量的基本工作、工业与民用建筑施工测量和工程建筑物的变形观测；第14章介绍全站仪测量；第15章介绍GPS测量的基本原理。

本教材可作为建筑工程、建筑结构、环境工程、土地管理、工程造价、工程管理、给排水工程等专业的工程测量教材，也可供城市建设、管理等专业技术人员参考。

图书在版编目（CIP）数据

建筑工程测量/蓝善勇主编．—北京：中国水利水电出版社，2007

（高职高专土建类专业系列教材）

ISBN 978-7-5084-4389-8

Ⅰ．建… Ⅱ．蓝… Ⅲ．建筑测量-高等学校：技术学校-教材 Ⅳ．TU198

中国版本图书馆CIP数据核字（2007）第020279号

书　名	高职高专土建类专业系列教材 全国水利水电高职教研会 中国高职教研会水利行业协作委员会 规划推荐教材 **建筑工程测量**
作　者	主编 蓝善勇 副主编 靳祥升 徐启杨
出版发行	中国水利水电出版社 （北京市海淀区玉渊潭南路1号D座 100038） 网址：www.waterpub.com.cn E-mail：sales@waterpub.com.cn 电话：（010）68367658（营销中心）
经　售	北京科水图书销售中心（零售） 电话：（010）88383994、63202643 全国各地新华书店和相关出版物销售网点
排　版	中国水利水电出版社微机排版中心
印　刷	北京市兴怀印刷厂
规　格	184mm×260mm 16开本 18.5印张 439千字 1插页
版　次	2007年3月第1版 2010年8月第3次印刷
印　数	8001—12000册
定　价	**33.00**元

前言

本教材是全国高职高专土建类专业统编教材，是根据 2005 年昆明“全国高职高专建筑工程类精品规划教材编审会议”的安排和要求，以及教学大纲编写出教材编写大纲，并在 2006 年长沙会议上各校教师进行充分讨论和交流的基础上进行编写。在编写中注意到高职高专教学的特点，在内容安排上力求理论与实际相结合，避免冗长的公式推导过程，并简要地介绍了电子水准仪、电子全站仪和 GPS 测量新技术。

本教材由广西水利电力职业技术学院蓝善勇担任主编，黄河水利职业技术学院靳祥升和福建水利电力职业技术学院徐启杨担任副主编。山西水利职业技术学院张艳华编写第 1 章和第 9 章；广西水利电力职业技术学院蓝善勇编写第 2 章和第 4 章；杨凌职业技术学院杨旭江编写第 3 章；黄河水利职业技术学院靳祥升编写第 5 章和第 6 章；福建水利电力职业技术学院徐启杨编写第 7 章和第 8 章；四川水利职业技术学院汪仁银编写第 10 章和第 13 章；华北水利水电学院水利职业学院王郑睿编写第 11 章；安徽水利水电职业技术学院张晓战编写第 12 章和第 14 章；湖南水利水电职业技术学院刘天林编写第 15 章。全书由蓝善勇统稿。

随着高职高专教学改革的不断深入，测绘科学技术的迅猛发展，对高职高专学生的培养要求也就越来越高，要编写一本完全适应社会发展要求的高职高专教材，难度较大。由于编者的水平有限，热忱希望使用本教材的教师和读者提出宝贵意见，对书中的缺点和错误给予批评指正。

编　者

2006 年 12 月

目录

前言

第 1 章　绪论 …… 1

1.1　测量学的研究对象及建筑工程测量学的任务 …… 1

1.2　测量工作的基准面和基准线 …… 3

1.3　地面点位置的表示方法 …… 5

1.4　在测量工作中用水平面代替水准面的限度 …… 8

1.5　测量工作概述 …… 10

习题 …… 11

第 2 章　水准仪及水准测量 …… 12

2.1　水准测量原理 …… 12

2.2　水准测量的仪器和工具 …… 13

2.3　水准仪的使用方法及注意事项 …… 17

2.4　水准测量的方法及注意事项 …… 19

2.5　水准测量成果的计算 …… 23

2.6　水准仪的检验与校正 …… 29

2.7　水准测量误差的来源及消减方法 …… 32

2.8　自动安平水准仪和精密水准仪简介 …… 34

习题 …… 38

第 3 章　经纬仪及角度测量 …… 40

3.1　角度测量的原理 …… 40

3.2　DJ6 型光学经纬仪 …… 41

3.3　DJ6 型光学经纬仪的基本使用方法 …… 43

3.4　水平角的观测 …… 47

3.5　竖直角的观测 …… 52

3.6　经纬仪的检验与校正 …… 56

3.7　角度测量的误差分析 …… 59

3.8　其他经纬仪简介 …… 64

习题 …… 71

第 4 章　距离测量和直线定向 …… 74

4.1　距离测量 …… 74

4.2　视距测量 …… 82
4.3　直线定向 …… 85
4.4　坐标方位角的推算 …… 88
4.5　距离、方向与地面点直角坐标的关系 …… 89
4.6　罗盘仪及其使用 …… 91
习题 …… 92
第5章　测量误差的基本知识 …… 94
5.1　测量误差概述 …… 94
5.2　偶然误差的特性 …… 96
5.3　衡量测量精度的标准 …… 98
5.4　误差传播定律 …… 99
习题 …… 105
第6章　小区域控制测量 …… 108
6.1　平面控制测量 …… 108
6.2　高程控制测量 …… 121
习题 …… 127
第7章　地形图的基本知识 …… 129
7.1　地形图概述 …… 129
7.2　地形图的比例尺 …… 130
7.3　地形图的图式 …… 131
7.4　地形图的图廓外注记 …… 136
7.5　地形图的分幅与编号 …… 138
习题 …… 140
第8章　大比例尺地形图的测绘 …… 142
8.1　测图前的准备工作 …… 142
8.2　经纬仪测图法 …… 144
8.3　地形图的拼接、整饰和检查 …… 149
8.4　全站仪数字化测图概述 …… 150
习题 …… 156
第9章　地形图的应用 …… 158
9.1　地形图的基本应用 …… 158
9.2　面积量算 …… 160
9.3　地形图在工程建设中的应用 …… 164
9.4　地形图在平整土地中的应用及土石方估算 …… 167
9.5　电子地图的应用简介 …… 170
习题 …… 172

第 10 章　施工放样的基本工作 …… 173
10.1　施工测量概述 …… 173
10.2　施工测量基本工作 …… 174
10.3　测设地面点平面位置的基本方法 …… 178
10.4　圆曲线的测设 …… 180
习题 …… 184
第 11 章　工业与民用建筑测量 …… 185
11.1　建筑场地施工控制测量 …… 185
11.2　建筑施工测量 …… 191
11.3　工业厂房施工测量 …… 204
11.4　烟囱施工测量 …… 210
习题 …… 212
第 12 章　管道工程施工测量 …… 214
12.1　概述 …… 214
12.2　管道施工测量 …… 214
习题 …… 220
第 13 章　工程建筑物的外部变形观测 …… 221
13.1　概述 …… 221
13.2　建筑物的沉降观测 …… 224
13.3　建筑物的水平位移观测 …… 229
13.4　裂缝及伸缩缝观测 …… 237
13.5　倾斜观测 …… 239
13.6　观测资料的整编 …… 242
习题 …… 243
第 14 章　全站仪测量简介 …… 245
14.1　概述 …… 245
14.2　全站仪结构 …… 246
14.3　按键功能及测量模式 …… 248
14.4　全站仪安置及初始设置 …… 252
14.5　全站仪测量 …… 258
习题 …… 280
第 15 章　GPS 测量简介 …… 281
15.1　GPS 定位系统 …… 281
15.2　GPS 的定位原理 …… 283
习题 …… 284
参考文献 …… 285

第1章 绪 论

学习目标：

通过本章的学习，了解测量学的研究对象及其任务；理解测量工作的基准面与基准线；掌握地面点位的表示方法、平面直角坐标系统和高程系统；了解测量的基本工作与工作原则。

1.1 测量学的研究对象及建筑工程测量学的任务

1.1.1 测量学的概念与研究对象

测量学是研究整个地球的形状及大小和确定地球表面点位关系的一门学科。其研究的对象主要是地球和地球表面上的各种物体，包括它们的几何形状及其空间位置关系，目的是为人们的日常生活服务，并为人们认识自然和改造自然提供有效的工具。

实际上，随着测量工具及数据处理方法的改进，测量的研究范围已远远超过地球表面这一范畴，20世纪60年代人类已经对太阳系的行星及其所属卫星的形状、大小进行了制图方面的研究。测量学的服务范围也从单纯的工程建设扩大到地壳的变化、高大建筑物的监测、交通事故的分析、大型粒子加速器的安装等。

1.1.2 测量学的学科分类

测量学是一门综合性的学科，根据其研究对象和工作任务的不同可以分为大地测量学、地形测量学、摄影测量学与遥感、工程测量学以及制图学等学科分支。

研究对象若是较大范围的区域，甚至整个地球，就需要考虑地球曲率。这种以广大地区为研究对象的学科称为大地测量学。大地测量学的主要任务是研究地球及外层星体的形状、大小、重力场及其随时间变化的理论和方法，与地球科学和天文学有紧密的联系。

地形测量的研究对象是小范围的区域，由于地球半径很大，就可以把球面当成平面而不考虑地球曲率。地形测量的主要任务是研究较小区域的测绘技术、理论方法、成图与应用等。

摄影测量学与遥感是利用摄影或遥感技术来研究地表的形状和大小的一门学科。其主要任务是测制各种比例尺的地形图，建立地形数据库并为各种地理信息系统和土地信息系统提供基础数据。

工程测量学是研究各种工程在规划设计、施工建设和运营管理阶段所进行的各种测量工作的学科。其主要任务包括这三个阶段所进行的各种测量工作。

制图学是利用测量所得的资料，研究如何编绘成图以及地图制作的理论、方法和应用等方面的科学。

测量学各门分支学科之间相互渗透、相互补充、相辅相成。本课程主要讲述地形测量学与工程测量学的部分内容。主要介绍工业与民用建筑工程中常用的测量仪器的构造与使用方法，小区域大比例尺地形图的测绘及应用，建筑物和管道工程的施工测量，高大建筑物变形监测，以及测量新技术的介绍。

1.1.3 测量学的发展概况

我国是世界文明古国，由于生活和生产的需要，测量工作开始得很早。春秋战国时编制了四分历，一年为365.25日，与罗马人采用的儒略历相同，但比其早四五百年。南北朝时祖冲之所测的朔望月为29.530588日，与现今采用的数值只差0.3s。宋代杨忠辅编制的《统天历》，一年为365.2425日，与现代值相比，只有26s误差。之所以能取得这样准确数据，在公元前4世纪就已创制了浑天仪，用它来测定天体的坐标入宿度和去极度。汉代张衡改进了浑天仪，并著有《浑天仪图注》。元代郭守敬改进浑天仪为简仪。用于天文观测的仪器还有圭、表和复矩。用以计时的仪器有漏壶和日晷等。在地图测绘方面，由于行军作战的需要，历代统治者都很重视。目前见于记载最早的古地图是西周初年的洛邑城址附近的地形图。周代地图使用很普遍，管理地图的官员分工很细。现在能见到的最早的古地图是长沙马王堆三号墓出土的公元前168年陪葬的占长沙国地图和驻军团，图上有山脉、河流、居民地、道路和军事要素。西晋时裴秀编制了《禹贡地域图》和《方丈图》并创立了地图编制理论——《制图六体》。此后历代都编制过多种地图，其中比较著名的有：南北朝时谢庄创制的《木方丈图》；唐代贾耽编制的《关中陇右及山南九州等固》及《海内华夷图》；北宋时的《淳化天下固》；南宋时石刻的《华夷图》和《禹迹图》（现保存在西安碑林）；元代朱思本绘制的《舆地图》；明代罗洪先绘制的《广舆图》（相当于现代分幅绘制的地图集）；明代郑和下西洋绘制的《郑和航海图》；清代康熙年间绘制的《皇舆全览图》；1934年，上海申报馆出版的《中华民国新地图》等。我国历代能绘制出较高水平的地图，是与测量技术的发展相关联的。我国古代测量长度的工具有丈杆、测绳（常见的有地笆、云笆和均高）、步车和记里鼓车；测量高程的仪器工具有矩和水平（水准仪）；测量方向的仪器有望筒和指南针（战国时期利用天然磁石制成指南工具——司南，宋代出现人工磁铁制成的指南针）。测量技术的发展与数理知识紧密关联。公元前问世的《周髀算经》和《九章算术》都有利用相似三角形进行测量的记载。三国时魏人刘微所著的《海岛算经》，介绍利用丈杆进行两次、三次甚至四次测量（称重差术），求解山高、河宽的实例，大大促进了测量技术的发展。我国古代的测绘成就，除编制历法和测绘地图外，还有唐代在僧一行的主持下，实量了从河南白马，经过浚仪、扶沟到上蔡的距离和北极高度，得出子午线一度的弧长为132.31km，为人类正确认识地球作出了贡献。北宋时沈括在《梦溪笔谈》中记载了磁偏角的发现。元代郭守敬在测绘黄河流域地形图时，“以海面较京师至汀梁地形高下之差”，是历史上最早使用“海拔”观念的人。清代为统一尺度，规定二百里合地球上经线1°的弧长，即每尺合经线上百分之一秒，一尺等于0.317m。

中华人民共和国成立后，我国测绘事业有了很大的发展。建立和统一了全国坐标系统和高程系统；建立了遍及全国的大地控制网、国家水准网、基本重力网和卫星多普勒网；完成了国家大地网和水准网的整体平差；完成了国家基本图的测绘工作；完成了珠穆朗玛峰和南极长城站的地理位置和高程的测量；配合国民经济建设进行了大量的测绘工作，例如进行了南京长江大桥、葛洲坝水电站，宝山钢铁厂、北京正负电子对撞机等工程的精确放样和设备安装测量。出版发行了地图1600多种，发行量超过11亿册。在测绘仪器制造方面，从无到有，现在不仅能生产系列的光学测量仪器，还研制成功各种测程的光电测距

仪、卫星激光测距仪和解析测图仪等先进仪器。测绘人才培养方面，已培养出各类测绘技术人员数万名，大大提高了我国测绘科技水平。特别是近年来，我国测绘科技发展更快，例如GPS全球定位系统已得到广泛应用，全国GPS大地网即将完成；地理信息系统方面，我国第一套实用电于地图系统（全称为“国务院国情地理信息系统”）已在国务院常务会议室建成并投入使用。但我国目前的测绘科技水平，与国际先进水平相比，还有一定的差距，我国的测绘科技工作者，正在奋发图强、励精图治，不远的将来，定会赶上和超过国际测绘科技先进水平。

1.1.4 建筑工程各阶段的测量任务

测量学的任务包括测定和测设两部分。测定是指得到一系列测量数据，或将地球表面的地物和地貌缩绘成各种比例尺的地形图。测设是指将设计图纸上规划设计好的建筑物位置，在实地标定出来，作为施工的依据。

建筑工程测量学是测量学的一个组成部分。它是研究建筑工程在勘测设计、施工建设和运营管理阶段所进行的各种测量工作的理论、技术和方法的学科。

要进行勘测设计，必须要有设计底图。而该阶段测量工作的任务就是为勘测设计提供地形图。例如铁路在设计阶段要收集一切相关的地形资料，以及地质、经济、水文等情况，选择有价值的几条线路，然后测量人员测定所选线路上的带状地形图，最后设计人员根据测得的现状地形图选择最佳路线以及在图上进行初步的设计。

在工程施工建设之前，测量人员要根据设计和施工技术的要求把建筑物的空间位置关系在施工现场标定出来，作为施工建设的依据，这一步即为测设工作，也就是施工放样。施工放样是联系设计和施工的重要桥梁，一般来讲，精度要求也相当高。

工程在运营管理阶段的测量工作主要指的是工程建筑物的变形观测。为了监测建筑物的安全和运营情况，验证设计理论的正确性需要定期地对工程建筑物进行位移、沉陷、倾斜等方面的监测，通常以年为单位。反过来，变形监测的数据也可以指导进行下一个相似工程的设计。

可见，测量工作贯穿于工程建设的整个过程，测量工作的质量直接关系到工程建设的速度和质量。所以，每一位从事工程建设的人员，都必须掌握必要的测量知识和技能，而且要有高度的责任心。

1.2 测量工作的基准面和基准线

1.2.1 地球的形状和大小

人们对地球的形状有一个漫长的认识过程。古代东西方人由于受到生产力水平的限制，视野比较狭窄，所以认为天是圆的地是方的，即所谓的“天圆地方”。

古希腊时期，有人提出地球是一个圆球。1522年，麦哲伦及其伙伴完成绕地球一周以后，才确立了地球为球体的认识。17世纪末，牛顿研究了地球自转对地球形态的影响，从理论上推测地球不是一个很圆的球形，而是一个赤道处略为隆起，两极略为扁平的椭球体（见图1.2.1）。

测量工作是在地球表面进行的，然而这个表面是起伏不平的，有2万m的高度悬殊。

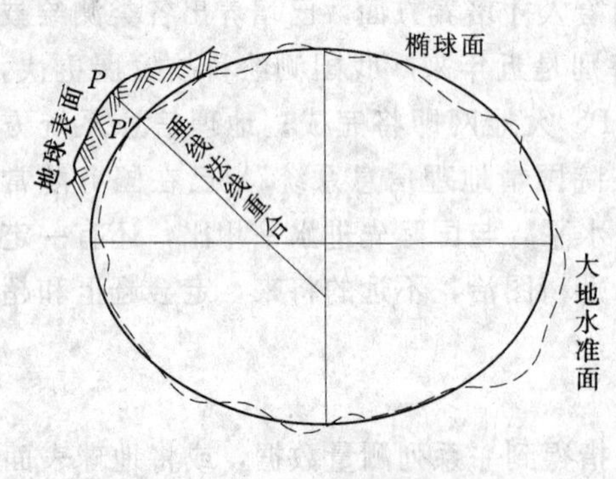

图 1.2.1 地球椭球体

其中我国西藏与尼泊尔交界处的珠穆朗玛峰高达8844.43m，而在太平洋西部的马里亚纳海沟深达11022m。尽管有这样大的高低起伏，但相对于庞大的球体来说仍可以忽略不计。

1.2.2 基准面和基准线

经过长期的考察和测量，了解到地球的71％被海洋所覆盖，因此人们把地球看成是被海水包围的球体。可以把球面设想成一个静止的海水面向陆地延伸而形成的一个封闭的曲面。这个处于静止状态的海水面称为水准面，它所包围的形体称为大地体。由于海水有潮汐，所以取其平均的海水面作为地球的形状和大小的标准。在测量上把这个平均海水面称为大地水准面，即测量工作的基准面，测量工作就是在这个面上进行的。

静止的水准面要受到重力的作用，所以水准面的特性就是处处与铅垂线正交。由于地球内部不同密度物质的分布不均匀，铅垂线的方向是不规则的，因此，大地水准面也是不规则的曲面。测量工作获得铅垂线方向通常是用悬挂垂球的方法，而这个垂线方向即测量工作的基准线。大地水准面是个不规则的曲面，在这个面上是不便于建立坐标系和进行计算的。所以要寻求一个规则的曲面来代替大地水准面。经过长期的测量实践证明，大地体与一个以椭圆的短轴为旋转轴的旋转椭球的形状十分相似，而旋转椭球是可以用公式来表达的。这个旋转椭球可作为地球的参考形状和大小，故称为参考椭球体。

我国目前所采用的参考椭球体为1980年国家大地测量坐标系，其坐标原点在陕西省泾阳县永乐镇，称为国家大地原点。其基本元素是：

长半轴 $a=6378140$m，短半轴 $b=6356755$m，扁率 $c=(a-b)/a=1/298.257$。

几个世纪以来，许多学者分别测算出了许多椭球体元素值，表1.2.1列出了几个著名的椭球体。我国的1954年北京坐标系采用的是克拉索夫斯基椭球体，1980国家大地坐标系采用的是1975年国际椭球体，而全球定位系统（GPS）采用的是WGS—84椭球体。

表 1.2.1

椭球体名称	长半轴 a (m)	短半轴 b (m)	扁率 α	计算年代和国家	备　注
贝塞尔	6377397	6356079	1∶299.152	1841年德国	
海福特	6378388	6356912	1∶297.0	1910年美国	1942年国际第一个推荐值
克拉索夫斯基	6378245	6356863	1∶298.3	1940年前苏联	中国1954年北京坐标系采用
1975年国际	6378140	6356755	1∶298.257	1975年国际第三个推荐值	中国1980年国家大地坐标系采用
WGS—84	6378137	6356752	1∶298.257	1979年国际第四个推荐值	美国GPS采用

由于参考椭球体的扁率很小，在小区域的普通测量中可将地（椭）球看作圆球，其半径 $R=6371$km。

1.3 地面点位置的表示方法

测量学研究对象是地球，实质上是确定地面点的位置，通常由点到投影到地球椭球面的坐标和该点到大地水准面的铅垂距来确定。

1.3.1 地面点的坐标

坐标系的种类有很多，但与测量相关的有地理坐标系和平面直角坐标系。

1.3.1.1 地面点的地理坐标

在图 1.3.1 中，NS 为椭球的旋转轴，N 表示北极，S 表示南极。通过椭球旋转轴的平面称为子午面，而其中通过格林尼治天文台的子午面称为起始子午面。子午面与椭球面的交线称为子午圈。通过椭球中心且与椭球旋转轴正交的平面称为赤道。其他与椭球旋转轴正交，但不通过球心的平面与椭球面相截所得的曲线称为纬圈。

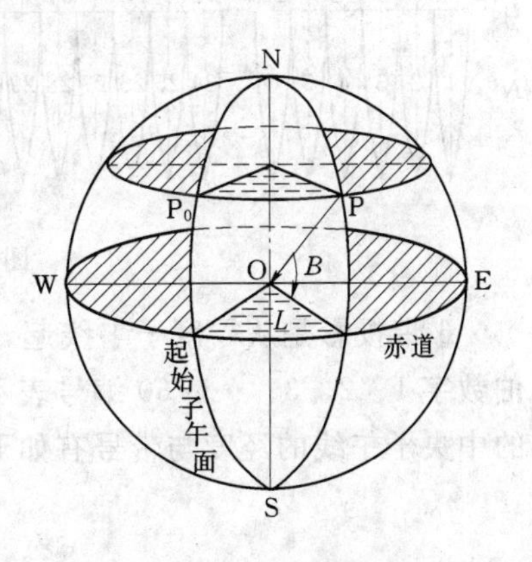

图 1.3.1 大地坐标系

在测量工作中，点在椭球面上的位置用大地经度 L 和大地纬度 B 表示。大地经度是指通过该点的子午面与起始子午面间的夹角；大地纬度是指过某点的法线与赤道面的交角。以大地经度 L 和大地纬度 B 表示某点位置的坐标系称为大地坐标系。

比如北京的地理坐标可表示为东经 116°28′、北纬 39°54′。

1.3.1.2 地面点的平面直角坐标

1. 地面点的独立平面直角坐标

在小区域内进行测量工作若采用大地坐标来表示地面点的位置是不方便的，通常采用平面直角坐标（见图 1.3.2）。

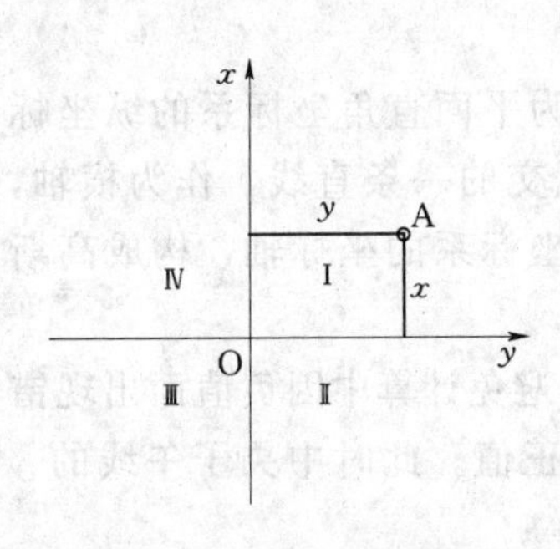

图 1.3.2 平面直角坐标

当研究小范围地面形状和大小时，可把球面的投影面看成平面。测量工作中所用的平面直角坐标与解析几何中所介绍的基本相同，只是测量工作以 x 轴为纵轴，用来表示南北方向。这是由于在测量工作中表示方向时是以北方向为标准按顺时针方向计算的角度。此外，为了平面三角学公式都同样能在测量计算中应用，象限是按顺时针方向编号的。

为实用方便，测量上的坐标原点有时是假设的，通常坐标原点选在测区的西南角，使各点坐标为正值。

2. 高斯投影法

当测区范围较大时，不能把球面的投影面看成平面，必须采用投影的方法来解决这个问题。投影的方法有很多种，测量工作中常采用的是高斯投影。它是假想一个椭圆柱横套在地球椭球体上，使其与某一条经线相切，用解析法将椭球面上的经纬线投影到椭圆柱面上，然后将椭圆柱展开成平面，即获得投影后的图形，其中的经纬线互相垂直。

(1) 高斯投影的分带。高斯投影将地球分成很多带，然后将每一带投影到平面上，目的是为了限制变形。带的宽度一般分为6°、3°和1.5°等几种，简称6°带、3°带和1.5°带，如图1.3.3所示为6°带和3°带示意图。

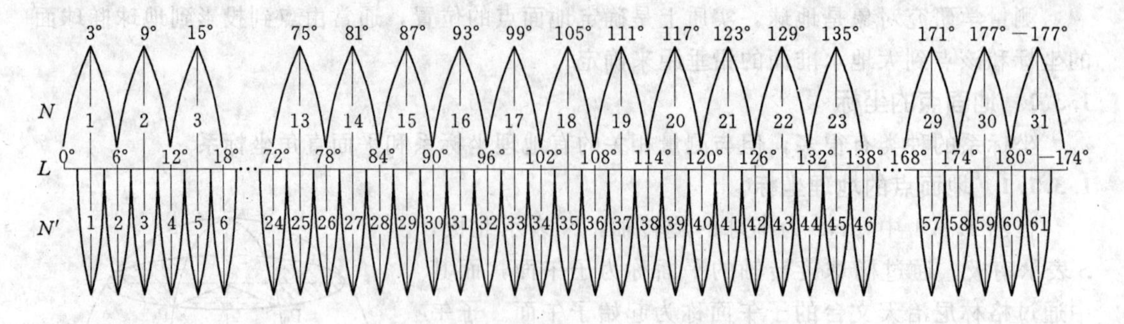

图 1.3.3 高斯平面分带示意图

6°带投影是从零度子午线起，由西向东，每6°为一带，全球共分60带，分别用阿拉伯数字1、2、3、…、60编号表示。位于各带中央的子午线称为该带的中央子午线。每带的中央子午线的经度与带号有如下关系

$$L = 6N - 3 \tag{1.3.1}$$

式中：N为带号；L为6°带中央子午线的经度。

因高斯投影的最大变形在赤道上，并随经度的增大而增大。6°带的投影只能满足1∶2.5万比例尺的地图，要得到更大比例尺的地图，必须限制投影带的经度范围。

3°带投影是从1°30′子午线起，由西向东，每3°为一带，全球共分120带，分别用阿拉伯数字1、2、3、…、120编号表示。3°带的中央子午线的经度与带号有如下关系

$$L' = 3N' \tag{1.3.2}$$

式中：L'为3°带中央子午线的经度，N'为带号。

(2) 高斯平面直角坐标系的建立。

中央子午线投影到椭圆柱上是一条直线，把这条直线作为平面直角坐标系的纵坐标轴，即x轴，表示南北方向。赤道投影后是与中央子午线正交的一条直线，作为横轴，即y轴，表示东西方向。这两条相交的直线相当于平面直角坐标系的坐标轴，构成高斯平面直角坐标系（见图1.3.4）。

我国位于北半球，x值全为正值，而y坐标有正有负。为避免计算中因负值而出现错误，规定纵坐标轴向西平移500km，这样全部横坐标值均为正值。此时中央子午线的y值不是0而是500km。

例如，第17投影带中的某点，横坐标为：−148478.6m。横坐标轴向西平移500km后，则y值为−148478.6+500000=351521.4m。实际上则写为17351521.4，最前面的17代表带号，就能区别它位于哪个带内。我国位于6°带的12～23带内，3°带在24～45带内。

3. 地心坐标系

卫星大地测量是利用空中卫星的位置来确定地面点的位置。由于卫星围绕地球质心运动，所以卫星大地测量中需采用地心坐标系。该系统一般有两种表达方式，如图1.3.5

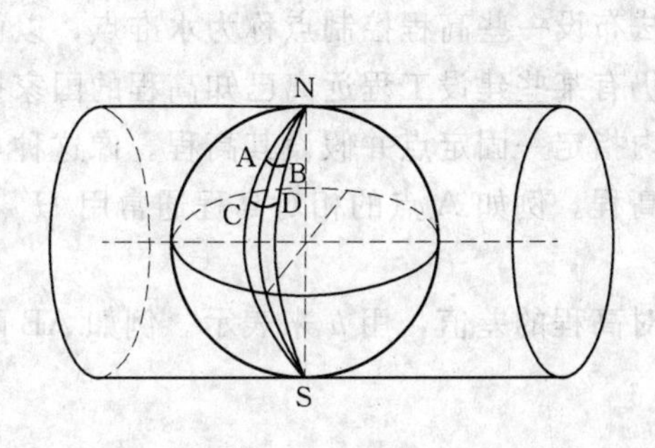

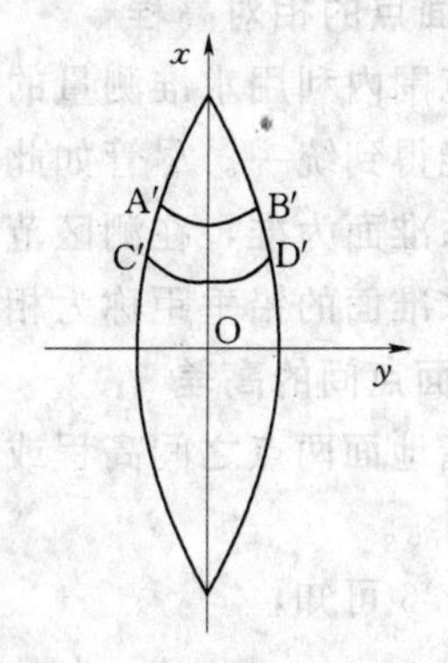

图 1.3.4 高斯平面直角坐标

所示。

(1) 地心空间直角坐标系。坐标系原点 O 与地球质心重合，z 轴指向地球北极，x 轴指向格林尼治平子午面与地球赤道的交点 E，y 轴垂直于 xOz 平面构成右手坐标系。

(2) 地心大地坐标系。椭球体中心与地球质心重合，椭球短轴与地球自转轴相合，大地经度 L 为过地面点的椭球子午面与格林尼治平子午面的夹角，大地纬度 B 为过地面点的法线与椭球赤道面的夹角，大地高 H 为地面点沿法线至椭球面的距离。

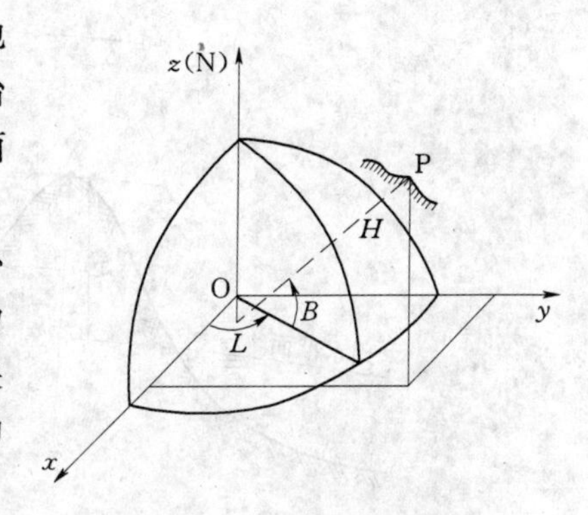

图 1.3.5 空间直角坐标系

于是，任一地面点 P 在地心坐标系中的坐标，可表示为（x，y，z）或（L，B，H）。两者之间有一定的换算关系。美国的全球定位系统（GPS）用的 WGS—84 坐标就属这类坐标。

1.3.2 地面点的高程

1.3.2.1 地面点的绝对高程

地面点到大地水准面的铅垂距称为绝对高程，简称高程，亦称为正常高，通常用 H 表示。例如 A 点的高程通常表示为 H_A。

1949 年之前，我国没有统一的高程起算基准面，平均海水面有很多种标准，致使高程不统一，相互使用困难。中华人民共和国成立后，测绘事业蓬勃发展，1954 年继建立北京坐标系后，又建立了国家统一的高程系统起算点，即水准原点。我国的绝对高程是由黄海平均海水面起算的，该面上各点的高程为零。水准原点建立在青岛市观象山上。根据青岛验潮站连续 7 年的观测，即 1950～1956 年的水位观测资料，确定了我国大地水准面的位置，并由此推算大地水准原点高程为 72.289m，以此为基准建立的高程系统称为“1956 黄海高程系”。

然而，验潮站的工作并没有结束，后来根据验潮站 1952～1979 年的水位观测资料，重新确定了黄海平均海水面的位置，由此推算到大地水准原点的高程为 72.260m。此高程基准称为 1985 年国家高程基准。

1.3.2.2 地面点的相对高程

在全国范围内利用水准测量的方法布设一些高程控制点称为水准点，以保证尽可能多的地方高程能得到统一。尽管如此，仍有某些建设工程远离已知高程的国家控制点。这时可以以假定水准面为准，在测区范围内指定一固定点并假设其高程。像这种点的高程是地面点到假定水准面的铅垂距称为相对高程。例如A点的相对高程通常用 H'_A 来表示。

1.3.2.3 地面点间的高差

高差是指地面两点之间高程或相对高程的差值，用 h 来表示。例如AB两点间的高差通常表示为 h_{AB}。

从图1.3.6可知，

$$h_{AB} = H_B - H_A = H'_B - H'_A \tag{1.3.3}$$

可见，地面两点之间的高差与高程的起算面无关，只与两点的位置有关。

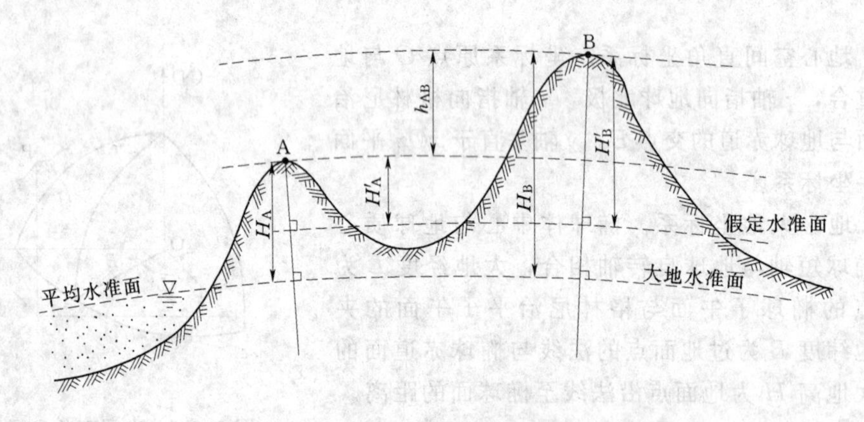

图1.3.6 高程和高差

1.4 在测量工作中用水平面代替水准面的限度

根据1.3内容可知，在普通测量工作中是将大地水准面近似地当成圆球看待的。一般测绘产品通常是以平面图纸为介质的。因此就需要先把地面点投影到圆球面上，然后再投影到平面图纸上，需要进行两次投影。在实际测量时，若测区范围面积不大，往往以水平面直接代替水准面，就是把球面上的点直接投影到平面上，不考虑地球曲率。但是到底多大面积范围内容许以平面投影代替球面，本节主要讨论这个问题。

1.4.1 对水平距离的影响

如图1.4.1所示，地面两点A、B，投影到水平面上分别为a、b，在大地水准面上的投影为a、b′，则 D、D' 分别为地面点在大地水准面上与水平面上的距离（见图1.4.1）。研究水平面代替水准面对距离的影响，即为用 D' 代替 D 所产生的误差 ΔS。

由图可知

$$\Delta S = D' - D$$

因

$$D = R \times \theta$$

在 ΔaOb 中，$D' = R\tan\theta$，则 $\Delta S = D' - D = R\tan\theta - R\theta = R(\tan\theta - \theta)$

将 $\tan\theta$ 按级数展开为

$$\tan\theta = \theta + \frac{1}{3}\theta^3 + \frac{2}{15}\theta^5 + \cdots \qquad (1.4.1)$$

因为面积不大，所以 D' 不会太长，θ 角很小，故略去 θ 五次方以上各项，并代入式（1.4.1）得

$$\Delta S = \frac{1}{3}R\theta^3 \qquad (1.4.2)$$

因为 $\theta = \frac{D}{R}$，代入式（1.4.2）得

$$\Delta S = \frac{D^3}{3R^2} \qquad (1.4.3)$$

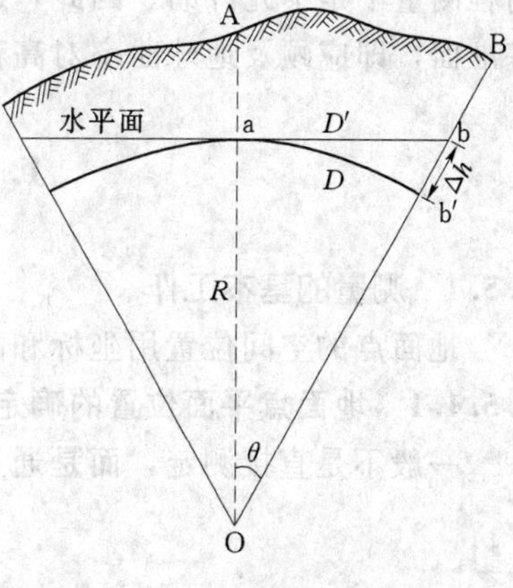

图 1.4.1　水平面代替水准面对水平距离的影响

以 $R = 6371$km 和不同的 D 值代入式（1.4.3），算得相应的 ΔS 及 $\Delta S/S$ 值见表 1.4.1。

表 1.4.1　**地球曲率对水平距离和高程的影响**

距离 D	距离误差 ΔS（mm）	距离相对误差 $\Delta S/S$	高程误差 Δh（mm）	距离 D	距离误差 ΔS（mm）	距离相对误差 $\Delta S/S$	高程误差 Δh（mm）
100m	0.000008	1/1250000 万	0.8	10km	8.2	1/122 万	7850.0
1km	0.008	1/12500 万	78.5	25km	128.3	1/19.5 万	49050.0

从表 1.4.1 中可以看出，当地面距离为 10km 时，用水平面代替水准面所产生的距离误差仅为 0.82cm，其相对误差为 1/122 万。而实际测量距离时，大地测量中使用的精密电磁波测距仪的测距精度为 1/100 万（相对误差），地形测量中普通钢尺的量距精度约为 1/2000。所以，只有在大范围内进行精密测距时，才考虑地球曲率的影响。而在一般地形测量中测量距离时，可不必考虑这种误差的影响。

1.4.2　对高程的影响

我们知道，高程的起算面是大地水准面。如果以水平面代替水准面进行高程测量，则所测得的高程必然含有因地球弯曲而产生的高程误差的影响。如图 1.4.1 中，a 点和 b′点是在同一水准面上，其高程应当是相等的，当以水平面代替水准面时，b 点升到 b′点，bb′，即 Δh 就是产生的高程误差。由于地球半径很大。距离 D 和 θ 角一般很小，所以 Δh 可以近似地用半径为 D，圆心角为 $\theta/2$ 所对应的弧长来表示。即

$$\Delta h = \frac{\theta}{2}D \qquad (1.4.4)$$

因为 $\theta = \frac{D}{R}$，代入式（1.4.1）得

$$\Delta h = \frac{D^2}{2R} \qquad (1.4.5)$$

用不同的距离代入式（1.4.5），便得表 1.4.1 所列的结果。从表中可以看出，用水平面代替水准面对高程的影响是很大的。距离为 0.1km 时，就有 0.8mm 的高程误差，这在

高程测量中是不允许的。因此，进行高程测量，即使距离很短，也应用水准面作为测量的基准面，即应顾及地球曲率对高程的影响。

1.5 测量工作概述

1.5.1 测量的基本工作

地面点的空间位置用坐标和高程来表示。

1.5.1.1 地面点平面位置的确定

一般不是直接测定，而是通过测量水平角和水平距离再经过计算得到的。如图1.5.1所示，在平面直角坐标系中，若要测定原点0附近1点的位置，只需测得角度 α_1（称为方位角），以及距离 D_1，用三角公式即可算出点1的坐标：$x_1 = D_1\cos\alpha_1$， $y_1 = D_1\sin\alpha_1$。

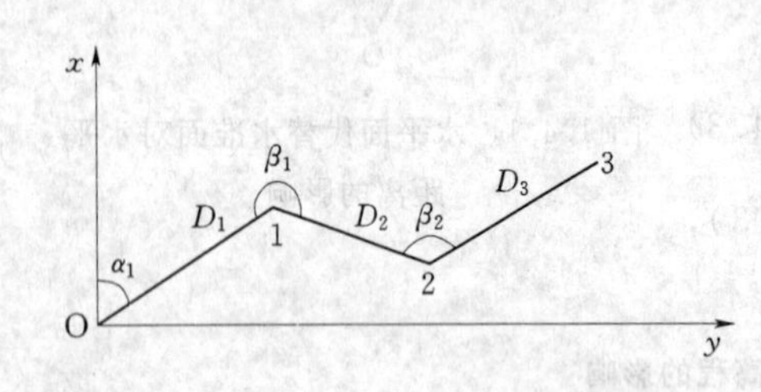

图1.5.1 确定地面点位的测量工作

若能测得角度 α_1、β_1、β_2、…，并测的距离 D_1、D_2、D_3、…，则利用数学中极坐标和直角坐标的互换公式，可以推算2、3、…，点的坐标值。由此可见，测定地面点平面位置的基本原理是：由坐标原点开始，逐点测得方位角和水平距离，逐点递推算出坐标。

1.5.1.2 地面点高程的确定

地面点高程测定的基本原理是从高程原点开始，逐点测得两点之间的高差，进而推算出点的高程。

综上所述，距离、角度和高差是确定地面点位置的三个基本要素，而距离测量、角度测量、高差测量是测量的三项基本工作。

1.5.2 测量工作的基本原则

测量工作中将地球表面的形态分为地物和地貌两类：地面上的河流、道路、房屋等称为地物；地面高低起伏的山峰、沟、谷等称为地貌。地物和地貌总称为地形。测量学的主要任务是测绘地形图和施工放样。

将测区的范围按一定比例尺缩小成地形图时，通常不能在一张图纸上表示出来。测图时，要求在一个测站点（安置测量仪器测绘地物、地貌的点）上将该测区的所有重要地物、地貌测绘出来也是不可能的。因此，在进行地形测图时，只能连续地逐个测站施测，然后拼接出一幅完整的地形图。当一幅图不能包括该地区全部的面积时，必须先在该地区建立一系列的测站点，再利用这些点将测区分成若干幅图，并分别施测，最后拼接该测区的整个地形图。

这种先在测区范围建立一系列测站点，然后分别施测地物、地貌的方法，就是先整体后局部的原则。这些测站点的位置必须先进行整体布置；反之，若一开始就从测区某一点起连续进行测量，则前面测站的误差必将传递给后面的测站；如此逐站积累，最后测站的本身位置以及根据它测绘的地物、地貌的位置误差积累越大，这样将得不到一张合格的地形图。一幅图如此，就整个测区而言就更难保证精度。因此，必须先整体布置测站点。测站点起着控制地物、地貌的作用，所以又称为“从控制到碎部”。

为此，在地形测图中，先选择一些具有控制意义的点，如图 1.5.2 中的 A、B、C、…点。用比较精密的仪器和方法把它们的位置测定出来，这些点就是上述的测站点。在地形测量中称为地形控制点，或称为图根控制点：然后再根据它们测定道路、房屋、草地、水系的轮廓点，这些轮廓点称为碎部点。这样从精度上来讲就是从高级到低级。

遵循“由整体到局部”、“先控制后碎部”、“ 从高级到低级”的原则，就可以使测量误差的分布比较均匀，保证测图精度，而且可以分幅测绘，加快测图速度，从而使整个测区连成一体，获得整个地区的地形图。

图 1.5.2　测量原则示意图

在测设工作中，同样必须遵循这样的工作原则。如图 1.5.2 所示，欲把图纸上设计好的建筑物 P、R、G 在实地放样出来，作为施工的依据，就必须先进行高精度的控制测量，然后安置仪器于控制点 A，进行建筑物的放样。

习　题

1. 测量学的研究对象及主要任务是什么？
2. 什么叫水准面和大地水准面？有何区别？
3. 什么叫参考椭球面和参考椭球体？
4. 什么是测量外业和内业所依据的基准面和基准线？
5. 如何理解高斯平面直角坐标和平面直角坐标的区别？
6. 什么叫绝对高程和相对高程？
7. 如何理解水平面代替水准面的限度问题？
8. 测量的基本工作和基本原则是什么？

第 2 章　水准仪及水准测量

学习目标：

通过本章的学习，应了解水准仪的基本构造、水准点和水准路线、自动安平水准仪和精密水准仪的特点、水准测量误差的消减方法；理解水准测量原理；掌握水准仪的使用、水准测量的数据观测、记录和内业成果计算方法；能够进行水准仪的检验和校正。

测定地面点高程的测量工作，称为高程测量。高程测量的方法主要有水准测量、三角高程测量、气压高程测量和 GPS 测量等，水准测量是精密测定地面点高程的主要方法。

2.1　水准测量原理

2.1.1　水准测量概念

水准测量是用水准仪所提供的水平视线，测定已知点和未知点点间的高差，根据已知点的高程和两点间的测量高差，求出未知点高程的一种方法。

2.1.2　测定两点高差的方法

在图 2.1.1 中，设已知 A 点高程，欲求 B 点高程。在 A、B 两点分别竖立水准尺，利用水准仪提供的水平视线在水准尺上分别读数 a 和 b，则 A、B 两点间高差为

$$h_{AB} = a - b \tag{2.1.1}$$

设水准测量由已知点 A 向未知点 B 方向进行，则规定称 A 点为后视点，其水准尺读数 a 为后视读数；称 B 点为前视点，其水准尺读数 b 为前视读数。

从式（2.1.1）中知道，两点间的高差，等于后视读数减前视读数。即

高差＝后视读数－前视读数

高差有正负之分，若后视读数 a 大于前视读数 b，则高差 h_{AB} 为正值，表示 B 点比 A 点高；若后视读数 a 小于前视读数 b，则高差 h_{AB} 为负值，表示 B 点比 A 点低。

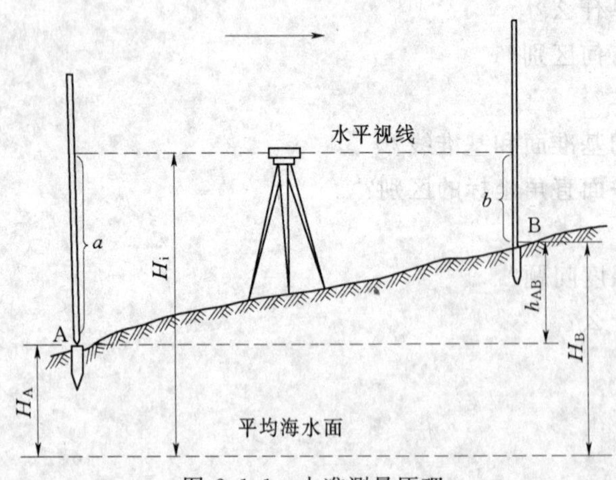

图 2.1.1　水准测量原理

测得 A 点与 B 点间的高差后，可求得 B 点的高程。求 B 点的高程有两种方法：

1. 高差法

高差法指用已知点高程加上高差计算待求点高程的方法，即

$$H_B = H_A + h_{AB} \tag{2.1.2}$$

2. 视线高法

视线高法指用视线高减去前视读

数计算待求点高程的方法，即

$$H_B = (H_A + a) - b = H_i - b \tag{2.1.3}$$

式中：H_i 为视线高程，简称视线高，它等于已知 A 点的高程 H_A 加 A 点尺上的后视读数 a。

用高差法计算待求点的高程，主要用于高程控制测量；而用视线高法计算待求点高程主要用于工程测量。

当 A、B 两点间距离较远或高差较大时，必须设置多个测站才能测定出高差 h_{AB}。由图 2.1.2 可知

$$h_1 = a_1 - b_1$$

$$h_2 = a_2 - b_2$$

$$\vdots$$

$$h_n = a_n - b_n$$

$$h_{AB} = h_1 + h_2 + \cdots + h_n = \sum_{i=1}^{n} h_i = \sum_{i=1}^{n} ai - \sum_{i=1}^{n} bi \tag{2.1.4}$$

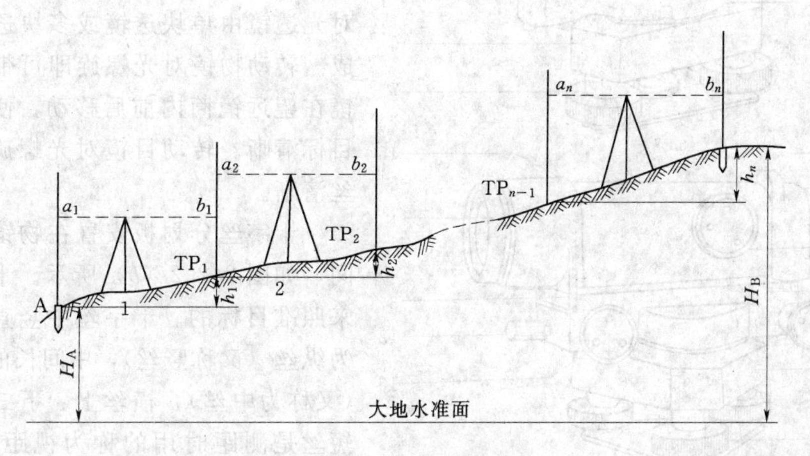

图 2.1.2 连续水准测量

如图 2.1.2 中的立尺点 TP_1、TP_2、…、TP_{n-1} 称为转点，转点是具有前、后读数的临时立尺点，是在测量过程中临时选定的，在确定 B 点的高程工作中，转点起到传递高程的作用。此时

$$H_B = H_A + h_{AB} = H_A + \sum a - \sum b \tag{2.1.5}$$

2.2 水准测量的仪器和工具

进行水准测量时所使用的仪器是水准仪，使用的测量工具有水准尺和尺垫。

2.2.1 水准仪系列及适用

水准仪按测量精度分为 $DS_{0.5}$、DS_1、DS_3 型等。其中“D”，“S”分别是“大地测量”、“水准仪”的汉语拼音的第一个字母。下标数字表示这些型号的仪器每公里往返测高

差中数的中误差，以毫米为单位。$DS_{0.5}$、DS_1 型属于精密水准仪，$DS_{0.5}$ 型主要用于国家一、二等水准和精密工程测量，DS_1 型主要用于国家二等水准和精密工程测量。DS_3 型为普通水准仪，可用于一般工程建设测量、国家三、四等水准测量，是目前工程上使用最普遍的一种。

按水准仪结构分类，目前主要有微倾式水准仪、自动安平水准仪和电子水准仪 3 种。本节介绍 DS_3 型微倾式水准仪的基本构造。

2.2.2 DS_3 水准仪构造及各部件作用

DS_3 水准仪主要由望远镜、水准器、基座三部分组成。仪器主要部件的名称如图 2.2.1 所示。

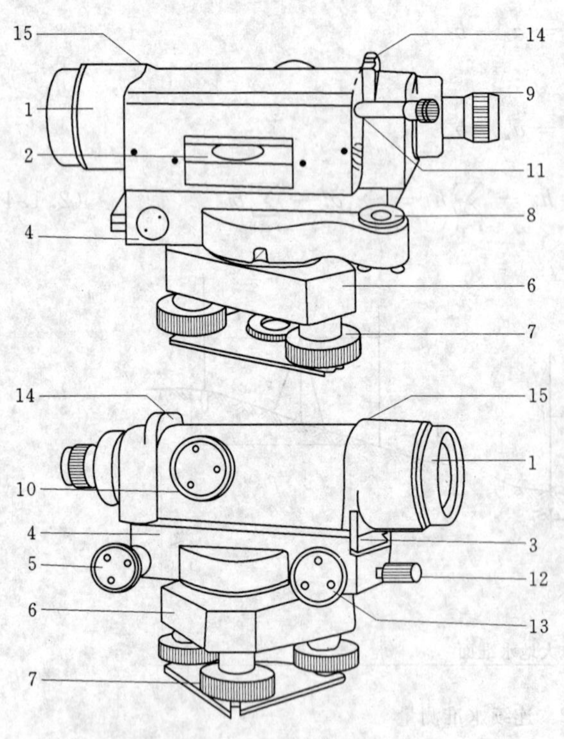

图 2.2.1 DS_3 型微倾水准仪

1—望远镜物镜；2—水准管；3—簧片；4—支架；5—微倾螺旋；6—基座；7—脚螺旋；8—圆水准器；9—望远镜目镜；10—物镜对光螺旋；11—水准管气泡观测窗；12—水平制动螺旋三脚架；13—水平微动螺旋；14—缺口；15—准星

1. 望远镜

望远镜是用来精确瞄准目标和读数的设备。望远镜主要由物镜、目镜、物镜调焦透镜和十字丝等构成（见图 2.2.2）。

物镜和目镜采用多块透镜组合而成，对光透镜由单块透镜或多块透镜组合而成。转动物镜对光螺旋即可带动对光透镜在望远镜筒内前后移动，使所照准的目标清晰。转动目镜对光螺旋，使十字丝清晰。

十字丝分划板安置在物镜和目镜之间，如图 2.2.2（*b*）所示。十字丝是用来照准目标的。十字丝中竖直的一根称为纵丝（又称竖丝），中间长的称为横线（又称为中丝），横丝上、下二根对称的短丝是测距时用的称为视距丝，分上、下丝。十字丝刻在一块圆形的玻璃片上，称为十字丝分划板，它装在十字丝环上，再用螺丝固定在望远镜筒内。十字丝交点与物镜光心的连线称为视准轴［见图 2.2.2（*a*）的 C—C 轴］。视准轴的延长线为视线，它是瞄准目标的依据。

望远镜可以沿水平方向左右转动。为了准确对准目标，水准仪有一套水平制动和微动螺旋，当大致对准目标即拧紧制动螺旋，望远镜就不能转动，再旋转微动螺旋，望远镜可沿水平方向作微小的转动，这样就能对准目标。当制动螺旋放松时，转动微动螺旋是不起作用的，只有拧紧制动螺旋，转动微动螺旋才有效。

2. 水准器

水准器的作用是保证水准仪一条水平视线。水准器分为圆水准器和水准管两种。

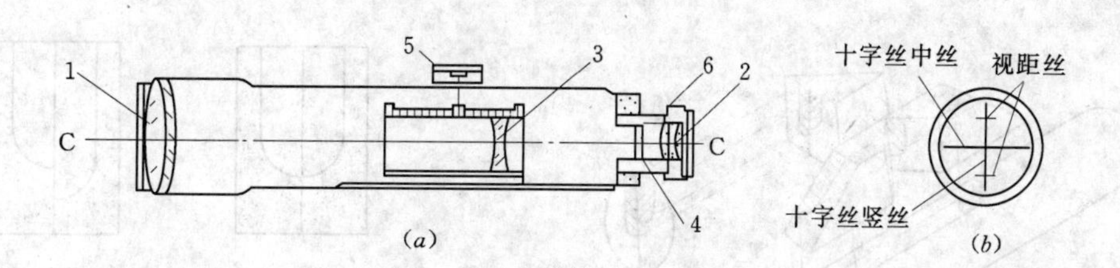

图 2.2.2 望远镜的构造

1—物镜；2—目镜；3—物镜调焦透镜；4—十字丝分划板；
5—物镜对光螺旋；6—目镜调焦螺旋

(1) 圆水准器。

如图 2.2.3 所示，圆水准器是一封闭的玻璃圆盒，顶面的玻璃内表面研磨成球面，球面的正中刻画有圆圈。圆圈的中心称为零点，通过零点的法线 $L'L'$，称为圆水准轴。当气泡居中时，圆水准轴就处于铅垂位置。指示仪器的竖轴也处于铅垂位置。圆水准器的气泡每移动 2mm，圆水准轴相应倾斜的角度，称为圆水准器分划值，一般为 $8'\sim10'$。由于圆水准器的精度低，只适用于仪器粗略整平之用。

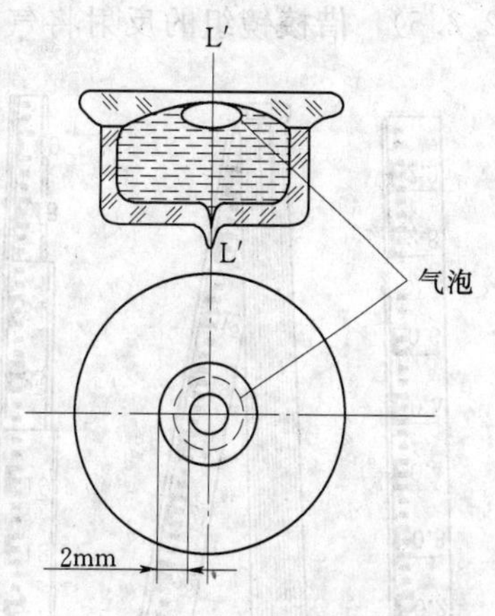

图 2.2.3 圆水准器

(2) 水准管。

水准管的玻璃管内壁为圆弧（见图 2.2.4），圆弧中点称为水准管的零点，通过零点与内壁圆弧相切的直线称为水准管轴（见图中 LL_1 轴线）。水准管气泡居中时，水准管轴处于水平位置。水准管内壁弧长 2mm 所对的圆心角值 τ，称为水准管的分划值。设水准管的内壁弧半径为 R，则水准管的分划值用式（2.2.1）表示为

$$\tau = \frac{2}{R}\rho'' \tag{2.2.1}$$

DS_3 型水准仪的水准管分划值为 20″。水准管分划值越小，水准管的灵敏度越高。因此，水准管的精度比圆水准器的精度高，适用于仪器精确整平。

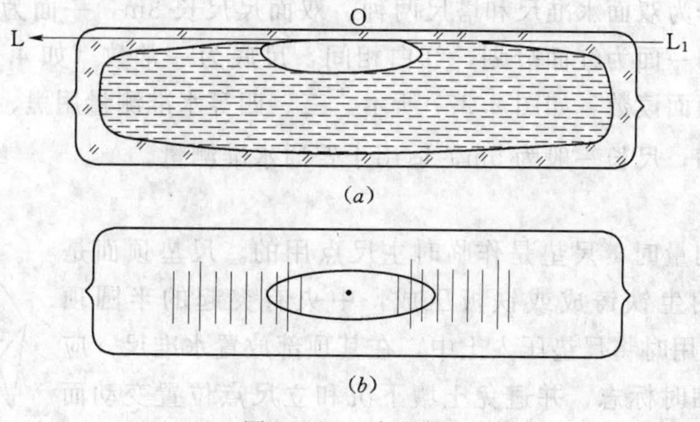

图 2.2.4 水准管

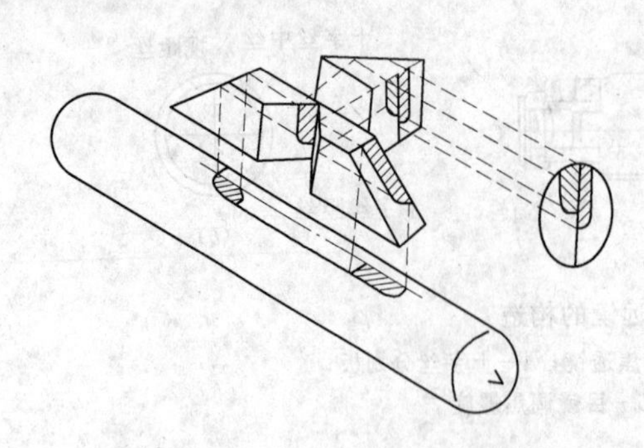

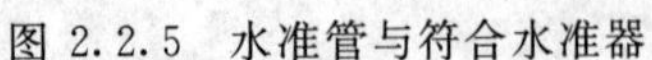

图 2.2.5 水准管与符合水准器

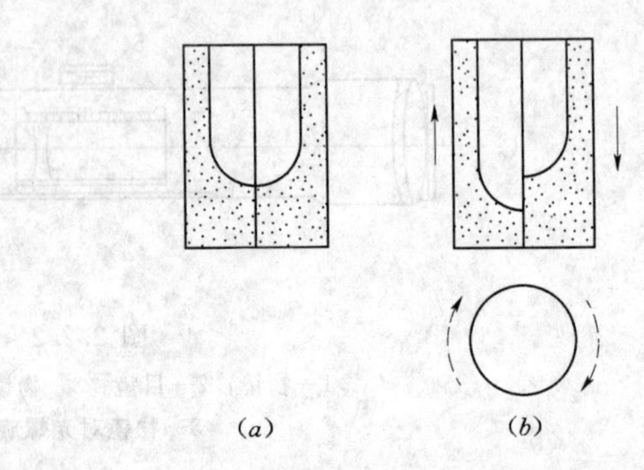

图 2.2.6 符合水准器影像

为了提高判别水准管气泡居中的准确度，在水准管的上方设置一组符合棱镜（见图 2.2.5），借棱镜组的反射将气泡两端的半像反映在望远镜旁边的观察窗内。如图 2.2.6（*b*）所示是水准管气泡不居中影像，水准管两端的影像错开，这时可转动微倾螺旋（右手大拇指旋转微倾螺旋方向与左侧半气泡影像的移动方向一致），以使水准管连同望远镜沿竖向作微小转动达到水准管气泡居中，此时两端的影像吻合［见图 2.2.6（*a*）］。这种设有微倾螺旋的水准仪称为微倾式水准仪。

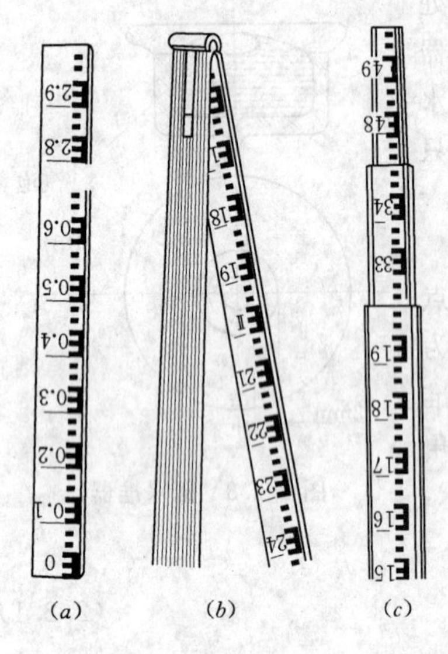

图 2.2.7 水准尺

3. 基座

基座由轴座、脚螺旋和连接板组成。仪器上部通过竖轴插入轴座内，由基座承托，旋紧中心螺旋，使仪器与三脚架相连接。三脚架由木质（或金属）制成，脚架一般可伸缩，便于携带及调整仪器高度。

2.2.3 水准尺

水准尺是水准测量的重要工具（见图 2.2.7），它是用优质木料或塑料制成。

准尺的零点在尺的底部，尺的刻划是黑（红）白相间，每格是 1cm 或 0.5cm，每分米处有明显标志，且均注数字。如 15 则表示 1.5m。

水准尺一般分为双面水准尺和塔尺两种。双面尺尺长 3m，一面为黑面分划，黑白相间，尺底为零；另一面为红面分划，红白相间，尺底为一常数（如 4.687m 或 4.787m）。普通水准测量用黑面读数，如图 2.2.7 所示。三、四等水准测量用黑、红面尺读数进行校核。塔尺可以伸缩，尺长一般为 5m，适用于普通水准测量。

2.2.4 尺垫

在进行水准测量时，尺垫是作临时主尺点用的。尺垫顶面是三角形或圆形，用生铁铸成或铁板压成，中央有突起的半圆顶（见图 2.2.8）。使用时将尺垫压入土中，在其顶部放置水准尺。应用尺垫的目的是临时标志，并避免土壤下沉和立尺点位置变动而影响读数。在水准点上不能放置尺垫。

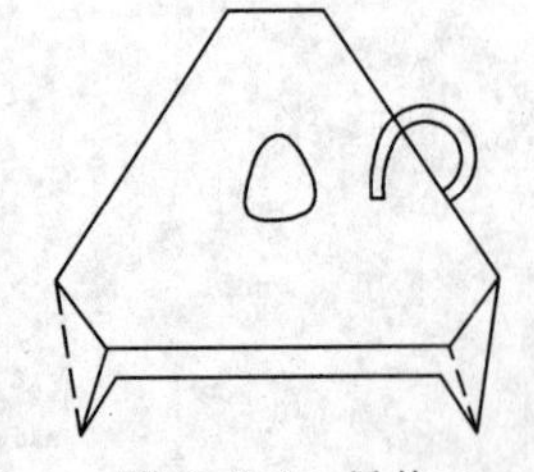

图 2.2.8 尺垫

2.3 水准仪的使用方法及注意事项

2.3.1 水准仪的使用方法

在安置水准仪之前，要打开三脚架，调整好仪器的高度，将仪器安置在三角架上，旋紧中心螺旋。仪器安置高度要适中，三角架头大致水平，并将三角架的脚尖踩入土中。微倾式水准仪使用的基本方法可归纳为八个字：粗平—照准—精平—读数。

1. 粗平

粗平是使仪器圆水准器气泡居中，水准仪视线达到概略水平，简称粗平。要使圆气泡居中，首先要了解气泡移动方向的规律，气泡移动方向的规律总是往高处移动。气泡移动的方向与左手大拇指转动脚螺旋的方向一致。顺时针转动螺旋，该螺旋端升高，逆时针转动螺旋，该螺旋端降低。使仪器圆气泡居中有两种方法。

第一种方法是将仪器安置在架头上，架头要大致水平，转动脚螺旋使气泡居中如图2.3.1所示，当气泡偏离如图2.3.1（*a*）所示的位置时，可转动1、2两个脚螺旋或其中一个螺旋，转动螺旋方向按图中箭头所示方向进行，使气泡从图2.3.1（*a*）所示位置转至图2.3.1（*b*）所示位置。然后按箭头方向转动另一个脚螺旋3使气泡向中心移动使气泡居中。

第二种方法是将仪器安置在架头上，先移动一个脚架使圆气泡大概居中，然后再用脚螺旋按第一种方法使气泡居中。此种方法的操作是：先将圆气泡位置和要移动的脚架上下对好，然后左右或前后移动脚架，气泡移动方向和脚架移动方向的规律：左右方向移动脚架，气泡移动方向相同，前后移动脚架，气泡移动方向相反，使气泡大概居中，然后再用脚螺旋使气泡居中。这种方法非常适合水泥地板，10多秒钟就能使圆气泡居中。

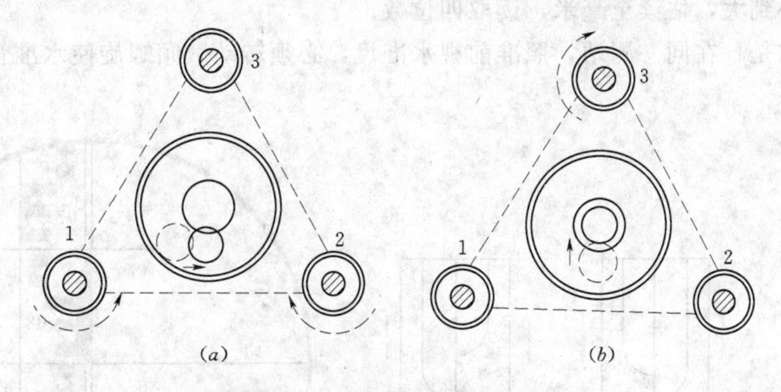

图2.3.1 使圆水准器气泡居中

2. 照准

照准是转动望远镜对准水准尺，并进行目镜和物镜调焦，使十字丝和水准尺像清晰，消除视差。首先转动目镜对光螺旋，使十字丝清晰，然后按下述操作方法进行。

（1）初步照准。松开水平制动螺旋，转动望远镜，利用望远镜上部的准星与缺口照准目标，旋紧制动螺旋。

（2）看清目标。转动物镜对光螺旋，使目标（水准尺）的像清晰。

（3）照准目标。转动微动螺旋，使十字丝的竖丝在水准尺的中间位置。

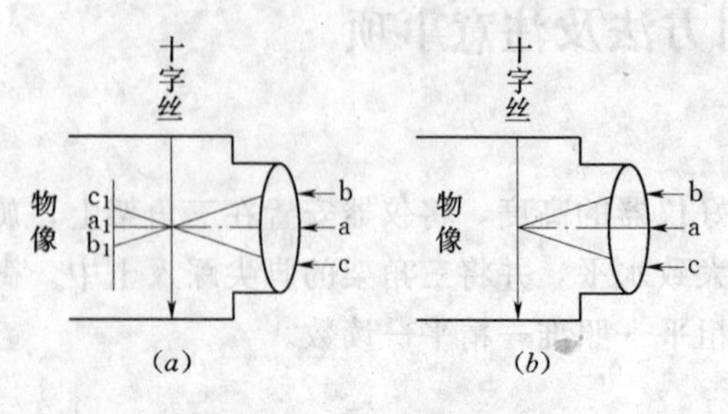

图 2.3.2 视差及消除

（4）消除视差。在读数之前，将眼睛在目镜端上下微小移动，若发现十字丝和物像有相对移动，眼睛分别位于 b、a、c 位置时，看到十字丝交点相应对着物像的 b_1、a_1、c_1 点，这种现象称为视差。如图 2.3.2（*a*）所示。产生视差的原因是由于对光工作没有做好，目标（水准尺）像平面不与十字丝分划板平面重合。消除视差的方法是慢慢地转动物镜对光螺旋再次进行物镜对光，当眼睛在上下移动时，十字丝的读数不再变化，即尺像平面与十字丝分划板平面重合，消除了视差，如图 2.3.2（*b*）所示。

3. 精平

精平就是在读数之前必须转动微倾螺旋，使水准管气泡严格居中。如图 2.3.3（*a*）所示。微倾式水准仪都装有符合棱镜的水准管，从水准管气泡观测窗中看到水准管气泡两端的影像。如图 2.3.3 所示，图 2.3.3（*a*）为气泡居中，即精平。图 2.3.3（*b*）、图 2.3.3（*c*）为不精平。精平的方法：当气泡两端影像如图 2.3.3（*b*），则顺时针转动微倾螺旋使气泡居中，若气泡影像如图 2.3.3（*c*），则逆时针转动微倾螺旋使气泡居中。

4. 读数

仪器精平后，根据十字丝中丝读出水准尺上的读数。读数时应注意尺上注字由小到大的顺序，读出米、分米、厘米，估读至毫米。读数方法是：对于倒像仪器，水准尺的读数根据十字丝的中丝从上到下，从小到大，估读至毫米，读取四位数。如图 2.3.4 水准尺的中丝读数为 0.859m。如果是正像仪器，读数方法是：水准尺的读数根据十字丝的中丝从下到上，从小到大，估读至毫米，读取四位数。

要注意的是：在同一测站，照准前视水准尺，必须转动微倾螺旋使水准管气泡居中才能读数。

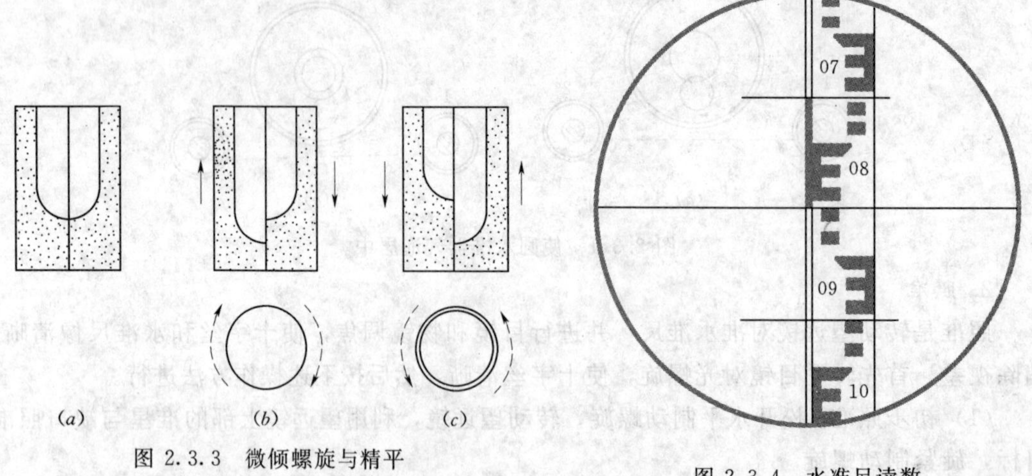

图 2.3.3 微倾螺旋与精平

（*a*）精平；（*b*）、（*c*）不精平

图 2.3.4 水准尺读数

2.3.2　使用水准仪应注意的事项

(1) 搬运仪器前，应检查仪器箱是否扣好或锁好，提手或背带是否牢固。

(2) 从箱内取出仪器时，应先记住仪器和其他附件在箱内安放的位置，以便用完后照原样装箱。

(3) 安置仪器时，注意拧紧脚架的架腿螺旋和架头连接螺旋；仪器安置后应有人守护，以免外人扳弄损坏。

(4) 操作仪器时用力要均匀轻巧；制动螺旋不要拧得过紧，微动螺旋不能旋转到极限。当目标偏在一边用微动螺旋不能调至正中时，应将微动螺旋反转几圈（目标偏离更远），再松开制动螺旋重新初步照准目标，再用微动螺旋照准目标。

(5) 往前搬站时，如果距离较近，可将仪器侧立，左手握住仪器，右手抱住脚架，往前行进。如果距离较远，应将仪器装箱搬运。

(6) 在烈日下或雨天进行观测时，应撑伞遮住仪器，以防曝晒或淋雨。

(7) 仪器用完后应清去外表的灰尘和水珠，但切忌用手帕擦拭镜头。需要擦拭镜头时，应用专门的擦镜纸或脱脂棉。

(8) 仪器应存放在阴凉、干燥、通风和安全的地方，注意防潮、防霉，防止碰撞或摔跌损坏。

2.4　水准测量的方法及注意事项

2.4.1　水准点及水准路线

2.4.1.1　水准点

水准测量一般是在两水准点之间进行的，水准点是通过水准测量测定其高程的固定标志，一般以BM表示。水准点应按照水准路线等级，根据不同性质的土壤及实际需要，每隔一定的距离埋设不同类型的水准标志或标石。

水准点有永久性和临时性两种。永久性水准点由石料或混凝土制成，顶面设置半球状标志，在城镇区也有在稳固的建筑物墙上设置墙上水准点。图2.4.1（*a*）为永久性水准点，图2.4.1（*b*）为墙上水准点。水准点也可用混凝土制成，中间插入钢筋，或选定在突出的稳固岩石或房屋的勒脚，图2.4.1（*c*）木桩为临时性的水准点。

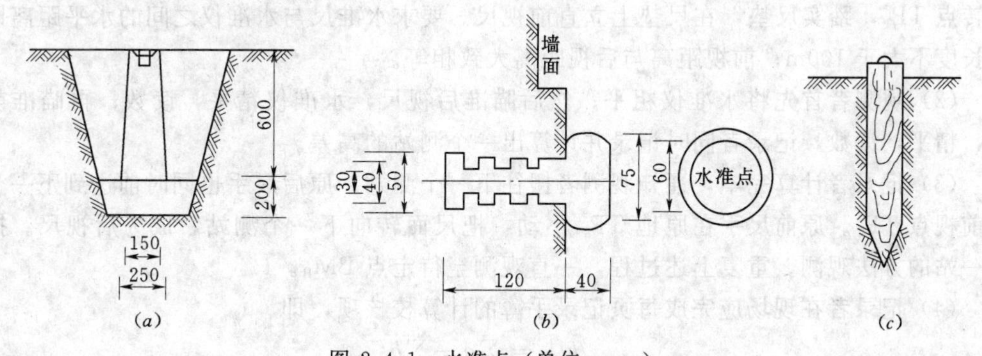

图2.4.1　水准点（单位：mm）

（*a*）永久性水准点；（*b*）墙上水准点；（*c*）临时性水准点

2.4.1.2 水准路线

为了便于观测和计算各点的高程，检查和发现测量中可能产生的错误，必须将各点组成一条适当的施测路线（称为水准路线），使之有可靠的校核条件。在水准路线上，两相邻水准点之间称为一个测段。

水准路线有以下3种形式。

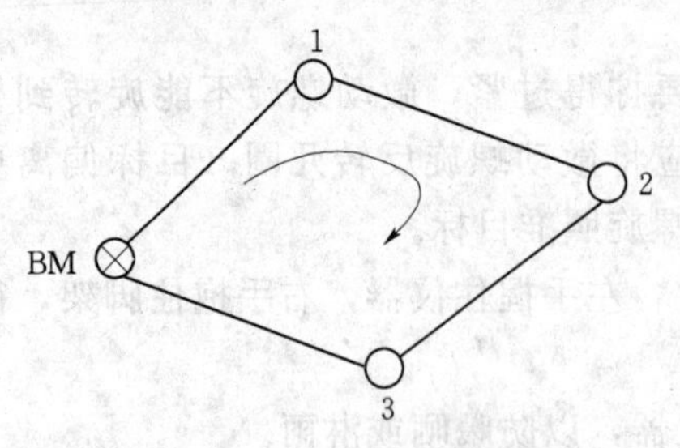

图2.4.2 闭合水准路线

1. 闭合水准路线

闭合水准路线是由一个已知高程水准点开始，顺序测定若干待求点后，又测回到原来开始的水准点。这样的水准路线成闭合水准路线。如图2.4.2所示，BM为已知点，1、2、3为待求点。

2. 附合水准路线

由一个已知高程水准点开始，顺序测定若干个待求点后，最后连测到另一个已知水准点上结束的水准路线，称为附合水准路线。如图2.4.3所示，A、B为已知高程点，1、2为待求点。

3. 支水准路线

由已知水准点开始测若干个待测点之后，既不闭合也不附合的水准路线称为支水准路线。支水准路线要往返观测。如图2.4.4所示为支水准路线。BM点高程已知，A、B为待求点。

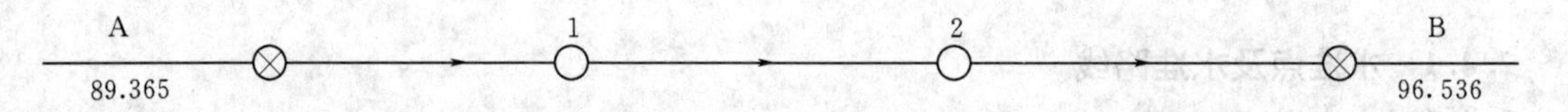

图2.4.3 附合水准路线

2.4.2 水准测量的施测

2.4.2.1 水准测量的观测方法

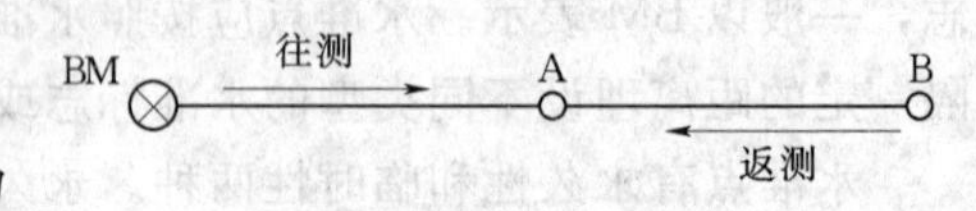

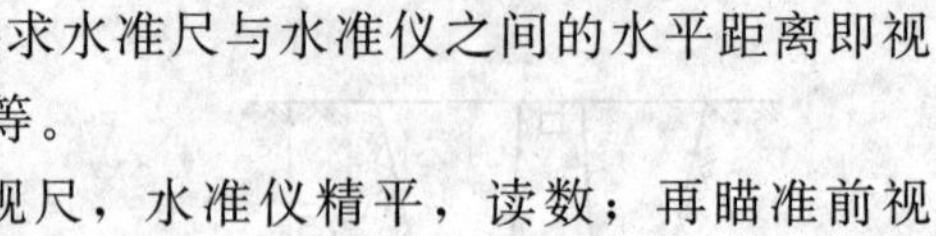

图2.4.4 支水准路线

图2.4.5为普通水准测量示意图。BM_A为已知水准点，其高程为90.310m；BM_B为待定高程的水准点。观测方法如下所述。

（1）在已知点BM_A立水准尺作为后视尺，选择合适的地点为测站，再选合适的地点为转点TP_1，踏实尺垫，在尺垫上立直前视尺。要求水准尺与水准仪之间的水平距离即视线长度不大于100m；前视距离与后视距离大致相等。

（2）观测者首先将水准仪粗平；然后瞄准后视尺，水准仪精平，读数；再瞄准前视尺，精平，读数，记录者同时记录并计算出一个测站的高差。

（3）记录者计算完毕，通知观测者搬往下一个测站。原后尺手也同时前进到下一个站的前视点TP_2。原前尺手在原地TP_1不动，把尺面转向下一个测站，成为后视尺。按照前一站的方法观测。重复上述过程，一直观测至待定点BM_B。

（4）记录者在现场应完成每页记录手簿的计算校核项，即

$$h_{AB}=\sum a-\sum b$$
$$h_{AB}=\sum h \tag{2.4.1}$$

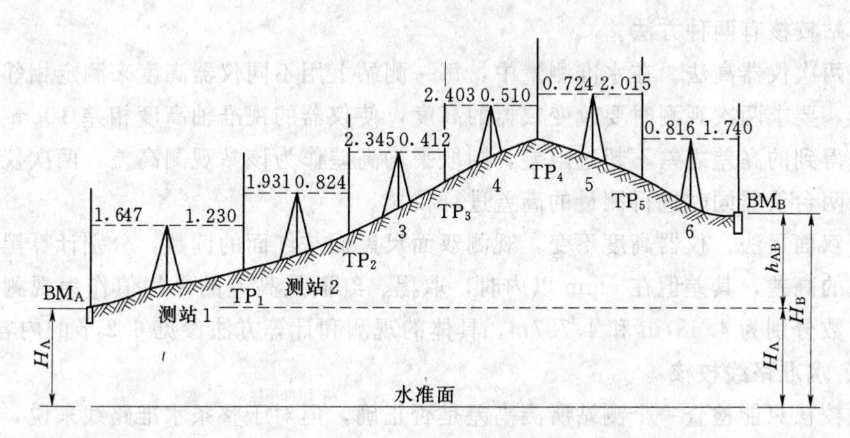

图 2.4.5 普通水准测量

2.4.2.2 水准测量的记录方法

水准测量中的观测读数要记录在手簿上，普通水准测量记录的表格见表 2.4.1。在水准测量记录表中的计算校核，只能检查计算是否正确，不能检查观测和记录是否有错。

表 2.4.1 普通水准测量记录表

日期2005 年 12 月 16 日　　仪器980686　　观测 李云中

天气晴　　地点城北区　　记录陆海空

测站	测点	水准尺读数（m）		高差（m）	高程（m）	备注
		后视（a）	前视（b）			
1	BM_A TP_1	1.647	1.230	+0.417	90.310	已知
2	TP_1 TP_2	1.931	0.824	+1.107		
3	TP_2 TP_3	2.345	0.412	+1.933		
4	TP_3 TP_4	2.403	0.510	+1.893		
5	TP_4 TP_5	0.724	2.015	−1.291		
6	TP_5 BM_B	0.816	1.749	−0.933	93.436	待求点
Σ		9.866	6.740	+3.126		
计算校核	$\sum a-\sum b=9.866-6.740=+3.126$m $\sum h=+3.126$m $H_B-H_A=93.436-90.310=+3.126$m					

2.4.3 水准测量的检核方法

2.4.3.1 测站校核

为了及时发现观测中的错误，保证每个测站的高差观测的准确，可以采取测站校核的方法。测站校核有两种方法。

（1）两次仪器高法。在水准测量中，每一测站上用不同仪器高度来测定相邻两点间的高差两次，要求两次观测时要改变仪器的高度，使仪器的视准轴高度相差10cm以上。若两次测量得到的高差之差不超过限差，则取平均高差作为该站观测高差。两次仪器高法也可以采用两台仪器同时进行测量的高差进行校核。

（2）双面尺法。仪器高度不变，观测双面尺黑面与红面的读数，分别计算黑面尺和红面尺读数的高差，其差值在5mm以内时，取黑、红面尺高差的平均值作为观测成果。红面尺的常数分别为4.687m和4.787m，具体的观测和计算方法参见6.2节的内容。

2.4.3.2　水准路线校核

测站校核只能检查一个测站所测高差是否正确，但对于整条水准路线来说，还不足以说明它的精度是否符合要求。例如从一个测站观测结束至第二个测站观测开始时，转点位置若有较大的变动，在测站校核中是无法检查出来的，但在水准路线成果上就反映出来了，因此，要进行水准路线成果的校核，以保证全线观测成果的正确性。

如图2.4.2所示为闭合水准路线，已知BM点高程，通过测定1、2和3点高程后，再测回到BM点，测出的BM点高程应与原已知高程相等作为校核。

如图2.4.3所示为一条附合水准路线，已知A点和B点高程，通过测定1、2和3点高程后，再测到另一已知B点，测出B点的高程应与原已知高程相等作为校核。

对于支水准路线，如图2.4.4所示，通过往返测量测定BM～B点高差，进行校核，往返测量高差的绝对值应相等，符号应相反。

2.4.4　水准测量应注意事项

（1）在测量工作之前，应对水准仪进行检验和校正。

（2）仪器应安置在稳固的地面上，以减少仪器下沉。在光滑地面上安置仪器，应防脚架滑倒，损坏仪器。

（3）前后视距离应大致相等，以消除或减少仪器有关误差及地球曲率与大气折光的影响。

（4）视线不宜过长，一般不大于100m；视线离地面的高度，一般不少于0.2m。

（5）水准尺应竖直立于桩顶或尺垫半圆球上，要注意水准尺的零端在下。尺垫位置要稳固，立尺点及尺底不应沾有泥土杂物。

（6）视差的存在，严重地影响了读数的精度，读数前，应注意消除视差。

（7）每次读数前，应调节微倾螺旋，使水准管气泡居中，然后读数。读数要准确、果断和声音洪亮，读数后还应检查气泡是否居中。尺的像有正像或倒像，均应从小到大读取读数，并估读至毫米，该取四位数。

（8）读数时，记录员边记边回报，以便核对；记录要完整、清楚、正确；记录有误时不准擦去及涂改，应按规定进行修改。

（9）要注意保护好仪器的安全，搬站时要一手抱住仪器，一手抱住脚架。仪器不能让雨淋或烈日曝晒，应撑伞遮挡。仪器在测站上，观测者不要离开，要保护仪器的安全。

2.5 水准测量成果的计算

水准测量外业结束后便可进行内业计算。内业计算的目的是合理地调整高差闭合差，计算出各未知点的高程。首先要认真检查外业记录手簿中的各种观测数据是否符合要求，各种计算是否有错误，然后绘出水准路线外业成果注记图，根据已知数据和观测数据进行计算高差闭合差，若高差闭合差在容许范围内，即可进行高差闭合差的调整和高程的计算。

2.5.1 水准测量成果计算的步骤

2.5.1.1 高差闭合差的计算

所谓高差闭合差是两点间的各段测量高差之和与理论高差之差，用“f_h”表示，即

$$f_h = \sum h_{测} - \sum h_{理} \tag{2.5.1}$$

高差闭合差=测量高差总和−理论高差总和

各种路线高差闭合差的计算公式和闭合差的容许范围如下所述。

1. 闭合水准路线

由于闭合水准路线起止于同一个水准点上，所以各测段高差的总和在理论上应等于零，即

$$\sum h_{理} = 0 \tag{2.5.2}$$

但由于测量中存在各种测量误差影响，使实测各段高差之和往往不等于零，产生高差闭合差 f_h，即

$$f_h = \sum h_{测} - \sum h_{理} = \sum h_{测} \tag{2.5.3}$$

2. 附和水准路线

附和水准路线是从一个已知高程点测至另一已知高程点，各段高差的总和理论值应等于终点高程减去始点高程，即

$$\sum h_{理} = H_{终} - H_{始} \tag{2.5.4}$$

同样由于存在测量误差，所测各段高差之和不等于理论值，产生高差闭合差 f_h，即

$$f_h = \sum h_{测} - \sum h_{理} = \sum h_{测} - (H_{终} - H_{始}) \tag{2.5.5}$$

3. 支水准路线

支水准路线应沿同一路线进行往测和返测。从理论上往测与返测的高差总和应为零，即往测与返测的高差绝对值应相等，符号相反。如往测与返测高差总和不等于零即为闭合差，即

$$f_h = \sum h_{往} + \sum h_{返} \tag{2.5.6}$$

根据工程测量规范的规定，对于图根水准测量，高差闭合差的容许范围（也称限差）。

山地

$$f_{h_{容}} = \pm 12\sqrt{n}\ \text{mm} \tag{2.5.7}$$

平地

$$f_{h_{r容}} = \pm 40\sqrt{L}\ \text{mm} \tag{2.5.8}$$

式中　n 为水准路线的测站数；L 为水准路线的长度，km。

当 $|f_h| \leqslant |f_{h容}|$ 时，则观测成果合格，否则应重测。

山地选择式（2.5.7）、平地采用式（2.5.8）计算高差闭合差的容许值。每公里的水准路线安置水准仪的测站数超过16站时称为山地，反之为平地。

2.5.1.2　高差闭合差的调整

高差闭合差在容许范围时，即可进行高差闭合差的调整。

1. 高差闭合差调整的原则

根据测量误差理论知道，高差闭合差的大小与路线的长度或测站数有关，路线愈长、测站数愈多，误差的积累就愈大，因此，高差闭合差的调整原则是：以高差闭合差相反的符号按测段的测站数或测段的长度，成正比例地分配到各段测量高差上去，得到改正后各测段高差，改正后的各测段高差总和应等于理论高差总和。

2. 高差闭合差调整的公式

按测段的测站数计算高差改正数公式为

$$V_i = -\frac{f_h}{\sum n} n_i \tag{2.5.9}$$

按测段的长度计算高差改正数公式为

$$V_i = -\frac{f_h}{\sum L} L_i \tag{2.5.10}$$

式中　V_i 为第 i 段高差改正数；$\sum n$ 为水准路线测站总数；n_i 为第 i 段测站数；$\sum L$ 为水准路线总长度，km；L_i 为第 i 段水准路线长，km。

各测段高差改正数总和的绝对值应与高差闭合差的绝对值相等，符号相反，作为计算的检核。即

$$\sum V_i = -f_h \tag{2.5.11}$$

3. 计算各段改正后的高差

各段改正后高差用 h_i' 表示为

$$h_i' = h_i + V_i \tag{2.5.12}$$

计算检核，改正后的高差的总和应等于理论高差的总和，即

$$\sum h_i' = \sum h_{理} \tag{2.5.13}$$

4. 计算待定点的高程

根据已知点的高程和改正后的高差，依次计算各待求点的高程。

2.5.2　水准路线高差闭合差的调整和高程计算举例

2.5.2.1　闭合水准路线算例

已知A点的高程为90.030m，根据图2.5.1的外业测量成果注记图，计算各待求点B、C、D的高程。计算过程如下：先将各点号、测段的测站数和各段测量高差和已知高程填入计算表2.5.1的第（1）、（2）、（3）和（6）列中，然后按以下步骤进行计算。

1. 计算高差闭合差和容许闭合差

$$f_h = \sum h_{测} = +0.035\text{m} = +35\text{mm}$$

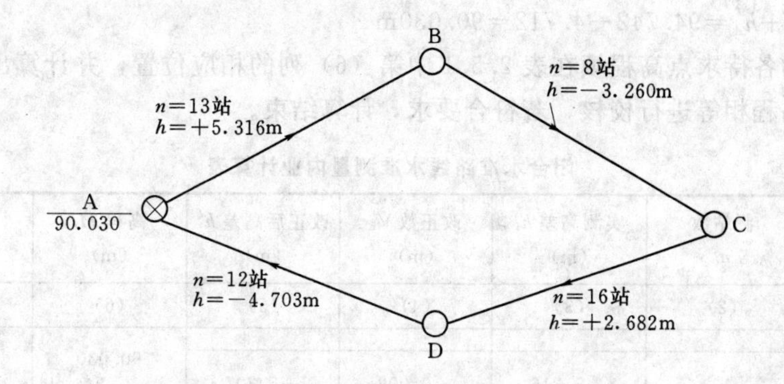

图 2.5.1 闭合水准路线观测成果注记图

测站总数 $n=49$，容许闭合差

$$f_{h_{容}}=\pm 12\sqrt{n}=\pm 12\sqrt{49}=\pm 84\text{mm}$$

$f_h<f_{h_{容}}$，可以进行闭合差的调整。

2. 计算各段高差改正数

按式（2.5.9）计算各段高差改正数如下

$$V_1=-\frac{f_h}{\sum n}n_i=-\frac{+0.035}{49}\times 13=-0.009\text{m}$$

$$V_2=-\frac{f_h}{\sum n}n_i=-\frac{+0.035}{49}\times 8=-0.006\text{m}$$

$$V_3=-\frac{f_h}{\sum n}n_i=-\frac{+0.035}{49}\times 16=-0.011\text{m}$$

$$V_4=-\frac{f_h}{\sum n}n_i=-\frac{+0.035}{49}\times 12=-0.009\text{m}$$

改正数计算校核：$\sum V_i=-0.035\text{m}=-f_h$，符合要求。

将计算的各测段高差改正数填在表 2.5.1 的第（4）列中。

3. 计算改正后高差

按式（2.5.12）计算各段改正后高差为

$h_1'=h+V_1=5.316-0.009=5.307\text{m}$

$h_2'=h+V_2=-3.260-0.006=-3.266\text{m}$

$h_3'=h+V_3=2.682-0.011=2.671\text{m}$

$h_4'=h+V_4=-4.703-0.009=-4.712\text{m}$

改正后高差计算校核：$\sum h_i'=\sum h_{理}$，符合要求。

将计算的各段改正后高差填在表 2.5.1 的第（5）列中。

4. 计算待求点高程

根据已知点高程和改正后的各段高差推算各待求点高程。

$H_B=H_A+h_1'=90.030+5.307=95.337\text{m}$

$H_C=H_1+h_2'=95.337-3.266=92.071\text{m}$

$H_D=H_2+h_3'=92.071+2.671=94.742\text{m}$

$H_A = H_3 + h'_4 = 94.742 - 4.712 = 90.030\text{m}$

将计算的各待求点高程填在表 2.5.1 中第（6）列的相应位置，并计算出 A 点的高程应与原已知高程相等进行校核，若符合要求，计算结束。

表 2.5.1　　闭合水准路线水准测量内业计算表

点号	测站数 n_i	实测高差 h_i (m)	改正数 V_i (m)	改正后高差 h' (m)	高程 H_i (m)	点　号
(1)	(2)	(3)	(4)	(5)	(6)	(7)
A					90.030	A（已知）
	13	+5.316	−0.009	+5.307		
B					95.337	B
	8	−3.260	−0.006	−3.266		
C					92.071	C
	16	+2.682	−0.011	+2.671		
D					94.742	D
	12	−4.703	−0.009	−4.712		
A					90.030	A（已知）
Σ	49	+0.035	−0.035	0		
辅助计算	$f_h = \sum h_{测} = +0.035\text{m}$ $f_{h_{容}} = \pm 12\sqrt{49} = \pm 84\text{mm}$　$f_h < f_{h_{容}}$，测量成果合格					

2.5.2.2　附和水准路线算例

图 2.5.2 是一附合水准路线示意图。A、B 为已知水准点，高程分别是 $H_A = 89.365\text{m}$，$H_B = 95.536\text{m}$，各测段的观测高差 h_i 及路线长度 L_i 如图 2.5.2 所示，计算各待求点 1、2 的高程。

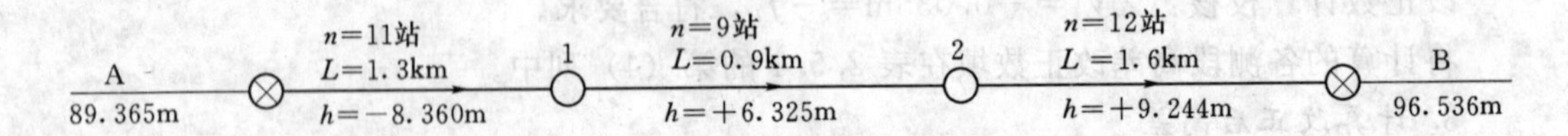

图 2.5.2　附合水准路线观测成果图

附合水准路线的高差闭合差的调整和高程计算步骤与闭合水准路线计算相同，主要不同点是高差闭合差计算，计算如下所述。

1. 计算高差闭合差和容许闭合差

根据公式（2.5.5）计算附合水准路线的高差闭合差 f_h 为

$$f_h = \sum h_{测} - (H_B - H_A) = 7.209 - (96.536 - 89.365) = 7.209 - 7.171 = +0.038\text{m}$$

本例中，$L = 3.8\text{km}$，$n = 32$ 站，每公里少于 16 站，根据公式（2.5.8）计算高差闭合差的容许值为

$$f_{h_{r容}} = \pm 40\sqrt{3.8} = \pm 80\text{mm}$$

因为 $f_h < f_{h_{容}}$，观测成果的精度符合要求。

表 2.5.2　　附合水准路线水准测量内业计算表

点号	距离 L_i (km)	实测高差 h_i (m)	改正数 V_i (mm)	改正后高差 h' (m)	高程 H_i (m)	点　号
(1)	(2)	(3)	(4)	(5)	(6)	(7)
A					89.365	A（已知）
	1.3	−8.360	−0.013	−8.373		
1					80.992	1
	0.9	+6.325	−0.009	6.316		
2					87.308	2
	1.6	+9.244	−0.016	9.228		
B					96.536	B（已知）
Σ	3.8	7.209	−0.038	7.171		
辅助计算	$f_h=\sum h_{测}-\sum h_{理}=+7.209-7.171=+0.038\text{m}$ $f_{h容}=\pm 40\sqrt{3.8}=\pm 80\text{mm}$　$f_h<f_{h容}$，测量成果合格					

2. 计算各段高差改正数

按式（2.5.10）计算各测段高差改正数，每千米的高差改正数为

$$\frac{-f_h}{L}=\frac{-(+0.038)}{3.8}=-0.010\text{m}$$

各测段的高差改正数分别为

$$V_1=-0.010\times 1.3=-0.013\text{m}$$
$$V_2=-0.010\times 0.9=-0.009\text{m}$$
$$V_3=-0.010\times 1.6=-0.016\text{m}$$

改正数计算检核：$\sum V=-0.038\text{mm}=-f_h$，校核计算正确，将各段高差改正数填写在表 2.5.2 中的第（4）列内。

3. 计算改正后的高差与闭合水准路线基本相同

$$h'_1=h_1+V_1=-8.360-0.013=-8.373\text{m}$$
$$h'_2=h_1+V_1=6.325-0.009=6.316\text{m}$$
$$h'_3=h_1+V_1=9.244-0.016=9.228\text{m}$$

计算校核　　$\sum h'=7.171\text{m}=\sum h_{理}$

4. 计算各待求点高程

$$H_1=H_A+h'_1=89.365-8.373=80.992\text{m}$$
$$H_2=H_1+h'_2=80.992+6.316=87.308\text{m}$$
$$H_B=H_2+h'_3=87.308+9.228=96.536\text{m}$$

高程计算检核：推算出的 B 点高程应与原已知高程相等，计算正确。上述计算结果分别填入表 2.5.2 中相应栏内。

2.5.2.3　支水准路线算例

如图 2.5.3 为一条图根级支水准路线，已知 BM 点高程为 89.681m，根据图上所注数据计算 1、2 点的高程。

支水准路线的计算有以下三个步骤：

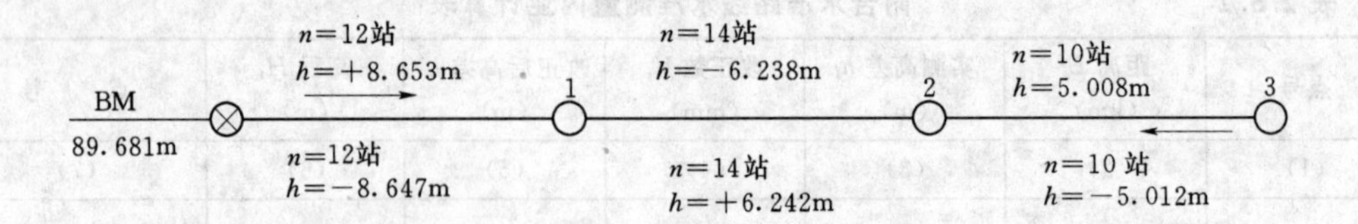

图 2.5.3 支水准路线观测成果图

1. 计算高差闭合差和容许闭合差

$$f_h = \sum h_{往} + \sum h_{返} = 7.423 + (-7.417) = +0.006\text{m}$$

$$f_{h_{容}} = \pm 12\sqrt{n} = \pm 12\sqrt{36} = \pm 72\text{mm}$$

将计算结果填在表 2.5.3 的辅助计算栏中。

2. 计算每段往返高差平均值

每段往返高差平均值为

$$h_{平} = \frac{h_{往} - h_{返}}{2}$$

第一段高差平均值为

$$h_{平} = \frac{h_{往} - h_{返}}{2} = \frac{8.653 - (-8.6470)}{2} = +8.650\text{m}$$

计算出第二、三段高差平均值为−6.240m 和 5.010m，填写在表 2.5.3 中第（5）列。计算校核为

$$\sum h_{平} = \frac{\sum h_{往} - \sum h_{返}}{2} = 7.420\text{m}$$

表 2.5.3 支水准路线高程计算

点号	测段测站数 n_i	往测高差 h_i (m)	返测高差 h_i (m)	平均高差 h_i' (m)	高程 H_i (m)	点号
(1)	(2)	(3)	(4)	(5)	(6)	(7)
BM					89.681	BM
	12	+8.653	−8.647	+8.650		
1					98.331	1
	14	−6.238	+6.242	−6.240		
2					92.091	2
	10	+5.008	−5.012	+5.010		
3					97.101	3
Σ	36	7.423	−7.417	7.420	$H_3 - H_{BM} = 7.420$	
辅助计算	$f_h = \sum h_{往} + \sum h_{返} = 7.423 - 7.417 = +0.006\text{m}$ $f_{h_{容}} = \pm 12\sqrt{36} = \pm 72\text{mm}$　$f_h < f_{h_{容}}$，测量成果合格					

3. 计算待求点高程

根据已知 BM 点高程和每段往返高差平均值即求对各待求点高程，见表 2.5.3 中的第（6）列。

支水准路线的高程推算的校核

$$H_3 - H_{BM} = \sum h_{平} = 7.420\text{m}$$

2.5.3　水准测量成果计算注意事项

(1) 在内业计算前要对点号、已知高程、测量高差等数据进行100%的认真检查，以避免出现错误，然后绘出外业成果注记图。

(2) 利用专用表格进行内业计算，注意各项计算的校核，当校核不对时要认真检查，校核正确后再往下计算。

(3) 计算中各种数据要填写清楚，不要潦草，计算取位至毫米。

2.6　水准仪的检验与校正

2.6.1　水准仪的轴线及应满足的几何条件

如图2.6.1所示，水准仪的轴线有圆水准器轴L′L′、仪器竖轴VV、水准管轴LL和视准轴CC四根轴线。各轴线应满足的几何条件是

(1) 圆水准器轴L′L′应平行仪器竖轴VV。

(2) 十字丝横丝应垂直于仪器竖轴VV。

(3) 水准管轴LL应平行于视准轴CC。

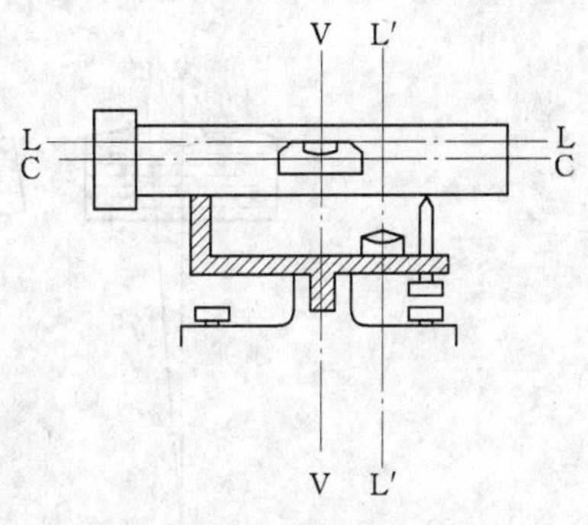

图2.6.1　水准仪轴线

2.6.2　水准仪的检验与校正的方法

根据水准测量的原理知道，水准仪要提供一条水平视线。仪器在出厂前，对水准仪各轴线的几何关系经过了严格的检查，满足水准仪的几何轴线条件。由于长时间使用仪器或仪器受到震动、碰撞等原因，有的螺丝会有变化，影响到仪器轴线的变化，从而使轴线不能满足条件，直接影响测量成果的质量。因此，在使用水准仪之前，应对仪器进行检验和校正。

2.6.2.1　圆水准器轴平行于仪器竖轴的检验与校正

(1) 检校目的。使圆水准轴平行于仪器竖轴。若两轴平行，当圆水准气泡居中时，竖轴就处于铅垂位置。

(2) 检验方法。安置水准仪，转动脚螺旋使圆气泡居中［见图2.6.2 (*a*)］，然后将仪器绕竖轴转180°，此时若气泡居中，说明圆水准轴平行竖轴；如果气泡偏离一边［见图2.6.2 (*b*)］，说明圆水准轴L′L′不平行于竖轴VV，需要校正。

(3) 校正方法。转动脚螺旋，使气泡向圆水准器中心移动偏离中点的一半［见图2.6.2 (*c*)］，然后用校正针旋转圆水准器底部的校正螺丝，使气泡完全居中［见图2.6.2

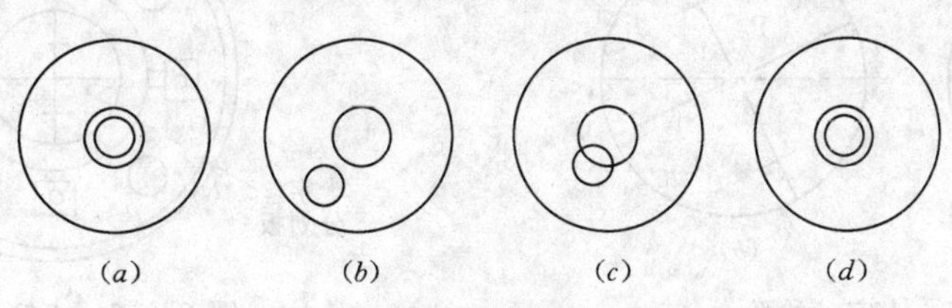

图2.6.2　圆水准器的检验和校正

(d)]。圆水准器的校正螺丝在水准器的底部，见图 2.6.3。图 2.6.3 为底面图，中间的大螺丝为连接螺丝，其余三个小的螺丝为校正螺丝。校正针为几厘米长的金属细杆，可插入校正螺丝的小孔拨动螺丝而调整圆水准器的高低。

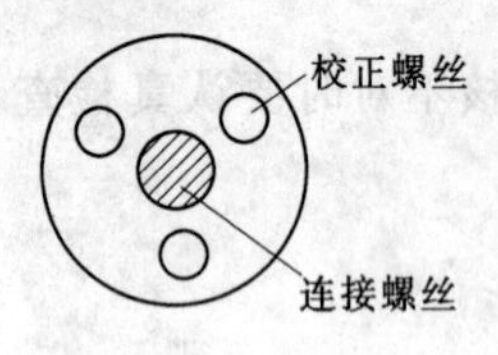

图 2.6.3 圆水准器校正螺丝

(4) 检核原理[见图 2.6.4 (a)]。圆水准轴不平行竖轴时，当圆水准气泡居中，表示圆水准轴处于铅垂位置，而竖轴对铅垂线倾斜了α角，α角也就是两轴的交角。当仪器绕竖轴转 180°后[见图 2.6.4 (b)]，由于竖轴仍处于倾斜α角的位置，但圆水准轴从竖轴的左侧转到竖轴右侧，这样，圆水准轴就倾斜了两倍α角，所以气泡偏离中点，也就是说，偏离的大小反映了两轴不平行误差α角的两倍。这时，转动脚螺旋，使圆气泡退回偏离中点的一半，竖轴就处于铅垂位置[见图 2.6.4 (c)]，余下的偏离部分就是圆水准轴的误差，最后改正圆水准轴线处于正确位置[见图 2.6.4 (d)]。校正要反复进行多次，直到仪器旋转到任何位置，圆气泡始终居中为止。

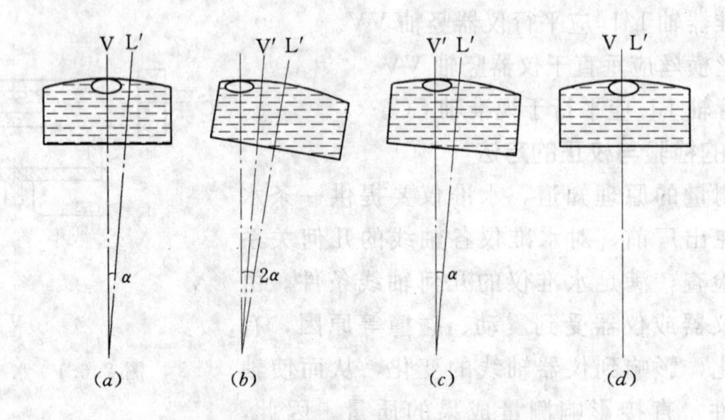

图 2.6.4 圆水准器的校正原理

2.6.2.2 十字丝横丝垂直于竖轴的检验校正

(1) 检校目的。仪器整平后，使十字丝的横丝处于水平状态，即使横丝垂直仪器竖轴。

(2) 检验方法。如图 2.6.5 (a) 所示，将横丝一端对准远处一明显标志，旋紧制动螺旋，转动微动螺旋，如果标志始终在横丝上移动，则说明横丝水平，不需校正。若点子偏离横丝，见图 2.6.5 (b)，则应进行校正。

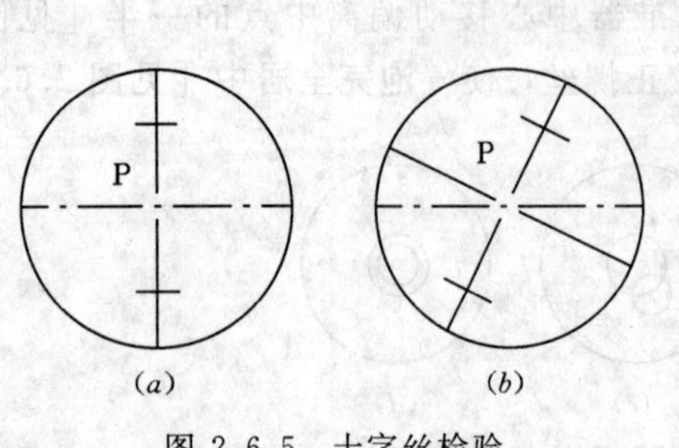

图 2.6.5 十字丝检验

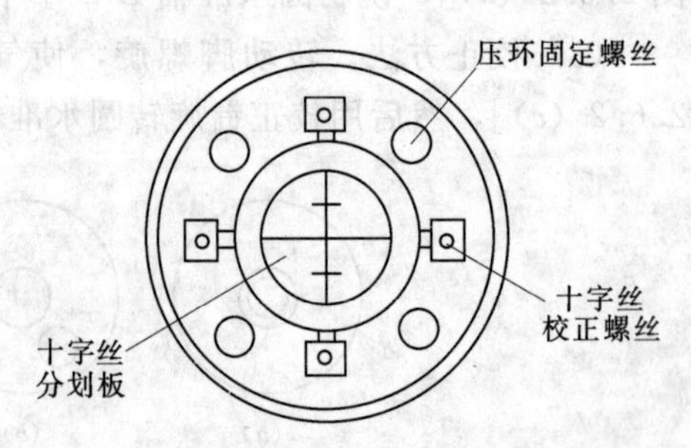

图 2.6.6 十字丝校正螺丝

(3) 校正方法：卸下目镜十字丝分划板间的护盖，松开压环固定螺丝（见图 2.6.6)，转动十字丝环至正确位置，最后旋紧压环固定螺丝，并旋上护盖。目前不少仪器，校正方法是松动目镜座上的三个沉头螺丝，转动目镜座使十字丝处于正确位置，然后旋紧三个沉头螺丝即可。

2.6.2.3 水准管轴平行于视准轴的检验校正

1. 检校目的

使水准管轴平行于视准轴，当仪器水准管气泡居中时，视准轴水平，水准仪提供一条水平视线。

2. 检验方法

如图 2.6.7 (*a*) 所示，在较平坦地面上选定相距 60～80m 的 A、B 两点，打下木桩（或安放尺垫)，在木桩（或尺垫）上立水准尺。将水准仪安置于 A、B 之中点 C，水准管气泡居中时读数为 a_1 和 b_1。若水准管轴不平行于视准轴，但由于前后视距相等，视线倾斜相同，则读数 a_1 和 b_1 都包含同样的误差 x。A，B 两点间的正确高差为

$$h_1=(a_1-x)-(b_1-x)=a_1-b_1$$

为了校核仪器在 A、B 中点的测量高差，在原测站位置上改变仪器高度 10cm 以上，再重读两尺的读数 a_1'、b_1'，则第二次测量高差为

$$h_1'=a_1'-b_1'$$

当两次测量高差之差不大于 3mm 时，则取两次测量高差的平均值作为 A、B 两点间的正确高差，即

$$h=\frac{1}{2}(h_1+h'_1)$$

然后在离 B 点约 3m 的地方安置仪器［见图 2.6.7 (*b*)］，读数为 a_2、b_2，两点间的高差为

$$h_2=a_2-b_2$$

若 $h_1=h_2$，则说明水准管轴平行于视准轴，若 $h_1\neq h_2$，但 h_1 与 h_2 之差不大于 5mm 或 i 角小于 20″时，对于 DS_3 型仪器符合要求，否则需要校正。

3. 校正方法

校正方法有两种：一是校正水准管；二是校正十字丝横丝。

校正水准管的方法：

(1) 先计算出水平视线在 A 点尺上的正确（应）读数：$a_2'=b_2+h$。

(2) 转动微倾螺旋使十字丝中丝读数从 a_2 变为正确读数 a_2'，视准轴水平。

(3) 由于转动倾螺旋使中丝读数为正确读数，视准轴水平，但是水准管气泡不居中，此时，根据水准管气泡的偏离情况，用校正针拨动水准管目镜端的上、下两个校正螺丝，如图 2.6.7 (*b*) 所示，使水准管两端的影像符合（即水准气泡居中)，即水准管轴平行于视准轴。

4. 检查

校正后要进行检查，检查方法即在校正时的仪器位置，升高或降低仪器再次进行测

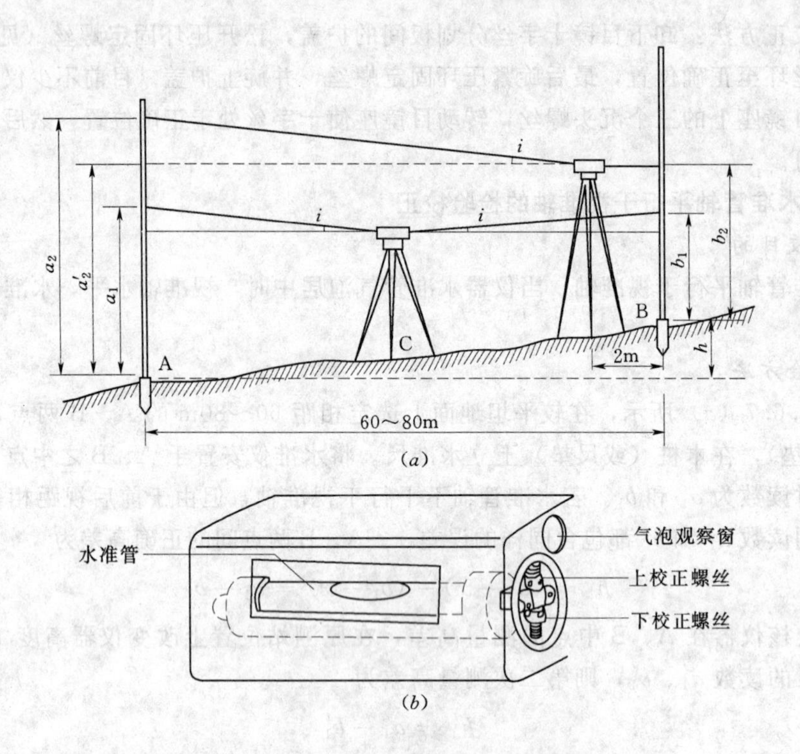

图 2.6.7　水准管轴平行视准轴的检验校正

(a) 水准管轴平行视准轴的检验；(b) 水准管校正螺丝

量，当求出的A尺应读数与实读数之差在允许范围内，校正即结束。

校正十字丝方法为卸下十字丝分划板的外罩，用校正针拨动上、下两个校正螺丝（见图 2.6.8），横丝上下移动，使中丝对准A点尺上正确读数 a'_2，视准轴水平，满足条件。校正时既要保持水准管气泡居中又要中丝读数正确，最后旋上十字丝分划板的外罩。

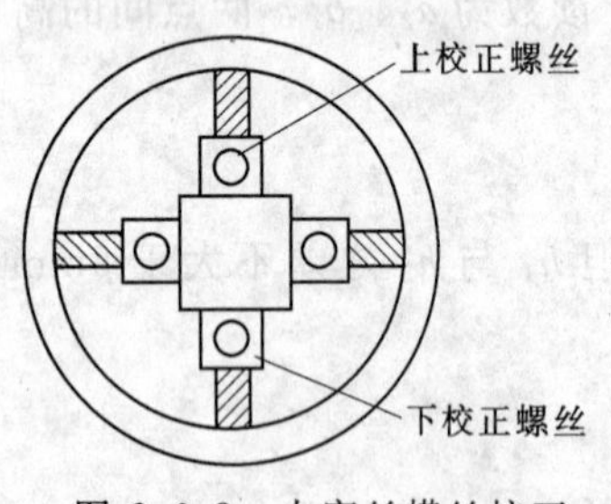

图 2.6.8　十字丝横丝校正

2.6.3　水准仪检验校正注意事项

(1) 三个检验项目应按规定的顺序进行检验校正，不得颠倒顺序。

(2) 拨动校正螺丝时，不能用力过猛，应按先松后紧的方法，校正完毕，校正螺丝不应松动，应处于旋紧状态。

(3) 每项检验与校正应反复进行，直至符合要求为止。

2.7　水准测量误差的来源及消减方法

在进行水准测量工作中，由于人的感觉器官反映的差异、仪器和自然条件等的影响，使测量成果不可避免地产生误差，因此，应对产生的误差进行分析，并采用适当的措施和方法，尽可能减少误差，使测量的精度符合要求。水准测量误差有下列几个方面。

2.7.1　仪器和工具误差

1. 仪器误差

在测量工作之前，应对水准仪进行检验校正，但往往不可能校正得十分完善而残存少许误差，这主要是水准管轴与视准轴不平行的误差，这项误差可通过后视与前视距离相等予以消除。

2. 水准尺误差

水准尺的尺长变化、尺刻划不准确，都会在水准测量读数中带来误差，见图 2.7.1。因此，水准尺应经过检定，符合要求方可使用。

2.7.2　观测误差

1. 水准管气泡居中的误差

水准管气泡居中是用眼睛来判断的。由于眼睛分辨力的限制，气泡可能并没有严格居中，存在着水准管气泡居中的误差。

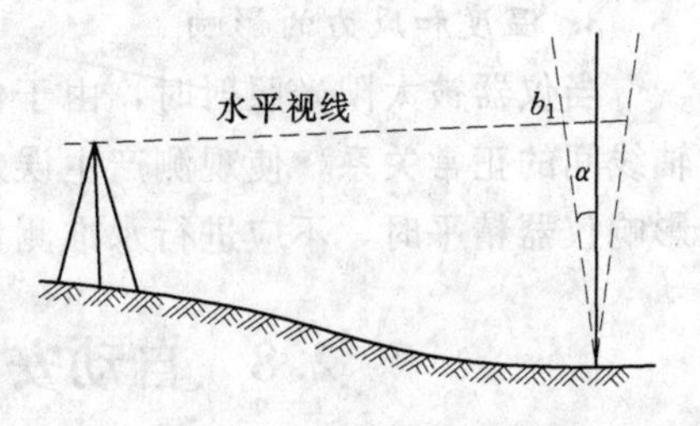

图 2.7.1　水准尺倾斜误差

设水准管气泡的分划值为 τ''，居中误差一般为 $0.15\tau''$，它对读数上引起的误差为

$$m_\tau = \pm \frac{0.15\tau''}{\rho''}D \qquad (2.7.1)$$

式中：D 为水准仪至水准尺的距离；ρ''为 1rad 以秒计算，等于 206265″。

若 $D=75\text{m}$，$\tau''=20''$，则

$$m_\tau = \pm 1.1\text{mm}$$

2. 读数误差

产生读数误差的原因有：视差的存在和估读毫米产生误差。存在视差应重新进行目镜和物镜对光，消除视差。水准尺一般为厘米分划，估读毫米产生的误差与望远镜的放大倍数和尺子到仪器的距离有关。望远镜放大倍数大，距离近，尺像就大，估读就准确；反之，估读误差就大。所以，放大率为 20 倍的望远镜，视线距离以不超过 75m 为宜。

3. 水准尺倾斜误差

水准尺是否竖直，影响到水准测量读数的精度。尺子倾斜将使读数值增大。尺子倾斜而引起的误差与尺子倾斜的大小及视线截尺的高度有关。为了减小扶尺不竖直而产生的读数误差，可在水准尺上安置圆水准器或水准管，使尺子竖直。

2.7.3　外界条件影响的误差

1. 仪器下沉和尺垫下沉的误差

如土质疏松，以及由于仪器、尺子的重量，可能会使仪器、尺垫下沉；由于土壤的弹性，也会使仪器、尺垫上升。假设仪器下沉的变化是和时间成比例，当观测了后视读数，转到观测前视读数时，由于仪器下沉，前视读数就减少，在计算两点间的高差时就会增大。要消除或减少仪器下沉误差的影响，应选择稳固的地方安置仪器，脚架尖入土稳定，在观测过程中不要用手扶脚架，缩短观测时间也可以减少仪器下沉误差的影响。在精度要求高的测量中，也可以应用双面尺法进行观测，观测的顺序是黑面后视、黑面前视，然后是红面前视、红面后视。计算

黑面尺与红面尺的高差，取其平均值，可减少或消除此项误差影响。

转点的位置应放尺垫。当观测转点的前视读数后，仪器搬至下一站，若尺垫下沉（或上升），对该点的后视读数增大，使测量的高差增加。为了减少尺垫下沉误差的影响，应选择坚固稳定的地方作转点，使用尺垫时要用力踏实，在观测过程中保护好转点位置，精度要求高时也可用往返观测平均值来减少其误差的影响。

2. 地球曲率和大气折光的影响

对于地球曲率和大气折光的影响，可使后视与前视距离相等，从而得以减少；视线离地面过低，受折光的影响有所增加。一般应使视线离地面的高度不少于0.2m。

3. 温度和风力的影响

当仪器被太阳光照射时，由于仪器各构件受热不均，引起不规则的膨胀，影响仪器各轴线间的正常关系，使观测产生误差。因此，在水准测量中应注意撑伞防晒。在风力大至影响仪器精平时，不应进行水准测量。

2.8　自动安平水准仪和精密水准仪简介

2.8.1　自动安平水准仪简介

自动安平水准仪是一种新型测量仪器。用 DS_3 微倾式水准仪进行水准测量时，圆气泡居中后，还要转动微倾螺旋使水准管气泡居中、视线水平才能读数。而自动安平水准仪

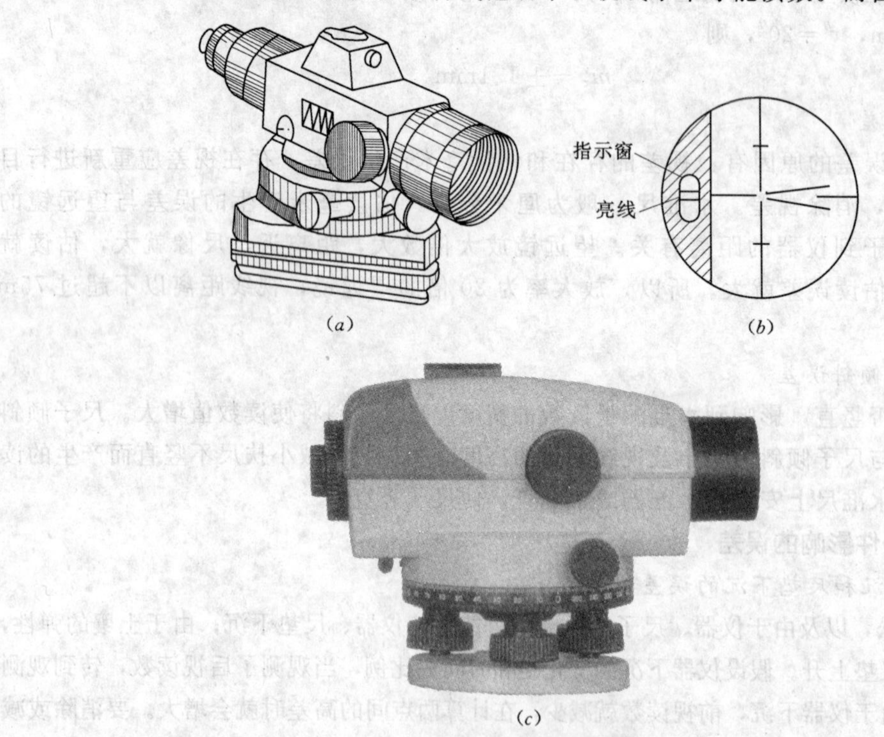

图 2.8.1　自动安平水准仪

(a) 北京 ZDS_3—1 自动安平水准仪；(b) ZDS_3—1 望远镜视场；

(c) 科力达 A 型自动安平水准仪

在仪器内装置了自动安平补偿器代替了水准管，在使用时只要圆气泡居中后就能自动提供一条水平视线，即圆气泡居中，就可以读数。这种仪器具有操作简便，测量速度快，精度高等特点，深受广大的测量人员欢迎，广泛应用于各种工程建设。自动安平水准仪种类较多，见图 2.8.1（*a*）和图 2.8.1（*c*）所示分别为北京光学仪器厂早期生产的 ZDS_3—1 自动安平水准仪和广东科力达有限公司生产的 A 型自动安平水准仪。

2.8.1.1 自动安平水准仪的基本原理

自动安平水准仪的基本原理是在水准仪的光学系统中，设置一个自动安平补偿器，用以改变光路，使视准轴略有倾斜时，视线仍然保持水平，达到水准测量的要求。

如图 2.8.2 所示，当水准轴水平时，在水准尺读数为 a_0，即 A 点的水平视线通过物镜光路到达十字丝的中心。当视准轴倾斜了一个小角度 α 时，如图 2.8.2 所示，视准轴读数为 a，为了使十字丝横丝读数仍为视准轴水平时的读数 a_0，在望远镜的光路中加入一个补偿器，使通过物镜光心的水平视线经过补偿器的光学元件后偏转了一个 β 角，水平光线将落在十字丝交点处，从而得到正确读数。补偿器要达到补偿的目的应满足式（2.8.1）

$$f\alpha = d\beta \tag{2.8.1}$$

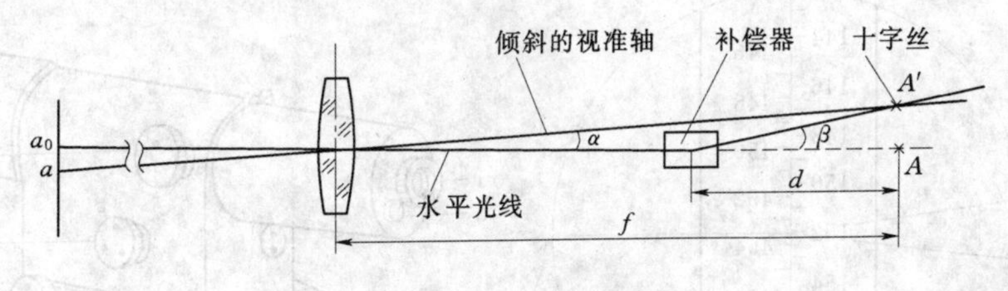

图 2.8.2 自动安平原理

2.8.1.2 自动安平水准仪使用

自动安平水准仪的使用和微倾式水准仪使用方法基本相同，但自动安平水准仪不需要手动精平，其基本使用方法为粗平—照准—读数。即首先用脚螺旋使圆水准气泡居中（粗平），然后用望远镜照准水准尺，十字丝中丝在水准尺上读得的数，就是视线水平时的读数。操作步骤比普通微倾式水准仪简化，从而大大地提高了工作效率。

2.8.2 精密水准仪简介

精密水准仪主要用于国家的一、二等精密水准测量、地震水准测量、大型桥梁的施工测量以及大型的机械安装测量和变形观测等。精密水准仪分为 DS_1 和 $DS_{0.5}$ 等级，如威特厂 N_3 型和蔡司厂 Ni004 型的水准仪。并配备有精密水准尺。精密水准仪的望远镜放大率大、亮度好，水准管灵敏度高，仪器结构稳定，读数精确，仪器密封性能好。

图 2.8.3 为威特 N_3 型精密水准仪，望远镜放大率为 42 倍。水准管分划值为 10″/2mm，配合使用 10mm 分划的水准尺，转动测微螺旋，水平视线可以在 10mm 范围内作平行自始移动，测微尺有 100 个分格，分格值为 0.1mm，可以估读 0.01mm。

N_3 型精密水准仪的使用方法与一般水准仪的使用方法基本相同，其主要差别在读数上。如图 2.8.4 所示，威特水准仪附有铟钢水准尺一副，尺面有两排分划线，相邻分划线的长度为 1cm，每隔 2cm 注一数字。正对尺面左侧尺像为基本分划，注记从零开始。右

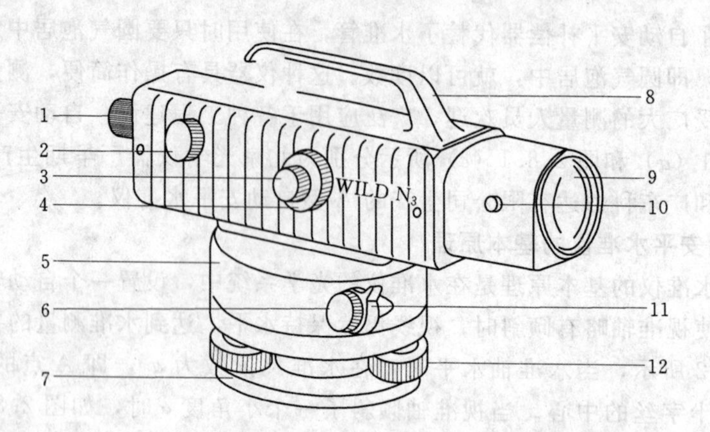

图 2.8.3　WILD N_3 型精密水准仪

1—目镜调焦螺旋；2—物镜调焦螺旋；3—微倾螺旋；4—测微螺旋；5—基座；6—微动螺旋；7—底板；8—手柄；9—物镜；10—平行玻璃板旋转轴；11—制动螺旋；12—脚螺旋

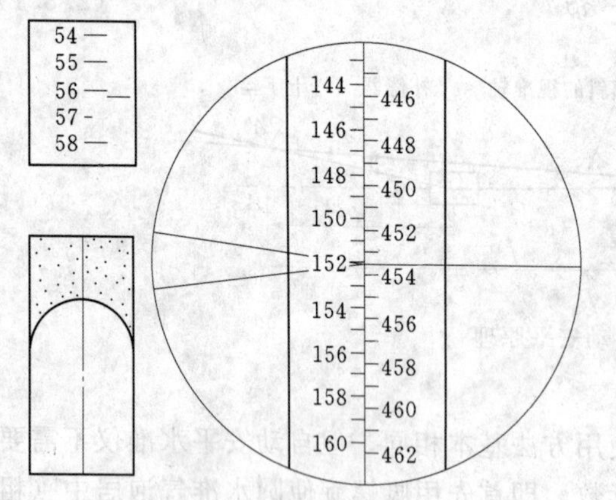

图 2.8.4　N_3 型精密水准仪读数方法

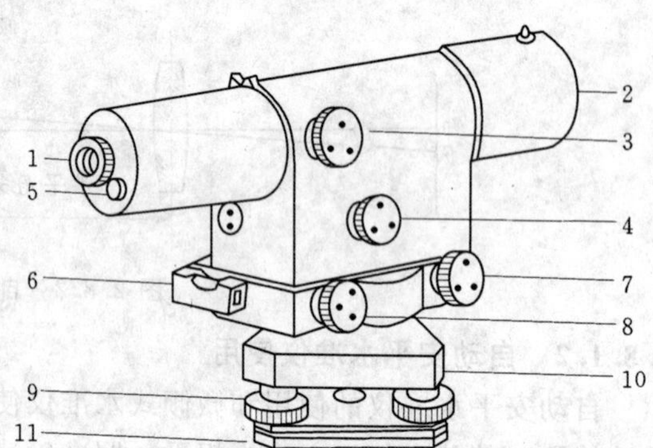

图 2.8.5　国产 DS_1 型精密水准仪

1—目镜调焦螺旋；2—物镜；3—物镜调焦螺旋；4—测微螺旋；5—测微器读数镜；6—粗平水准管；7—微动螺旋；8—微倾螺旋；9—脚螺旋；10—基座；11—底板

侧尺像为辅助分划，注记从 301.550cm 开始。在同一水平线上尺上基、辅分划读数差值为 301.550cm，以便观测时进行校核。

在瞄准水准尺进行读数时，先转动微倾螺旋使水准管气泡居中（水准管气泡两端半像符合），再转动测微轮使十字丝的楔形丝恰好夹住某一基本分划线，如图中对准 152cm 分划线，在测微窗上读取读数为 562（尾数估读），实际读数为 0.562cm，两数相加为 152.562cm，然后再按上法读辅助分划的读数设为 454.113cm，两数相差 301.551cm，误差为 0.001cm。

北京测绘仪器厂生产 DS_1 型精密水准仪，如图 2.8.5 所示，其读数方法见图 2.8.6 所示，其望远镜的放大率为 40 倍，水准管分划值为 10″/2mm，配合使用的为 5mm 分划的精密水准尺，转动测微螺旋，可以使水平视线在5mm范围内作平行移动，测微分划尺有100个分格，分格值为0.05mm，望远镜目镜视场中看到的水准尺和十字丝影像等如图2.8.6所示，视场左边为水准管气泡的符合影像。测微器读数镜在目镜的右下方，影像如图中小圆圈内所示。通过测微装置使视线平行移动，为了能精确地对准水准尺上某一分划，精密水准仪的十字丝横丝（一侧或两侧）刻成楔形的双丝，用它去“夹住”某一分划，如图2.8.6所示。进行水准测量时，先转动微倾螺旋使水准管气泡两端的影像严格符合，这时，视线水平。再转动测微轮使楔形丝夹住某一分划，读出整分划数，图中读数为1.97m；然后从测微读数显微镜中读得尾数1.42mm，全部读数为1.97142m，由于这种水准尺为5mm分划，注字比实际长度大一倍，因此，实际读数应为1.97142m/2=0.98571m。

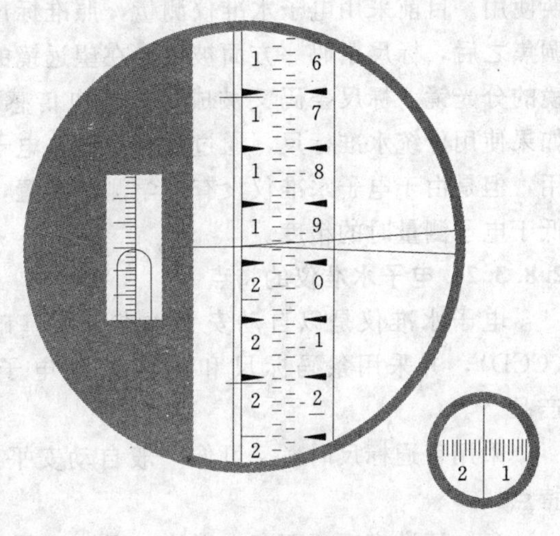

图2.8.6　DS_1水准仪目镜视场及测微器读数视场

2.8.3　电子水准仪简介

2.8.3.1　电子水准仪基本结构

1987年瑞士莱卡（Leica）公司推出了世界上第一台电子水准仪NA2000。在NA2000上首次采用数字图像技术处理标尺影像，并以CCD阵列传感器取代测量员的肉眼对标尺读数获得成功。这种传感器可以识别水准标尺上的条码分划，并用相关技术处理信号模型，自动显示与记录标尺读数和视距，从而实现水准观测自动化。

蔡司、拓普康、索佳等测量公司也先后推出了各自的电子水准仪。到目前为止，电子水准仪已经发展到了第二代、第三代产品，仪器测量精度已经达到了一、二等水准测量的要求。图2.8.7为蔡司DIN10/20电子水准仪。

图2.8.7　蔡司DIN10/20电子水准仪

电子水准仪是在自动安平水准仪的基础上发展起来的。各厂家的电子水准仪采用了大体一致的结构，其基本构造由光学机械部分、自动安平补偿装置和电子设备组成。电子设备主要包括：调焦编码器、光电传感器（即线阵CCD器件）、读数电子元件、单片微处理机、接口（外部电源和外部存储记录）、显示器件、键盘以及影像数据处理软件等，标尺采用条形码标尺供电子测量使用。

各厂家标尺的编码方式和电子读数求值过程由于专利权的原因而完全不同，因此不能互换使用。目前采用电子水准仪测量，照准标尺和调焦仍需人工目视进行。人工完成照准和调焦之后，标尺条码一方面被成像在望远镜的分划板上，供目视观测；另一方面通过望远镜的分光镜，标尺条码又被成像在光电传感器即线阵CCD器件上，供电子读数。因此，如果使用传统水准标尺，通过目视观测，电子水准仪又可以像普通自动安平水准仪一样使用，但是由于电子水准仪没有光学测微装置，当成普通自动安平水准仪使用时，测量精度低于电子测量时的精度。

2.8.3.2　电子水准仪的特点

电子水准仪是以自动安平水准仪为基础，在望远镜光路中增加了分光镜和探测器(CCD)，并采用条码标尺和图像处理电子系统而构成的光电测量一体化的高科技产品。

采用普通标尺时，又可像一般自动安平水准仪一样使用。它与传统仪器相比有以下特点：

(1) 读数客观。不存在误读、误记问题，避免了人为读数误差。

(2) 精度高。视线高和视距读数都是采用大量条码分划图像经处理后取平均得出来的，因此削弱了标尺分划误差的影响。多数仪器都有进行多次读数取平均的功能，可以削弱外界条件影响。不熟练的作业人员也能进行高精度测量。

(3) 速度快。由于省去了报数、听记、现场计算以及人为出错的重复观测，测量时间与传统仪器相比可以节省1/3左右。

(4) 效率高。只需调焦和按键就可以自动读数，减轻了劳动强度。视距还能自动记录、检核、处理并能输入电子计算机进行后处理，可实现内外业一体化。

(5) 操作简单。由于仪器实现了读数和记录的自动化，并且预存了大量测量和检核程序，在操作时还有实时提示，测量人员在学习中很快就能掌握使用方法，减少了培训时间，即使是非专业人员也能很快熟练掌握使用仪器。

习　题

1. 什么是后视、前视？

2. 什么是转点？转点的作用是什么？

3. 什么是视差？产生视差的原因是什么？如何消除视差？

4. 水准测量中为什么要求前后视距离相等？

5. 水准测量误差有哪几项？在测量工作中应如何操作才能消除或减少其误差的影响？

6. 水准仪有哪些轴线？它们之间应满足哪些几何条件？

7. 在DS_3水准仪的水准管轴平行于视准轴的检验中，选择相距70m的A、B两点，仪器安置在A、B两点中间，对A、B尺读数分别为1.668m和1.250m。将水准仪搬至前视B点旁约3m处，对A、B尺分别读数为1.756m和1.350m，问该水准仪的水准管是否平行于视准轴？如不平行如何校正？

8. 自动安平水准仪与DS_3型微倾水准仪的使用方法有什么不同？

9. 已知A点的高程为86.202m，按照表2.1水准测量数据，计算B点的高程，并进行计算的检核。

表 2.1 水准测量记录表

测站	点号	后视读数 (m)	前视读数 (m)	高差 (m)		高程 (m)	备注
				+	−		
2	A	1.368				86.202	A
	TP_1		1.345				
3	TP_1	1.564					
	TP_2		1.209				
	TP_2	1.674					
	TP_3		1.876				
4	TP_3	1.356					
	B		1.683				
计算校核							

10. 用图 2.1 闭合水准路线的观测成果，进行高差闭合差的调整和高程的计算。

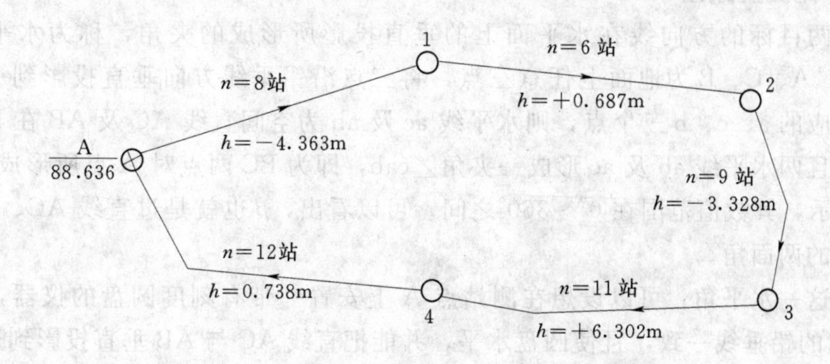

图 2.1 闭中水准路线观测成果注记图

11. 用图 2.2 附合水准路线的观测成果，进行高差闭合差的调整和高程计算。

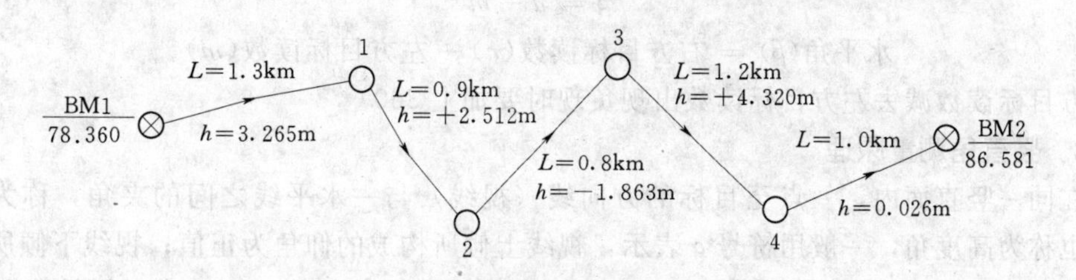

图 2.2 附合水准路线观测成果注记图

第3章　经纬仪及角度测量

学习目标：

通过本章的学习，了解光学经纬仪的基本构造，认识电子经纬仪及激光经纬仪，并在正确理解角度测量原理的基础上，掌握光学经纬仪的基本使用方法、水平角和竖直角的观测方法、经纬仪常规检验项目的检验与校正方法，学会对角度测量进行误差分析。

3.1　角度测量的原理

角度测量是确定地面点相对位置的基本工作之一，它包括水平角测量和竖直角测量。

3.1.1　水平角测量原理

一点到两目标的方向线在水平面上的垂直投影所形成的夹角，称为水平角。如图3.1.1所示，A、C、B为地面上任意三点，将三点沿铅垂线方向垂直投影到一水平面P上，得到相应的a、c、b三个点，则水平线ac及ab为空间直线AC及AB在P平面上的垂直投影，且两水平线ab及ac形成一夹角$\angle cab$，即为BC两点对A点所形成的水平角，一般用β表示，其数值范围在0°～360°之间。可以看出，β也就是过直线AC、AB所作两竖直面之间的两面角。

为测量这一水平角，可以设想在测站点A上安置一带有刻度圆盘的仪器，圆盘的圆心与过A点的铅垂线一致，且使圆盘水平，并能把直线AC与AB垂直投影到这个水平的圆盘上，则两垂直投影线截得圆盘上的相应刻度数分别为m、n，那么两目标方向线AB与AB的水平角值为：

$$\beta = n - m \tag{3.1.1}$$

即　　水平角(β) = 右方目标读数(n) − 左方目标读数(m)

当右方目标读数减去左方目标读数出现负现时要加上360°

3.1.2　竖直角测量原理

在同一竖直面内，一点至目标的方向线（视线）与一水平线之间的夹角，称为竖直角，也称为高度角，一般用符号α表示，视线上倾所构成的仰角为正值；视线下倾所构成的俯角为负值，其角值范围为$|\alpha| \leqslant 90°$。另一种是目标方向与天顶方向（即该点的铅垂线反方向）所构成的角，称为天顶距，一般用符号Z表示，其角值范围为0°～180°之间，没有负值。

其测角原理如图3.1.2所示。在测站点A上安置一带有竖直刻度圆盘的测角仪器，竖直刻度盘的中心通过水平视线，为便于读数，仪器上设置一根不随读盘上下旋转而变动的指标线（且处于铅垂位置）。当视线水平时，指标线在度盘上的对应刻度为90°；当视线对准目标时，指标线在度盘上的对应刻度设为n。那么目标方向的竖直角为

$$\alpha = 90° - n \tag{3.1.2}$$

目标方向的天顶距为：

$$Z = n \tag{3.1.3}$$

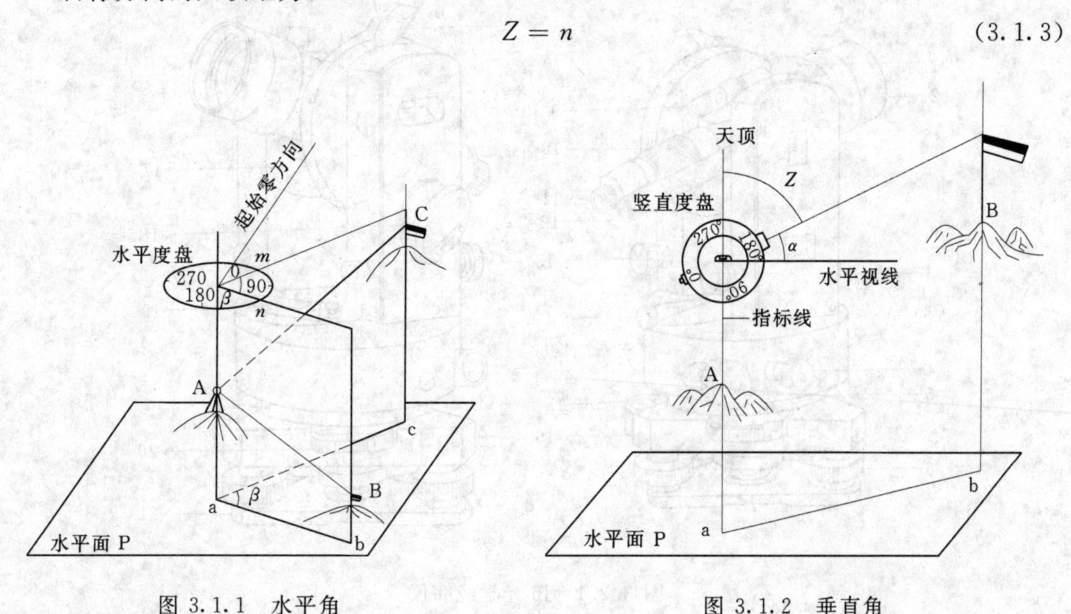

图 3.1.1　水平角　　　　图 3.1.2　垂直角

由此可见，为完成水平角和竖直角的测量，测量使用的仪器必须具备水平度盘、竖直度盘和能在水平方向左右旋转，而且也能在竖直方向上下旋转，用于瞄准不同方向、不同高度目标的望远镜。经纬仪正是根据上述角度测量原理而制作的测角仪器。

3.2 DJ6 型光学经纬仪

3.2.1 经纬仪型号及其适用

经纬仪是角度测量的主要仪器。经纬仪按测角原理可以分为光学经纬仪和电子经纬仪，其种类很多，按精度划分，光学经纬仪有 DJ1、DJ2、DJ6 等几个等级；电子经纬仪有 DJD2、DJD5、DJD7 等几个等级，前面的字母“D、J、D”分别是大地测量的“大”、经纬仪的“经”及电子测角的“电”的汉语拼音的第一个字母，而后面的数字则代表仪器在野外一方向测回观测值的中误差的秒数。其中 2 秒及 2 秒内的经纬仪属于精密经纬仪，主要用于高精度的测角，如等级控制测量中的角度观测、归化法角的放样，精密方向准直等。5 秒及 5 秒以上的经纬仪则属于普通经纬仪，主要用在图根控制测量的角度观测、平板测图，断面测量等方面。

3.2.2 DJ6 型光学经纬仪的结构

DJ6 型光学经纬仪主要由照准部、水平度盘和基座三大部分组成。图 3.2.1 为 J6 型光学经纬仪，各部件名称的编号如图 3.2.1 所注。

现将仪器各部分的构造和部件名称及使用说明如下。

1. 照准部

照准部位于仪器基座的上方，能绕竖直轴在水平面内转动，它是基座上方能够转动部分的总和。主要部件由望远镜、竖直度盘、读数设备、照准控制机构、水准器等组成。

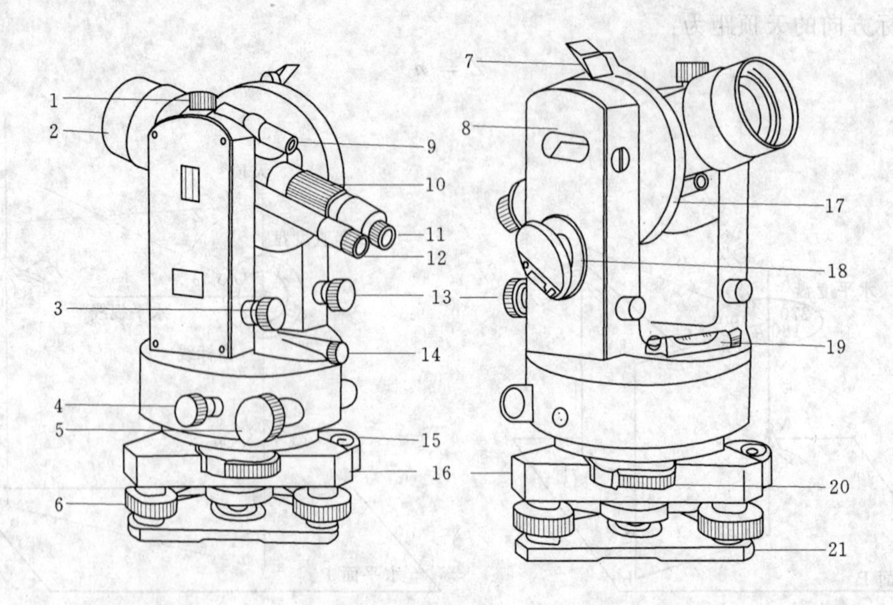

图 3.2.1 J6 光学经纬仪

1—望远镜制动螺旋；2—望远镜物镜；3—望远镜微动螺旋；4—照准部制动螺旋；5—照准部微动螺旋；6—脚螺旋；7—竖盘水准管观察镜；8—竖盘指标水准管；9—光学瞄准器；10—物镜调焦螺旋；11—望远镜目镜；12—度盘读数显微镜；13—指标水准管微动螺旋；14—光学对点器；15—圆水准器；16—基座；17—竖直度盘；18—度盘反光镜；19—照准部水准管；20—水平度盘变换手轮及护盖；21—基座底板

望远镜是照准部的主要部件，用于观测远处目标和进行准确瞄准，其结构与水准仪的望远镜相似，它由物镜、调焦镜、十字丝分划板、目镜和固定它们的镜筒组成，与横轴固定连载一起安置于支架上，横轴可在支架上转动，因而望远镜也随横轴上下转动。

竖直度盘（简称竖盘）用于测量竖直角，它是一个光学玻璃圆环，在圆环上面有一圈顺时针（或逆时针）注记的分划线，每个分划值一般为1°，用于测量竖直角。竖盘固定在横轴的一端，随望远镜一起转动，而用来进行竖直读数的指标不动。为能够按固定的指标位置进行竖盘读数，通常还装有竖盘指标水准管，当竖盘指标水准管气泡居中，则表明指标处于正确位置。目前有许多经纬仪已不采用这种方式，而用竖盘自动归零补偿器来代替水准管结构。

读数设备包括光学瞄准器、读数显微镜，以及光路中一系列的棱镜、透镜等，便于读取望远镜瞄准某一目标时的水平度盘和竖直度盘的读数。

为控制经纬仪各部分间相对运动和使经纬仪的望远镜精确地瞄准目标，仅用手来控制仪器是困难且费时的，因此，在经纬仪上设置了三套控制装置：即望远镜的制动和微动螺旋；照准部的制动和微动螺旋；水平度盘转动的控制装置（位于水平度盘上）。望远镜的制动和微动螺旋安置于支架上，来控制望远镜在垂直方向转动。望远镜的制动使望远镜固定在垂直某一位置，望远镜的微动可实现望远镜微小仰俯，从而在垂直方向上精确瞄准目标。照准部的制动和微动是来控制望远镜在水平方向的转动。照准部的制动使望远镜固定在水平方向某一位置，照准部的微动可使照准部在一有效的范围内相对转动，从而可在水平方向上精确瞄准目标。

为使竖轴处于竖直位置和水平度盘处于水平位置，照准部又装有圆水准器和水准管，照准部的水准管是用来精确整平仪器，圆水准器用来做粗略整平。此外，为使地面测站点与仪器中心在同一铅垂线上，在照准部上设置有光学对点器，或在三脚架的中心连接螺旋下方有一挂钩，来挂垂球，以便对中。

2. 水平度盘部分

有两个主要的部件：即水平度盘和水平度盘转动的控制装置。

水平度盘是进行读数的主要部件，独立安装在照准部底部外罩内的竖轴外套上，它由光学玻璃制成的精密刻度的圆盘，在圆盘上刻有一圈 0°～360°顺时针注记的分划线，每个分划值一般为 1°，用以量度水平角，照准部转动时，水平度盘不动，当需水平度盘读数变动，以消除水平度盘的刻划误差时，则可以通过水平度盘转动的控制装置来实现。

水平度盘转动的控制装置，目前常见的有两种结构。一种是采用水平度盘变换手轮，使用时，旋转手轮，则水平度盘随之转动，转到所需位置。另一种是用复测机组装置，使用时，可将复测扳手拨下，水平度盘就与照准部结合在一起，照准部转动，则水平度盘随之转动，转到待需位置时，将复测扳手拨上，这时转动仪器时读数随之改变。

3. 基座部分

经纬仪的基座与水准仪基座相似，位于仪器的下部，用来支撑整个仪器，为使整个仪器在三脚架上能安置得比较稳定，在基座的下部装有一块有弹性的三角压板，三角压板中间有一螺母，可借助三脚架上的中心连接螺旋旋入该螺母内，将基座与三脚架相连接，三脚架上的中心连接螺旋下方有一挂钩，挂上对中垂球，以便将仪器对中，在三角压板和基座之间，有三个脚螺旋，用于整平仪器。另外基座上还有一个轴套，仪器插入基座的轴套内后，可通过基座侧面的固定螺旋，将仪器固定在基座上，使用时切勿松动固定螺旋，以免仪器分离而摔坏。

3.3 DJ6 型光学经纬仪的基本使用方法

角度测量的首要工作就是熟悉经纬仪的使用。经纬仪的使用主要包括仪器的安置、目标的瞄准和读数三项工作。

3.3.1 经纬仪的安置

经纬仪的安置是把仪器安置于测站点上，使仪器的竖轴与测站点在同一铅垂线上，并使水平度盘成水平位置。经纬仪的安置包括仪器的安装、仪器的对中和仪器整平等三项工作。

1. 仪器的安装

先打开三脚架，在测站点上张开三脚架成正三角形（张开角度不宜太大或太小），使测站点近似位于正三角形的中心位置（见图 3.3.1），通过脚架腿上的伸缩制动螺旋伸开脚架腿至合适高度，便于观测，并使角架头大致水平，架头中心大致对准测站点的标志，然后踩实三脚架。打开仪器箱（注意仪器在箱子的摆放位置，便于仪器用完后能正确装箱），一只手握住

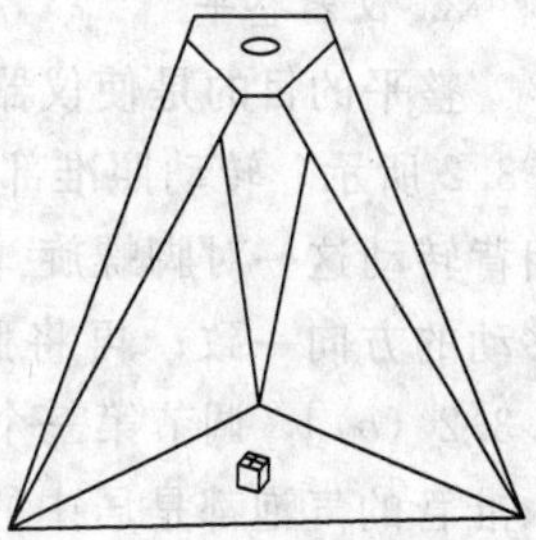

图 3.3.1 仪器脚架的安装

仪器支架另一只手托住仪器基座底部将仪器放在三脚架头上，使仪器装在架头的中央位置，用中心连接螺旋固定。

2. 仪器对中

对中的目的是使仪器的中心（仪器竖轴）与测站点的标志中心在同一铅垂线上。

经纬仪种类较多，对中设备和精度的要求也不同，其对中方法有两种方法：即垂球对中和光学对点器对中。

（1）垂球对中。

三脚架按要求安置在测站点上，将中心连接螺旋置于架头中心并悬挂垂球，调整垂球线的长度，使垂球尖距地面标志点顶部较近，然后将仪器通过中心连接螺旋固定在三脚架架头上。若垂球尖偏离测站点不大，稍松中心螺旋，在架头上平移仪器，使垂球尖准确对中地面标志点地中心，再旋紧中心螺旋，使仪器固定。若垂球尖距地面标志点顶部较远，使得在架头上平移仪器还无法使垂球尖准确对中地面标志点的中心，此时可先将仪器基座放回到架头中心，旋紧中心螺旋，以防仪器摔下，然后移动三角架的两条腿，并注意保持架头大致水平，使垂球尖靠近地面标志点顶部附近，再按第一种情况进行操作即可。

（2）光学对点器对中。

仪器架设在三脚架上后，调节对点器目镜焦距，使对点器的圆圈标志和地面的影像清晰，若测站点的影像在对点器的目镜视场内，则眼睛观测对点器的目镜，同时旋转基座上的三个脚螺旋，使对点器的圆圈标志和测站点的标志中心重合，此时圆水准器的气泡不居中，可以任选两个架腿，第三个架腿始终不动，并通过其上的伸缩制动螺旋伸缩脚架腿（注意不是移动架腿的脚尖位置，另外，手应握住架腿的伸缩处缓缓伸缩脚架腿，防止仪器滑下），使圆水准器的气泡大致居中；若测站点的影像不在对点器的目镜视场内，则可使自己的脚尖放在测站点附近处，任选三脚架的两个架腿，双手提起，前后、左右地移动该两个架腿，同时眼睛观测对点器的目镜（注意通过眼睛的余光，尽量保持架头大致水平），当测站点的标志中心大部分在对点器的圆圈标志内时，踩实这两个架腿，然后旋转基座上的三个脚螺旋，使对点器的圆圈标志和测站点的标志中心重合，再任选两个架腿，通过其上的伸缩制动螺旋伸缩脚架腿，使圆水准器的气泡大致居中即可。

由于仪器结构和操作等的原因，用光学对点器进行的对中精度高于垂球对中的精度（垂球对中的误差为3mm，光学对点器的对中误差为 1 mm），因此，目前生产的J6型经纬仪均有光学对点器装置。

3. 仪器整平

整平的目的是使仪器的竖轴处于竖直位置及水平度盘处于水平位置。操作步骤如图3.3.2所示，转动照准部，使水准管与任意两个脚螺旋的连线平行，两手拇指同时相向或相背转动这一对脚螺旋［见图 3.3.2（*a*）］，使气泡居中，气泡移动的方向与左手大拇指移动的方向一致；再将照准部旋转 90°，使水准管与这两个脚螺旋的连线垂直［见图3.3.2（*b*）］，调节第三个脚螺旋使气泡居中，反复以上操作，直至仪器旋转到任何位置，水准管的气泡都是居中的。

值得注意的是：对中和整平是两个相互联系的操作过程。经纬仪经过整平后会破坏前

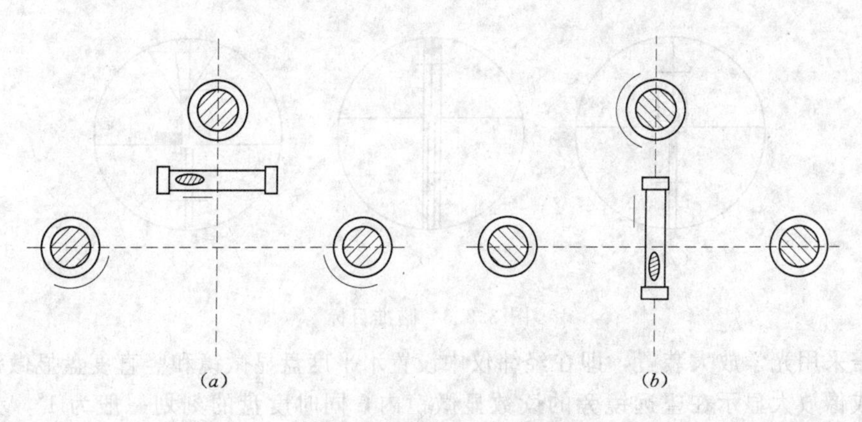

图 3.3.2 整平原理示意图

面的对中，使得测站点的标志中心会在对点器的圆圈标志的附近（对于用垂球对中，则会使垂球尖偏离在测站点中心附近），对此稍松中心连接螺旋（注意仪器不可完全脱离基座，以免仪器掉下），两只手按住基座上的三角压板，眼睛观测对点器的目镜，左右或前后平移仪器（不可旋转仪器，否则会破坏），使对点器的瞄准标志与地面测站点的标志中心重合，然后一只手扶住仪器，另一只手旋紧中心连接螺旋（或若采用垂球对中，可使另一人观测垂球尖和测站点中心的相对位置，指挥仪器操作者，左右或前后平移仪器，使垂球尖准确对中地面标志点的中心），这样由于平移仪器，又会影响了整平工作，应紧接着进行整平。因此，应反复重复上述的对中和整平工作，直到光学对中误差不超过 1mm，且照准部的水准管的气泡居中。

3.3.2 瞄准和读数

3.3.2.1 瞄准

瞄准就是用望远镜的十字丝交点去精确地对准目标，具体的瞄准操作方法和步骤为：

（1）松开仪器水平制动螺旋和望远镜制动螺旋，转动照准部，将望远镜对向一明亮背景，转动望远镜目镜调焦螺旋，使十字丝清晰。

（2）转动照准部，通过望远镜的光学瞄准器（准星、照门）瞄准目标，然后拧紧水平制动螺旋和望远镜制动螺旋。

（3）转动望远镜的物镜调焦螺旋，使目标成像清晰。

上述操作中应注意消除视差，所谓视差就是当望远镜瞄准目标后，眼睛在目镜处上下、左右作少量移动，会出现十字丝和目标的成像有相对运动的现象。这在测量作业中是不允许的，消除视差的方法是慢慢地转动目镜和物镜调焦螺旋。

（4）转动水平制动螺旋和望远镜制动螺旋，使十字丝精确对准目标（见图 3.3.3）。水平角的观测应用十字丝的竖丝照准目标，且十字丝的中丝尽量靠近目标的底部，当所照目标成像较细，用双丝对称夹注目标［见图 3.3.3（*a*）］；而当所照目标成像较粗，则常用十字丝的单丝平分目标，照准目标的几何中心［见图 3.3.3（*b*）］。观测竖直角时，应使十字丝中丝与目标的顶部相切［见图 3.3.3（*c*）］。

3.3.2.2 读数方法

光学望远镜采用目视直接读数方式，但由于度盘的分格很小，刻线很细，为提高读数

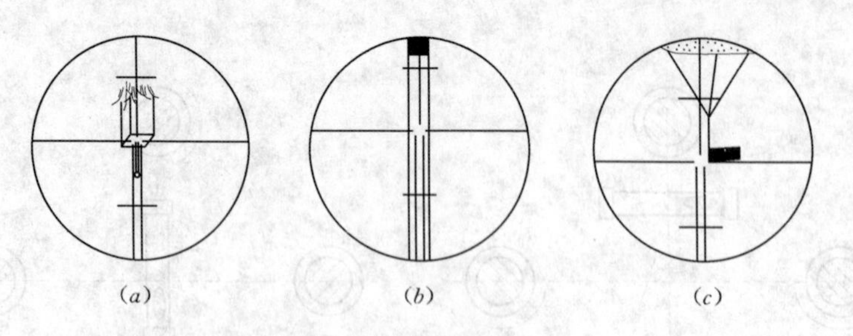

图 3.3.3 瞄准目标

精度，需采用光学放大装置，即在经纬仪中设置水平度盘显微镜和竖直度盘显微镜，将度盘分划成像放大显示在望远镜旁的读数显微镜内，同时度盘的刻划一般为 1°，为读取小于度盘一个计量单位的零数，还应设置测微器来读数。

DJ6 型经纬仪现在基本上都采用分微尺测微器装置来进行读数，所以下面主要讲述这种装置的读数方法。

分微尺测微器又称显微镜带尺测微装置，它是在显微镜读数窗与场镜上设置一个带有分划尺的分划板，分划尺全长等于度盘的一个计量单位，即 1°的宽度，同时分划尺又分成 60 小格，每小格代表 1′，每 10 小格注记数字，表示 10′的倍数，不到 1′的读数可估读至 0.1′，即最小读数为 6″。

图 3.3.4 是读数显微镜视场内所见到的度盘和分划尺的影像，上面注有“H”或“—”或“水平”的表示水平度盘读数窗口，下面注有“V”或“⊥”或“竖直”的表示

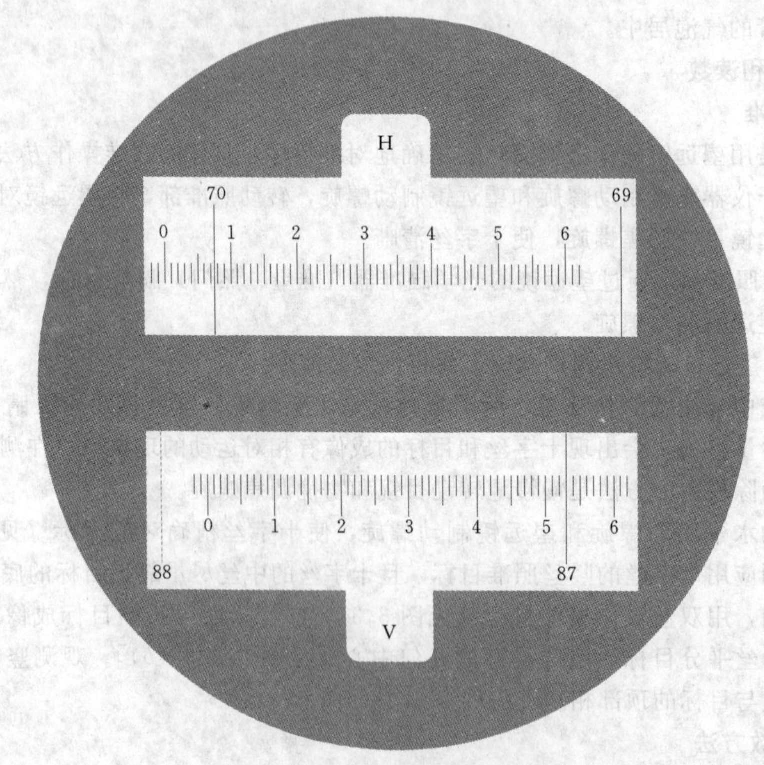

图 3.3.4 分微尺测微器读数

竖直度盘读数窗口，其中长线（即度读数分划线）和大号数字式度盘上的分划线及其注记，短线（测微尺分划线）和小号数字为分划尺的分划线和注记数字。

读数时，以测微尺的零分划线为指标线，当某一度读数分划线盖在测微器的分划尺上，“度”数就为该度读数分划线上的注记数字，其中“分”值为测微尺零线到度读数分划线间的小格数（一小格 1′），在测微尺上不足 1′的，估读出其占一小格的十分之几，再乘以 60 即为“秒”值。图 3.3.4 的水平度盘读数窗口内，分划尺的 0 分划线已过 70°，在 0 分划线和 70°的度读数分划线间的小格数为 7 格多，不足一格的占一格的 6/10，所以水平度盘的读数为 70°07′36″。同理，在竖直度盘的读数窗中，分划尺的在 0 分划线已过了 87°，整个读数为 87°53′00″。

3.4 水平角的观测

观测水平角的方法很多，一般根据目标的多少和等级要求而定，常用的方法有测回法和方向观测法。

3.4.1 测回法

测回法是观测水平角的一种最基本的方法，适合于观测两个目标之间的单个角值，如图 3.4.1 所示，设要测水平角∠AOB，在 O 点（测站点）安置经纬仪（对中、整平）。

1. 观测方法、步骤

(1) 仪器处于盘左位置（竖直度盘在望远镜目镜左侧，也称正镜），旋转照准部瞄准 A 点（一般将起始方向称为零方向，通常选成像稳定、目标背景清晰为零方向），拧紧水平制动螺旋和望远镜制动螺旋，转动水平微动螺旋和望远镜微动螺旋精确照准目标，并读取水平度盘读数，设为 $a_{左}=0°02'42''$，记入观测手簿（见表 3.4.1）中。

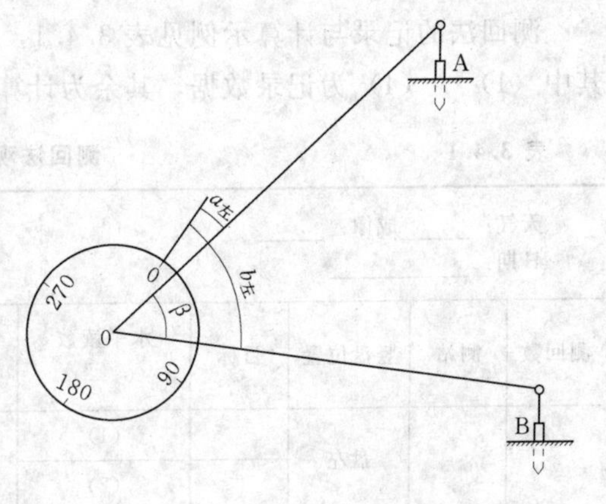

图 3.4.1 水平角观测

(2) 松开水平制动螺旋，顺时针转动照准部瞄准 B 点，同法精确照准目标，并读取水平度盘读数，设为 $b_{左}=262°18'48''$，记入观测手簿中。

以上两步称为盘左半测回或上半测回，所测得角值为

$$\beta_{左}=b_{左}-a_{左}=262°16'06'' \tag{3.4.1}$$

若算得的值为负，则计算值＋360°为上半测回角度值，并将结果记入观测手簿中。

(3) 松开水平制动螺旋和望远镜制动螺旋，仪器倒镜（竖直度盘在望远镜目镜右侧，也称盘右），逆时针旋转仪器瞄准 B 点，同法精确照准目标，并读取水平度盘读数，设为 $b_{右}=82°18'36''$，记入观测手簿中。

(4) 松开水平制动螺旋，逆时针转动照准部瞄准 A 点，也以同法精确照准目标，并

读取水平度盘读数，设为 $a_{右}=180°02'42''$，记入观测手簿中。

以上两步称为盘右半测回或下半测回，所测得角值为

$$\beta_{右}=b_{右}-a_{右}=265°15'54'' \tag{3.4.2}$$

若算得的值为负，则计算值＋360°为下半测回角度值，并将结果记入观测手簿中。

上半测回和下半测回合在一起称为一测回，当上、下半测回角值之差不超过40″，则一测回角值为两个半测回角值的平均值，即

$$\beta=\frac{\beta_{左}+\beta_{右}}{2} \tag{3.4.3}$$

为提高测角的精度，往往水平角观测需要多个测回取平均值，此时为降低由于度盘刻划误差的影响，各测回的零方向的读数要进行配置，其各测回的变化值为

$$m=\frac{180°}{n} \tag{3.4.4}$$

式中：n 为测回数。

零方向读数的配置具体操作为：盘左位置瞄准零方向后，转动度盘变换手轮，使度盘读数调整至某一测回零方向的配置值多一点处，并及时盖上护盖，按上述观测过程进行水平角的观测即可。

2. 记录与计算方法

测回法的记录与计算示例见表 3.4.1，表中带括号的号码为观测记录和计算的顺序，其中（1）～（4）为记录数据，其余为计算所得。

表 3.4.1　　测回法观测记录手簿

天气：______成像：______　　仪　器：______NO.______

日期：__________　　观测者：______记录者：______

测回数	测站	竖盘位置	目标	水平读数（° ′ ″）	半测回角值（° ′ ″）	一测回角值（° ′ ″）	各测回平均角值（° ′ ″）	备　注
		盘左		(1)	(5)	(7)	(8)	
				(2)				
		盘右		(4)	(6)			
				(3)				
Ⅰ	0	盘左	A	0　02　42	262　16　06	262　16　00	262　16　02	
			B	262　18　48				
		盘右	A	180　02　42	262　15　54			
			B	82　18　36				
Ⅱ	0	盘左	A	90　01　24	262　16　06	262　16　03		
			B	352　17　30				
		盘右	A	270　01　54	262　16　00			
			B	172　17　54				

测回法计算方法如下：

(1) 半测回角值为

$$(5) = (2) - (1)$$

$$(6) = (3) - (4)$$

若上两式的计算值为负时，其得数应加上 360°方为上、下半测回的角度值。

(2) 一测回角值为

$$(7) = \frac{1}{2}[(5) + (6)]$$

(3) 各测回平均角值为

(8) = 所有测回的一测回角值的连加和，再除以测回数 n 的得数

在观测中，应注意两项限差，一是两个半测回角值之差，二是各测回间的角值之差。这两项限差，对于不同精度的仪器，有不同的规范要求。DJ6 型经纬仪要求半测回角值互差不得超过±40″；各测回间的角值互差不得超过±24″。若半测回角值互差超限应重测该测回；若各测回角值互差超限，则应重测某一测回角值偏离各测回平均角值较大的那一测回。

3.4.2 方向观测法

当观测方向数为 3 个或 3 个以上时，通常采用方向观测法。为消减因望远镜调焦而产生的照准误差，往往在观测之前，应从几个方向中选一个目标清晰、呈像稳定、距离适中的方向，作为起始零方向。

1. 观测方法、步骤

当观测方向数为 3 个时（见图 3.4.2），其步骤为：

(1) 在测站 O 上安置经纬仪，对中、整平。

(2) 盘左位置，选定零方向 A 点瞄准，将度盘配置于 0°稍大读数处，再顺时针转动仪器依次观测 B、C 方向，分别读取每个方向的水平度盘读数并记录于观测手簿中（见表 3.4.2），称上半测回。

(3) 倒镜，用盘右位置按逆时针方向依次观测 C、B、A 方向，分别读取各方向盘右的水平度盘读数并记录于观测手簿中，称下半测回。

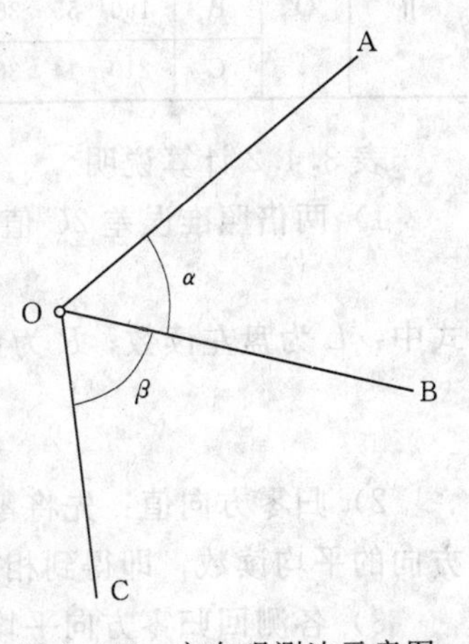

图 3.4.2 方向观测法示意图

上、下半测回合起称一测回，余下的测回只需按规范规定的“方向观测度盘表”的要求，对零方向进行度盘配置即可，其观测、记录与第一测回完全相同。当观测的方向数多于 3 个时（见图 3.4.3），应采用全圆方向观测法，其操作步骤同上，只是在半测回结束时仍要回到起始零方向，称为归零。

具体的过程如下：

(1) 在测站 O 上安置经纬仪，对中、整平。

(2) 盘左位置，选定零方向 A 点瞄准，将度盘配置于 0°稍大读数处，再顺时针转动仪器依次观测 B、C、D 各方向，分别读取每个方向的水平度盘读数并记录于观测手簿中

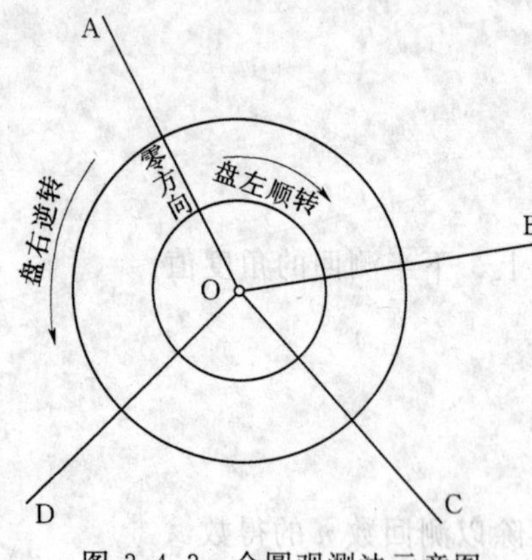

图 3.4.3 全圆观测法示意图

（见表 3.4.3），最后还要回到起始方向 A 进行归零，读数并记录，称上半测回。

（3）倒镜，用盘右位置按逆时针方向依次观测 A、D、C、B 方向，读数并记录，称下半测回。

上、下半测回合起称一测回，余下的测回只需对零方向按要求进行度盘配置即可，其观测、记录与第一测回完全相同。

2. 记录与计算方法

观测方向数为三个的记录和计算示例见表 3.4.2。

表 3.4.2　　方向观测法记录手簿

天气：晴　成像：清晰　　仪器：j6　NO. 20532

日期：2006.8.26　　观测者：李东　记录者：朱小凤

测回数	测站	目标	读数 盘左（L）(° ′ ″)	读数 盘左（R）(° ′ ″)	2C (″)	平均读数 (° ′ ″)	归零方向值 (° ′ ″)	各测回归零方向平均值 (° ′ ″)	备注
Ⅰ	O	A	0 02 12	180 01 48	+24	0 02 00	0 00 00	0 00 00	
		B	70 53 24	250 53 06	+18	70 53 15	70 51 15	70 51 16	
		C	120 12 18	300 12 06	+12	120 12 12	120 10 12	120 10 18	
Ⅱ	O	A	90 04 06	270 04 00	+6	90 04 03	0 00 00		
		B	160 55 30	340 55 12	+18	160 55 21	70 51 18		
		C	210 14 30	30 14 24	+6	210 14 27	120 10 24		

表 3.4.2 计算说明

1）两倍照准误差 2C 值：

$$2C = L - (R \pm 180°) \quad (3.4.5)$$

式中：L 为盘左读数；R 为盘右读数

$$平均读数 = \frac{1}{2}[L + (R \pm 180°)]$$

2）归零方向值：先将零方向平均读数化为 0° 00′00″，其余各方向的平均读数减去零方向的平均读数，即得到相应方向的归零方向值。

3）各测回归零方向平均值：即取同一方向各测回的归零方向值平均值。

“＋”、“－”的取舍可根据盘右的读数来定，若盘右读数 $R \geqslant 180°$ 时，取“－”号，若盘右读数 $R < 180°$ 时，则取“＋”号。

观测方向数多于 3 个的记录和计算示例见表 3.4.3。

表 3.4.3 计算说明

1）半测回归零差：即盘左或盘右的零方向两次读数之差。例如表 3.4.3 中的第一测回零方向（A）的盘左或盘右的半测回零差计算如下。

上半测回归零差为

$$(6)=(5)-(1)=+6''$$

下半测回归零差为

$$(12)=(7)-(11)=+6''$$

2）两倍照准误差 $2C$ 值为

$$2C=L-(R\pm 180^\circ)$$

3）平均读数为

$$\text{平均读数}=\frac{1}{2}\left[L+(R\pm 180^\circ)\right]$$

4）归零方向值：先取零方向平均读数的平均值，注记在零方向平均读数的上方，并将它化为0° 00′00″记在归零方向值相应栏内，其余各方向的平均读数减去零方向的平均读数的平均值，即得到相应方向的归零方向值。

5）各测回归零后方向平均值：即取同一方向各测回的归零方向值平均值。

表 3.4.3　　全圆方向观测法记录手簿

天气：晴　成像：清晰　　　　仪器：j6　NO. 20532

日期：2006.8.26　　　　观测者：李东　记录者：朱小凤

测回数	测站	目标	读数 盘左（L）(° ′ ″)	盘左（R）(° ′ ″)	2C (″)	平均读数 (° ′ ″)	归零方向值 (° ′ ″)	各测回归零方向平均值 (° ′ ″)	备注
						(23)			
			(1)	(11)	(13)	(18)	(24)	(28)	
			(2)	(10)	(14)	(19)	(25)	(29)	
			(3)	(9)	(15)	(20)	(26)	(30)	
			(4)	(8)	(16)	(21)	(27)	(31)	
			(5)	(7)	(17)	(22)			
	归零差		(6)	(12)					
						0 02 03			
Ⅰ	O	A	0 02 12	180 01 48	+24	0 02 00	0 00 00	0 00 00	
		B	70 53 24	250 53 06	+18	70 53 15	70 51 12	70 51 12	
		C	120 12 18	300 12 06	+12	120 12 12	120 10 09	120 10 14	
		D	254 40 36	74 40 30	+6	254 40 33	254 38 30	254 38 35	
		A	0 02 18	180 01 54	+24	0 02 06			
	归零差		+6″	+6″					
						90 04 08			
Ⅱ	O	A	90 04 06	270 04 00	+6	90 04 03	0 00 00		
		B	160 55 30	340 55 12	+18	160 55 21	70 51 13		
		C	210 14 30	30 14 24	+6	210 14 27	120 10 19		
		D	344 42 54	164 42 42	+12	254 42 48	254 38 40		
		A	90 04 18	270 04 06	+12	90 04 12			
	归零差		+12″	+6″					

3. 观测限差及检查

方向观测法通常有三项限差：一是半测回的两次零方向读数之差，也称半测回归零差；二是一测回同方向盘左、盘右方向值差，也称2C误差；三是各测回同一方向的方向值之差，也称测回差。以上三种限差，根据不同精度的仪器而有所不同，其中半测回归零差对DJ6型经纬仪要求不得超过±18″；2C误差在实际观测中，应注意2C的变动范围，对于DJ6型经纬仪仅供观测者自检，不作限差规定；测回差对DJ6型经纬仪要求不得超过±24″。

在观测中应随时检查各项限差。上半测回测完后，立即计算半测回归零差，若超限须重测，下半测回测完后，也应立即计算归零差，若超限须重测整个测回；所有的测回测完后，计算测回差，若超限应具体地进行分析，一般来讲，某一测回的几个方向值与其他测回中该方向的方向值偏离较大，须重测该测回中这几个方向的盘左和盘右值，但如果超限的方向数大于所有方向总和的1/3，则必须重测整个测回。

3.5 竖直角的观测

若水平线方向用一指标指示度盘上某一固定值，竖直角的观测则与水平角观测一样，都是依据度盘上两个方向（镜位）读数之差来实现。要了解竖直角是如何测定的，首先应清楚竖直度盘的读数系统。

3.5.1 竖直度盘读数系统

1. 竖直度盘读数的光学系统

图3.5.1所示为竖直度盘的光学系统，从图中可以看出，光线通过反光镜进入照明进光窗，经竖盘照明棱镜的折射，照亮竖盘的分划线，然后带有度盘分划和注记的影像由竖盘转向棱镜转向竖盘显微物镜组并放大，再由竖盘转向棱镜及菱形棱镜，将度盘分划和注记放大的影像在读数窗与场镜的平面上成像，在读数窗与场镜中设置分划尺测微板。这样，带有度盘分划、注记及分划尺测微板的光线经转向棱镜及透镜，经读数显微镜目镜再放大，便可读出竖盘的读数。

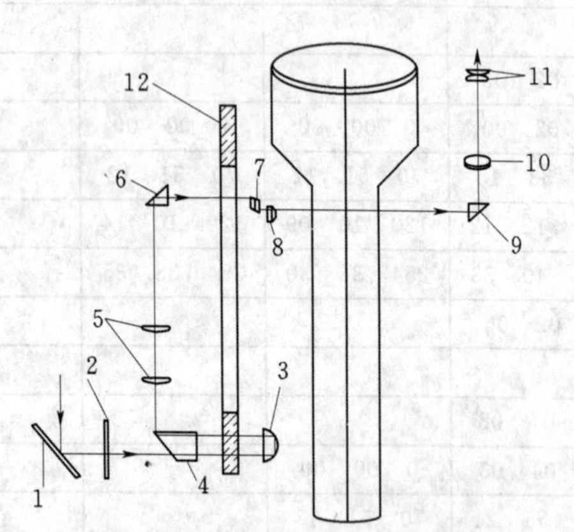

图3.5.1　竖直度盘读数的光学系统
1—反光镜；2—照明进光窗；3—竖盘照明；4、6、9—棱镜；5—竖盘显微物镜组；7—菱形棱镜；8—场镜；10—透镜；11—读数显微目镜；12—竖盘

2. 竖盘构造

竖盘是固定在望远镜的旋转轴上，望远镜在竖直面内上下转动，竖盘就被带着一起转动，而竖盘上读数的指标线（带有度盘分划和注记的影像的光线）则与竖盘水准管有联系，因为，竖盘指标水准管微动螺旋与图3.5.1中的竖盘照明棱镜和竖盘转向棱镜相连在一起，若转动竖盘指标水准管微动螺旋，必然会使竖盘照明棱镜和竖盘转向棱镜产生联动运动，那么望远镜水平时，经竖盘照明棱镜折射的光线不会穿过竖盘的90°或270°刻画，从而水平线方向竖直度盘的读数不为固定值，影响竖盘读

数，只有转动竖盘指标水准管微动螺旋使竖盘指标水准管气泡居中时，才能使经竖盘照明棱镜折射的光线垂直穿过竖盘时，带有度盘分划和注记的影像恰好为90°或270°的影像，这样水平线方向上的竖盘读数为某一固定值，从而就保证了竖盘读数的正确。因而在竖盘读数前，须使竖盘指标水准管的气泡居中，以正常位置进行读数。

3.5.2 竖直角的计算公式

1. 竖盘的注记形式

根据竖直度盘的读数计算竖直角的公式与竖直度盘刻度的注记方式有关，因而需了解竖盘的注记形式。竖直度盘刻度的注记形式很多，常见的多为全圆式，按注记的方向又分顺时针和逆时针两类，如图3.5.2中（*a*）、（*b*）所示的是顺时针注记的盘左、盘右情况，（*c*）、（*d*）所示的是逆时针注记的盘左、盘右情况。

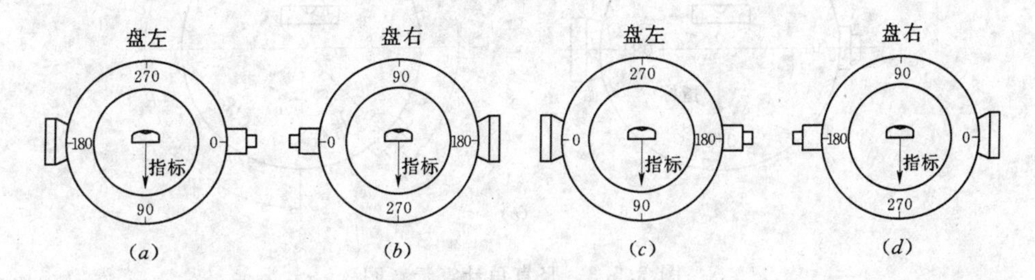

图3.5.2 竖盘的注记形式

在实际的操作中，可以通过下面方法进行判断，即在盘左位置，当望远镜慢慢抬高，若竖盘读数逐渐增加，则竖盘为逆时针注记；反之，若竖盘读数逐渐递减，则竖盘为顺时针注记。

2. 竖直角的计算公式

由于竖盘的注记有顺时针和逆时针两种不同的形式，因此，竖直角的计算公式也不同，但计算竖直角的原理是一样的。在正常情况下，当望远镜视线水平，竖直水准管气泡居中，竖盘读数为90°或270°，又称起始读数。

竖直角计算公式的推导如下：

（1）竖盘为顺时针注记时的竖直角计算公式。

如图3.5.3为顺时针注记度盘。图3.5.3（*a*）为盘左位置视线水平时的读数，此时为90°。当望远镜逐渐抬高，竖盘读数L在逐渐减小，由图可知上半测回竖直角L为

$$\alpha_{左} = 90° - L \tag{3.5.1}$$

图3.5.3（*b*）为盘右位置视线水平时的读数，此时为270°。当望远镜逐渐抬高，竖盘读数R在逐渐增大，由图可知下半测回竖直角R为

$$\alpha_{右} = R - 270° \tag{3.5.2}$$

一测回竖直角为盘左和盘右所测定的竖直角的平均值，即

$$\alpha = \frac{1}{2}(\alpha_{左} + \alpha_{右}) \tag{3.5.3}$$

（2）竖盘为逆时针注记时的竖直角计算公式。

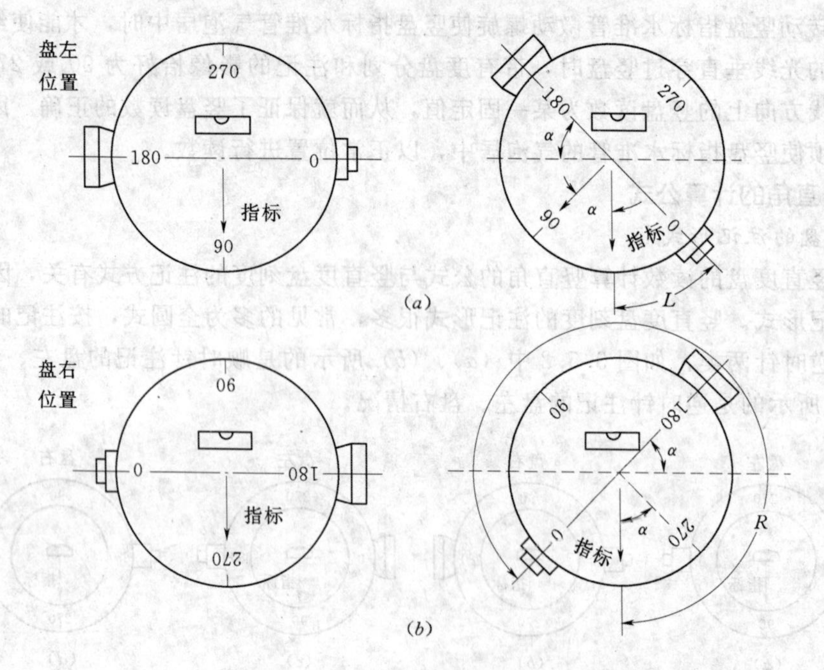

图 3.5.3 竖直角计算示意图

如图 3.5.4 为逆时针注记度盘。用类似的方法可以推得竖直角计算公式为

$$\alpha_{左} = L - 90° \tag{3.5.4}$$

$$\alpha_{右} = 270° - R \tag{3.5.5}$$

一测回竖直角为盘左和盘右所测定的竖直角的平均值，即

$$\alpha = \frac{1}{2}(\alpha_{左} + \alpha_{右}) = \frac{1}{2}[(L - R) + 180°] \tag{3.5.6}$$

从式（3.5.6）的推导中可以看出：在盘左位置，将望远镜慢慢抬高，如果读数逐渐增加，则竖直角＝瞄准目标时竖盘读数－视线水平时竖盘读数；如果读数逐渐减小，则竖直角＝ 视线水平时竖盘读数－瞄准目标时竖盘读数。

以上归纳的规定，适合任何竖盘注记形式的竖直角的计算。

3. 竖盘指标差的计算

如果望远镜视线水平，竖盘指标水准管气泡居中，竖盘的读数与 90°或 270°不相等，而是大了或小了一个数值，则表明竖盘的指标偏离正常位置，这个偏移值称为指标差，通常用 x 表示。当指标偏移方向与竖盘注记方向一致，则使读数中增大了一个 x 值，令 x 为正；反之，指标偏移方向与竖盘注记方向相反时，则使读数中减少了一个 x 值，令 x 为负，如图 3.5.4 所示。

由图可知：当盘左视线处于水平且竖盘指标水准管气泡居中时，指标所指不是 90°，而是 $90°+x$，同样在盘左位置，视线指向目标时的读数也大了一个 x 值，则盘左的正确读数为实际读数减去 x，盘左计算的竖角应为

$$\alpha_{左} = 90° - (L - x) \tag{3.5.7}$$

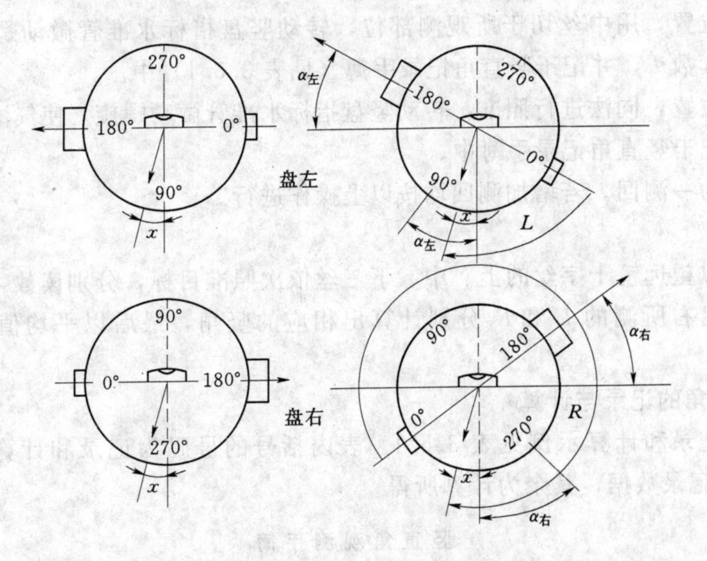

图 3.5.4 竖盘指标差

同样，盘右计算的竖角应为

$$\alpha_{右} = (R - x) - 270° \tag{3.5.8}$$

则一测回所测得竖直角为

$$\alpha = \frac{1}{2}(\alpha_{左} + \alpha_{右}) = \frac{1}{2}[(R - L) - 180°] \tag{3.5.9}$$

可见用盘左盘右两次读数的平均值可以消除指标差的影响。若将式（3.5.8）与式（3.8.7）相减，则得到

$$x = \frac{1}{2}(\alpha_{右} - \alpha_{左}) \tag{3.5.10}$$

或

$$x = \frac{1}{2}(L + R - 360°) \tag{3.5.11}$$

这就是求算指标差的计算公式。

对一架仪器来说，竖盘指标差在同一时段是相对稳定的，但由于仪器误差、观测误差及外界条件影响等因素，不同目标观测时的指标差是有变化的，变化幅度的大小，可以反映出观测质量的高低，对此，就要求一测回各方向间的指标差互差必须在规定的范围内。DJ6 型经纬仪要求一测回各方向间的指标差互差不得超过±25″（DJ2 型经纬仪要求一测回各方向间的指标差互差不得超过±12″）。

3.5.3 竖直角的观测方法与记录方法

3.5.3.1 竖直角的观测方法

竖直角观测方法主要有两种，即中丝法和三丝法，现分述如下。

1. 中丝法

中丝法是以望远镜十字丝的中丝（水平横丝）为准，切于所观测部位，测定竖直角。其方法为：

(1) 在测站上安置仪器，对中、整平。

(2) 盘左位置，用中丝切于所观测部位，转动竖盘指标水准管微动螺旋，使气泡居中，读取竖盘读数 L，并记于竖直角记录手簿（见表3.5.1）中。

(3) 盘右位置，同法进行照准，转动竖盘指标水准管微动螺旋，使气泡居中，读取竖盘读数 R，并记于竖直角记录手簿中。

以上操作为一测回。若增加测回均按以上操作进行。

2. 三丝法

三丝法是以望远镜十字丝的上、中、下三丝依次照准目标，分别读数，取上、中、下三丝在盘左、盘右所测的 L 和 R 分别计算出相应的竖角，最后以平均值为该竖角的角度值。

3.5.3.2　竖直角的记录与计算

竖直角的记录和计算示例见表3.5.1。表内括号的号码为记录和计算的顺序，其中(1)～(2)为记录数据，其余为计算所得。

表3.5.1　竖直角观测手簿

天气：晴　成像：清晰　　仪器：j6　NO. 200536
日期：2006.9.18　　观测者：李东　记录者：朱小凤

测站	目标	竖盘位置	竖盘读数 (° ′ ″)	半测回竖直角 (° ′ ″)	指标差 x (″)	一测回竖直角 (° ′ ″)	备注
		左	(1)	(3)	(5)	(6)	
		右	(2)	(4)			
A	B	左	90 10 36	−0 10 36	+9	−0 10 27	$\alpha_{左}=90°-L$ $\alpha_{右}=R-270°$
		右	269 49 42	−0 10 18			
	C	左	85 13 48	4 46 12	+3	4 46 15	
		右	274 46 18	4 46 18			

3.6　经纬仪的检验与校正

3.6.1　经纬仪轴线及应满足的几何条件

为保证角度观测达到规定的精度，经纬仪的设计制造有严格的要求，其各主要部件之间，也就是主要轴线和平面之间，必须满足角度观测所提出的要求。如图3.6.1所示，经纬仪的主要轴线有：仪器的旋转轴VV（简称竖轴）、望远镜的旋转轴HH（简称横轴）、望远镜的视准轴CC和照准部水准管轴LL。根据角度观测的概念，经纬仪的这些轴线之间应满足下列的几何条件：

(1) 水准管轴垂直于竖轴，即LL⊥VV。

(2) 视准轴垂直于横轴，即CC⊥HH。

(3) 横轴垂直于竖轴，即HH⊥VV。

(4) 十字丝的纵丝垂直于横轴。

(5) 竖直度盘指标差应为零。

3.6.2　经纬仪的检验与校正方法

经纬仪轴系之间的条件在仪器出厂时一般是可以满足的，但常常在使用期间及搬运过程中，由于受碰撞、振动等的影响，这些条件可能发生变动，因此，在使用经纬仪之前，需查明仪器的各轴系是否满足上述的条件，要经常对仪器进行检查和校正。下面将介绍经纬仪检验与校正的方法。

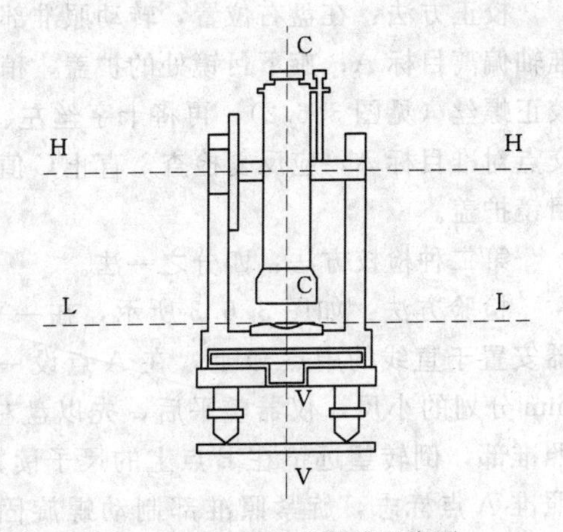

图 3.6.1　经纬仪轴线示意图

1. 照准部水准管轴垂直竖轴的检验与校正

检验方法：先将仪器安置在三脚架上大致整平，转动照准部使水准管与任意两个脚螺旋的连线平行，相对地转动这两个脚螺旋使气泡居中，然后将照准部旋转 180°（可用度盘读数），若气泡仍居中则条件满足，若气泡偏离中心，则应进行校正。

校正方法：相对地旋转这两个脚螺旋，使气泡向中心移动偏离值的一半，然后用校正针拨动水准管一端的校正螺钉，使气泡居中。此项检验、校正须反复进行，直到水准管在位于任何位置，气泡偏离值不大于半格时为止。

如果仪器上装有圆水准器，则已校正好的照准部水准管气泡居中后，若圆气泡也居中，表明圆水准器的水准轴平行于竖轴，否则应校正圆水准器下面的三个校正螺钉使其气泡居中。

2. 十字丝竖丝垂直横轴的检验与校正

检验方法：先将仪器安置于三脚架上并精密整平，在距仪器约 50m 处设置一明显目标点 A，用望远镜的十字丝交点照准 A 点，旋紧照准部制动螺旋和望远镜制动螺旋，旋转望远镜微动螺旋，若 A 点沿十字丝竖丝移动，则十字丝竖丝垂直于横轴，若 A 点明显偏离十字丝竖丝移动，则应进行校正。

校正方法：旋下目镜处的护盖，稍微松开十字丝环的四个压环螺钉（见图 3.6.2），按竖丝偏离的反方向微微转动目镜筒，使 A 点与十字丝竖丝重合，然后旋紧四个压环螺钉，反复检查、校正，直至无偏差并旋上目镜护盖。

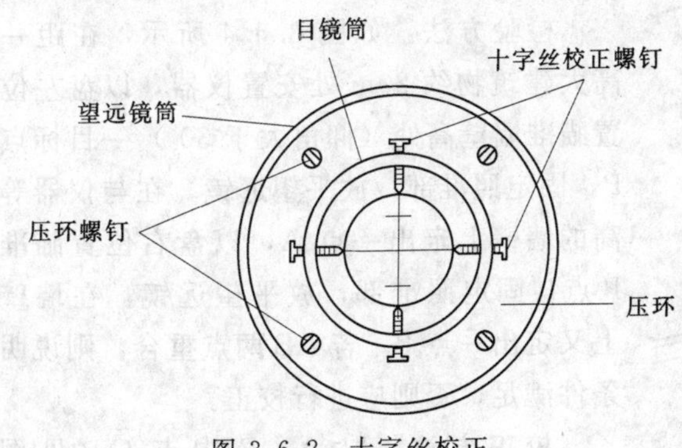

图 3.6.2　十字丝校正

3. 视准轴垂直于横轴的检验与校正

该项检校方法较多，主要有两种方法，现分述如下。

第一种检校方法：读数法。

检验方法：先将仪器安置于三脚架上并精密整平，选择一水平位置的明显目标点 A，分别盘左、盘右观测 A 点，得到两个读数 $\beta_{左}$、$\beta_{右}$，并计算 $C=(\beta_{左}-\beta_{右}\pm180°)/2$，若其值满足限差要求，说明条件满足，否则应进行校正。

校正方法：在盘右位置，转动照准部微动螺，使得水平度盘读数为：$\beta_{右}+C$，此时视准轴偏离目标A；旋下目镜处的护盖，稍微松开十字丝环的四个压环螺钉及十字丝上、下校正螺丝（见图3.6.2），再将十字丝左、右校正螺丝一松一紧平动十字丝，使十字丝的交点对准目标A，应反复检查，直止C值满足限差要求，然后旋紧4个压环螺钉，并旋上目镜护盖。

第二种检校方法：四分之一法。

检验方法：如图3.6.3所示，在一平坦场地，选择一长度约100m的直线AB，仪器安置于直线的中点O上，在A点设一照准标志，在B点横置一垂直于直线AB刻有mm分划的小尺，仪器整平后，先以盘左位置照准A点标志，旋紧照准部制动螺旋固定照准部，倒转望远镜在B点上的尺子读数，记为B1［见图3.6.3（a）］。再以盘右位置照准A点标志，旋紧照准部制动螺旋固定照准部，倒转望远镜在B点上的尺子读数，记为B2［见图3.6.3（b）］。如果B1和B2相等，则说明视准轴垂直于横轴，否则应进行校正。

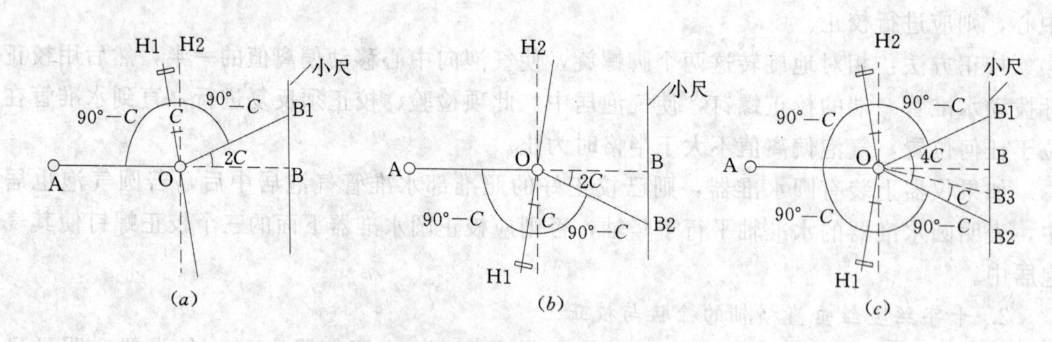

图3.6.3 视准轴垂直于横轴的检验与校正

校正方法：由B2点向B1点量取四分之一B1B2长度，定出B3点［见图3.6.3（c）］，此时OB3垂直于横轴H1；旋下目镜处的护盖，稍微松开十字丝环的四个压环螺钉及十字丝上、下校正螺丝（见图3.6.2），再将十字丝左、右校正螺丝一松一紧平动十字丝使十字丝的交点对准目标B3，应反复检查，直止B1B2长度小于1cm，这时视准轴误差$C\approx\pm10''$，满足限差要求，然后旋紧四个压环螺钉，并旋上目镜护盖。

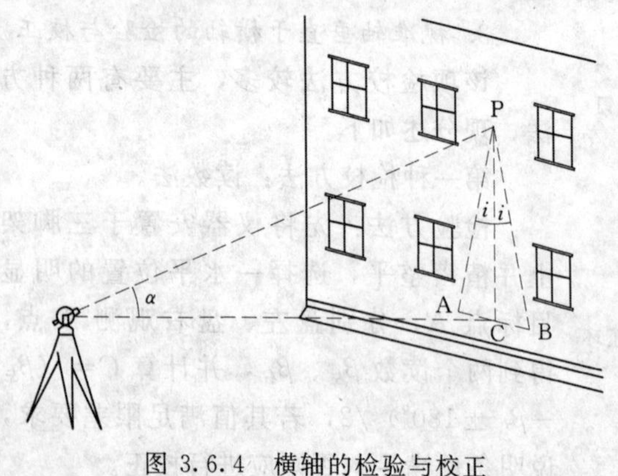

图3.6.4 横轴的检验与校正

4. 横轴垂直于竖轴的检验与校正

检验方法：如图3.6.4所示，在距一高大建筑物约20m处安置仪器，以盘左位置瞄准墙壁高处（仰角大于30°）一目标点P，固定照准部，放平望远镜，在与仪器等高的墙壁上定出一点A，以盘右位置瞄准P点，固定照准部，放平望远镜，在墙壁上又定出一点B。若AB两点重合，则说明条件满足，否则应进行校正。

校正方法：取A、B中点C（见图

3.6.4)，以盘左（或盘右）位置瞄准 C 点，固定照准部，抬高望远镜，此时视线偏离 P 点，然后打开支架处横轴一端的护盖，调节其校正螺钉，升高或降低横轴的一端，直到十字丝交点对准 P 点。此项校正应反复进行多次。

由于仪器的横轴是密封安装的，仪器出厂一般能保证横轴垂直于竖轴，因此测量人员只需进行此项检验；如需校正，应送仪器维修部门。

5. *竖盘指标差的检验与校正*

检验方法：先将仪器安置在三脚架上严格整平，分别以盘左、盘右照准同一目标点，并转动竖盘指标水准管微动螺旋使竖盘指标水准管气泡居中，读取竖盘两个读数 L 和 R，按（3.5.10）式计算竖盘指标差，若指标差 x 超限，则应进行校正。

校正方法：校正时，仪器一般处于盘右位置，仍照准原目标，此时盘右目标的正确读数 $R_{正}$ 为：

$$R_{正}=R-x \tag{3.6.1}$$

转动竖盘指标水准管微动螺旋，使竖盘盘右的读数为 $R-x$，这时竖盘指标水准管气泡偏离中心位置，然后用校正针拨动竖盘指标水准管的校正螺钉使气泡居中。此项检验、校正须反复进行，直到 x 在限差要求的范围内为止。

3.7 角度测量的误差分析

在角度测量的过程中，由于仪器本身的制造设计误差、仪器的标称精度不同、观测者的感官鉴别生理局限性及外界的环境因素的变化不定等各种各样的原因影响，使得观测结果中包含有误差。概括起来角度测量的误差主要包括仪器误差、观测误差和外界条件三个方面的影响。

3.7.1 仪器误差

仪器误差有属于本身制作方面的，如度盘刻划不均匀误差、度盘偏心误差、水平度盘与竖轴不垂直等；有属于仪器的检校不完善的，如照准部水准管轴与竖轴不完全垂直、视准轴与横轴的残差、横轴与竖轴的残差；有属于仪器自身的标称精度，每一类仪器只具有一定限度的精密度等。总体上讲仪器误差主要有以下几个方面。

1. *视准轴误差*

由于视准轴与横轴不垂直就会产生视准轴误差 C，从而引起水平方向的读数误差。对同一方向，盘左和盘右两次给度盘带来的误差（即 $2C$）是大小相等、符号相反，因此，可以通过取盘左和盘右两次读数的平均值的方法来消除视准轴误差的影响。另外，对同一台仪器，视准轴误差与目标方向的竖直角有关，竖直角越大，视准轴误差给度盘读数带来的误差越大，因此，规范中规定："当照准点方向的竖直角超过 $\pm 3°$ 时，$2C$ 互差应在不同测回同方向间进行比较。"

2. *横轴误差*

由于横轴与竖轴不垂直就会产生横轴误差，当仪器整平后竖轴处于竖直位置，而此时横轴不水平，从而引起水平方向的读数误差。对同一目标，盘左和盘右两次给度盘带来的横轴误差是大小相等、符号相反，因此，可以通过取盘左和盘右两次读数的平均值的方法来消除横轴误差的影响。另外，对同一台仪器，横轴误差也与目标方向的竖直角有关，竖直角越大，横轴误差给度盘读数带来的误差越大，而当竖直角为零时（即目标处于水平位置），横轴的误差对水平方向的读数没有影响。

3. 竖轴误差

由于水准管轴与竖轴不垂直，或者水准管轴与竖轴原已垂直，但安置仪器时未能将水准管轴严格调整水平，均会产生竖轴误差，从而引起水平方向的读数误差。对同一目标，盘左和盘右两次给度盘带来的竖轴误差符号不变，故通过取盘左和盘右两次读数的平均值不能消除横轴误差的影响。另外目标方向的竖直角越大，竖轴误差给度盘读数带来的误差越大，因此，在视线倾斜角大的地区进行角度测量时，应严格检校仪器，特别是注意仪器的整平。

4. 度盘偏心误差

度盘偏心就是度盘分划线的中心与照准部的旋转中心不重合，从而引起度盘的实际读数比正确读数小，且在度盘出于不同位置对读数将有不同的影响。另外，在盘左和盘右进行同一目标的观测时，度盘的指标线在读数上具有对称性，因此，取盘左和盘右两次读数的平均值可消除度盘偏心的影响。

5. 度盘刻划不均匀误差

在仪器的制造中，由于仪器度盘刻划线的不均匀，使得观测方向的读数产生误差。这种误差，就目前生产的仪器而言，一般都很小，可以在不同的测回中采用变换度盘位置的方法，使读数均匀地分布在度盘的各个区间加以消减，其影响不是很大。

6. 竖盘指标差

当竖盘指标水准管气泡居中，望远镜水平时，竖盘读数不为90°的整倍数，使得所测竖直角产生误差。一般通过竖盘指标差的检校可减弱其影响，但校正存在残差，由式(3.5.9)知，可通过取盘左和盘右两次竖盘读数平均值的方法来消除影响。

3.7.2　观测误差

在角度的观测中，因仪器的对中不严格、观测点上所立标志几何中心偏离目标实际点位、对目标的瞄准不准确及仪器本身读数设备的限度和观测者的估读误差等原因，也会对观测结果产生影响，这种影响称观测误差。

1. 对中误差

对中误差是指仪器在对中时，未严格使仪器中心与测站标志中心重合，从而对在测站上测定目标间的水平角带来影响，也称测站偏心。如图3.7.1所示，仪器中心为O′，测站标志中心为O，二者的间距设为e，是对中误差，观测目标点A、B距测站点的距离设为s_1、s_2，β为正确角值，β'为因未严格对中的实际观测角值，δ_1、δ_2为因对中偏差引起A、B方向值的误差。

因δ_1和δ_2很小，由图3.7.1知

$$\delta_1=\frac{e\sin(180°-\theta)}{s_1}\rho''=\frac{e\sin\theta}{s_1}\rho'' \tag{3.7.1}$$

$$\delta_2=\frac{e\sin(\beta'+\theta-180°)}{s_2}\rho''=-\frac{e\sin(\beta'+\theta)}{s_2}\rho'' \tag{3.7.2}$$

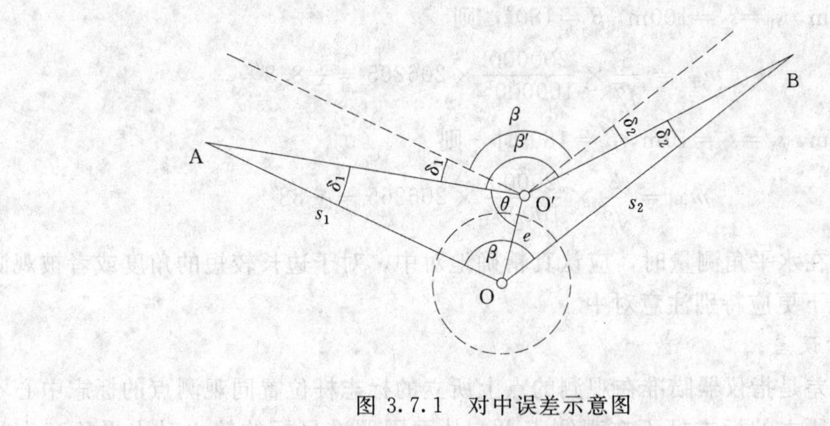

图 3.7.1 对中误差示意图

又由图 3.7.1 知：对中误差 e 对水平角的影响为

$$\mathrm{d}\beta=\beta-\beta'=-(\delta_1+\delta_2)=e\rho''\left[\frac{\sin(\beta'+\theta)}{s_2}-\frac{\sin\theta}{s_1}\right] \tag{3.7.3}$$

因为，O′可以在以 O 为圆心，e 为半径的圆周上的任意位置，θ 角每变化一个 $\mathrm{d}\theta$，就对应一个 $\mathrm{d}\beta$，从而可有$\frac{2\pi}{\mathrm{d}\theta}$个影响值。由由误差理论可知因仪器的对中误差引起角 β 的中误差为

$$m_{中}^2=\frac{[\mathrm{d}\beta\mathrm{d}\beta]}{\frac{2\pi}{\mathrm{d}\theta}} \tag{3.7.4}$$

将式（3.7.3）代入式（3.7.4）得

$$\begin{aligned}
m_{中}^2&=\rho^2\frac{e^2}{2\pi}\sum_0^{2\pi}\left(\frac{\sin(\beta'+\theta)}{s_2}-\frac{\sin\theta}{s_1}\right)^2\mathrm{d}\theta\\
&=\rho^2\frac{e^2}{2\pi}\int_0^{2\pi}\left(\frac{\sin^2\theta}{s_1^2}+\frac{\sin^2(\beta'+\theta)}{s_2^2}-2\frac{\sin\theta\sin(\beta'+\theta)}{s_1s_2}\right)\mathrm{d}\theta\\
&=\rho^2\frac{e^2}{2\pi}\left[\int_0^{2\pi}\frac{\sin^2\theta}{s_1^2}\mathrm{d}\theta+\int_0^{2\pi}\frac{\sin^2(\beta'+\theta)}{s_2^2}\mathrm{d}\theta-2\int_0^{2\pi}\frac{\sin\theta\sin(\beta'+\theta)}{s_1s_2}\mathrm{d}\theta\right]\\
&=\rho^2\frac{e^2}{2\pi}\left(\frac{\pi}{s_1^2}+\frac{\pi}{s_2^2}-\frac{2\pi\cos\beta'}{s_1s_2}\right)\\
&=\rho^2\frac{e^2}{2}\left(\frac{s_1^2+s_2^2-2s_1s_2\cos\beta'}{s_1^2s_2^2}\right)\\
&=\rho^2\frac{e^2}{2}\frac{s_{AB}^2}{s_1^2s_2^2}
\end{aligned} \tag{3.7.5}$$

即

$$m_{中}=\frac{e}{\sqrt{2}}\frac{s_{AB}}{s_1s_2}\rho'' \tag{3.7.6}$$

由式（3.7.5）可知，仪器的对中误差对水平角的影响与下列的因素有关：

（1）与目标之间的距离 s_{AB} 成正比，s_{AB} 愈大，即水平角愈接近 180°，此时影响最大。

（2）与测站到目标的距离有关系，距离愈短，影响愈大。

（3）与对中的偏差 e 成正比，偏差愈大，影响愈大。

如果 $e=3\text{mm}$，$s_1=s_2=100\text{m}$，$\beta'=180°$，则

$$m_{中}=\frac{3}{\sqrt{2}}\times\frac{200000}{100000^2}\times206265=\pm8.8''$$

而当 $e=3\text{mm}$，$s_1=s_2=10\text{m}$，$\beta'=180°$时，则

$$m_{中}=\frac{3}{\sqrt{2}}\times\frac{20000}{10000^2}\times206265=\pm88''$$

由此可见，在水平角测量时，应认真精确地对中，对于边长较短的角度或者被观测角接近 180°的情况下更应特别注意对中。

2. 目标偏心误差

目标偏心误差是指仪器瞄准在观测的点上所立的标志杆位置同观测点的标志中心不在一铅垂线上或者所立的标志杆不在观测点上，从而因照准目标的偏心对水平角产生的影响。如图 3.7.2 所示，A、B 分别为观测点标志的实际中心，A′、B′分别为仪器瞄准标志杆上的点在水平面上的垂直投影点，β 为正确角值，β' 为因目标偏心的实际观测角值，δ_1、δ_2 为因目标偏心引起 A、B 方向值的误差。

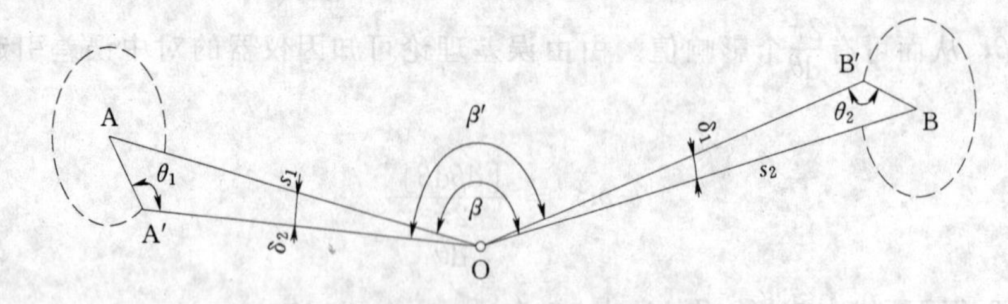

图 3.7.2　目标偏心误差示意图

因 δ_1 和 δ_2 很小，由图易知

$$\delta_1=\frac{e_1\sin(180°-\theta_1)}{s_1}\rho''=\frac{e_1\sin\theta_1}{s_1}\rho'' \tag{3.7.7}$$

$$\delta_2=\frac{e_2\sin(180°-\theta_2)}{s_2}\rho''=\frac{e_2\sin\theta_2}{s_2}\rho'' \tag{3.7.8}$$

又由图知：目标偏心对水平角的影响为

$$d\beta=\beta-\beta'=\delta_2-\delta_1=\frac{e_2\sin\theta_2}{s_2}\rho''-\frac{e_1\sin\theta_1}{s_1}\rho'' \tag{3.7.9}$$

因为，A′可以在以 A 为圆心，e_1 为半径的圆周上的任意位置，θ_1 角每变化一个 $d\theta$，就对应一个 δ_1，从而可有 $\frac{2\pi}{d\theta_1}$ 个影响值。由误差理论可知因目标偏心引起 A 方向的中误差为

$$m_{偏A}^2=\frac{[\delta_1\delta_1]}{\frac{2\pi}{d\theta_1}} \tag{3.7.10}$$

将式（3.7.5）代入上式，得

$$m_{偏A}^2=\frac{\rho^2}{2\pi}\frac{e_1^2}{s_1^2}\left(\sum_0^{2\pi}\sin^2\theta_1\right)d\theta_1$$

$$=\frac{\rho^2}{2\pi}\frac{e_1^2}{s_1^2}\int_0^{2\pi}\sin^2\theta_1\mathrm{d}\theta_1$$

$$=\frac{\rho^2}{2\pi}\frac{e_1^2}{s_1^2}\pi=\frac{e_1^2}{2s_1^2}\rho^2 \tag{3.7.11}$$

即

$$m_{偏A}^2=\frac{e_1^2}{2s_1^2}\rho^2 \tag{3.7.12}$$

同理可得

$$m_{偏B}^2=\frac{e_2^2}{2s_2^2}\rho^2 \tag{3.7.13}$$

从而由误差传播定律可得因目标偏心对水平角的影响为：

$$m_{偏}=\sqrt{m_{偏A}^2+m_{偏B}^2}=\frac{\rho}{\sqrt{2}}\sqrt{\frac{e_1^2}{s_1^2}+\frac{e_2^2}{s_2^2}} \tag{3.7.14}$$

由式（3.7.7）、式（3.7.8）及式（3.7.14）可知，目标偏心的误差给水平角的影响与下列的因素有关：

（1）与测站到目标的距离有关系，距离愈短，影响愈大。

（2）与目标偏心的方向有关系，若目标偏心在观测方向上，此时对水平角无影响；若目标偏心垂直于观测方向，此时对水平角影响最大。

（3）与目标偏心的偏差大小也有关系，偏差愈大，影响愈大。

如果 $e_1=e_2=3\text{mm}$，$s_1=s_2=100\text{m}$，则

$$m_{偏}=\frac{3}{\sqrt{2}}\times\sqrt{\frac{1}{100000^2}+\frac{1}{100000^2}}\times 206265=\pm 6.2''$$

$$m_{偏}=\frac{3}{\sqrt{2}}\times\sqrt{\frac{1}{100000^2}+\frac{1}{100000^2}}\times 206265=\pm 6.2''$$

而当 $e_1=e_2=3\text{mm}$，$s_1=s_2=10\text{m}$ 时，则

$$m_{偏}=\frac{3}{\sqrt{2}}\times\sqrt{\frac{1}{10000^2}+\frac{1}{10000^2}}\times 206265=\pm 62''$$

由此可见，在瞄准目标时，应尽量瞄准目标的下部，对于观测边长较短时更应特别注意将标志杆立直，且立于观测点的中心上，并使标志杆尽量细一些。

仪器的对中误差和目标偏心误差，就误差的本身性质而言，二者均是偶然误差，但是仪器安置和目标标志设置一旦完成，则仪器的对中误差和目标偏心误差的真值就不再发生变化，无论水平角的观测采用多少个测回，因这两项误差分别在各测回之间均保持相同，绝不会通过增加水平角观测的测回数而减小仪器的对中误差和目标偏心误差对水平角的影响。所以，在水平角的观测中，一定要注意仪器的对中误差和目标偏心误差的影响，特别是当测站到目标的距离较短时，尤应仔细对中，观测点上的标志杆应尽可能细，并立直，且立于观测点的中心上。

3. 瞄准误差

瞄准误差是人眼在通过望远镜瞄准远处目标时所产生的一种偶然误差，它取决于望远镜的照准精度，目标与照准标志的形状、大小及颜色，人眼对照准标志在望远镜中的影像的判别力，目标影像的亮度和清晰度，目标成像的稳定性以及通视情况等因素。一般认为

瞄准误差与望远镜的放大率和人眼的分辨率有直接关系，是影响瞄准误差的主要因素。其误差的大小可以表示为

$$d\beta' = \frac{p''}{v} \tag{3.7.15}$$

式中：v 为望远镜的放大率；p''为在目标影像亮度合适、成像稳定、清晰度好等较为理想的状态下，人眼通过望远镜观测远处目标的瞄准分辨率。

在此理想状况下，当以十字丝的双丝来照准目标时，人眼的瞄准分辨率 $p''=10''$，并取 $v=25$（对 DJ6 型经纬仪而言），则得瞄准误差为

$$d\beta' = \frac{10''}{25} = \pm 0.4'' \tag{3.7.16}$$

由于影响瞄准误差的因素很多，实际上 $d\beta'$一般比上面的计算值大一定的倍数 k，即

$$d\beta' = k\frac{p''}{v} \tag{3.7.17}$$

由实验数据可统计得出：在目标亮度适宜、标志杆宽度较小、成像稳定及远处目标背景清晰等的情况下，k 可取 1.5～3.0。

4. 读数误差

读数误差主要取决于仪器的读数设备，一般以仪器的最小估读数为读数误差的极限。对于采用分微尺测微器的J6 型经纬仪而言，其估读的极限误差为分划值的 1/10，即±6″。当然，在读数窗照明不佳、读数显微镜的目镜焦距未调好以及观测者的技术不熟练等情况下，估读的极限误差则会增大，从而读数误差将超过 6″。

3.7.3　外界条件的影响

角度的观测均在一定的外界环境中进行的，外界条件或外界条件的变化都不可避免地影响测角的精度。当然外界的条件很复杂，其变化的随机性很大，如大风天气或附近的震动等会影响仪器和标杆的稳定；地面的辐射热会引起大气的不稳定，从而目标在望远镜中的成像出现跳动、飘移甚至模糊不清；视线贴近地面或从建筑物旁擦过而使光线产生折光；温度的变化影响仪器的正常性能；目标处于逆光状态或者标志杆的颜色同其周围环境的颜色较为接近，而使目标成像模糊或难于分辨；地面是否坚固稳定而会使仪器或者目标出现沉降；因交通、施工等的影响，使视线不时受阻等。这些因素均会对观测角度带来影响，要完全避免这些影响是不可能的，但可以在观测时采取一定的措施，选择有利的观测条件和时段，从而使这些外界条件的影响减弱和降低到较小的程度。例如：当视线处于逆光，可以选择顺光时段，分组进行观测；观测时尽量避免过建筑物旁、冒烟的上方或其他热辐射区域的上面、近水面的空间通过；标志杆的颜色应涂成较鲜艳或颜色对比较强，以便于分辨；避免在交通、人流量大的时段进行观测等。

3.8　其他经纬仪简介

3.8.1　DJ2 型光学经纬仪

1. 与 DJ6 型光学经纬仪的不同点及其适用

DJ2 级型经纬仪一测回方向观测中误差不大于 2″，其测角精度显然高于 J6 型光学经

纬仪，它是一种精密光学测角仪器，广泛用于国家和城市的三、四等三角测量、精密导线测量以及角度放样、归化准直、精密定线、投点等精密工程测量中。同时亦可用于铁路、公路、桥梁、水利、矿山及大型企业的建筑，大型机器的安装和计量等工作。

DJ2 型经纬仪的基本构造与 J6 型光学经纬仪相类似，它的构造也包括照准部、水平度盘和基座三大部分。图 3.8.1 为苏州第一光学仪器厂生产的 J2—1 型自动补偿光学经纬仪，各部件名称的编号如图所注。

尽管基本构造二者类似，但他们还是有许多不同之处，除测角精度、望远镜放大倍数及水准管灵敏度不同外，主要不同点为以下几方面。

(1) 在 DJ2 型经纬仪的构造中增设了换像手轮装置（见图 3.8.1）。由于 J2 型经纬仪的读数显微镜内只能看到水平度盘或者竖直度盘的一种影像，利用换像手轮可以变换读数显微镜内度盘分划的影像，当进行水平角观测时，将手轮上的指示线呈水平位置，通向竖盘的光路不通，在显微镜内只读取水平方向值；当进行竖直角观测时，将手轮上的指示线呈竖直位置，通向水平度盘的光路即不通，从而在显微镜只看到竖盘分划的影像。

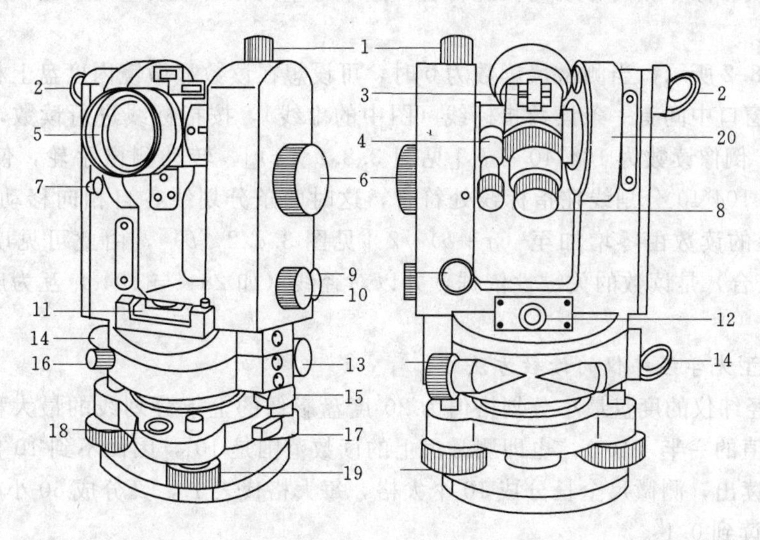

图 3.8.1 J2 型光学经纬仪

1—望远镜制动螺旋；2—竖直度盘照明反光镜；3—光学粗照准器；4—读数显微镜；5—望远镜物镜；6—测微手轮；7—补偿器按钮；8—望远镜目镜；9—望远镜微动螺旋；10—换像手轮；11—照准部水准管；12—光学对点器；13—照准部微动螺旋；14—水平度盘照明反光镜；15—水平度盘变换手轮及护盖；16—照准部制动螺旋；17—轴套固定螺丝；18—圆水准器；19—脚螺旋；20. 竖盘

(2) DJ2 型经纬仪的光学读数系统，一般都采用对径分划线影像符合的读数设备。它是将度盘上相对 180°的分划线，经过一系列棱镜和透镜的反射和折射的作用后，同时显现于读数显微镜内，并分别位于一条横线的上、下方，成为正像和倒像，如图 3.8.2 所示，采用对径符合和测微显微镜原理进行读数。为了测微时获得度盘分划线得相对移动，绝大部分的仪器应用了双平板玻璃的光学测微器。

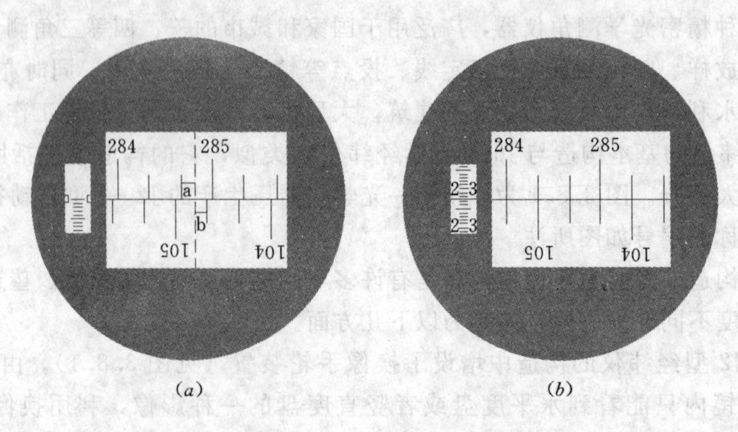

图 3.8.2 经纬仪读数窗

这种测微器由测微手轮、秒盘（也称测微分划盘或测微尺）和一对平板玻璃组成。当转动测微手轮时，测微尺随之转动，一对平板玻璃则作等量的相反方向的移动，这样可使度盘的分划线影像作相向移动而彼此符合，这个等量的相对移动量可在测微尺相应的转动量上显示出。

如图 3.8.2 所示，当测微尺读数为 0 时，可设想在读数显微镜内度盘上相对 180°的分划线影像的窗口中间有一条读数指标线（图中的虚线），按指标线进行读数，正像读数为 284°40′+a，倒像读数为 104°40′+b [见图 3.8.2（a）]，转动测微手轮，使正像的 284°40′和倒像的 104°40′分划线在指标线处符合，这时两条分划线各自相向移动了（a+b）/2，测微尺上的读数由零增加至（a+b）/2 [见图 3.8.2（b）]，由此可见度盘分划重合（又称对径符合）是读数的关键性依据，并以对径线（如 284°与 104°）互为度盘上读数的指标线。

2. DJ2 型光学经纬仪的读数方法

DJ2 型经纬仪的度盘最小分划格值为 20′度盘影像的上下分划线的最大移动量为度盘最小分划格值的一半（10′），也即测微尺上的读数范围是 10′，因而不到 10′的分值和秒值可由测微尺读出，测微尺全长分成 10 个大格，每大格代表 1′，又分成 60 小格，每小格代表 1″，可估读到 0.1″。

读数时先转动测微手轮使正、倒像分划符合，如图 3.8.2（b）所示，读数以正像注记为准，并选定在正像的右边能找到一个相差 180°的倒像注记，且以两者相隔最近的正像注记为度数，该正像和其倒像注记之间所夹的格数乘以 10′作为大于 10′的分值（一格为 10′），不足 10′的分、秒值由测微尺读出，即得度盘最终的读数。

例如图 3.8.2（b）中的读数为 284°（度盘上的度数）+40′（度盘上正、倒像间相差格数乘 10′）+2′32.5″（测微尺上的分秒数），即 284°42′32.5″。

为了读数更为方便以及防止读数出错，现代生产的 J2 型光学经纬仪采用了数字化的读数方法。如图 3.8.3 所示，读数显微镜内有三个窗口，上窗口为度数和整 10′的注记，其中突出的小框中为 10′的整倍数，中间的窗口为对径分划线影像的符合窗，没有注记，下面的窗口为不足 10 的分秒读数。

读数时，转动测微手轮，同时观察读数显微镜中的中间窗口，直至中窗口的上下

4 分划线符合，此时上窗口两端注记数字较小的为度数，上窗口的小框中数字乘以 10 即为大于 10′的分数，再以下窗口的指标线读出不足 10′的分秒数，并估读到 0.1″。图 3.8.3 中的读数：上窗口读 45°30′，下窗口读 5′35.2″，即总读数为 45°35′35.2″。

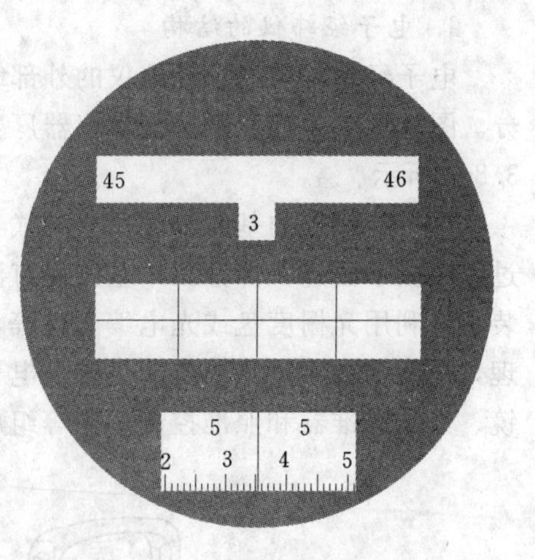

图 3.8.3 J2 读数窗

为消除竖轴倾斜对竖直角测量的影响，DJ2 型光学经纬仪同 DJ6 型光学经纬仪一样，都采用竖盘水准管与竖盘指标相连，每次进行竖直角读数前，均应使竖盘指标水准管的气泡居中，保持竖盘指标归零。近年来，许多的 DJ2 型经纬仪都采用自动归零补偿器装置代替竖盘水准管结构，这样极大简化了操作程序，同时也加快了观测速度，又提高了测量精度。

3. DJ2 型光学经纬仪的水平度盘置数方法

同 DJ6 型经纬仪一样，为提高测角的精度，往往水平角观测需要多个测回，此时为降低由于度盘刻划误差的影响以及计算水平角方向方便，各测回之间的起始方向度盘读数应变换一个角度。

为此先按下式计算出各测回的变化值

$$m=\frac{180^\circ}{n}+\frac{i}{2}+\frac{i}{2n} \tag{3.8.1}$$

式中：n 为测回数；i 为度盘最小分划值。

对于度盘最小分划值为 20′的 J2 型经纬仪来说，其各测回的变化值计算为

$$m=\frac{180^\circ}{n}+10'+\frac{600''}{n} \tag{3.8.2}$$

然后，通过水平度盘变换手轮拨盘配置度和大于 10′的分数，小于 10′的分秒值则需要测微手轮配置。例如在 DJ2 型光学经纬仪上配置 125°47′55″，具体的过程为：瞄准目标后，将照准部锁定，转动测微手轮使测微尺上的读数为 7′55″，然后打开水平度盘变换手轮护盖，拨动水平度盘变换手轮，使水平度盘读数为 125°40′，并使上下分划线符合（即上下分划线对齐）。

至于用 J2 型经纬仪进行水平角的观测及记录方法，完全同 J6 型经纬仪，只不过其各项观测数据的限差要求更高，精度也较高，这里不再作详细的叙述。

3.8.2 电子经纬仪简介

近年来，随着微电子技术及计算机的发展和综合运用，新一代具有数字显示、自动记录、数据自动传输等功能及测角精度高的电子经纬仪的应用愈加广泛，而且这种仪器配有适当的外接接口，可将野外电子手簿记录的数据直接输入计算机，实现数据处理和绘图的自动化。目前，电子经纬仪将逐步取代传统的光学经纬仪。

1. 电子经纬仪的结构

电子经纬仪与光学经纬仪的外部结构类似，主要包括照准部、测角装置和基座三大部分。图 3.8.4 为苏州第一光学仪器厂生产的 DJD2 型电子经纬仪，各部件名称的编号如图 3.8.4 所示。

电子经纬仪的基座都采用分离式三爪基座，三点强制对中结构，仪器照准部与基座通过闭锁扳手固连，部分三爪基座设有激光对点装置。电子经纬仪的测角装置采用光电测角装置，利用光栅度盘或光电编码盘等，将角值的光信号转换成电信号，再对电信号进行处理，最后用数字显示或自动记录。电子经纬仪的照准部同光学经纬仪类似，它主要由望远镜、光学瞄准器和照准控制机构等组成。

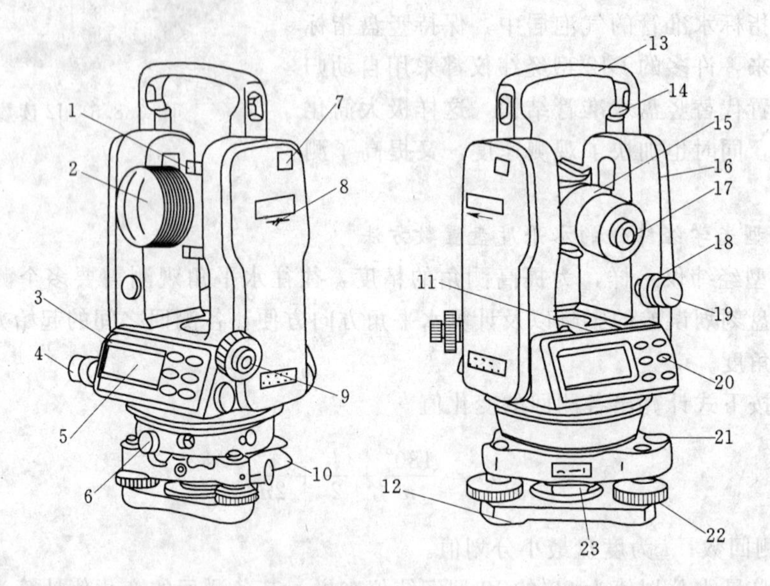

图 3.8.4　电子经纬仪

1—瞄准器；2—望远镜物镜；3—照准部制动螺旋；4—照准部微动螺旋；5—液晶显示屏；6—下水平制动手轮；7. 测距仪通讯口；8—仪器高标志；9—光学对点器；10—RS-232C 通信接口；11—照准部水准管；12—底板；13—提手；14—提手固定螺丝；15—望远镜调焦螺旋；16—电池盒；17. 望远镜目镜；18—竖直制动；19—竖直微动；20—键盘；21—圆水准器；22—脚螺旋；23—基座固定扳把

2. 电子经纬仪的测角原理

电子经纬仪的光电扫描测角系统主要有三类：即光栅度盘测角系统、编码盘测角系统和动态测角系统。目前，大部分电子经纬仪采用光栅度盘测角系统和动态测角系统。本节主要介绍光栅度盘测角系统和编码盘测角系统的测角原理。

(1) 光栅度盘测角系统的原理。

在电子经纬仪的测角装置中，光栅度盘由光学玻璃圆盘上径向均匀等角距刻线地径向光栅刻线所形成，光栅线条处不透光，缝隙处透光。光栅度盘为相对增量式度盘，由两块密度相同的光栅圆盘相叠构成，分别称主度盘和副度盘，并使两个光栅圆盘的刻线相互倾斜一很小角度（如图 3.8.5 示）。当有光线通过时，将产生明暗相间的衍射莫尔条纹。光栅度盘置于发光二极管和光电接收传感器之间，光栅度盘中的副度盘与发光二极管和光电

接收传感器相对固定，主度盘可随照准部望远镜的转动而转动。测角时，发光二极管发出光信号，会通过光栅度盘产生莫尔干涉条纹，并映射到光电接收传感器上，形成电信号，同时触发计数器。当望远镜瞄准零方向时，计数器处于初始零位置，而当望远镜瞄准另一方向时，主度盘因望远镜转动同副度盘产生相对转动，主度盘每转动一条光栅，莫尔干涉条纹就在光电接收传感器上垂直向上移动一周，形成的电信号相应变化一周，相应计数器计数一次，从而知道望远镜由零方向转到另一方向时，电信号的变化周数，并经过微处理器便可在液晶显示器上显示出角值。

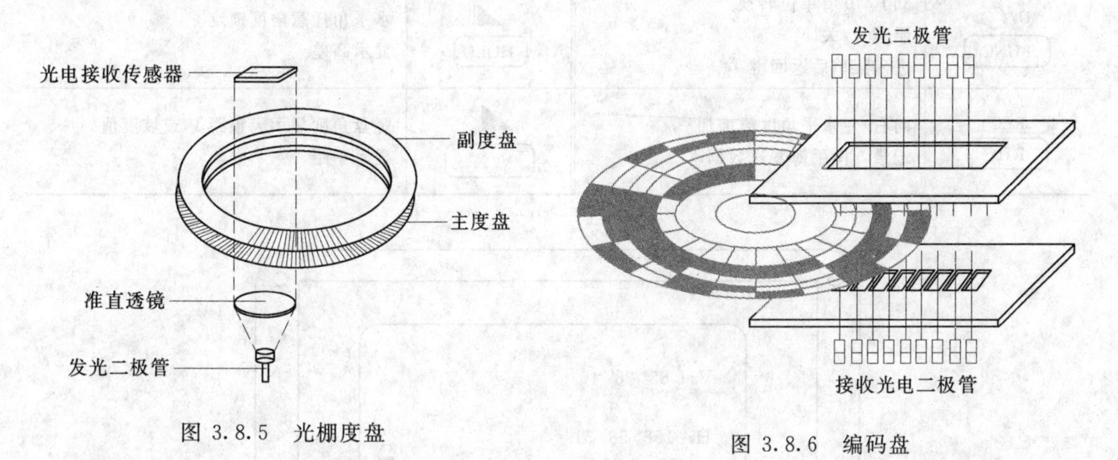

图 3.8.5　光栅度盘

图 3.8.6　编码盘

(2) 光学编码盘测角系统的原理。

光学编码盘为绝对式度盘，在直径 80mm 左右的光学玻璃圆盘上，把圆盘均匀分成若干个扇形区间，每个扇区又由里向外划分成若干个同心圆环（称码道），如图 3.8.6 所示。图中黑色部分不透光，白色部分透光，并将这两种状态用纯二进制代码“0”（透光）和“1”（不透光）来表示。

光学编码盘测角装置中，编码度盘置于沿径向排列，并对应于各码道地一组发光二极管和光电接收传感器阵列之间。观测状态中，发光二极管阵列发出光信号，通过编码盘产生透光和不透光信号，被光电接收传感器接收，并生成“0”或“1”的电信号。这说明某一径向码盘读数为各码道对应在光电接收传感器输出的二进制数。

发光二极管和光电接收传感器同仪器照准部相固连。在进行测角时，随望远镜的转动，发光二极管和光电接收传感器就相对于编码盘旋转，从而望远镜瞄准两个不同方向时，对应这两种状态在光电接收传感器输出的二进制径向读数会有两组，将这两组二进制编码送入微处理器，可直接换算成角值在液晶显示器上显示出来。

3. 电子经纬仪的键盘功能及水平角的观测

以拓普康（Topcon）DT100 和苏一光 DJD2 型电子经纬仪为例介绍电子经纬仪的键盘功能及简单的使用。

(1) 电子经纬仪的键盘功能及信息显示。

1) 仪器键盘功能。电子经纬仪的键盘如图 3.8.7 所示，各操作键功能如表 3.8.1 所示。

2) 仪器信息显示。电子经纬仪多位 LCD（液晶显示屏）双面二行显示，中间两行为观测数据和提示信息显示区，两边为显示内容、单位、符号区。其一般显示内容如表3.8.2所示。

表 3.8.1　　各操作键功能说明

键　名	功　能	键　名	功　能
MENU	开机、关机 打开手簿通信或测距菜单	OSET	水平角置零 进行单次测距
U/ FUNC	360°/400g 单位转换 照明开/关 进入菜单后返回键	HOLD	水平角任意角度锁定 显示高差
REC R/L	向右/左水平角度值增加 记录，向手簿发送数据	V/%	竖盘角度显示天顶距 *V* 或坡度值% 显示平距

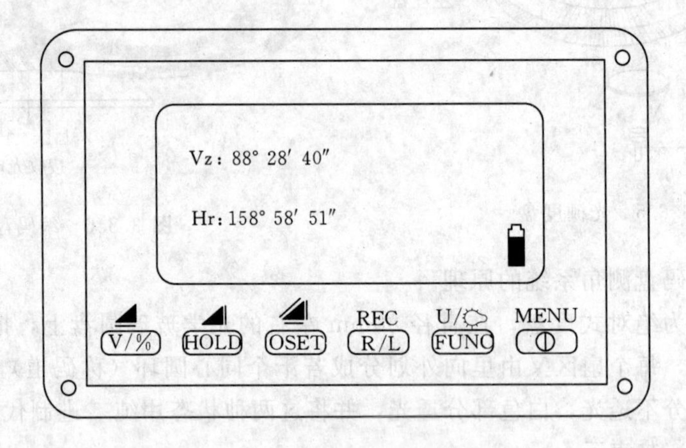

图 3.8.7　电子经纬仪的键盘

表 3.8.2　　显 示 符 号 表

显　示	内　容	显　示	内　容
V_Z	天顶距	$V_{\%}$	坡度值
HR	水平角顺转增加	HL	水平角逆转增加
	电池容量		高差
	平距		单次测距键
REC	记录		

(2) 电子经纬仪水平角的观测方法。

1) 观测前的准备工作。主要包括正确安装电池，并检查供电情况参数的设置；打开仪器电源开关，检查电压和电池的工作状态；进行水平角的初始化的设置。

初始化设置的项目主要有：角度测量单位、角度最小显示单位、自动断电关机时间等。

2) 角度测量操作。

a. 仪器的安置（对中、整平）。

b. 照准目标。

c. 水平角置零或任意角值设置。

d. 左（右）角的设置。

e. 按同光学经纬仪的观测方法进行测量和记录。

3.8.3　激光经纬仪简介

激光是一种方向性极强、能量十分集中的光辐射。激光经纬仪正是利用激光的这一特性，来实现测量过程中的高精度、方便及自动化。激光经纬仪是在电子经纬仪的基础上，增加激光发射系统改制而成，多数仪器采用半导体激光发射器，由半导体激光发射器所发射的激光通过仪器的望远镜发射出去，与望远镜照准轴保持同轴、同焦，而且所发射的是一条可见的激光束。

激光经纬仪可向天顶方向垂直发射激光束，成为一台激光垂准仪，当将望远镜照准轴精确调平后，又可作激光水准仪或者激光扫平仪来使用。当然，其望远镜可绕支架进行盘左盘右地角度测量，可完全将其作为电子经纬仪使用，进行高精度的水平角的观测。

由于这种经纬仪兼顾电子测角和激光投点的功能，又可使用微型计算机技术进行测量、计算、显示和存储等多项功能，所以可用于高精度的角度坐标测量，也可进行大型构件的架设、大型建筑物的位移测量、重型机器安装与校正、天顶和水平方向的定向准直以及精密的水准测量，因而有着广泛的用途。

习　　题

1. 何谓水平角？经纬仪为何可以测出水平角？

2. 何谓竖直角？它有几种表现形式？

3. 光学经纬仪主要由几大部分组成？

4. 经纬仪上有哪些用于控制各部分部件的相对运动的装置？试分别说明其作用。

5. 对中和整平的目的各是什么？如何利用光学对点器进行对中？

6. 如何在测站上安置经纬仪？如何进行整平？

7. 观测水平角时，若需进行两个以上测回，为何各测回间要变换度盘位置？

8. 若测回数为 3，用 J6 型经纬仪观测时，各测回的起始读数为多少？那么用 J2 型经纬仪观测时，又如何呢？

9. 试分别叙述用测回法和方向观测法进行水平角的操作步骤（两测回）。

10. 采用盘左、盘右观测角度时，可以消除或减弱哪些仪器误差？

11. 经纬仪有哪些主要轴线？在图 3.1 中把它们画出来。各轴线应满足什么条件？

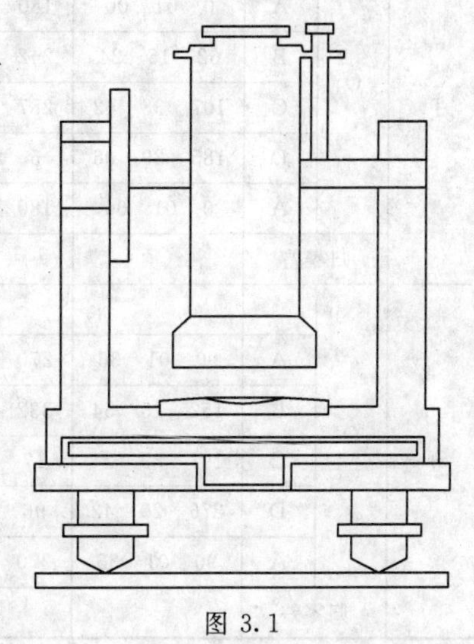

图 3.1

12. 某一经纬仪置于盘左，当视线水平时，竖盘读数为90°；当望远镜逐渐上仰，竖盘读数在逐渐减少。试推导该仪器的竖直角的计算公式。

13. 在竖直角观测时，为何在读数前一定要使竖盘指标水准管的气泡居中？

14. 何谓竖盘指标差？对顺时针和逆时针注记的竖盘，竖盘指标差的计算公式有无区别？

15. 在何种情况下，测站偏心和目标偏心对测角地影响大？在实际操作中应采取什么措施？

16. 如何检验和校正竖盘指标差？

17. 在进行视准轴垂直于横轴的检验时，为何照准的目标与仪器大致同高？而在进行横轴垂直于竖轴的检验时，又为何选择较高的目标点？

18. 电子经纬仪有何主要特点？

19. 试整理下列水平角观测记录。

测回法观测记录表

测站	竖盘位置	目标	水平角读数 (° ′ ″)	半测回角值 (° ′ ″)	一测回角值 (° ′ ″)	备 注
A	左	B	0 16 30			
		C	248 34 24			
	右	B	180 16 12			
		C	68 33 54			

全圆方向观测法记录表

测回数	测站	目标	读数		2C (″)	平均读数 (° ′ ″)	归零后方向值 (° ′ ″)	各测回归零后方向平均值 (° ′ ″)	备注
			盘 左 (° ′ ″)	盘 右 (° ′ ″)					
Ⅰ	O								
		A	0 01 00	180 01 12					
		B	62 15 24	242 15 48					
		C	107 38 42	287 39 06					
		D	185 29 06	5 29 12					
		A	0 01 06	180 01 18					
	归零差								
Ⅱ	O								
		A	90 01 36	270 01 42					
		B	152 15 54	332 16 06					
		C	197 39 24	17 39 30					
		D	276 29 42	96 29 48					
		A	90 01 36	270 01 48					
	归零差								

20. 完成下面竖直角的记录表

测站	目标	竖盘读数 左（L）（° ′ ″）	竖盘读数 右（R）（° ′ ″）	半测回竖直角（° ′ ″）	指标差（″）	一测回竖直角（° ′ ″）	备　注
O	A	59　20　30	300　40　00				$\alpha_{左}=90°-L$ $\alpha_{右}=R-270°$ 270°　180°　0°　90°
	B	91　44　12	268　16　12				
P	C	124　03　42	235　56　54				
	D	92　18　18	267　42　00				

第4章　距离测量和直线定向

学习目标：

通过本章学习，使学生了解距离测量的工具、直线定线的方法、罗盘仪的构造和使用；理解精密量距的方法；掌握一般距离丈量和视距测量的观测和计算、直线定向的方法、坐标方位角的计算及坐标的正反算方法。

4.1 距 离 测 量

距离测量是确定地面点位的基本测量工作之一。距离是指地面两点之间的直线距离。主要包括两种：水平面两点之间的距离称为水平距离，简称平距；不同高度上两点之间的距离称为倾斜距离，简称斜距。距离测量的方法有钢尺和皮尺量距、视距测量、电磁波测距和GPS测量等。钢尺和皮尺量距是用钢尺或皮尺沿地面直接丈量两点间距离；视距测量是利用水准仪或经纬仪望远镜中的视距丝及视距标尺按几何光学原理进行测距；电磁波测距是用仪器发射并接收电磁波，通过测量电磁波在待测距离上往返传播的时间解算出距离；GPS测量是利用GPS接收机接收卫星发射的信号，通过解算求出两台GPS接收机之间的距离、坐标和高程。本节重点介绍前两种距离测量方法。

4.1.1　量距的工具

钢尺量距的主要器材有钢尺、皮尺和测钎、温度计、弹簧秤、垂球、标杆等辅助量距工具。

1. 钢尺

钢尺也称钢卷尺，是用钢制成的带状尺，尺的宽度约10～15mm，厚度约0.4mm，长度有20m、30m和50m等几种。钢尺有卷放在圆盘型的尺壳内的，也有卷放在金属尺架上的，如图4.1.1所示。钢尺的分划也有好几种，有的以厘米为基本分划，适用于一般量距；有的也以厘米为基本分划，但尺端第一分米内有毫米分划；目前市场上的钢尺一般分划至毫米，在钢尺的厘米、分米和米的分划线上都有数字注记。钢尺一般量距的精度可达到1/1000～1/5000，精密测距的精度可以达到1/10000～1/40000，适合于平坦地区距离测量。

2. 皮尺

皮尺是用麻线或加入金属丝织成的带状尺。长度有20m、30m和50m等。皮尺的基

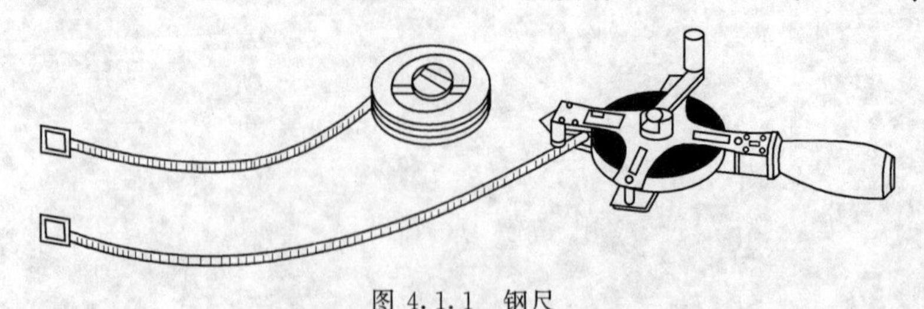

图4.1.1　钢尺

本分划为厘米，在尺的分米和整米处有注记，尺端金属环的外端为尺子的零点，如图 4.1.2 所示。尺子不用时，卷入支壳或塑料壳内，携带和使用都很方便，但是皮尺容易伸缩，量距精度比钢尺低，皮尺丈量精度在 1/1000 左右，一般用于要求精度不高的碎部测量和土方工程的施工放样等。

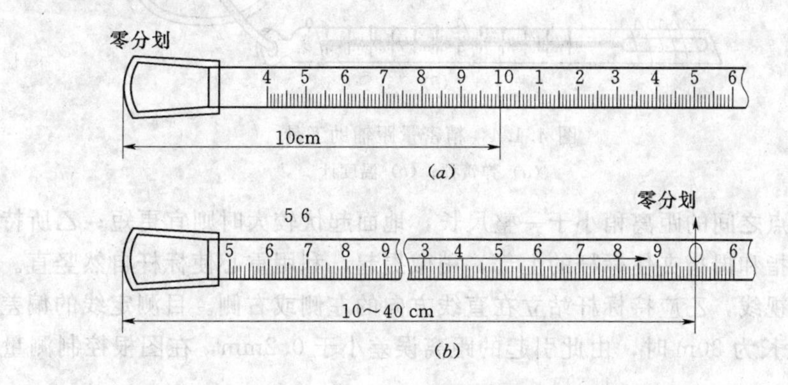

图 4.1.2 钢尺的分划

(*a*) 端点尺；(*b*) 刻线尺

3. 辅助量距工具

辅助量距工具有测钎、标杆、垂球、温度计、弹簧秤等。测钎一般用钢筋制成，长约 30～40cm，如图 4.1.3（*a*）所示。一端磨尖便于插入土中准确定位，另一端卷成圆环，便于串子一起携带。测钎主要用于标定尺段和作为定线的标志。标杆用木或竹竿制成，直径 0.5～2cm。长 2～3m 多，间隔 10cm 涂以红、白相间的油漆，如图 4.1.3（*b*）所示。它主要用于直线的定线和在倾斜尺段上进行水平丈量时标定尺段点位。弹簧秤用于对钢尺施加规定的拉力，即保证了尺长的稳定性。因为钢尺有一定自重展开时必成悬链线状。如果拉力不同，则尺子会不一样长。量距时就必须用弹簧秤施加检定时的标准拉力。温度计用于测定量距时的温度，以便对钢尺丈量的距离加温度改正，如图 4.1.4 所示。

4.1.2 直线定线

当欲丈量的两点间距离比所用尺子长时，就需要分若干尺段丈量，为使尺段点位不偏离两点连线的方向，就需要定线。所谓直线定线，就是将所有尺段点都标定在两点的连线上。直线定线的方法一般用目测定线和经纬仪定线。

1. 目测定线

一般精度量距对定线的精度要求不高，可采用目测定线的方法。如图 4.1.5 所示，设 A、B 两点相互通视，要在 A、B 两点的直线上分段 1、2 点。先在 A、B 点上竖立标杆，甲站在 A 点标杆后约 1m 处，指挥乙左右移动标杆，直到甲在 A 点沿标杆的同一侧看到 A、2、B 三支标杆成一条线为止。同理可以定出直线上的其他点。定线时

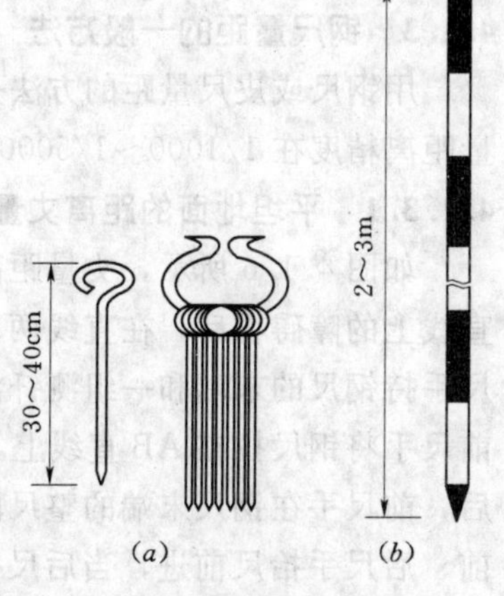

图 4.1.3 钢尺量距的辅助工具

(*a*) 测钎；(*b*) 标杆

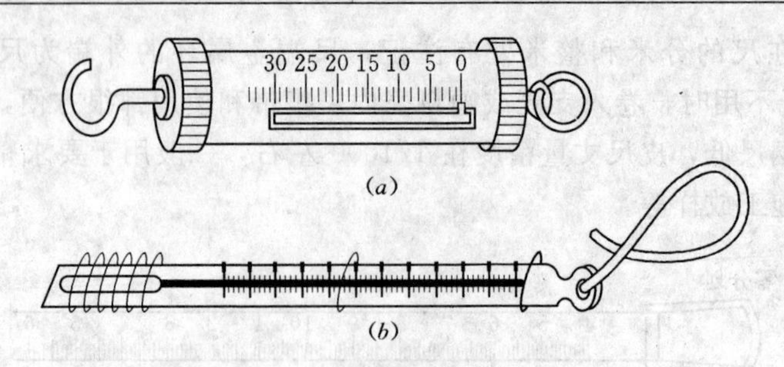

图 4.1.4　精密量距辅助工具

(a) 弹簧秤；(b) 温度计

一般要求点与点之间的距离稍小于一整尺长，地面起伏较大时则宜更短；乙所持的标杆应竖直，利用食指和拇指夹住标杆的上部，稍微提起，利用重心使标杆自然竖直。此外，为了不挡住甲的视线，乙应持标杆站立在直线方向的左侧或右侧。目测定线的偏差一般小于10cm，若尺段长为30m时，由此引起的距离误差小于0.2mm，在图根控制测量中是可以忽略不计的。

图 4.1.5　目测定线

2. 经纬仪定线

设A、B两点相互通视，将经纬仪安置在A点，用望远镜纵丝瞄准B点，制动照准部，望远镜上下转动，指挥在两点间某一点上的助手，左右移动标杆，直至标杆像为纵丝所平分。为了减小照准部误差，精密定线时，可用直径更细的测钎或垂球线代替标杆。

4.1.3　钢尺量距的一般方法

用钢尺或皮尺量距的方法是基本相同的，下面介绍用钢尺量距的一般方法。用钢尺丈量距离精度在1/1000～1/5000方法称为钢尺量距一般方法。

4.1.3.1　平坦地面的距离丈量

如图4.1.6所示，丈量距离时一般需要三人，前、后尺各一人，记录一人。清除待量直线上的障碍物后，在直线两端点A、B竖立标杆，后尺手持钢尺的零端位于A点，前尺手持钢尺的末端和一组测钎沿AB方向前进，行至一个尺段处停下。后尺手用手势指挥前尺手将钢尺拉在AB直线上，后尺手将钢尺的零点对准A点，当两人同时把钢尺拉紧后，前尺手在钢尺末端的整尺段长分划处竖直插下一根测钎得到1点，即量完一个尺段。前、后尺手抬尺前进，当后尺手到达插测钎或划记号处时停住，再重复上述操作，量完第二尺段。后尺手拔起地上的测钎，依次前进，直到量完AB直线的最后一段为止。

最后一段距离一般不会刚好是整尺段的长度，称为余长。丈量余长时，前尺手在钢尺

图 4.1.6 平坦地面的距离丈量

上读取余长值，则最后 A、B 两点间的水平距离为

$$D_{AB}=n\times \text{尺段长}+\text{余长} \tag{4.1.1}$$

式中：n 为整尺段数。

在平坦地面，钢尺沿地面丈量的结果就是水平距离。

为了防止丈量中发生错误及提高量距的精度，需要往、返丈量。上述为往测，返测时，将钢尺调头，从 B 点往 A 点方向丈量，方法相同。最后取往、返丈量距离的平均值作为丈量结果，用“$D_平$”表示，即：

$$D_平=\frac{D_{AB}+D_{BA}}{2} \tag{4.1.2}$$

式中：D_{AB}为往测距离；D_{BA}为返测距离。

丈量结果（即平均距离）的精度或称相对误差为

$$K=\frac{|D_{AB}-D_{BA}|}{D_平}=\frac{1}{M} \tag{4.1.3}$$

式中：K 为往、返丈量结果的相对误差（或精度）。所谓相对误差，是往、返丈量距离之差的绝对值与其往、返丈量距离的平均值之比，化成分子为 1 的分式，相对误差的分母 M 越大，k 值就愈小，说明量距的精度就愈高。

【例 4.1.1】 已知 A、B 的往测距离为 186.683m，返测距离为 186.725m，求丈量的结果 $D_平$ 及相对误差 K。

解：丈量的结果为

$$D_平=\frac{D_{AB}+D_{BA}}{2}=\frac{186.683+186.725}{2}=186.704\text{m}$$

丈量结果的相对误差为

$$K=\frac{|186.683-186.725|}{186.704}=\frac{1}{4445}$$

在平坦地区，钢尺的相对误差一般应不大于 1/3000；当量距的相对误差没有超出上述规定时，可取往、返测距离的平均值作为两点间的水平距离。平坦地面距离丈量的记录和计算见表 4.1.1。

4.1.3.2 倾斜距离的丈量

1. 平量法

平量法是当地面坡度不大时，将钢尺拉平丈量的方法。平量时是由高点向低点方向进行独立两次丈量，取平均值作为丈量的结果。

表 4.1.1　　距离丈量记录表

线段	往测		返测		往返差 (m)	相对误差 K	平均距离 $D_平$ (m)	备注
	分段长 (m)	总长 (m)	分段长 (m)	总长 (m)				
AB	30×6	186.683	30×6	186.725	−0.042	1/4445	186.704	
	6.683		6.725					
BC	30×5	162.368	30×5	162.400	−0.032	1/5074	162.384	
	12.368		12.400					

（1）平量方法。

如图 4.1.7 所示，由 A 点向 B 点进行丈量，后尺手持钢尺零端，并将零刻线对准起点 A 点，前尺手进行定线后，将尺拉在 AB 方向上并使尺子抬高至水平状态，然后用垂球尖端将尺段的末端（如 30m 刻划）投于地面上，再插以测钎。若地面倾斜较大，将钢尺抬平有困难时，可将一尺段分为几段来平量。

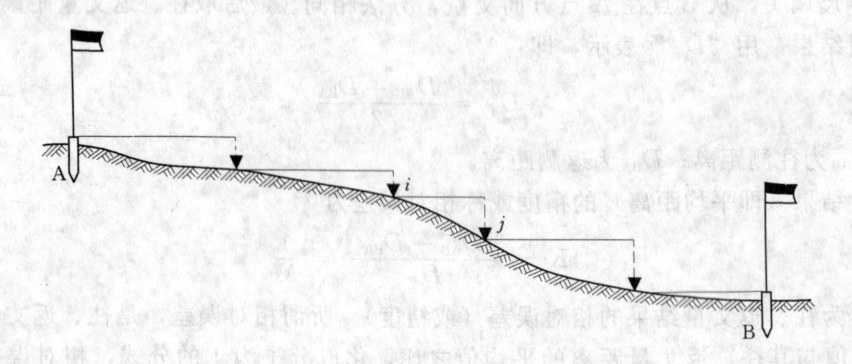

图 4.1.7　平量法示意图

（2）丈量结果的计算。

平量法的丈量结果是取两次丈量的平均值，即

$$D_平 = \frac{D_{AB1} + D_{AB2}}{2} \tag{4.1.4}$$

式中：D_{AB1}、D_{AB2} 为第一、第二次丈量值；$D_平$ 为第一、第二次丈量值的平均值。

（3）丈量结果的精度计算。

丈量结果的相对误差采用下式计算

$$K = \frac{|D_{AB1} - D_{AB2}|}{D_平} = \frac{1}{M} \tag{4.1.5}$$

平量法丈量距离可用表 4.1.1 进行记录和计算。

2. 斜量法

斜量法是沿均匀倾斜地面往返丈量出倾斜距离，用仪器测出其两端高差，用勾股定理计算其水平距离。如图 4.1.8 所示，可以沿着斜坡往返丈量出 A、B 的斜距，精度符合要求后，计算往返平均斜距 L，测出地面倾斜角 α 或两端点的高差 h，然后按下式计算 A、

B 的水平距离为

$$D=\sqrt{L^2-h^2} \quad (4.1.6)$$

当需丈量的距离不是均匀坡度时，定线时用木桩定出每尺段的端点，用仪器测出各尺段高差，并分段计算出每一尺段的平距，然后再计算总的往、返测距离、丈量的结果和相对误差。

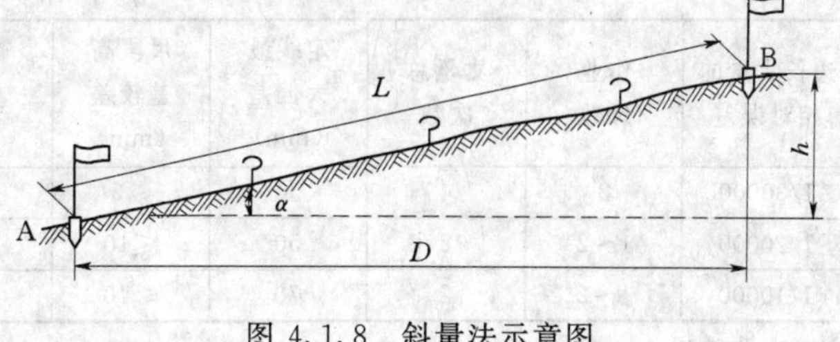

图 4.1.8 斜量法示意图

4.1.3.3 一般距离丈量的成果整理

一般距离丈量的成果整理主要有每尺段的实量长度、尺长改正数、温度改正数和高差改正数计算和改正后的尺段水平距离。具体计算方法见 4.1.4 有关内容。在下列情况下，不需进行有关改正数计算：

(1) 尺长改正值小于尺长的 1/10000，不需计算尺长改正数。

(2) 量距时温度与标准温度相差小于±10℃时，不需计算温度改正数。

(3) 沿地面丈量的地面坡度小于 1%时，不需计算高差改正数。

4.1.4 钢尺量距的精密方法

当要求量距的相对误差在 1/10000～1/40000 时，要用精密量距方法进行丈量。精密方法量距前，要对钢尺进行检定。

4.1.4.1 钢尺检定

精密量距前，要对钢尺进行检定，钢尺的检定一般由专门的机构进行，通过检定，给出所用钢尺的尺长方程式。如某 2 号钢尺的检定给出的尺方程式为

$$l_t=l_0+\Delta l+\alpha(t-t_0)l_0 \quad (4.1.7)$$

式中：l_t 为 2 号钢尺在温度 t℃时的实际长度；l_0 为钢尺名义长度；Δl 为尺长改正数；α 为钢尺的膨胀系数，一般为 1.25×10^{-5}/ ℃；t 为钢尺量距时的温度；t_0 为钢尺检定时的温度，一般为 20℃。

每根钢尺都应有由尺长方程式才能得出实际长度，但尺长方程式中的 Δl 会发生变化，故尺子使用一段时期后必须重新检定，得出新的尺长方程式。

4.1.4.2 丈量的方法

(1) 直线定线。丈量前，先用经纬仪定线，两标志间的尺段距离要略短于所用钢尺长度。

(2) 尺段高差测量。用水准仪往返测出各段高差，各尺段往返测量高差之差不大于 5～10mm。

(3) 丈量距离。用 1～2 根钢尺进行作业，施加检验钢尺时的拉力，并同时用温度计测定各尺段温度。每段需要丈量三次，每次应略微变动尺子的位置，三次读得长度值之差的允许值根据不同要求而定，一般不超过 2～3mm。如三次在限差范围之内，则取三次丈量的平均值作为该次丈量的结果。根据需要丈量距离的精度不同，各种测量要求不同，普通钢尺测距的主要技术要求见表 4.1.2。

表 4.1.2　普通钢尺测距的主要技术要求

边长丈量的相对误差	作业尺数	丈量总次数	定线最大偏差（mm）	尺段高差较差（mm）	读尺次数	估读值至（mm）	温度读数值至（℃）	同尺各次或同段各尺的较差（mm）
1/30000	2	4	50	≤5	3	0.5	0.5	≤2
1/20000	1～2	2	50	≤10	3	0.5	0.5	≤2
1/10000	1～2	2	70	≤10	2	0.5	0.5	≤3

（4）测量成果的整理。测量结束后，对测量的结果进行段尺长改正、温度改正和倾斜改正，计算改正后的尺段水平距离和丈量的结果和精度。

1）计算尺长改正数。

由于钢尺的实际长度与名义长度不符，故所量距离必须加尺长改正。尺长改正数的计算公式为

$$\Delta D_l = \frac{\Delta l}{l_0}D' \tag{4.1.8}$$

式中：Δl 为钢尺全长的尺长改正数；D'为尺段长；l_0 为钢尺名义长。

2）计算温度改正数。

尺长方程式的尺长改正是在标准温度情况下的数值，量距时的平均温度 t 与标准温度 t_0 并不相等，因此，作业时的温度与标准温度的差值对尺子的影响数值就是温度改正数。设 t 为丈量时的平均温度，尺段 L 的温度改正数为

$$\Delta D_t = D' \times 1.25 \times 10^{-5}(t - t_0) \tag{4.1.9}$$

式中：t 为丈量时温度；t_0 为标准温度，一般为 20°C。

3）计算高差改正数。

设两点的高差为 h，为了将尺段长 D'，改算成水平距离 D，则需要加高差改正。高差改正数为

$$\Delta D_h = -\frac{h^2}{2D'} \tag{4.1.10}$$

4）计算改正后的尺段平距。

通过上述三项改正数，就可以求得改正后的尺段水平距离 D

$$D = D' + \Delta D_l + \Delta D_t + \Delta D_h \tag{4.1.11}$$

5）计算丈量的结果和精度。

通过三项改正数计算求出了改正后的各尺段平距，根据各尺段平距计算全线的往、返丈量结果和平均值、相对误差。

【例 4.1.2】　已知某钢尺的尺方程式为 $D=50\text{m}+0.008+0.0000125\ (t-20℃)\times 50\text{m}$，用该钢尺丈量距离，量得直线 A－1 的尺段平均长 49.536m，丈量时温度为 $t=29.5℃$，测得尺段高差 $h=-0.831\text{m}$，求改正后的尺段水平距离是多少？

解：（1）按式（4.1.8）计算尺段的尺长改正数为

$$\Delta D_l = \frac{\Delta l}{l_0}D' = \frac{+0.008}{50} \times 49.536 = +0.008\text{m}$$

（2）按式（4.1.9）计算温度改正数为

$$\Delta D_t = D' \times 1.25 \times 10^{-5}(t - t_0) = 49.536 \times 1.25 \times 10^{-5} \times (29.5 - 20) = +0.006\text{m}$$

(3) 按式 (4.1.10) 计算高差改正数为

$$\Delta D_h = -\frac{h^2}{2D'} = -\frac{(-0.831)^2}{2 \times 49.536} = -0.007\text{m}$$

(4) 按式 (4.1.11) 计算改正后的尺段水平距离为

$$D = D' + \Delta D_l + \Delta D_t + \Delta D_h = 49.536 + 0.008 + 0.006 + (-0.007) = 49.543\text{m}$$

上面计算了一个尺段改正的水平距离的计算过程，精密距离丈量记录和计算见表 4.1.3。表 4.1.3 中只列出计算了 A－B 的往测距离为：$\sum D_{AB} = 120.426$m，设返测距离为：$\sum D_{BA} = 120.418$m，则 A－B 的 往返丈量结果为

$$D_{平} = \frac{D_{AB} + D_{BA}}{2} = \frac{120.426 + 120.418}{2} = 120.422\text{m}$$

表 4.1.3　　精密距离丈量记录表　　单位：m

尺段号	丈量次数	钢尺读数		尺段长度	平均尺段长度	温度改正数	尺长改正数	高差改正数	改正后尺段平距
		前尺	后尺						
1	2	3	4	5	6	7	8	9	10
A－1	1	49.700	0.613	49.537		29.5℃		−0.831	
	2	49.713	0.178	49.535					
	3	49.711	0.176	49.535	49.536	+0.006	+0.008	−0.007	49.543
1－2	1	49.918	0.177	49.741		29.7℃		0.963	
	2	49.812	0.080	49.741					
	3	49.780	0.041	49.739	49.740	+0.006	+0.008	−0.009	49.745
2－B	1	21.856	0.708	21.147		29.7℃		−0.408	
	2	21.753	0.605	21.148					
	3	21.802	0.655	21.147	21.147	+0.003	+0.002	−0.004	21.148
Σ					120.423	+0.015	+0.018	−0.020	120.426

丈量结果的相对误差为

$$K = \frac{|120.426 - 120.418|}{120.422} = \frac{1}{12053}$$

当丈量距离的精度要高于需要丈量的精度，丈量的结果合格，否则需重新丈量。

4.1.5　钢尺量距的误差分析及注意事项

4.1.5.1　钢尺量距的误差分析

钢尺量距的误差来源主要有以下几种。

1. *定线误差*

丈量时，钢尺没有准确地放在所量距离的直线方向上，使所量距离不是直线而是一组折线，造成丈量结果偏大，这种误差称为定线误差。一般距离丈量时，要求定线偏差不大于 0.1m，可以用标杆目测定线。当直线较长或精密量距时，应利用仪器定线。

2. *尺长误差*

如果钢尺的名义长度和实际长度不符，则产生尺长误差。尺长误差是积累的，丈量的距离越长，误差越大。因此，新购置的钢尺必须经过检定，求出其钢尺的尺方程式。

3. 温度误差

钢尺的长度随温度而变化，当丈量时的温度与钢尺检定时的标准温度不一致时，将产生温度误差。一般量距时，当温度变化小于10℃，可以不加温度改正，对于精密量距必须加温度改正数。

4. 钢尺倾斜和垂曲误差

在高低不平的地面上采用钢尺水平法量距时，钢尺不水平或中间下垂而成曲线时，都会使量得的长度比实际要大。因此，丈量时必须注意钢尺水平，整尺段悬空时，中间应托平钢尺，否则会产生不容忽视的垂曲误差。

5. 拉力误差

钢尺在丈量时所受拉力应与检定时的拉力相同，否则将产生误差。对于一般距离丈量而言，保持大概与检定钢尺时的拉力即可，但对于精密量距，必须使用拉力器。

6. 丈量误差

丈量时，在地面上标志尺段点位置处插测钎不准，前、后尺手配合不佳，余长读数不准等，都会引起丈量误差，这种误差对丈量结果的影响可正可负，大小不定。在丈量中要尽量做到对点准确，配合协调。

4.1.5.2　钢尺量距的主要注意事项

(1) 丈量时应检查钢尺，看清钢尺的零点位置。

(2) 量距时要定线准确，尺子要水平，拉力要均匀。

(3) 读数时要细心、精确，不要看错、念错。

(4) 记录要完整、清楚、正确；不要漏记、涂改、算错。

(5) 钢尺易生锈，丈量结束后应用软布擦去尺上的泥和水，涂上机油，以防生锈。

(6) 钢尺易折断，如果钢尺出现卷曲，切不可用力硬拉。

(7) 丈量时，钢尺末端的持尺员应该用尺夹夹住钢尺后手握紧尺夹加力，没有尺夹时，可以用布或者纱手套包住钢尺代替尺夹，切不可手握尺盘或尺架加力，以免将钢尺拖出。

(8) 在行人和车辆较多的地区量距时，中间要有专人保护，以防止钢尺被车辆压断。

(9) 不准将钢尺沿地面拖拉，以免磨损尺面分划。

(10) 收卷钢尺时，应按顺时针方向转动钢尺摇柄，切不可逆转，以免折断钢尺。

4.2　视距测量

视距测量是利用望远镜内十字丝分划板上的视距丝及视距尺（塔尺或普通水准尺）、根据光学和三角学原理同时测定仪器至立尺点间的水平距离和高差的一种方法。视距测量的精度较低，其测量距离的相对误差约为1/300，低于钢尺量距；测定高差的精度每百米约±3cm，低于水准测量。但用视距测量测定距离和高差具有速度快、劳动强度小、受地形条件限制少等优点。因此，视距测量广泛用于精度要求不高的地形测量、架空输电线路中。

4.2.1　视距测量的原理

4.2.1.1　视线水平时的视距计算公式

如图4.2.1所示，AB为待测距离，在A点安置经纬仪，B点竖立视距尺，设望远镜

视线水平，瞄准 B 点的视距尺，此时视线与视距尺垂直。

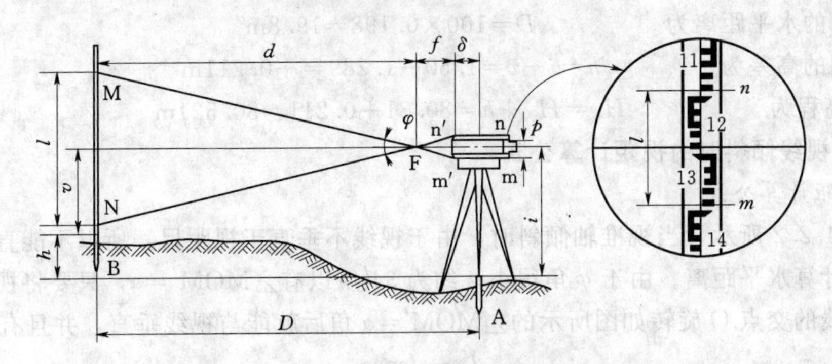

图 4.2.1 视准轴水平时的视距测量原理图

1. 平距计算公式

在图 4.2.1 中，$P=\overline{nm}$ 为望远镜上、下视距丝的间距，$l=\overline{NM}$ 为视距间隔，f 为望远镜物镜焦距，δ 为物镜中心到仪器中心的距离。

由于望远镜上、下视距丝的间距 p 固定，因此，从这两根丝引出去的视线在竖直面内的夹角 φ 是固定的角度。设由上、下视距丝 n、m 引出去的视线在标尺上的交点分别为 N、M，则在望远镜视场内可以通过读取交点的读数 N、M 求出视距间隔 l。

由于 $\Delta n'm'F$ 相似于 ΔNMF，所以有 $\frac{d}{f}=\frac{l}{p}$，则

$$d=\frac{f}{p}l \tag{4.2.1}$$

顾及式（4.2.1），由图 4.2.1 得

$$D=d+f+\delta=\frac{f}{p}l+f+\delta \tag{4.2.2}$$

令 $K=\frac{f}{p}$，$C=f+\delta$，则有

$$D=Kl+C \tag{4.2.3}$$

式中：K、C 分别为视距乘常数和视距加常数。设计制造仪器时，通常使 $K=100$，对于内对光仪器 C 值很小接近于零，因此，视线水平时的平距计算公式为

$$D=Kl=100l \tag{4.2.4}$$

式中：K 为视距乘常数 100；l 为视距间隔，即上、下丝读数之差。

2. 高差计算公式

见图 4.2.1，如果再在望远镜中读出中丝读数 v，用 2m 卷尺量出仪器高 i，则 A、B 两点的高差为

$$h=i-v \tag{4.2.5}$$

若已知测站点的高程 H_A，则立尺点 B 的高程为：

$$H_B=H_A+h=H_A+i-v \tag{4.2.6}$$

【例 4.2.1】 如图 4.2.1 所示，设测站点的高程 $H_A=80.31$m，仪器高度 $i=1.50$m，下丝 1.388，上丝 1.190，中丝 $V=1.289$m，求 AB 间的水平距离和 B 的高程是多少？

解：视距间隔为　　　　$l = 1.388 - 1.190 = 0.198\text{m}$

AB间的水平距离为　　　　$D = 100 \times 0.198 = 19.8\text{m}$

AB间的高差为　　　　$h = i - v = 1.50 - 1.289 = +0.211\text{m}$

B的高程为　　　　$H_B = H_A + h = 80.31 + 0.211 = 80.521\text{m}$

4.2.1.2　视线倾斜时的视距计算公式

1. 平距计算公式

如图4.2.2所示，当视准轴倾斜时，由于视线不垂直于视距尺，所以不能直接应用式(4.2.4)计算水平距离。由于φ角很小；约为34′所以有$\angle MOM' = \alpha$，只要将视距尺绕与望远镜视线的交点O旋转如图所示的$\angle MOM' = \alpha$角后就能与视线垂直，并且有

$$l' = l\cos\alpha \tag{4.2.7}$$

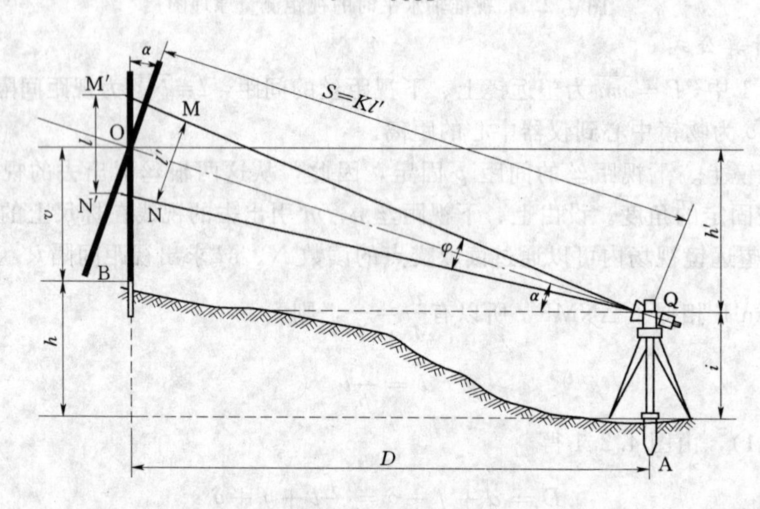

图4.2.2　视准轴倾斜时的视距原理

则望远镜旋转中心Q与视距尺旋转中心O的视距为

$$S = Kl' = Kl\cos\alpha \tag{4.2.8}$$

由此求得视线倾斜时A、B两点间的水平距离计算公式为

$$D = S\cos\alpha = Kl\cos^2\alpha \tag{4.2.9}$$

2. 高差计算公式

设A、B的高差为h，由图4.2.2列出方程为

$$h + v = h' + i$$

式中

$$h' = S\sin\alpha = Kl\cos\alpha\sin\alpha = \frac{1}{2}Kl\sin2\alpha = D\tan\alpha \tag{4.2.10}$$

式中：h'为高差主值（也称初算高差）。

将h'代入式(4.2.10)，得视线倾斜时高差计算公式为

$$h = h' + i - v = \frac{1}{2}Kl\sin2\alpha + i - v = D\tan\alpha + i - v \tag{4.2.11}$$

则推算待求高程点B点高程的计算公式为

$$H_B = H_A + h \tag{4.2.12}$$

4.2.2 视距测量的观测和计算方法

4.2.2.1 观测方法

(1) 安置仪器于测站点上，量出仪器高度（i），取至厘米即可。

(2) 盘左照准视距尺，用望远镜微动螺旋使中丝为一整数或仪器高度，读取上丝、下丝和中丝读数，并使竖盘指标水准管气泡居中（自动归零装置的仪器没有此项操作），读取竖盘读数。

(3) 计算仪器至立尺点间的平距和高差、立尺点的高程。

4.2.2.2 计算方法

视距测量的计算方法，过去多采用《视距计算表》的方法，现在这种方法很少使用，目前广泛使用多功能计算器或有程序的计算器进行计算。

【例 4.2.2】 设测站点的高程 $H_A=90.31$m，仪器高 $i=1.51$m，照准标尺中丝读数 $v=1.40$m，下丝读数 $m=1.781$m，上丝读数 $n=1.019$m，竖直度盘盘左读数 $L=86°35'06''$。计算 A 到 B 点的平距 D 及 B 点的高程 H_B。

解： $\alpha = 90° - L = 90° - 86°35'06'' = 3°24'54''$

$$D = Kl\cos^2\alpha = 100(1.781 - 1.019)\cos^2 3°24'54'' = 75.93\text{m}$$

$$h_{AB} = D\tan\alpha + i - v = 75.93 \times \tan3°24'54'' + 1.51 - 1.40$$

$$= 4.53 + 1.51 - 1.40 = 4.64\text{m}$$

$$H_B = H_A + h_{AB} = 90.31 + 4.64 = 94.95\text{m}$$

4.2.3 视距测量误差及注意事项

(1) 视距乘常数 K 和视距尺分划误差。由于仪器制造工艺上的原因，K 值不一定恰好等于100，视距尺的分划不均匀也产生误差。在使用仪器测量前必须准确测定 K 值，必要时对距离进行改正。

(2) 用视距丝在标尺上读数引起的误差。由于视距测量主要按视距丝来读取标尺读数计算视距的，而视距丝有一定的宽度，估读时存在误差。因此，在读数时为了减少读数误差，要注意认真进行物镜对光，消除视差外，可依视距丝的上边缘（或下边缘）读数，以减少读数误差。

(3) 外界条件变化引起的误差。视距测量是在一定的外界条件下进行的，外界条件如温度的变化、风力的大小、空间的透明度等，都会给测量带来误差，因此，视距测量要避免在烈日下、风力大和尘雾中进行视距测量，另外视线应距地面有一定高度。

(4) 标尺倾斜引起的误差。标尺扶立不正，引起前后倾斜，使读数存在误差，因此，在观测时要注意扶正标尺，标尺上最好装有圆水准器或水准管，以保证标尺竖直。

4.3 直 线 定 向

4.3.1 直线定向的概念

在测量工作中常要确定地面上两点间的平面位置关系，要确定这种关系除了需要测量两点之间的水平距离以外，还必须确定该两点直线的方向。在测量上，确定某一条直线与标准方向线之间的水平角称为直线定向。

4.3.2　标准方向的种类

1. 真子午线方向

椭球的子午线方向称为真子午线，通过地球表面上某点的真子午线的切线方向称为该点的真子午线方向（也称真北方向），真子午线方向可通过天文观测、陀螺经纬仪测量来测定。

2. 磁子午线方向

磁子午线方向即为磁针静止时所指的方向（也称磁北方向），它是用罗盘来测定的。

3. 坐标纵轴方向

我国采用高斯平面直角坐标系，其每一投影带中央子午线的投影为坐标纵轴方向，即 X 轴方向，平行于高斯投影平面直角坐标系 X 坐标轴的方向称为坐标纵线（也称轴北方向）。

测量中常用这三个方向来作为直线定向的标准方向，即所谓的三北方向如图 4.3.1 所示。

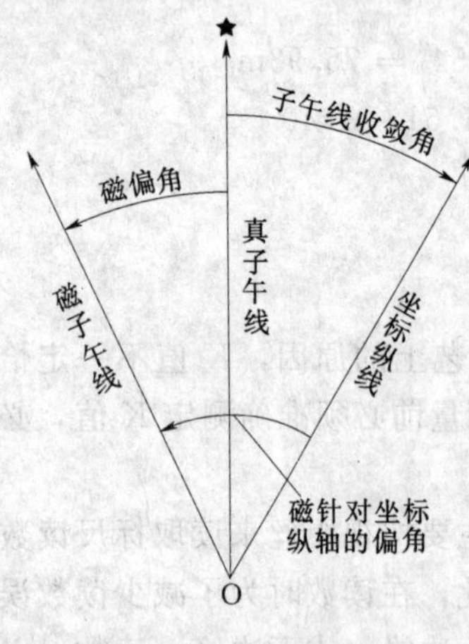

图 4.3.1　测量标准方向

4.3.3　直线方向的表示方法

测量工作中，常用方位角、坐标方位角或象限角来表示直线的方向。

4.3.3.1　方位角

1. 方位角的概念

从直线一端点的标准方向顺时针转至某直线的水平角，称为该直线的方位角。方位角的大小是 0°～360°，方位角不能为负数。

2. 方位角的分类

根据标准方向的不同，方位角又分为真方位角、磁方位角和坐标方位角三种。

（1）真方位角。从直线一端点的真子午线方向顺时针方向转到该直线的水平角，称为该直线的真方位角，用 $\alpha_{真}$ 表示，如图 4.3.2（a）所示。

（2）磁方位角。从直线一端的磁子午线方向顺时针方向量到某直线的水平角，称为该直线的磁方位角，用 $\alpha_{磁}$ 表示，如图 4.3.2（b）所示。

（3）坐标方位角。从坐标纵轴方向的北端起顺时针方向量到某直线的水平角，称为该直线的坐标方位角，一般用 α 表示，如图 4.3.2（c）所示。

3. 磁偏角

由于磁南北极与地球的南北极不重合，因此，过地球上某点的真子午线与磁子午线不重合，同一点的磁子午线方向偏离真子午线方向某一个角度称为磁偏角，用 δ 表示，如图 4.3.3 所示。

4. 磁方位角与真方位角之间的关系

如图 4.3.4 所示磁方位角与真方位角之间的关系为

$$\alpha_{真} = \alpha_{磁} + \delta \tag{4.3.1}$$

式中：磁偏角δ值，东偏取正，西偏取负。我国的磁偏角的变化在$-10°\sim+6°$之间。

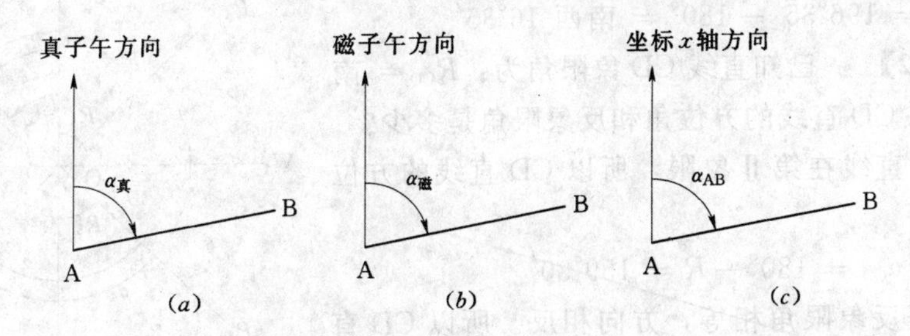

图 4.3.2 直线定向

(a) 真方位角；(b) 磁方位角；(c) 坐标方位角

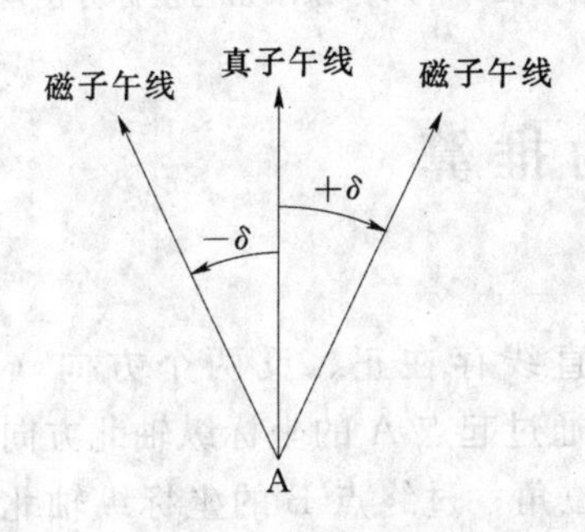

图 4.3.3 磁偏角

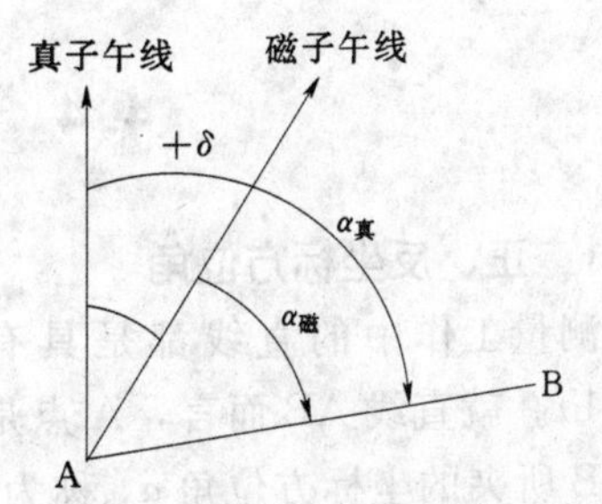

图 4.3.4 磁方位角与真方位角之间的关系

4.3.3.2 象限角

如图 4.3.5 所示，通过X和Y坐标轴将平面划分为四个象限。从X轴方向按顺时针或逆时针转至某直线的水平角，称为象限角，以R表示。象限角的范围是$0°\sim90°$。正反象限角相等，方向相反。

直线OP_1位于第一象限，象限角R_1；直线OP_2位于第二象限，象限角R_2；直线OP_3位于第三象限，象限角R_3；直线OP_4位于第四象限，象限角R_4。

用象限角来表示直线的方向，必须注明直线所处的象限。第一象限记为“北东”，第二象限记为“南东”，第三象限记为“南西”，第四象限记为“北西”。图 4.3.5 中，假定$R_1=42°30'$、$R_3=44°18'$，则应分别记为$R_1=$北东$42°30'$、$R_3=$南西$44°18'$。

4.3.3.3 直线的方位角与象限角换算关系

如图 4.3.5 所示，直线方位角与象限角换算关系，见表 4.3.1。

表 4.3.1 直线的方位角与象限角换算关系

象 限	关 系	象 限	关 系
Ⅰ	$\alpha_1=R_1$	Ⅲ	$\alpha_3=180°+R_3$
Ⅱ	$\alpha_2=180°-R_2$	Ⅳ	$\alpha_4=360°-R_4$

【例 4.3.1】 已知 AB 直线方位角$\alpha_{AB}=196°35'$，求 AB 直线的象限角是多少？

解：AB 直线方位角 $\alpha_{AB}=196°35'$，直线 AB 在第Ⅲ象限。则直线 AB 象限角为

$$R_{AB}=196°35'-180°=\text{南西}\ 16°35'$$

【例 4.3.2】　已知直线 CD 象限角为：$R_{CD}=$ 南东 20°30′，求 CD 直线的方位角和反象限角是多少？

解：因为直线在第Ⅱ象限，所以 CD 直线的方位角为

$$\alpha_{CD}=180°-R=159°30'$$

另因为正反象限角相等，方向相反。所以 CD 直线的反象限角为

$$R_{CD}=\text{北西}\ 20°30'$$

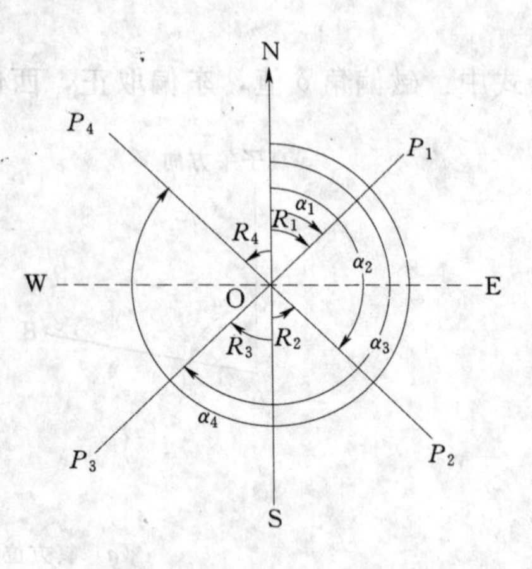

图 4.3.5　象限角与坐标方位角

4.4　坐标方位角的推算

4.4.1　正、反坐标方位角

测量工作中的直线都是具有一定方向的，一条直线存在正、反两个方向（见图 4.4.1）。就直线 AB 而言，A 点是起点，B 点是终点。通过起点 A 的坐标纵轴北方向与直线 AB 所夹的坐标方位角 α_{AB} 称为直线 AB 的正坐标方位角；过终点 B 的坐标纵轴北方向与直线 BA 所夹的坐标方位角 α_{BA}，称为直线 AB 的反坐标方位角。正、反坐标方位角相差 180°，即

$$\alpha_{\text{反}}=\alpha_{\text{正}}\pm 180° \tag{4.4.1}$$

式中：当 $\alpha_{\text{正}}\geqslant 180°$ 时，取"－"号；当 $\alpha_{\text{正}}<180°$ 时，取"＋"号。

【例 4.4.1】　已知 AB 直线方位角 $\alpha_{AB}=196°35'$，求 AB 直线的反方位角 α_{BA} 是多少？

解：

$$\alpha_{\text{反}}=\alpha_{\text{正}}\pm 180°$$

$$\alpha_{BA}=196°35'-180°=16°35'$$

4.4.2　坐标方位角的推算

在测量工作中，通常只测定起始边的方位角，其他各边的方位角是用导线点上观测的水平角进行推算的。

如图 4.4.1 所示，通过已知坐标方位角和观测的水平角来推算出各边的坐标方位角。在推算时水平角 β 有左角和右角之分，图中沿前进方向 A→B→C→D→E 左侧的水平角称为左角，沿前进方向右侧的水平角称为右角。

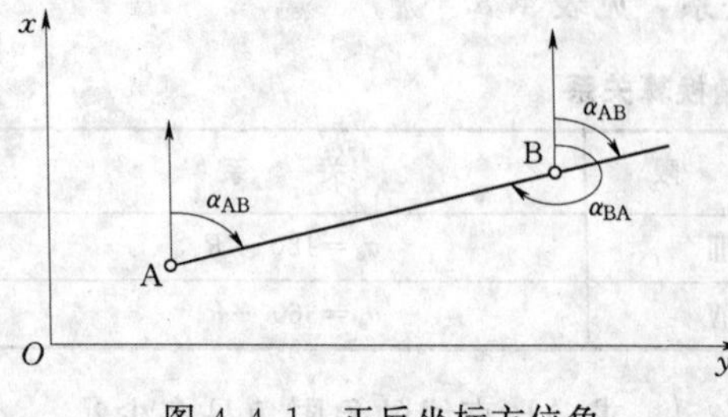

图 4.4.1　正反坐标方位角

1. 用左角推算各边方位角的公式

设 α_{AB} 为已知起始方位角，各转折角为左角。从图 4.4.2 中可以看出：每一边的正、反坐标方位角相差 180°，则有

$$\alpha_{BC}=\alpha_{AB}+\beta_{B\text{左}}-180° \tag{4.4.2}$$

同理有：

$$\alpha_{CD} = \alpha_{BC} + \beta_{C左} - 180° \tag{4.4.3}$$

$$\alpha_{DE} = \alpha_{CD} + \beta_{D左} - 180° \tag{4.4.4}$$

由此可知，按线路前进方向，由后一边的已知方位角和左角推算线路前一边的坐标方位角的计算公式为

$$\alpha_{前} = (\alpha_{后} + \beta_{左}) - 180° \tag{4.4.5}$$

(4.4.5) 称为左角公式，即用左角推算方位角的公式。

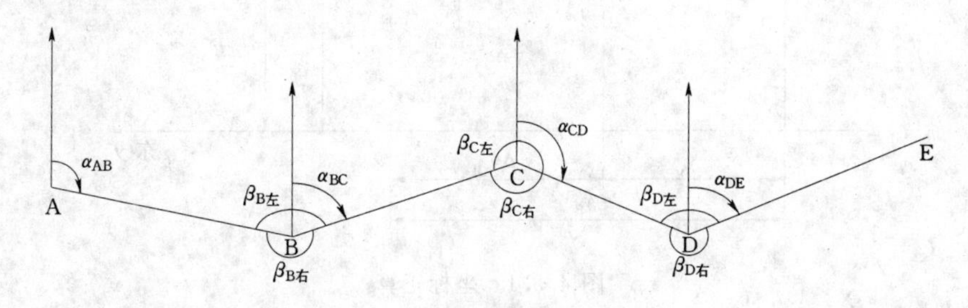

图 4.4.2 坐标方位角的推算

2. 用右角推算各边方位角

根据左、右角间的关系，将 $\beta_{左}=360°-\beta_{右}$ 代入式 (4.4.5)，则有公式

$$\alpha_{前} = (\alpha_{后} + 180°) - \beta_{右} \tag{4.4.6}$$

式 (4.4.6) 称为右角公式，即用右角推算方位角的公式。

注意：坐标方位角的范围是 0°～360°，没有负值或大于 360°的值。如果计算的角值大于 360°时，则应该减去 360°才是其方位角；如果计算的角值为负值时，则应该加上 360°才是其方位角。

【例 4.4.2】 在图 4.4.2 中，已知 $\alpha_{AB}=96°$，$\beta_{B左}=170°$，$\beta_{c左}=210°$，$\beta_{D左}=150°$，求各边方位角是多少？

解：根据式 (4.4.5) 的左角公式，推算各边方位角如下所述。

BC 边方位角为

$$\alpha_{BC} = (\alpha_{AB} + \beta_{B}) - 180° = (96° + 170°) - 180° = 86°$$

CD 边方位角为

$$\alpha_{CD} = (\alpha_{BC} + \beta_{C}) - 180° = (86° + 210°) - 180° = 116°$$

DE 边方位角为

$$\alpha_{DE} = (\alpha_{CD} + \beta_{D}) - 180° = (116° + 150°) - 180° = 86°$$

如果用右角，推算得各边的方位角是相同的。

4.5 距离、方向与地面点直角坐标的关系

4.5.1 坐标正算

根据直线起始点的坐标、直线的水平距离及其方位角计算直线终点的坐标，称为坐标正算。如图 4.5.1 所示，已知直线 AB 的起始点 A 的坐标 (x_A，y_A)，AB 的水平距离 D_{AB} 和方位角 α_{AB}，则终点 B 的坐标 (x_B，y_B) 可按下列步骤计算。

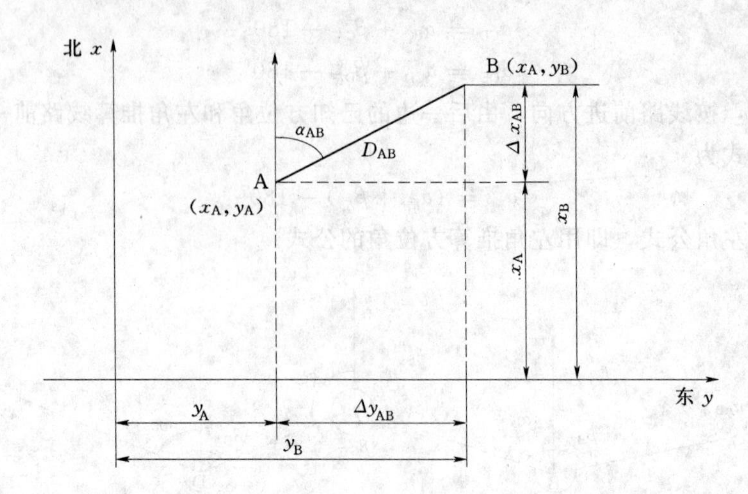

图4.5.1　坐标正算

1. 计算两点间纵横坐标增量

由图4.5.1可以看出A、B两点间纵横坐标增量分别为

$$\left.\begin{aligned}\Delta x_{AB} &= D_{AB}\cos\alpha_{AB}\\ \Delta y_{AB} &= D_{AB}\sin\alpha_{AB}\end{aligned}\right\} \tag{4.5.1}$$

2. 计算B点的坐标：

由图4.5.1可以看出，B点得坐标为：

$$\left.\begin{aligned}x_B &= x_A + \Delta x_{AB} = x_A + D_{AB}\cos\alpha_{AB}\\ y_B &= y_A + \Delta y_{AB} = y_A + D_{AB}\sin\alpha_{AB}\end{aligned}\right\} \tag{4.5.2}$$

【例4.5.1】　已知某A点的坐标为（541.25，685.37），AB边的边长为75.25m，AB边的坐标方位角 α_{AB} 为150°30′42″，试求B点坐标。

解： $x_B=541.25+75.25\cos150°30'42''=541.25+(-65.50)=475.75\text{m}$

$y_B=685.37+75.25\sin150°30'42''=685.37+37.04=722.41\text{m}$

4.5.2　坐标反算

根据直线起始点和终点的坐标，计算两点间的水平距离和该直线的坐标方位角，称为坐标反算。

如图4.5.1所示，A、B两点的水平距离及方位角可按下列公式计算。

$$\alpha_{AB} = \arctan\frac{\Delta y_{AB}}{\Delta x_{AB}} = \arctan\frac{y_B - y_A}{x_B - x_A} \tag{4.5.3}$$

$$D_{AB} = \sqrt{\Delta x_{AB}^2 + \Delta y_{AB}^2} = \sqrt{(x_B - x_A)^2 + (y_B - y_A)^2} \tag{4.5.4}$$

或

$$D_{AB} = \frac{\Delta y_{AB}}{\sin\alpha_{AB}} = \frac{\Delta x_{AB}}{\cos\alpha_{AB}} \tag{4.5.5}$$

如果用一般函数计算器，根据式（4.5.3）中 $\frac{\Delta y_{AB}}{\Delta x_{AB}}$ 取绝对值反算所得的角值是象限角 R，需要根据方位角与象限角的换算关系进行换算变为方位角，方法如下：

（1）当 $\Delta x_{AB}>0$，$\Delta y_{AB}>0$ 时，α_{AB} 位于第1象限内，范围在0°～90°之间，象限角与方位角相同，即 $\alpha=R$，计算的象限角值即为方位角值。

（2）当 $\Delta x_{AB}<0$，$\Delta y_{AB}>0$ 时，α_{AB} 位于第Ⅱ象限内，范围在90°～180°之间。计算得

到象限角后，按公式 $\alpha=180°-R$ 计算该直线方位角值。

(3) 当 $\Delta x_{AB}<0$，$\Delta y_{AB}<0$ 时，α_{AB} 位于第Ⅲ象限内，范围在 180°～270°之间。计算得到的象限角后，按公式 $\alpha=180°+R$ 计算该直线方位角值。

(4) 当 $\Delta x_{AB}>0$，$\Delta y_{AB}<0$ 时，α_{AB} 位于第Ⅳ象限内，范围在 270°～360°之间计算得象限角后，按公式 $\alpha=360°-R$ 计算该直线方位角值。

如果用多功能计算器或有可编程序计算器计算，方法更为简便，在这里不再介绍。

【例 4.5.2】 已知某 A、B 两点的坐标为 A (500.00，500.00)，B (356.25，256.88)，试计算 AB 的边长及 AB 边的坐标方位角。

解：

$$D_{AB}=\sqrt{(356.25-500.00)^2+(256.88-500.00)^2}=282.438\text{m}$$

$$\alpha_{AB}=\arctan\left|\frac{256.88-500.00}{356.25-500.00}\right|=\arctan\left|\frac{-243.12}{-143.75}\right|=59°24'19''$$

由于 $\Delta x_{AB}<0$，$\Delta y_{AB}<0$，所以 α_{AB} 应为第Ⅲ象限的角，根据方位角与象限角的换算公式计算方位角为

$$\alpha_{AB}=59°24'19''+180°=239°24'19''$$

4.6 罗盘仪及其使用

4.6.1 罗盘仪的构造

罗盘仪是用来测定直线磁方位角的仪器。罗盘仪的种类很多，构造大同小异，由磁针、度盘和望远镜三部分构成。图 4.6.1 所示是罗盘仪的一种。

磁针是由磁铁制成，当罗盘仪水平放置时，磁针就指向南北极方向，即过测站点的磁子午线方向。一般在磁针的南端缠绕有细铜丝，这是因为我国位于地球的北半球，磁针的北端受磁力的影响下倾，缠绕铜丝可以保持磁针水平。罗盘仪的度盘按逆时针方向 0°～360°（如图 4.6.2 所示），每 10°有注记，最小分划为 1°或 30°，度盘 0°和 180°两根刻划线与罗盘仪望远镜的

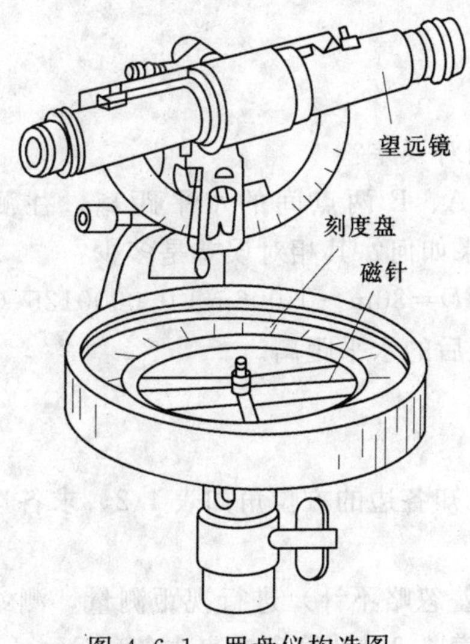

图 4.6.1 罗盘仪构造图

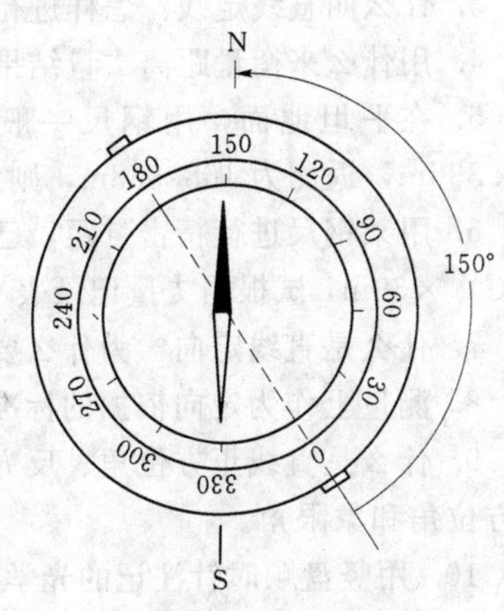

图 4.6.2 刻度盘

视准轴一致。罗盘仪内装有两个相互垂直的长水准器，用于整平罗盘仪。

4.6.2　罗盘仪的使用

如图4.6.3所示，在直线的起点A安置罗盘仪，对中、整平后松开磁针固定螺丝，使磁针处于自由状态。用望远镜瞄准直线终点目标B，待磁针静止后读取磁针北端所指的读数，读数（见图4.6.2中读数为150°）即为该直线的磁方位角。将磁针安置在直线的另一端，按上述方法返测磁方位角进行检核，二者之差理论上应等于180°，若不超限，取平均值作为最后结果。

4.6.3　罗盘仪使用时的注意事项

（1）罗盘仪须置平，磁针能自由转动。

（2）罗盘仪使用时应避开铁器、高压线、磁场等物质。

（3）观测结束后，必须旋紧顶起螺丝。将磁针顶起，以免磁针磨损，并保护磁针的灵活性。

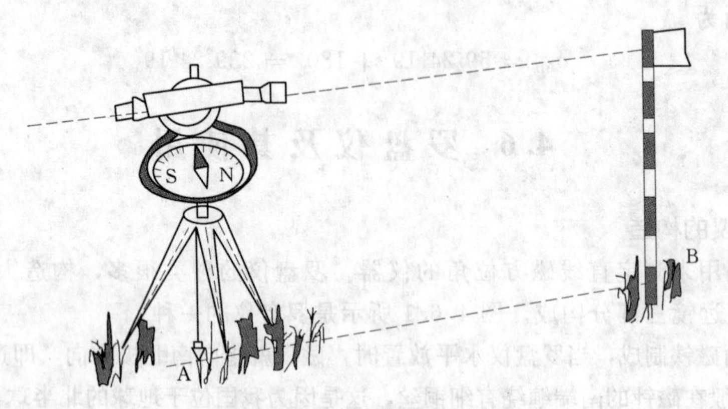

图4.6.3　磁方位角的测定

习　题

1. 测量上常用的测距方法有哪几种？

2. 什么叫视距测量？视距测量有什么特点？

3. 什么叫直线定线？怎样进行直线定线？

4. 用什么来衡量距离丈量结果的精度？什么叫相对误差？

5. 在平坦地面，用钢尺一般量距的方法丈量A、B两点间的水平距离，往测为168.336m，返测为168.368m，则水平距离D_{AB}的结果如何？其相对误差是多少？

6. 用某钢尺进行精密量距，已知其尺方程式为：$D=30\text{m}-0.006\text{m}+0.0000125(t-20°\text{C})\times30\text{m}$，试根据丈量记录表4.1，计算AB改正后的水平距离。

7. 什么是直线定向？为什么要进行直线定向？

8. 测量上作为定向依据的标准方向有几种？

9. 什么是直线正方位角、反方位角和象限角？已知各边的方位角如表4.2，求各边的反方位角和象限角。

10. 用竖盘顺时针注记的光学经纬仪（竖盘指标差忽略不计）进行视距测量，测站点高程$H_A=56.87$，仪器高$i=1.45$，视距测量结果见表4.3，计算完成表中各项。

11. 某直线的磁方位角为120°17′，而该处的磁偏角为东偏13°30′，问该直线的真方位角为多少？

12. 已知A点的坐标为A（500.00，500.00），AB边的边长为$D_{AB}=126.56$m，AB边的方位角为$\alpha_{AB}=236°15'36''$，试计算B点的坐标。

13. 已知A点的坐标为A（636.286，463.220），B点的坐标为B（562.018，603.528），试求AB边的边长D_{AB}和方位角α_{AB}。

14. 简述使用罗盘仪测定直线磁方位角的方法。

表4.1　精密距离丈量记录表

尺段号	丈量次数	钢尺读数		尺段长度（m）	平均尺段长度（m）	温度改正数	尺长改正数（m）	高差改正数（m）	改正后尺段平距（m）
		前尺（m）	后尺（m）						
1	2	3	4	5	6	7	8	9	10
A-1	1	29.700	0.163			15.5℃		+0.268	
	2	29.713	0.178						
	3	29.711	0.176						
1-2	1	29.918	0.177			16.0℃		−0.865	
	2	29.812	0.070						
	3	29.780	0.041						
2-B	1	25.856	0.708			15.5℃		+0.536	
	2	25.753	0.605						
	3	25.802	0.655						
Σ									

表4.2　方位角与反方位角、象限角的换算

直　线	方位角（° ′ ″）	反方位角（° ′ ″）	象限角（° ′ ″）
AB	336　45　46		
BC	268　36　32		
CD	156　28　53		
DE	87　12　33		

表4.3　视距计算表

点号	上、下丝读数（m）	中丝（m）	竖盘读数（° ′）	竖直角（° ′）	水平距离（m）	高差（m）	高程（m）
1	2.154 1.745	1.95	92　54				
2	1.987 1.256	1.60	90　24				
3	2.486 1.763	2.10	88　42				

第5章　测量误差的基本知识

学习目标：

通过本章学习，了解观测值、观测值误差的概念，认识到观测条件对观测值质量的影响，掌握误差的分类，学会区分偶然误差及系统误差。理解偶然误差的统计规律，熟知测量精度指标；掌握误差传播定律及其在测量中的应用。

5.1　测量误差概述

5.1.1　测量误差的概念

1. 观测值

观测值是通过观测得到的测量信息，最终以数字的形式来反映，即用仪器观测未知量而获得的数据，如两点的方向值，两点的距离值，两点的高差值等。

观测值的类型很多，不同的划分方法，可得到不同的分类。按观测信息性质的不同可将观测值划分为几何观测值（面积、体积、高差、距离等）和物理观测值（温度、气压、折光等）；按观测值所在投影面的不同可将观测值分为平面观测值和竖直面观测值；按观测对象所在的位置的不同可将观测值分为空间观测值、陆地观测值、海洋观测值等；按观测对象本身的动静态性质可分为静态观测值和动态观测值；按观测对象能否直接得到可将观测值分为直接观测值和间接观测值。

2. 测量误差

任何观测量，客观上总是存在一个能反映其真正大小的数值，这个数值成为观测量的真值或理论值。然而，测量是一个有变化的过程，观测值是不能准确得到的，总是与观测量的真值有一定的差异，在测量上称这种差异为观测误差，用Δ表示。

若用L表示观测值，X表示真值，则观测误差Δ的定义为

$$\Delta = X - L \tag{5.1.1}$$

5.1.2　测量误差的来源

测量误差产生的原因是多种多样的，但由于任何观测值的获取都要具备人、仪器、外界环境这三种要素，所以观测误差产生的原因可归结为下列三方面。

1. 仪器误差的影响

仪器误差的影响可分为两个方面来理解。一是仪器本身固有的误差，给观测结果带来误差影响。如果用只有厘米分划的水准尺进行水准测量时，就很难保证在厘米以下的读数准确无误；二是仪器检校时的残余误差，如水准仪的视准轴不平行于水准轴而产生的i角误差等。

2. 观测者的影响

由于观测者感觉器官的鉴别能力有一定的局限性，所以在仪器的安置、照准、读数等

方面都会产生误差。同时，观测者的工作态度和技术水平，也是对观测成果质量有直接影响的重要因素。

3. 外界环境的影响

观测时所处的外界条件，如温度、湿度、风力、大气折光等因素都会对观测结果直接产生影响；同时，随着温度的高低、湿度的大小、风力的强弱以及大气折光的不同，它们对观测结果的影响也随之不同，因而在这样的客观环境下进行观测，就必然使观测的结果产生误差。

上述仪器、观测者、外界环境等三方面的因素是引起误差的主要来源。因此，把三方面的因素综合起来称为观测条件。不难想象，观测条件的好坏与观测成果的质量有着密切的联系。当观测条件好时，观测中产生的误差平均说来就可能相对的小些，因而观测质量就会高些；反之，观测条件差时，观测结果的质量就会低些。如果观测条件相同，观测结果的质量也就可以说是相同的。所以说，观测结果的质量高低也就客观地反映了观测条件的优劣，也可以说，观测条件的好坏决定了观测结果质量的高低。

但是，不管观测条件如何，在整个观测过程中，由于受到上述因素的影响，观测的结果就会产生这样或那样的误差。从这个意义上来说，在测量中产生误差是不可避免的，即误差存在于整个观测过程中，称为误差公理。

5.1.3 测量误差的分类

根据观测误差对观测结果影响的性质，可将误差分为系统误差和偶然误差（随机误差）两种。

1. 系统误差

在相同的观测条件下作一系列观测，如果误差在大小、符号上表现出系统性，或者在观测过程中按一定的规律变化，或者为一常数，称为系统误差。

例如，水准尺的刻划不准、水准仪的视准轴误差、温度对钢尺量距的误差、尺长误差等均属于系统误差。

系统误差具有累计性，对成果的影响较大，应当设法消除或减弱它的影响，采用的方法一般有两种：一是在观测的过程中采取一定的措施；二是在观测结果中加入改正数。其目的就是消除或减弱系统误差的影响，达到忽略不计的程度。

2. 偶然误差

在相同的观测条件下作一系列的观测，如果误差在大小和符号上都表现出偶然性，即从单个误差看，该系列误差的大小和符号没有规律性，但就大量误差的总体而言，具有一定的统计规律，称为偶然误差。例如，观测时的照准误差、读数时的估读误差等都属于偶然误差。

如果各个误差项对其总和的影响都是均匀地小，即其中没有一项比其他项的影响占绝对优势时，那么它们的总和将是服从或近似地服从正态分布的随机变量。因此，偶然误差就其总体而言，都具有一定的统计规律，所以，有时又把偶然误差称为随机误差。

在测量工作的整个过程中，除了上述两种性质的误差以外，还可能发生错误。错误的发生，大多是由于工作中的粗心大意造成的。错误的存在不仅大大影响测量成果的可靠性，而且往往造成返工浪费，给工作带来难以估量的损失。因此，必须采取适当的方法和措施，保证观测结果中不存在错误。所以一般地来说，错误不算作观测误差。

观测结果不可避免的包含偶然误差，它是不可消除的，但可以选择较好的观测条件减弱它。

5.2 偶然误差的特性

5.2.1 偶然误差的特性

设有一组观测值 L_1，L_2，…，L_n，其相应的真值为 $\widetilde{L}_1$，$\widetilde{L}_2$，…，$\widetilde{L}_n$，真误差为 Δ_1，Δ_2，…，Δ_n，并设其中不包含系统误差和粗差，则从表面上看，这组误差的大小和符号没有规律，然而，对其进行统计分析则呈现出一定的统计规律性，该组误差的个数越多这种规律性表现得越明显。我们可以用三种方法来描述一组观测误差的分布规律性。

在相同观测条件下，对某测区 781 个三角形的内角进行了观测，并按下式求出内角和的真误差为

$$\Delta_i = 180° - (L_1 + L_2 + L_3)_i \quad (i = 1,2,\cdots,781) \tag{5.2.1}$$

式中：Δ_i 为第 i 个三角形内角和观测值的真误差。

由于观测值中已剔除了粗差，且系统误差已削弱到可以忽略不计的程度，因此，从总体讲，这些误差均为偶然因素所致，均属偶然误差，而且各个误差之间是互相独立的。所谓独立，即各个误差在数值的大小和符号上互不影响，与这一组误差相对应的观测值称为互相独立的观测值。

设以 $\mathrm{d}\Delta$ 表示误差区间并令其等于 0.5″，将这组误差分别按正误差和负误差重新排列，统计误差出现在各区间的个数 μ_i，计算出误差出现在某区间内的频率 μ_i/n，其结果列于表 5.2.1 中。

表 5.2.1　　测量误差频率分布表

误差区间	为负值的 Δ		为正值的 Δ	
	个数 μ_i	相对个数 μ_i/n	个数 μ_i	相对个数 μ_i/n
0.0″～0.5″	123	0.157	116	0.149
0.5″～1.0″	99	0.128	98	0.125
1.0″～1.5″	72	0.092	74	0.095
1.5″～2.0″	51	0.065	48	0.062
2.0″～2.5″	22	0.028	27	0.034
2.5″～3.0″	16	0.020	16	0.020
3.0″～3.5″	10	0.013	9	0.012
3.5″以上	0	0	0	0
和	393	0.503	388	0.497

从表 5.2.1 中可以看出，该组误差表现出这样的分布规律：绝对值较小的误差比绝对值较大的误差多；绝对值相等的正误差个数与负误差个数相近；误差的绝对值有一定限度，最大不超过 3.5″。

为了形象地表达偶然误差的分布规律，根据表 5.2.1 的数据，以误差 Δ 的数值为横

坐标，以$\frac{\mu/n}{d\Delta}$为纵坐标可绘制出直方图，如图 5.2.1 所示，每一误差区间上的长方形面积表示误差在该区间出现的相对个数。误差较小的长方形较高，其面积较大，即误差出现的相对个数较多；反之，误差较大的长方形较矮，其面积较小，即出现误差的相对个数较少。所有长方形基本上对称于纵坐标轴，这说明绝对值相等的正误差和负误差出现的相对个数很接近。误差绝对值大于 3.5″的长方形没有，表明其面积为零，即出现的相对个数为零，亦即不会出现。还需指出，所有长方形面积之和等于 1。

当误差个数 n 无限增多，并无限缩小误差区间时，图 5.2.1 中各个小长方条顶边的折线就变成一条光滑的曲线，如图 5.2.2 所示，称这条曲线为误差分布曲线，简称为误差曲线。

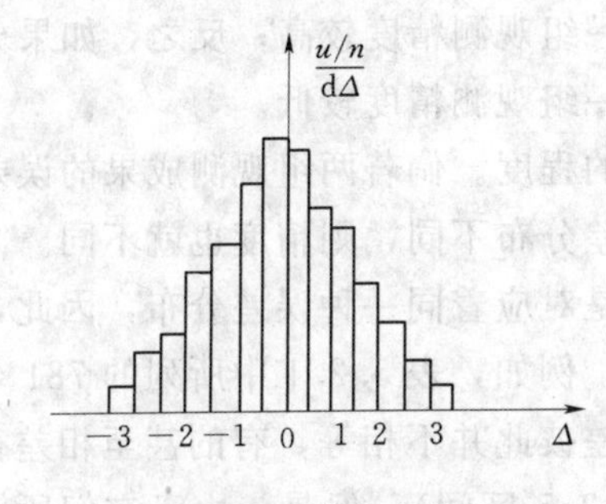

图 5.2.1 误差直方图

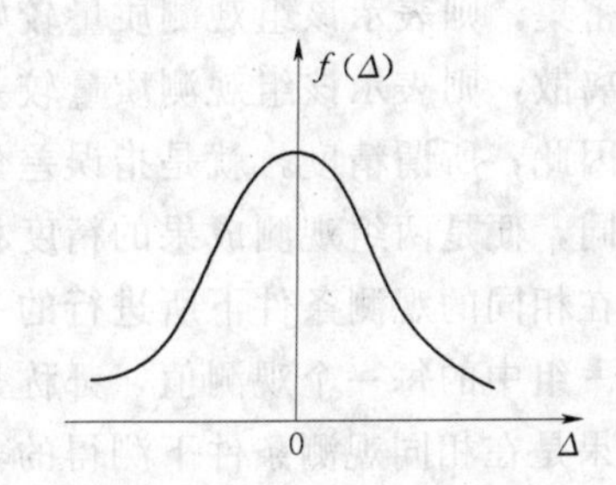

图 5.2.2 误差分布曲线

通过以上讨论，我们可用概率的术语来描述偶然误差所具有的统计特性：

(1) 在一定的观测条件下，误差的绝对值不会超过一定的限值，或偶然误差的绝对值大于某个值的概率为零，或表述为：观测误差的绝对值小于某个值的概率恒等于 1。该特性称为偶然误差的有界性。

(2) 绝对值较小的误差比绝对值较大的误差出现的概率要大，该特性称为偶然误差的聚中性。

(3) 绝对值相等的正负误差出现的概率相等，该特性称为偶然误差的对称性。

(4) 偶然误差的算术平均值的极限值为 0，该特性称为偶然误差的抵偿性。

5.2.2 由偶然误差特性引出的两个测量依据

1. 制定测量限差的依据

(1) 绝对值相等的正负误差出现的概率相等，该特性称为偶然误差的对称性。

(2) 偶然误差的算术平均值的极限值为 0，该特性称为偶然误差的抵偿性。

由偶然误差的有界性可知：在一定的观测条件下，若仅有偶然误差的影响，误差的绝对值必定会小于一定的限值。在实际工作中，就可依据观测条件确定一个误差限值，若观测值的误差绝对值小于该限值，认为观测值合乎要求，否则，应剔除或重测。

2. 判断系统误差（粗差）的依据

由偶然误差的对称性和抵偿性可知，误差的理论平均值为零，即观测值的期望值为其真值，观测值中不含有系统误差和粗差。若误差的理论平均值不为零，且数值较大说明观测成果中含有系统误差和粗差。

5.2.3　算术平均值

当在相同观测条件下，对同一个量重复观测 n 次，得到一组观测值 L_1，L_2，…，L_n，若只含有偶然误差的影响，根据偶然误差具有对称和抵偿的特性，这一组观测值最后结果常常取其算术平均值，算术平均值的精度最高，可以在后面误差传播定律中得到验证。

$$x=\frac{[L]}{n}=\frac{1}{n}L_1+\frac{1}{n}L_2+\cdots+\frac{1}{n}L_n \tag{5.2.2}$$

5.3　衡量测量精度的标准

在一定的观测条件下进行的一组观测，它对应着一种确定不变的误差分布。如果分布较为密集，则表示该组观测质量较好，也就是说，这一组观测精度较高；反之，如果分布较为离散，则表示该组观测质量较差，也就是说，这一组观测精度较低。

因此，所谓精度，就是指误差分布的密集或离散的程度。倘若两组观测成果的误差分布相同，便是两组观测成果的精度相同；反之，若误差分布不同，则精度也就不同。

在相同的观测条件下所进行的一组观测，由于它是对应着同一种误差分布，因此，对于这一组中的每一个观测值，都称为是同精度观测值。例如，表 5.2.1 中所列的 781 个观测结果是在相同观测条件下测得的，各个结果的真误差彼此并不相等，有的甚至相差很大（例如有的出现于 0.0″～0.5″区间，有的出现于 3.0″～3.5″区间），但是，由于它们所对应的误差分布相同，因此，这些结果彼此是同精度观测值。

精度是指一组误差的分布密集或离散的程度。分布愈密集，则表示在该组误差中，绝对值较小的误差所占的相对个数愈大。在这种情况下，该组误差绝对值的平均值就一定小。由此可见，精度虽然不是代表个别误差的大小，但是，它与这一组误差绝对值的平均大小显然有着直接关系。因此，用一组误差的平均大小作为衡量精度高低的指标，是完全合理的。用一组误差的平均大小作为衡量精度的指标，可有多种不同的定义，下面介绍几种常用的精度指标。

5.3.1　中误差

在一定观测条件下，观测一系列观测值，对应着一组真误差，这些独立误差平方和的平均值极限的平方根，称为该组观测值的中误差，用 m 表示，即

$$m=\pm\lim_{n\to\infty}\sqrt{\frac{[\Delta\Delta]}{n}} \tag{5.3.1}$$

说明： 式（5.3.1）中的 Δ 既可以是同一个量的观测值的真误差，也可以不是同一量的观测值的真误差，但必须都是同精度且同类性质观测量的真误差，即是在相同条件下得到的观测值，n 是 Δ 的个数。

上述方差及中误差都是在 $n\to\infty$ 的情况下定义的，但在实际工作中，观测次数不能无限多，总是有限的，一般只能得到方差和中误差的估计值，即

$$m=\pm\sqrt{\frac{[\Delta\Delta]}{n}} \tag{5.3.2}$$

顺便指出，由于分别采用了不同的符号区别中误差的理论值和估值，以后就不在强调

“估值”的意义，也将“中误差的估值”简称为“中误差”。

【例 5.4.1】 某测区的 16 个三角形内角和的误差如下，试求三角形内角和中误差。

−5.2″ +3.1″ 0.0″ −0.2″ +1.1″ −1.7″ +0.1″ +1.2″

−0.6″ +2.2″ −3.2″ +1.4″ −0.8″ +1.0″ −0.2″ +1.0″

解： 将三角形内角和的真误差代入式（5.4.2），可得三角形内角和的中误差

$$m=\sqrt{\frac{(-5.2)^2+(+3.1)^2+(0.0)^2+\cdots+(+1.0)^2+(-0.2)^2+(+1.0)^2}{16}}=\pm 1.97''$$

5.3.2 极限误差

前已述及观测成果中不能含有粗差。那么，如何来判定观测误差中的粗差呢？必须要有一个判定标准，超过这个标准的误差就列入粗差，相应的观测值应予剔除或返工重测，这个标准就是极限误差，所谓极限误差就是最大误差。由偶然误差的特性可知，在一定条件下，偶然误差不会超过一个界值，这个界值就是所说的极限误差，但这个界值很难确定，一般规定极限误差的根据是误差出现在某一范围内的概率的大小，即误差 Δ 出现在 $(-km, +km)$ 内的概率。经计算误差出现在区间 $(-m, +m)$，$(-2m, +2m)$，$(-3m, +3m)$ 内的概率分别为 68.3%、95.5%、99.7%。可见，大于 3 倍中误差的误差，其出现的概率只有 0.3%，是小概率事件，在一次观测中，可认为是不可能发生的事件。因此，可规定 3 倍中误差为极限误差，即

$$\Delta_{限}=3m \tag{5.3.3}$$

若对观测要求较严，也可规定两倍中误差为极限误差，即

$$\Delta_{限}=2m \tag{5.3.4}$$

5.3.3 相对误差

有时，单靠中误差还不能完全表达观测质量的好坏，例如，在同一观测条件下，用尺子丈量了两段距离，一段为 500m，一段为 1000m，这两段距离的中误差均为 2.0cm，虽然两者中误差相同，但由于不同的距离长度，丈量的尺段数不同，就同一单位长度而言，两者精度并不相同。显然，前者的单位长度的精度比后者高。我们把这种衡量单位观测值的精度叫作相对精度。相对精度包括相对真误差、相对中误差、相对极限误差，它们分别是真误差、中误差和极限误差与其观测值之比。如上述两段距离，前者的相对中误差为 1/25000，而后者则为 1/50000。

相对误差是个无名数，在测量中经常将分子化为 1，分母化为整数 M，即用$\frac{1}{M}$表示。一般来说，当观测误差随着观测量的大小而变化时，用相对误差来描述其精度，测量中通常指长度或距离。

5.4 误差传播定律

5.3 节中，已经阐述了衡量一组观测值质量的精度指标，并已指出，通常采用的精度指标是中误差。但在实际工作中，往往会遇到某些量的大小不是直接测定的，而是由观测值通过一定的函数关系计算出来的，即常常遇到的某些量是观测值的函数。这类例子很

多，例如，如图5.4.1水准测量中，直接观测值是高差 h_1、h_2、h_3，P_3 点的高程为

$$H_{P_3} = H_A + h_1 + h_2 + h_3$$

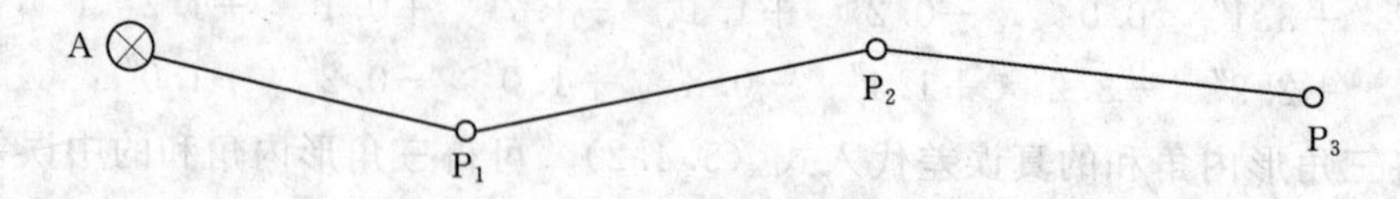

图5.4.1 水准路线

现在提出这样一个问题，观测值函数的中误差与观测值的中误差之间，存在着怎样的关系？通常将反映观测值函数的中误差与观测值的中误差关系的规律称为误差传播律。

误差传播的规律随函数的不同而不同，下面按照从简到繁的函数形式来讲解。

5.4.1 倍乘函数

设有函数

$$z = kx \tag{5.4.1}$$

式中：k 为没有误差的常数；x 为观测值。

现用 Δ_x 和 Δ_z 分别表示 x 和 z 的真误差，由式（5.4.1）可知 Δ_x 和 Δ_z 的关系为

$$\Delta_z = k\Delta_x \tag{5.4.2}$$

设有一组同精度的观测值 x_1，x_2，…，x_n，其真误差分别为 Δ_{x_1}，Δ_{x_2}，…，Δ_{x_n}，与其对应的中误差为 m_x。由 Δ_{x_i} 所引起的 z 的一组误差 Δ_{z_i} 为

$$\Delta_{z_i} = k\Delta_{x_i} \quad (i = 1,2,\cdots,n)$$

将上式平方，得

$$\Delta_{z_i}^2 = k^2 \Delta_{x_i}^2$$

对上式由1到 n 相加得

$$[\Delta_z^2] = k^2 [\Delta_x^2]$$

两边同除以 n 得

$$\frac{[\Delta_z^2]}{n} = k^2 \frac{[\Delta_x^2]}{n}$$

当 $n \to \infty$，两边的极限值为

$$\lim_{n \to \infty} \frac{[\Delta_z^2]}{n} = k^2 \lim_{n \to \infty} \frac{[\Delta_x^2]}{n}$$

由中误差的定义，即得

$$m_z^2 = k^2 m_x^2$$

或

$$m_z = km_x \tag{5.4.3}$$

也就是说，观测值与一常数的乘积的中误差，等于观测值的中误差乘以该常数，亦即其中误差仍然保持倍乘关系。

【例5.4.1】 在1∶1000的地形图上，量得 a、b 两点间的距离 d=40.6mm，量测中误差 m_d=±0.2mm，求该两点实际距离的中误差 m_D。

解： D=1000d，由倍乘函数传播律可知

$$m_D = 1000m_d = 1000 \times 0.2 = 200\text{mm} = 0.2\text{m}$$

5.4.2 和差函数

设有函数

$$z = x \pm y \tag{5.4.4}$$

令函数及独立观测值的真误差分别为Δ_z、Δ_x、Δ_y，由式（5.5.2）可知，当观测值x含有真误差及y含有真误差时，函数z的真误差为

$$\Delta_z = \Delta_x \pm \Delta_y \tag{5.4.5}$$

设对于x，y各有一组同精度的误差

$$\Delta_{x_1}, \Delta_{x_2}, \cdots, \Delta_{x_n}$$

$$\Delta_{y_1}, \Delta_{y_2}, \cdots, \Delta_{y_n}$$

与其对应的中误差分别为σ_x，σ_y，则由x及y所引起z的一组误差为

$$\Delta_{z_i} = \Delta_{x_i} \pm \Delta_{y_i} \qquad (i = 1, 2, \cdots, n)$$

将上式两边取平方，得

$$\Delta_{z_i}^2 = \Delta_{x_i}^2 + \Delta_{y_i}^2 \pm 2\Delta_{x_i}\Delta_{y_i}$$

上式从1到n取和，并两边同除以n，得

$$\frac{[\Delta_z^2]}{n} = \frac{[\Delta_x^2]}{n} + \frac{[\Delta_y^2]}{n} + 2\frac{[\Delta_x \Delta_y]}{n}$$

由于x和y相互独立，两者的协方差$m_{x_y}=0$，由中误差的定义可知

$$m_z^2 = m_x^2 + m_y^2 \tag{5.4.6}$$

也就是说，两独立观测值代数和的中误差的平方，等于这两个独立观测值中误差平方之和。

由式（5.4.6）很容易推广到多个独立观测量值的代数和的函数情况。

设函数为

$$z = x_1 \pm x_2 \pm \cdots \pm x_n$$

同理可得到

$$m_z^2 = m_{x_1}^2 + m_{x_2}^2 + \cdots + m_{x_n}^2 \tag{5.4.7}$$

即多个观测值的代数和的中误差平方，等于各个观测值中误差平方之和。

特殊情况下，当观测值的精度相同时，设其中误差均为σ，则

$$m_z^2 = nm^2$$

即

$$m_z = \pm m\sqrt{n} \tag{5.4.8}$$

【例 5.4.2】 如图 5.5.2 所示测站 O，观测了α、β两个角度，已知其中误差分别为12″、24″，求角度γ的中误差。

解： 由图 5.4.2 可知

$$\gamma = \alpha + \beta$$

由和函数误差传播律得

$$m_\gamma^2 = m_\alpha^2 + m_\beta^2 = 12^2 + 24^2 = 720$$

$$m_\gamma = \pm 26.8''$$

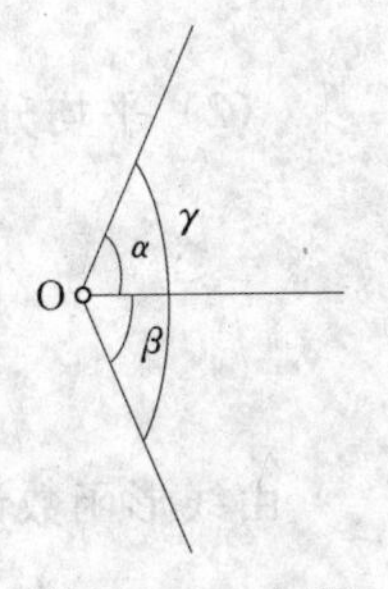

图 5.4.2 水平角观测

5.4.3 线形函数

设有函数

$$z = k_1x_1 + k_2x_2 + \cdots + k_nx_n + k_0 \tag{5.4.9}$$

其中k_0、k_1、k_2、…、k_n为常数，而x_1、x_2、…、x_n均为独立观测值，它们的中误差分别为m_1、m_2、…、m_n。由倍乘函数和和差函数的误差传播律可得出其误差传播律为

$$m_z^2 = k_1^2m_1^2 + k_2^2m_2^2 + \cdots + k_n^2m_n^2 \tag{5.4.10}$$

即常数与独立观测值乘积的代数和的中误差的平方，等于各常数与相应的独立观测值中误差乘积的平方和。

【例 5.4.3】 用钢尺分五段测量某距离，得到各段距离及其相应的中误差如下，试求该距离S的中误差及相对中误差。

S_1=50.350m±1.5mm　　S_2=150.555m±2.5mm　　S_3=100.650m±2.0mm

S_4=100.450m±2.0mm　　S_5=50.455m±1.5mm

解：由题意可得

$$S = S_1 + S_2 + S_3 + S_4 + S_5 = 452.46\text{m}$$

根据线性函数误差传播律得

$$\begin{aligned} m_S^2 &= k_1^2m_1^2 + k_2^2m_2^2 + k_3^2m_3^2 + k_4^2m_4^2 + k_5^2m_5^2 \\ &= 1.5^2 + 2.5^2 + 2.0^2 + 2.0^2 + 1.5^2 \\ &= \pm 18.75\text{mm}^2 \end{aligned}$$

S的中误差为

$$m_S = \pm 4.33\text{mm}$$

其相对中误差为

$$\frac{m_S}{S} = \frac{4.33}{452460} = \frac{1}{104494} \approx \frac{1}{104000}$$

【例 5.4.4】 如图5.4.3所示的三角形ABC中，以同精度观测三个内角L_1、L_2、L_3。其相应中误差均为m，且观测值之间相互独立，试求：

(1) 三角形闭合差ω的中误差m_ω；

(2) 将闭合差平均分配后，角A的中误差m_A。

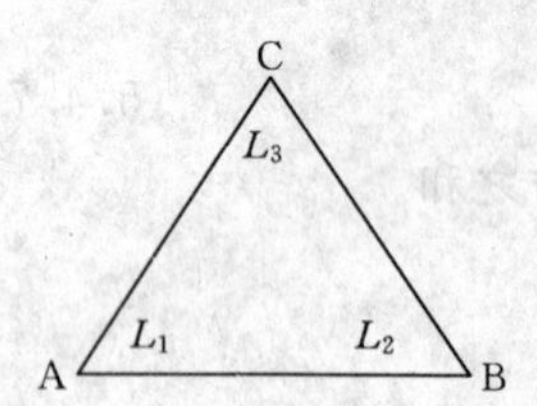

图 5.4.3　三角形闭合差

解：(1) 三角形闭合差为

$$\omega = L_1 + L_2 + L_3 - 180°$$

$$m_\omega = m_{L_1}^2 + m_{L_2}^2 + m_{L_3}^2 = 3m^2$$

三角形闭合差的中误差为

$$m_\omega = \pm\sqrt{3}m$$

(2) 平均分配闭合差后角A的表达式为

$$\begin{aligned} A &= L_1 - \frac{1}{3}\omega = L_1 - \frac{1}{3}(L_1 + L_2 + L_3 - 180°) \\ &= \frac{2}{3}L_1 - \frac{1}{3}L_2 - \frac{1}{3}L_3 - 60° \end{aligned}$$

由线形函数误差传播律得

$$m_A^2 = \left(\frac{2}{3}\right)^2 m_{L_1}^2 + \left(-\frac{1}{3}\right)^2 m_{L_2}^2 + \left(-\frac{1}{3}\right)^2 m_{L_3}^2 = \pm\frac{6}{9}m^2$$

所以闭合差分配后角 A 的中误差为

$$m_A = \pm\sqrt{\frac{2}{3}}m \tag{5.4.11}$$

式（5.4.11）表明：闭合差分配后角 A 的中误差比闭合差分配前角 A 的中误差要小，精度提高了。

5.4.4 一般函数

上面给出了几种特殊函数的中误差计算公式，但在实际应用中，函数的种类繁多，不仅有线形形式，还有非线形形式，故不可能一一导出中误差的计算公式。下面给出一般函数中误差的计算公式。

设有函数为

$$Z = f(x_1, x_2, \cdots, x_n) \tag{5.4.12}$$

式中：x_1，x_2，…，x_n 为独立观测值，它们的中误差分别为 σ_1、σ_2、…、σ_n。

当 x_i 具有真误差 Δ_{x_i} 时，则函数 Z 随之产生真误差 Δ_Z，通常真误差 Δ 只是一个很小的量值，由高等数学微分的知识，变量的误差与函数的误差之间的关系，可近似地用函数的全微分来表示，为此，求函数的全微分，并用 Δ_Z 代替 $\mathrm{d}Z$，用 Δ_{x_i} 代替 $\mathrm{d}x_i$，即得

$$\Delta_Z = \frac{\partial f}{\partial x_1}\Delta_{x_1} + \frac{\partial f}{\partial x_2}\Delta_{x_2} + \cdots + \frac{\partial f}{\partial x_n}\Delta_{x_n} \tag{5.4.13}$$

式中：$\frac{\partial f}{\partial x_i}$ 为函数对观测量 x_i 偏导数。

将各个观测值代入算出数值，均为常数。因此，设

$$k_i = \frac{\partial f}{\partial x_i} \tag{5.4.14}$$

代入式（5.4.11），得

$$\Delta_Z = k_1\Delta_{x_1} + k_2\Delta_{x_2} + \cdots + k_n\Delta_{x_n} \tag{5.4.15}$$

式（5.4.13）与式（5.4.8）形式上完全相同，都属于线性函数，其误差传播律也相同，同式（5.4.9），惟一不同之处 k_i 是偏导数。

根据误差传播律的一般形式，可得出应用误差传播律的实际步骤：

(1) 根据具体测量问题，分析写出函数表达式 $Z = f(x_1, x_2, \cdots, x_n)$；

(2) 根据函数表达式写出真误差关系式 $\Delta_Z = \frac{\partial f}{\partial x_1}\Delta_{x_1} + \frac{\partial f}{\partial x_2}\Delta_{x_2} + \cdots + \frac{\partial f}{\partial x_n}\Delta_{x_n}$；

(3) 将真误差关系式转换成中误差关系式。

【例 5.4.5】 已知长方形的厂房，经过测量，其长为 x，观测值为 90m，其宽为 y，观测值为 50m，它们的中误差分别为±3mm、±2mm，求其面积及相应的中误差。

解： 矩形的面积的函数式为

$$S = xy$$

其面积为

$$S = xy = 90 \times 50 = 4500\text{m}^2$$

对面积表达式进行全微分得

$$\mathrm{d}S = y\mathrm{d}x + x\mathrm{d}y$$

转化为真误差形式为

$$\Delta_S = y\Delta_x + x\Delta_y \tag{5.4.16}$$

根据式（5.4.15），将式（5.4.16）转化成中误差形式，得

$$m_S^2 = y^2 m_x^2 + x^2 m_y^2$$

将 x、y、σ_x、σ_y 的数值代入，注意单位的统一得

$$m_S^2 = 50000^2 \times 2^2 + 90000^2 \times 3^2 = 8.29 \times 10^{10}\text{mm}^4$$

面积中误差为

$$m_S = 2.88 \times 10^5\text{mm}^2 = \pm 0.29\text{ m}^2$$

5.4.5　误差传播定律的应用举例

1. 水准测量的精度

设经过 n 个测站测定 A、B 两水准点间的高差，且第 i 站的观测高差为 h_i，于是，A、B 两点的总高差 h_{AB} 为

$$h_{AB} = h_1 + h_2 + \cdots + h_n$$

设各测站观测高差的精度相同，其中误差为 $m_{站}$，根据线性函数误差传播律，可得 h_{AB}的中误差为

$$m_{h_{AB}} = \pm m_{站}\sqrt{n} \tag{5.4.17}$$

若水准路线布设在平坦地区，则各测站的距离 s 大致相等，令 A、B 两点之间的距离为 S，则测站数 $n=\frac{S}{s}$，带入式（5.4.17）得

$$m_{h_{AB}} = \pm m_{站}\sqrt{\frac{S}{s}}$$

如果 S 及 s 均以 km 为单位，则$\frac{1}{s}$表示单位距离（1km）的测站数，$\pm m_{站}\sqrt{\frac{1}{s}}$就是单位距离观测高差的中误差。令

$$m_{km} = \pm m_{站}\sqrt{\frac{1}{s}}$$

则

$$m_{h_{AB}} = \pm m_{km}\sqrt{S} \tag{5.4.18}$$

式（5.4.17）和式（5.4.18）是水准测量中计算高差中误差的基本公式。由以上两式可以看出：当各测站高差的观测精度相同时，水准测量中高差的中误差与测站数的平方根成正比。当各测站的距离大致相等时，水准测量中高差的中误差与距离的平方根成正比。

如图 5.4.4 所示的支导线，以同样的精度测得 n 个转折角（左角）β_1、β_2、…、β_n，它们的中误差均为 m_β。第 n 条导线边的坐标方位角为

$$\alpha_n = \alpha_0 + \beta_1 + \beta_2 + \cdots + \beta_n \pm n \times 180°$$

式中：α 为已知坐标方位角，设 α_0 为无误差，则第 n 条边的坐标方位角的中误差为

$$m_{\alpha n} = \pm m_\beta\sqrt{n} \tag{5.4.19}$$

式（5.4.19）表明，支导线中第 n 条导线边的坐标方位角的中误差，等于各转折角之中误差的$\sqrt{n}$倍，n 为转折角的个数。

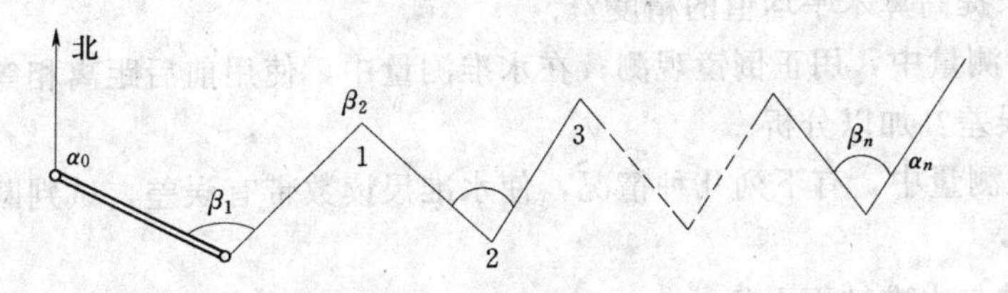

图 5.4.4　导线方位角推算

2. 同精度独立观测值的算术平均值的精度

设对某量同精度独立观测 n 次，其观测值为 L_1，L_2，…，L_n，它们的中误差均等于 m，取 n 个观测值的算术平均值作为该量的最后结果，即

$$x=\frac{[L]}{n}=\frac{1}{n}L_1+\frac{1}{n}L_2+\cdots+\frac{1}{n}L_n$$

由误差传播定律，可得算术平均值的中误差为

$$m_x^2=\frac{1}{n^2}m^2+\frac{1}{n^2}m^2+\cdots+\frac{1}{n^2}m^2=\frac{m^2}{n}$$

或

$$m_x=\pm\frac{m}{\sqrt{n}} \tag{5.4.20}$$

即 n 个同精度观测值的算术平均值的中误差等于各观测值的中误差除以$\sqrt{n}$。

各个观测值的改正数为

$$v_i=x_i-L_i \qquad (i=1,2,\cdots,n) \tag{5.4.21}$$

用改正数计算观测值中误差的计算公式为

$$m=\pm\sqrt{\frac{[vv]}{n-1}} \tag{5.4.22}$$

式（5.4.22）是当不知道观测值的真值时，用来计算观测值中误差的公式。

习　题

1. 什么是观测误差？产生的原因有哪些？
2. 观测条件包括哪些？
3. 根据观测误差对观测结果的影响，将观测误差区分成哪几类？
4. 观测条件与观测质量之间的关系是什么？
5. 在相同的观测条件下，对同一个量进行了若干次观测，这些观测值的精度是否相同？误差小的观测值比误差大的观测值的精度高吗，为什么？
6. 根据本书的观点，真误差属什么误差？
7. 偶然误差的特性是什么？偶然误差的特性说明了什么问题？
8. 观测量的精度指标主要有哪些？
9. 误差传播律是用来解决什么问题的？
10. 试述应用误差传播律的实际步骤。
11. 水准测量高差的中误差与测站数及路线长度有什么样的关系？
12. 观测次数增加，算术平均值的中误差就会减少，精度提高，为什么不能无限次地增加观测次数来提高算术平均值的精度？

13. 在角度测量中，用正倒镜观测；在水准测量中，使用前后距离相等，这些措施是为了消除什么误差？加以分析。

14. 在水准测量中，有下列几种情况，使水准尺读数带有误差，试判断误差的性质及对读数的影响？

(1) 视准轴与水准轴不平行；

(2) 仪器下沉；

(3) 读数时估读不准确；

(4) 水准尺下沉。

15. 设同精度观测一个三角网共 20 个三角形，其闭合差 w 见表 5.1。求三角形闭合差的中误差。

表 5.1

三角形编号	w (″)	三角形编号	w (″)	三角形编号	w (″)	三角形编号	w (″)
1	+2.0	6	−1.8	11	+2.2	16	−1.9
2	−1.6	7	+2.6	12	−1.3	17	+2.5
3	+1.0	8	−2.2	13	+1.8	18	−2.0
4	+1.2	9	+1.7	14	+1.5	19	+1.7
5	−2.4	10	+1.5	15	−2.4	20	+1.1

16. 已知观测值 $S=500.000\text{m}\pm10\text{mm}$，试求观测值 S 的相对中误差。

17. 为了鉴定经纬仪的精度，对已知水平角做了 8 测回的同精度观测。已知角的角值为 50°00′15″（无误差），9 个测回的观测结果见表 5.2。试求一个测回观测值的中误差及其误差范围。

表 5.2

测回号	角度值 (° ′ ″)	测回号	角度值 (° ′ ″)	测回号	角度值 (° ′ ″)
1	50 00 10	4	50 00 12	7	50 00 10
2	50 00 18	5	50 00 16	8	50 00 20
3	50 00 20	6	50 00 15	9	50 00 21

18. 已知 $S_1=500.000\text{m}\pm20\text{mm}$，$S_2=1000.000\text{m}\pm20\text{mm}$。试说明：它们的真误差是否相等？它们的中误差是否相等？它们的最大误差是否相等？它们的精度是否相同？

19. 设观测两个长度。结果分别为 $S_1=500.000\text{m}\pm20\text{mm}$，$S_2=800.000\text{m}\pm25\text{mm}$。试计算两个长度的和及差的相对中误差，并比较和与差哪个精度高？

20. 在某三角形中，同精度独立观测了两个内角，它们的中误差为 3.0″，求第三个角的中误差。

21. 如图 5.1 所示的四边形中，独立观测 α、β、γ 三内角，它们的

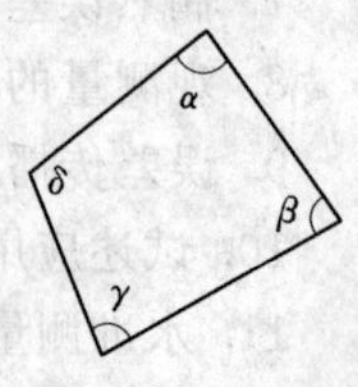

图 5.1

中误差分别为3.0″、4.0″、5.0″，试求：

(1) 第四角δ的中误差；

(2) $F=\alpha+\beta+\gamma+\delta$的中误差。

22. α角度是4个测回的平均值，每测回中误差为8.0″，β是9测回的平均值，每一测回的中误差为±9.0″，求$F=\alpha-\beta$的中误差。

23. 在用经纬仪测塔高的作业中，已知仪器高为1.6m，其中误差为±2mm，测得仪器距塔的水平距离为$S=200.000\text{m}\pm12\text{mm}$，竖直角$\alpha=15°30'30''\pm20''$，试求塔高及其中误差。

第6章 小区域控制测量

学习目标：

通过本章学习，了解平面控制和高程控制的概念，熟悉导线测量、前方交会、测边交会、三、四等水准测量和三角高程测量的内业和外业工作，学会导线、前方交会、测边交会和三角高程的计算。

6.1 平面控制测量

在工程规划设计中，需要一定比例尺的地形图和其他测绘资料，工程施工中也需要进行施工测量。为了保证测图和施工测量的精度与速度，必须遵循"先整体后局部"的原则，采用"先控制后碎部"的测量步骤，即在测量区域内先进行控制测量，然后再进行碎部测量。在测区内选择若干个控制点，构成一定的几何图形或折线，测定控制点的平面位置和高程，这种测量工作就称为控制测量。

控制测量在实施过程中又分为平面控制测量和高程控制测量两部分。平面控制测量是测定控制点的平面坐标，高程控制测量是测定控制点的高程。

6.1.1 国家平面控制网

国家测绘部门在全国范围采用"分级布网、逐级控制"的原则，建立国家级的平面控制网，作为科学研究、地形测量和施工测量的依据。

建立国家平面控制网的常规方法有三角测量和精密导线测量。

1. 三角控制测量

三角测量是在地面上选择若干控制点组成一系列三角形（三角形的顶点称为三角点），观测三角形中的内角，并精密测定起始边（基线）的边长和方位角，应用三角学中正弦定理解算出各个三角形的边长，再根据起始点坐标、起始方位角和各边边长，采用一定的方法推算出各三角点的平面坐标。

当三角形向某一方向推进而连成锁状的控制网称为三角锁，三角形向四周扩展而连成网状的控制网称为三角网（见图6.1.1）。

国家平面控制网按其精度的高低，分为一、二、三、四等四个等级，一等精度最高，四等精度最低，采用逐级控制，低一级控制网是在高一级控制网的基础上建立的（见图6.1.2）。

2. 精密导线测量

在通视困难或平坦地区，采用精密导线测量来代替相应等级的三角测量是非常方便的。特别是近代电磁波测距仪和全站仪的出现，为精密导线测量创造了便利条件。

导线测量是将一系列地面点组成折线形状，观测各转折角，测量出各边边长后，根据起始坐标和起始方位角来推算各导线点的平面坐标（见图6.1.3）。精密导线测量也相应的分为四个等级，即一、二、三、四等。

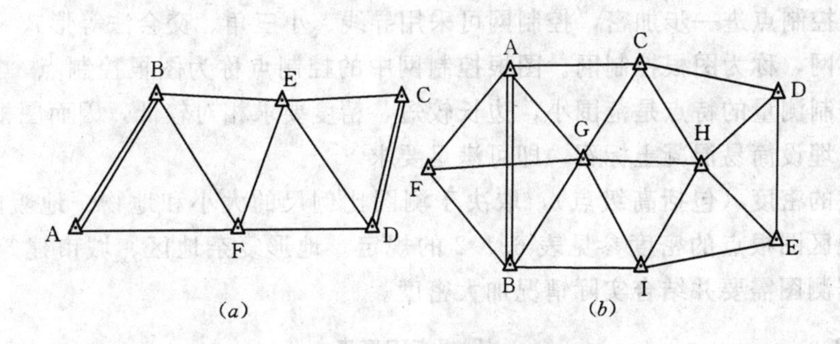

图 6.1.1 三角锁（网）

(a) 三角锁；(b) 三角网

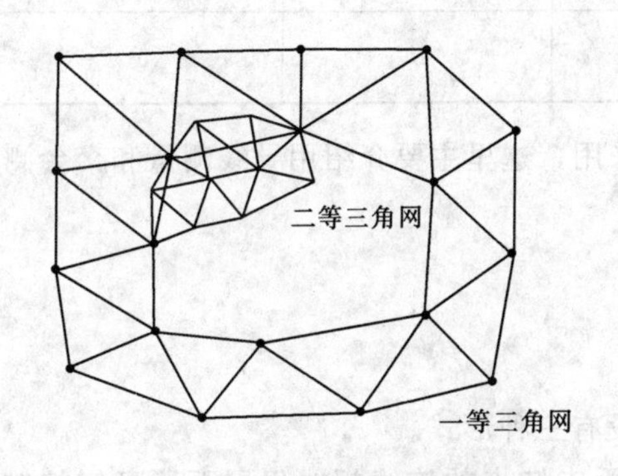

图 6.1.2 国家平面控制网

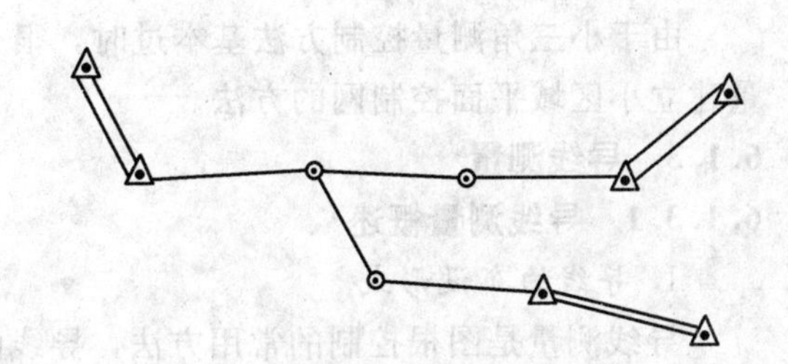

图 6.1.3 导线网

6.1.2 小区域平面控制测量

控制网可以附合于国家（或城市）高级控制点上，形成统一坐标系统，也可布设成独立控制网，采用假定坐标系统。小区域控制网可按其用途来划分为首级控制网和图根控制网。两者的关系如表 6.1.1 所示。

表 6.1.1 首级控制和图根控制关系表

测 区 面 积 (km^2)	首 级 控 制	图 根 控 制
2～15	一级小三角或一级导线	两级图根
0.5～2	二级小三角或二级导线	两级图根
0.5 以下	图根导线	

1. 首级控制网

小区域平面控制网，应根据测区面积的大小按精度分级布设建立。在测区范围内建立统一的精度最高的控制网，称为首级控制网。首级平面控制网的布设分为小三角控制网和导线。其技术指标参见 GB 50026—93《工程测量规范》。

2. 图根控制网

工程建设常常需要大比例尺地形图，为了满足测绘地形图的需要，必须在首级控制网的基础上对控制点进一步加密，控制网可采用导线、小三角、交会法等形式。直接为测图建立的控制网，称为图根控制网。图根控制网中的控制点称为图根控制点，简称图根点。由于图根控制测量的特点是范围小，边长较短，精度要求相对较低，因而图根点标志一般采用木桩或埋设简易混凝土标石，即可满足要求。

图根点的密度（包括高级点），取决于测图比例尺的大小和地物、地貌的复杂程度。平坦开阔地区图根点的密度参见表 6.1.2 的规定。地形复杂地区、城市建筑密集区和山区，应根据测图需要并结合实际情况加大密度。

表 6.1.2　　图根点密度表

测图比例尺	1∶500	1∶1000	1∶2000	1∶5000
图根点密度（点/km^2）	150	50	15	5

由于小三角测量控制方法基本过时，很少再采用，这里主要介绍用导线测量和交会测量建立小区域平面控制网的方法。

6.1.3　导线测量

6.1.3.1　导线测量概述

1. 导线的布设形式

导线测量是图根控制的常用方法，导线的布设有三种形式。

（1）闭合导线。由某已知控制点出发经过若干未知点的连续折线仍回至原已知控制点，形成一个闭合多边形，称为闭合导线（见图 6.1.4）。

（2）附合导线。由某已知控制点开始，经过若干点后终止于另一已知控制点上，称为附合导线（见图 6.1.5）。

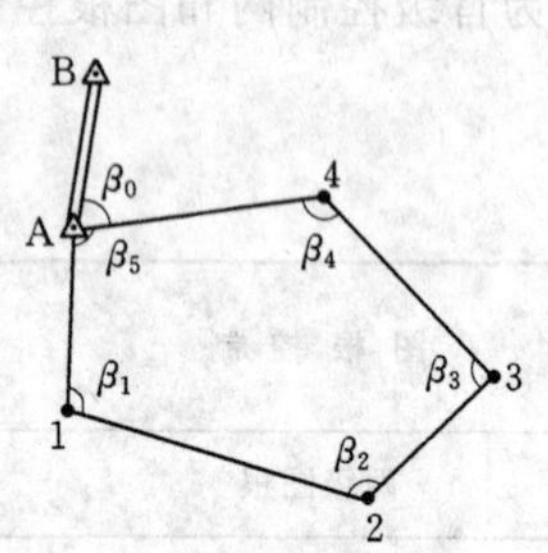

图 6.1.4　闭合导线

（3）支导线。由某已知控制点开始，形成自由延伸的导线，即一端连接在高一级控制点上，而另一端不与任何高级控制点相连，称为支导线（见图 6.1.6）。

由于支导线没有附合到已知控制点上，在测量中若发生错误，无法检核，所以规范规定支导线中的未知点数不得超过两个点。

2. 导线测量的技术指标

用导线测量方法建立小区域平面控制测量，通常分为一级导线、二级导线、三级导线和图根导线几个等级，其主要技术指标见表 6.1.3。

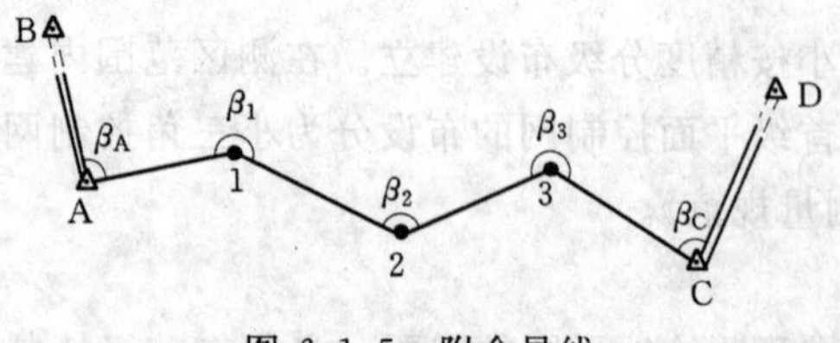

图 6.1.5　附合导线

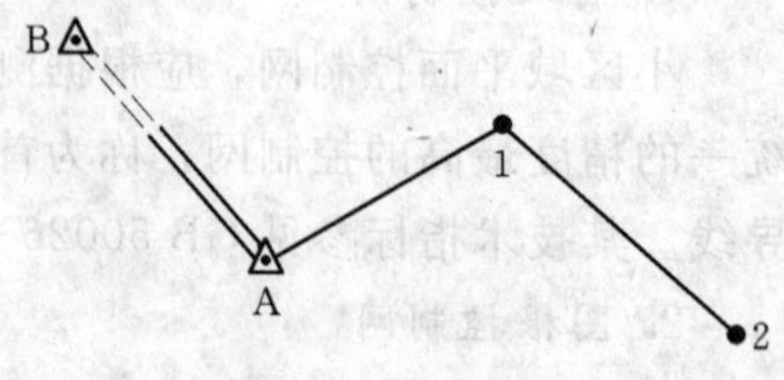

图 6.1.6　支导线

表 6.1.3　　导线测量技术指标

等 级	测图比例尺	导线长度（m）	平均边长（m）	测角中误差（″）	导线全长相对中误差	测回数		方位角闭合差（″）
						DJ2	DJ6	
一级		2500	250	±5	1/10000	2	4	$\pm 10\sqrt{n}$
二级		1800	180	±8	1/7000	1	3	$\pm 16\sqrt{n}$
三级		1200	120	±12	1/5000	1	2	$\pm 24\sqrt{n}$
图根	1∶500	500	75	±20	1/2000		1	$\pm 60\sqrt{n}$
	1∶1000	1000	110					
	1∶2000	2000	180					

注　表中 n 为测站数。

6.1.3.2　导线测量的外业工作

导线测量的外业工作包括：踏勘选点（埋设标志）、角度观测、边长测量和导线定向四个方面。

1. 踏勘选点

导线施测之前，要了解测区及其附近的高级控制点的分布、测区的范围及地形起伏等情况，收集有关比例尺的地形图，对测区的情况要做到心中有数，还要根据具体情况拟定导线的布设形式，选定导线点。导线点一般在地面上打入木桩，并在桩顶中心打一小铁钉以示标志（见图 6.1.7）。对于长期保存的导线点则应埋设混凝土标石（见图 6.1.8）。所有导线点的标志都要依次编号，并绘出点（图 6.1.9）以便于寻找。

实地选点时，应注意下列几点：

（1）导线点应选在土质坚实、视野开阔、便于安置仪器和施测的地方。

（2）相邻导线点应互相通视，便于观测水平角和测量边长。

（3）导线点应均匀分布在测区内，导线边长应大致相等，避免从短边突然过渡到长边或从长边过渡到短边的情况，以减少测角带来的误差。

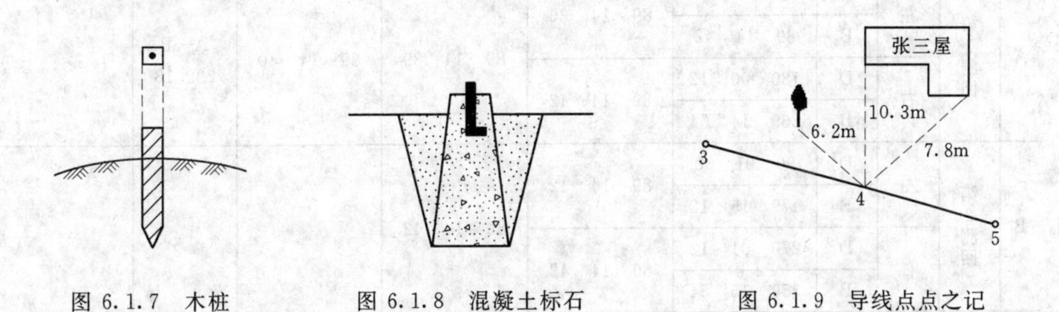

图 6.1.7　木桩　　图 6.1.8　混凝土标石　　图 6.1.9　导线点点之记

2. 水平角观测

导线的转折角采用测回法观测。在导线前进方向左侧的水平角称为左转折角，简称左角。在导线前进方向右侧的水平角称为右转折角，简称右角。附合导线一般测量左角，闭合导线测量内角。

3. 边长测量

导线边长的测量可以采用钢尺量距，即用检定过的钢尺直接丈量每一条导线边的水平距离，应往返各丈量一次，往返丈量的相对中误差不得超过 1/2000，在比较困难的条件下，也不得超过 1/1000。导线边长的测量也可以采用电磁波测距仪测定。

4. 导线定向

导线定向可分为两种情况：第一种情况是与高级控制点相连接的导线，要测定向角进行定向，如图 6.1.4 中的 β_0 和图 6.1.5 中的 β_A 和 β_C。第二种情况是独立导线，即没有与高级控制点相连接，要在第一个导线点上用罗盘仪测出第一条边的磁方位角，并假定出第一个点的坐标，如图 6.1.10 中的 α_{AB}。

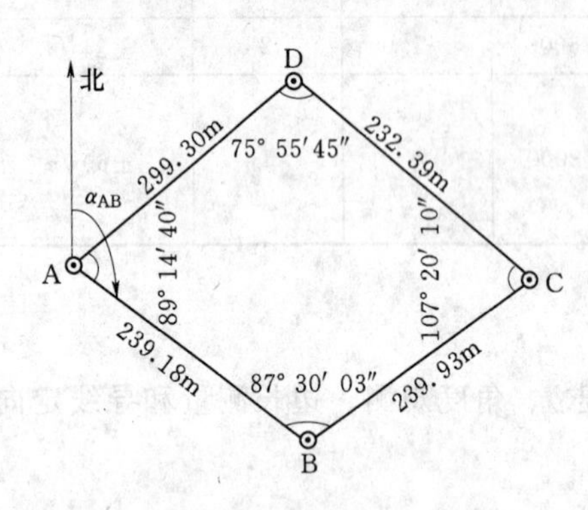

已知数据：$\alpha_{AB}=133°46'40''$

$x_A=540.00$m　$y_A=500.00$m

图 6.1.10　闭合导线计算示意图

经纬仪导线观测手簿如表 6.1.4 所示。表中所记录数据是图 6.1.10 闭合导线 A 测站的数据。

6.1.3.3　导线测量的内业计算

导线测量外业结束后，就要进行导线内业计算。在内业计算之前，要全面检查外业观测数据有无遗漏，记录计算是否正确，成果是否符合限差要求，要保证原始数据的正确性，以免造成不必要的计算返工。还要根据外业成果绘制导线计算示意图（见图 6.1.10），示意图上应注明导线点点号和相应的角度和边长，起始方位角及起算点的坐标。计算时要在相应的导线计算表中进行（见表 6.1.5），先按顺序填好点号，再将有关数据写在相应的栏目中［见表 6.1.5 中（1）、（2）、（5）栏］。

表 6.1.4　　经纬仪导线观测记录表

测站	测回	竖盘位置	目标	水平度盘读数 (° ′ ″)	半测回水平角 (° ′ ″)	一测回水平角 (° ′ ″)	各测回平均值 (° ′ ″)	边长 (m)	备注
A	第1测回	左	D	0 00 06	89 14 36	89 14 39	89 14 40	A—B 239.18	
			B	89 14 42					
		右	D	180 00 12	89 14 42				
			B	269 14 54					
B	第2测回	左	D	90 01 00	89 14 42	89 14 42			
			B	179 15 12					
		右	D	270 01 12	89 14 42				
			B	359 15 54					

1. 闭合导线计算方法及算例

闭合导线是由折线组成的多边形。因而，闭合导线必须满足两个几何条件：一个是多边形内角和条件；另一个是坐标条件，即从起算点开始，逐点推算导线点的坐标，最后推回到起算点，由于是同一个点，因而推算出的坐标应该等于已知坐标。

闭合导线计算的方法步骤如下：

(1) 角度闭合差的计算与调整。

由平面几何知识可知，n 条边的多边形内角和的理论值应为

$$\sum \beta_{理} = (n-2) \times 180° \tag{6.1.1}$$

设闭合导线实测内角和为 $\sum \beta_{测}$。由于在角度观测过程中，不可避免地会产生误差，测得的内角和不可能刚好等于内角和的理论值，二者的差称为角度闭合差。设角度闭合差用 f_β 表示，则

$$f_\beta = \sum \beta_{测} - \sum \beta_{理} \tag{6.1.2}$$

例如图 6.1.10 的闭合导线，其角度闭合差为 $f_\beta = 360°00'38'' - 360° = +38''$。角度闭合差 f_β 的大小一定程度上标志着测角的精度。导线作为图根控制时，角度闭合差的容许值按表 6.1.3 中的要求执行。

当角度闭合差不大于容许值时，可将闭合差按相反符号平均分配到观测角中。每个角度的改正数用 V_β 表示，则

$$V_\beta = -\frac{f_\beta}{n} \tag{6.1.3}$$

式中：f_β 为角度闭合差，($''$)；n 为闭合导线内角个数。

如果 f_β 的数值，不能被导线内角数整除而有余数时，可将余数调整分配在短边的邻角上，使调整后的内角和等于 $\sum \beta_{理}$。

如果角度闭合差超过容许值，应分析原因，进行外业局部或全部返工。

本例的角度闭合差容许值为 $f_{\beta容} = \pm 60''\sqrt{n} = \pm 60''\sqrt{4} = \pm 120''$，显然 $f_\beta < f_{\beta容}$，可以进行角度闭合差调整分配，角度闭合差改正数填写在表 6.1.5 的第 (2) 栏观测值秒值的上方，第 (3) 栏为改正后的角度值。

(2) 导线边方位角的推算。

由起算方位角，再结合改正后的角值，按 4.4 节方位角推算公式推算各边的方位角，即

$$\alpha_{前} = \alpha_{后} + \beta_{左} \pm 180° \tag{6.1.4}$$

式中：若 $\alpha_{后} + \beta_{左}$ 算得的角值大于 180°，则减去 180°（若还大于 360°，再减去 360°）；若 $\alpha_{后} + \beta_{左}$ 算得的角值小于 180°，则加上 180°。

例如图 6.1.10 中的 BC 边的方位角为

$$\alpha_{BC} = \alpha_{AB} + \beta_B - 180° = 133°46'40'' + 87°29'54'' - 180° = 41°16'34''$$

其他边的方位角见表 6.1.5 中的第 (4) 栏。为了检核方位角计算有无错误，方位角应推回到起算边，因多边形已调整闭合差，故应等于起算边的方位角，否则，应查明原因，加以纠正。

(3) 坐标增量计算。

坐标增量的计算按第 4 章中的坐标增量计算式 (4.5.1) 计算。

例如图 6.1.10 中 BC 边的坐标增量

$$\Delta x_{BC} = D_{BC} \times \cos\alpha_{BC} = 239.93 \times \cos 41°16'34'' = 180.32\text{m}$$

$$\Delta y_{BC} = D_{BC} \times \sin\alpha_{BC} = 239.93 \times \sin 41°16'34'' = 158.28\text{m}$$

其他边的坐标增量计算见表 6.1.5 第（6)、(9）两栏，计算取位至 0.01m。

(4）坐标增量闭合差的计算与调整。

闭合导线每一条边的坐标增量计算出后，由图 6.1.11（*a*）可以看出，闭合导线各边纵、横坐标增量的代数和在理论上应等于零，即

$$\left.\begin{aligned}\sum\Delta x_i &= 0\\ \sum\Delta y_i &= 0\end{aligned}\right\} \tag{6.1.5}$$

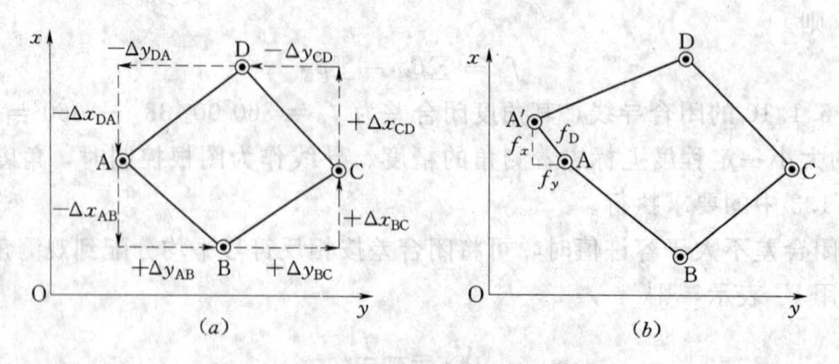

图 6.1.11 导线坐标增量闭合差示意图

（*a*）闭合导线理论闭合差；（*b*）闭合导线坐标闭合差

由于测量角度（尽管角度进行了闭合差的调整，但调整后的角值也不一定是该角的真值）和边长均存在误差，所以，由边长、方位角计算出的纵、横坐标增量，其代数和 $\sum\Delta x$测和 $\sum\Delta y$ 测一般都不等于零，而等于某个数值，这两个数值分别称为闭合导线纵坐标增量闭合差和横坐标增量闭合差，用 f_x 和 f_y 分别表示，则

$$\left.\begin{aligned}f_x &= \sum\Delta x_i\\ f_y &= \sum\Delta y_i\end{aligned}\right\} \tag{6.1.6}$$

由于存在 f_x 和 f_y，使闭合导线由 A 点出发，最后闭合不到 A 点，而是落到 A′点，产生了一段差距 A A′，这段差距称为导线全长闭合差，用 f_D 表示，如图 6.1.11（*b*）所示。从图中可知

$$f_D = \pm\sqrt{f_x^2 + f_y^2} \tag{6.1.7}$$

导线全长闭合差 f_D 主要由量边误差引起，一般来说，导线愈长，全长闭合差也愈大，因而单纯用导线全长闭合差 f_D 还不能正确反映导线测量的精度，通常采用 f_D 与导线总长 $\sum D$ 的比值并化成分子为 1 的分式来表示，称为导线全长相对闭合差，来衡量导线测量的精度好坏，用 K 表示，则

$$K = \frac{f_D}{\sum D} = \frac{1}{\sum D / f_D} \tag{6.1.8}$$

图根导线测量中，一般情况下，K 值不应超过 1/2000；困难地区也不应超过 1/1000。若 K 值不满足限差要求，首先检查内业计算有无错误，其次检查外业成果，若均不能发现错误，则应到实地现场重测可疑成果或全部重测；若 K 值满足限差要求，可进行坐标增量闭合差的调整。

由于坐标增量闭合差主要由边长误差影响而产生的，而边长误差大小与边长的长短有

关，因此，坐标增量闭合差的调整方法是将增量闭合差 f_x 和 f_y 反号，按与边长成正比分配于各个坐标增量中，使改正后的 $\sum\Delta x$、$\sum\Delta y$ 均等于零。设第 i 边边长为 D_i，其纵、横坐标增量改正数分别用 $V\Delta x_i$、$V\Delta y_i$ 表示

$$\left.\begin{aligned} V\Delta x_i &= -\frac{f_x}{\sum D}D_i \\ V\Delta y_i &= -\frac{f_y}{\sum D}D_i \end{aligned}\right\} \tag{6.1.9}$$

式中：$V\Delta x_i$ 为第 i 边的纵坐标增量改正数，m；$V\Delta y_i$ 为第 i 边的横坐标增量改正数，m；$\sum D$ 为导线边长总和，m。

改正数的单位为厘米，坐标增量改正数填在表 6.1.5 中的第 7、10 两栏坐标增量的上方［见表 6.1.5 中第（7）栏中的＋3、＋3、＋3、＋3cm］。它们的总和应等于坐标增量闭合差的相反数，用此进行检验。

（5）导线点坐标计算。

坐标增量调整后，可根据起算点的坐标（独立地区是假定坐标）和调整后的坐标增量［见表 6.1.5 中的（8）、（11）栏］，逐点计算导线点的坐标，计算公式为

$$\left.\begin{aligned} x_{前} &= x_{后} + \Delta x_i \\ y_{前} &= y_{后} + \Delta y_i \end{aligned}\right\} \tag{6.1.10}$$

按上式计算完闭合导线最后一个点的坐标后，还要再推算出起算点的坐标，看是否与已知坐标相等，以检查计算是否正确。算例中各导线点的坐标计算见表 6.1.5 中的第（12）、（13）两栏。

2. 附合导线的计算方法及算例

附合导线的计算与闭合导线的计算基本上相同，现仅将其不同的两点说明如下：

（1）角度闭合差要换成方位角闭合差。

附合导线不是闭合导线（见图 6.1.12），角度闭合差不能按式（6.1.2）计算，而是用推算坐标方位角的方法来计算方位角闭合差。

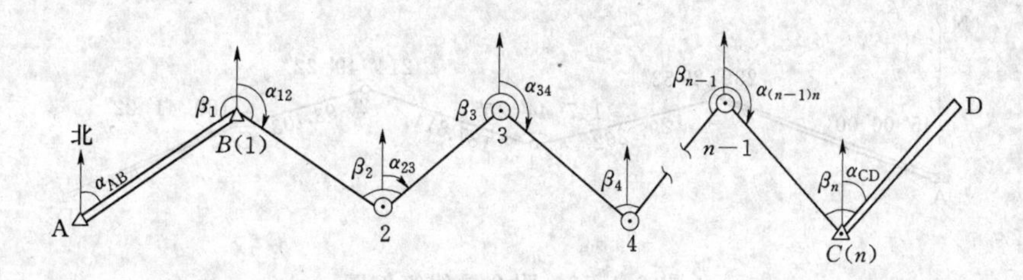

图 6.1.12 附合导线图

如图 6.1.12 所示，设 A、B、C、D 为已知点，α_{AB} 为起算边的已知方位角，α_{CD} 为终边的已知坐标方位角。根据方位角的推算公式

$$\alpha_{12} = \alpha_{AB} + \beta_1 - 180^\circ$$

$$\alpha_{23} = \alpha_{12} + \beta_2 - 180^\circ = \alpha_{AB} + \beta_1 + \beta_2 - 2\times 180^\circ$$

$$\vdots$$

$$\alpha'_{CD} = \alpha_{(n-1)n} + \beta_n - 180^\circ = \alpha_{AB} + (\beta_1 + \beta_2 + \cdots + \beta_n) - n\times 180^\circ$$

即 $$\alpha'_{CD}=\alpha_{AB}+\sum\beta_i-n\times180° \qquad (6.1.11)$$

式中：n 为观测角个数。由于观测角误差的影响，推算出的方位角 α'_{CD} 与已知方位角 α_{CD} 一般不相等，产生了方位角闭合差 f_β，即

$$f_\beta=\alpha'_{CD}-\alpha_{CD}$$

故附合导线方位角的计算公式为

$$f_\beta=\alpha_{AB}+\sum\beta_i-n\times180°-\alpha_{CD}$$

写成一般形式为

$$f_\beta=\alpha_{起}+\sum\beta_i-n\times180°-\alpha_{终} \qquad (6.1.12)$$

式中：$\alpha_{起}$ 为附合导线的起算边方位角，(°)；$\alpha_{终}$ 为附合导线的终边方位角，(°)。

例如，图 6.1.13 为一条附合导线，已知 BA 边的方位角 $\alpha_{BA}=45°00'00''$，CD 边的方位角 $\alpha_{CD}=116°44'48''$，四个观测角总和为 $\sum\beta=791°45'26''$，则

$$f_\beta=45°00'00''+791°45'26''-4\times180°-116°44'48''=+38''$$

附合导线方位角闭合差的容许值和调整方法与闭合导线完全相同。

(2) 纵、横坐标增量的计算公式不同。

附合导线是从一已知点出发，附合到另外一个已知点，因此，纵、横坐标增量的代数和理论上不是零，而应等于起、终两已知点间的坐标增量（即两坐标点之差）。如不相等，其差值即为附合导线的坐标增量闭合差，计算公式为

$$\left.\begin{aligned}f_x&=\sum\Delta x_{测}-(x_{终}-x_{起})\\f_y&=\sum\Delta y_{测}-(y_{终}-y_{起})\end{aligned}\right\} \qquad (6.1.13)$$

式中：$x_{起}$、$y_{起}$ 为附合导线起始点的纵、横坐标，m；$x_{终}$、$y_{终}$ 为附合导线终点的纵、横坐标，m。

在图 6.1.13 算例中（见表 6.1.6），纵横坐标增量闭合差为

$$f_x=-44.48-(155.37-200.00)=+0.15\text{m}$$
$$f_y=+555.94-(756.06-200.00)=-0.12\text{m}$$

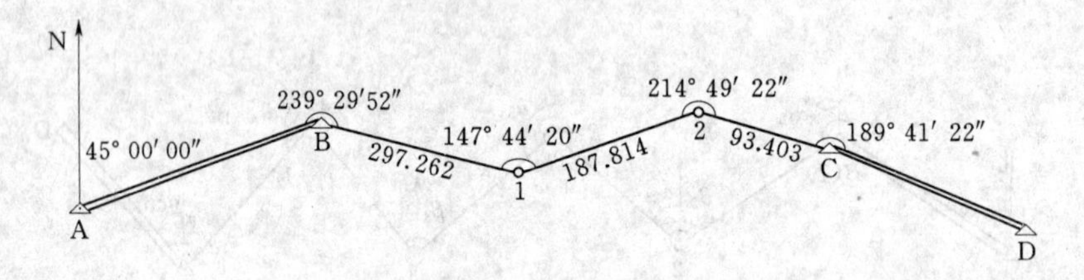

图 6.1.13 附合导线算例图

3. 支导线的坐标计算

由于支导线只是一端与已知点相连，而另一端不附合到任何已知点，因而它就没有几何条件约束，其坐标计算不必进行角度闭合差和坐标增量闭合差的调整，直接由各边的边长和方位角求坐标增量，最后依次求各点的坐标。

6.1.4 交会定点测量

当测区内已有控制点的数量不能满足测图或施工放样需要时，经常采用交会法测量来加密控制点。根据观测元素的性质不同，交会定点测量可分为测角交会定点测量（经纬仪

表 6.1.5

闭合导线坐标计算表

点号	观测角 β (° ′ ″)	改正后角值 (° ′ ″)	坐标方位角 α (° ′ ″)	距离 D (m)	纵坐标增量 Δx 计算值 (m)	纵坐标增量 Δx 改正数 (cm)	纵坐标增量 Δx 改正后 (m)	横坐标增量 Δy 计算值 (m)	横坐标增量 Δy 改正数 (cm)	横坐标增量 Δy 改正后 (m)	坐标值 X (m)	坐标值 Y (m)
(1)	(2)	(3)	(4)	(5)	(6)	(7)	(8)	(9)	(10)	(11)	(12)	(13)
A											540.00	500.00
			133 46 40	239.18	−165.48	+3	−165.45	+172.69	0	+172.69		
B	−9 87 30 03	87 29 54									374.55	672.69
			41 16 34	239.93	+180.32	+3	+180.35	+158.28	0	+158.28		
C	−10 107 20 10	107 20 00									554.90	830.97
			328 36 34	232.39	+198.38	+3	+198.41	−121.04	0	−121.04		
D	−10 75 55 45	75 55 35									753.31	709.93
			224 32 09	299.30	213.34	+3	−213.31	−209.92	−1	−209.93		
A	−9 89 14 40	89 14 31									540.00	500.00
			133 46 40									
B												
Σ	360 00 38	360 00 00		1010.80	−0.12	+12	0.00	+0.01	−1	0.00		

辅助计算：

$f_\beta = \sum\beta_{测} - \sum\beta_{理} = 360°00'38'' - 360° = +38'',\ f_{\beta容} = \pm 60''\sqrt{4} = \pm 120''(f_\beta < f_{\beta容})$

$f_x = \sum\Delta x_i = -0.12\text{m} \quad f_y = \sum\Delta y_i = +0.01\text{m} \quad f_D = \sqrt{f_x^2 + f_y^2} = 0.12\text{m} \quad K = \frac{|f_D|}{\sum D} = \frac{0.12}{1010.80} = \frac{1}{8400}(K < K_{容})$

表 6.1.6

附合导线坐标计算表

点号	观测角 β (° ′ ″)	改正后角值 (° ′ ″)	方位角 α (° ′ ″)	距离 D (m)	纵坐标增量 Δx 计算值 (m)	纵坐标增量 Δx 改正数 (cm)	纵坐标增量 Δx 改正后 (m)	横坐标增量 Δy 计算值 (m)	横坐标增量 Δy 改正数 (cm)	横坐标增量 Δy 改正后 (m)	坐标值 X (m)	坐标值 Y (m)
(1)	(2)	(3)	(4)	(5)	(6)	(7)	(8)	(9)	(10)	(11)	(12)	(13)
A												
			45 00 00									
B	−9 239 29 52	239 29 43									200.00	200.00
			104 29 43	297.262	−74.40	−8	−74.48	+287.80	+6	+287.86		
1	−9 147 44 20	147 44 11									125.52	487.86
			72 13 54	187.814	+57.32	−5	+57.27	+178.85	+4	178.89		
2	−10 214 49 52	214 49 42									182.79	666.75
			107 03 36	93.403	−27.40	−2	−27.42	+89.29	+2	+89.31		
C	−10 189 41 22	189 41 12									155.37	756.06
			116 44 48									
D												
Σ	−38 791 45 26	791 44 48		578.479	−44.48	−15	−44.63	+555.94	+12	+556.06		

辅助计算

$\alpha'_{CD}=\alpha_{AB}+4\times180°+\sum\beta_{测}=116°45'26''$　$f'_{\beta}=\alpha'_{CD}-\alpha_{CD}=+38''$　$f_{\beta容}=\pm60\sqrt{n}=\pm120''$　$f_{\beta}<f_{\beta容}$

$f_x=\sum\Delta x_{测}-(x_C-x_B)=-44.48-44.63=+0.15$　$f_y=\sum\Delta y_{测}-(y_C-y_B)=+555.94-556.06=-0.12$

$f_D=\sqrt{f_x^2+f_y^2}=\pm0.19$　$K=\dfrac{f_D}{\sum D}=\dfrac{0.19}{578.479}\approx\dfrac{1}{3000}$　$f_{容}=\dfrac{1}{2000}$　$K<f_{容}$

交会）和测边交会定点测量。测角交会定点测量的布设形式有以下三种。

1. 前方交会

在两个已知控制点上，分别对待定点（交会点）观测水平角，以计算待定点的坐标，称为前方交会。为了进行检核和提高精度，实际工作中，常常采用三个已知控制点进行交会，由两个三角形分别计算待定点的坐标，取两组坐标的平均值为最后结果，如图6.1.14（*a*）所示。

2. 侧方交会

在两个由已知控制点A、B和待定点P所组成的三角形中，分别在已知点A和待定点P观测水平角，以计算待定点P的坐标，称为侧方交会。为了进行检核，一般还要在P点对另一已知控制点观测一个检查角，如图6.1.14（*b*）所示。

3. 后方交会

在待定点P上对3个已知控制点观测3个方向间的水平角以计算待定点P的坐标，称为后方交会。为了进行检核，一般还应对准第4个已知控制点观测一个检查角，如图6.1.14（*c*）所示。

测量规范中规定，采用经纬仪交会测量，为了提高加密交会点的精度，待定点的交会角应在30°～150°之间，最好为90°。

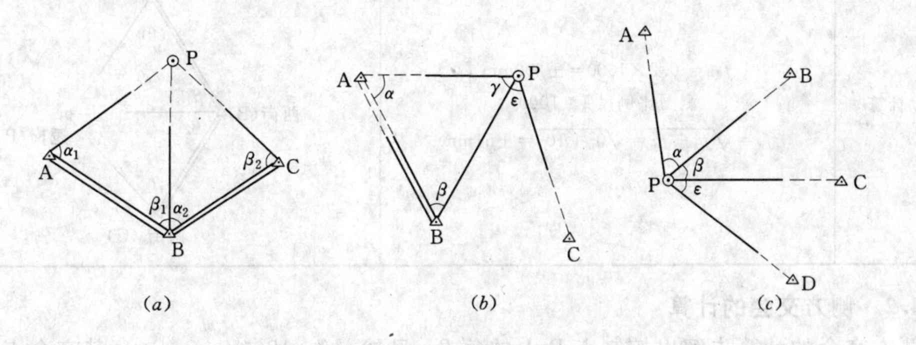

图 6.1.14　测角交会形式

（*a*）前方交会；（*b*）侧方交会；（*c*）后方交会

6.1.4.1　前方交会的计算及算例

如图6.1.15所示，设A、B为已知控制点，P为交会点（待定点），在A、B两点上分别观测α角、β角，就可按式（6.1.14）计算出P点坐标（该公式不再推证）。

$$\left.\begin{aligned} x_p &= \frac{x_A\cot\beta + x_B\cot\alpha + y_B - y_A}{\cot\alpha + \cot\beta} \\ y_p &= \frac{y_A\cot\beta + y_B\cot\alpha + x_A - x_B}{\cot\alpha + \cot\beta} \end{aligned}\right\} \tag{6.1.14}$$

式（6.1.14）称为余切公式，又称为戎格公式。

必须指出：公式只能计算出交会点的坐标，并不能发现测错、抄错、用错已知数据和测量数据等，也不能提高交会点的精度。为了避免上述情况发生，并提高交会点的精度，应布设3个已知点的前方交会图形［见图6.1.14（*a*）］。测出四个角值：α_1、β_1、α_2、β_2，分两组计算P点的坐标。计算时，可按△ABP求出P点坐标（x'_P，y'_P）再按△BCP求出

P点坐标（x''_P，y''_P）。若两组坐标的较差 f_s（$f_s=\sqrt{f_x^2+f_y^2}$）$\leqslant 0.2M$mm，则取它们的平均值作为P点的最后坐标，式中 M 为比例尺的分母。

为了便于计算，应绘制计算略图，对各点和角度进行编号。交会点编为P，已知点编为A、B，按逆时针方向编排，A、B点的角度编号分别为 α、β。算例见表6.1.7。

表6.1.7　　前方交会计算

点	名	x坐标 (m)	角度 (° ′ ″)		y坐标 (m)
A	北街	5522.01	α_1	59 33 41	1523.29
B	西街	5189.35	β_1	54 25 45	1116.90
P	逻岗	5060.02			1595.34
B	西街	5189.35	α_2	61 54 29	1116.90
C	南街	4671.79	β_2	55 44 54	1236.06
P	逻岗	5060.02			1595.35
	中数	x_P 5060.02			y_P 1595.34
辅助计算		$f_{容}=0.2\times1000=\pm200$mm 测图比例尺1∶1000 $f_s=\sqrt{f_x^2+f_y^2}=\sqrt{0^2+10^2}=\pm51$mm	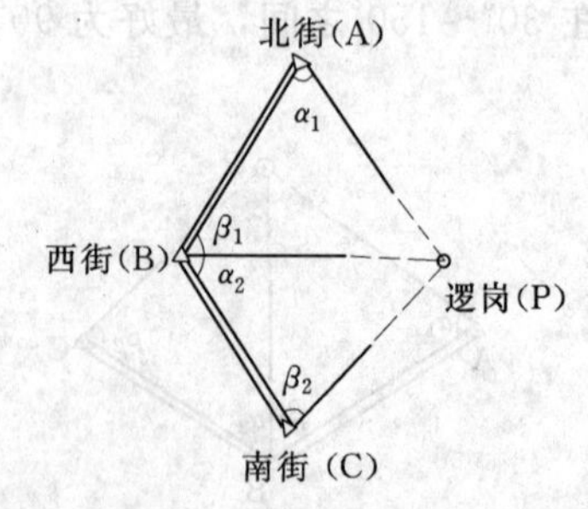		

6.1.4.2　侧方交会的计算

侧方交会的计算先解出控制点B上的角 β，显然，$\beta=180°-(\alpha+\gamma)$ 其交会点的坐标可根据三角形ABP用余切公式进行解算，计算格式同前方交会，算例略。

为了检查侧方交会点点位的精度，应根据算得的P点坐标和B、C两点的已知坐标反算出方位角 α_{PB}，α_{PC} 及距离 D_{PC}。∠BPC的计算值 $\varepsilon_{算}=\alpha_{PB}-\alpha_{PC}$，与实测的角值 $\varepsilon_{测}$，有一个差值 $\Delta\varepsilon$，即

$$\Delta\varepsilon=\varepsilon_{算}-\varepsilon_{测}\tag{6.1.15}$$

在1∶500～1∶2000比例尺测图中，$|\Delta\varepsilon|$ 则应不大于 $\pm0.20M$mm（M 为比例尺分母）。

6.1.4.3　后方交会的计算

后方交会在工程中应用不太广泛，其计算方法也较为复杂，这里就不再讲述。

6.1.4.4　测边交会的计算及算例

如图6.1.15所示，已知A、B两点的坐标（x_A、y_A）、（x_B、y_B），实测水平距离 D_a、D_b。设未知点P的坐标为（x_P、y_P），

P
D_a
D_b
A
D_{AB}
B

图6.1.15　前方交会

A、B两点间的水平距离 D_{AB}，直线AB的坐标方位角为 α_{AB}，则

$$\alpha_{AB} = \operatorname{arccot} \frac{y_B - y_A}{x_B - x_A} \tag{6.1.16}$$

$$D_{AB} = \sqrt{(x_B - x_A)^2 + (y_B - y_A)^2} \tag{6.1.17}$$

$$\angle A = \operatorname{arccot} \frac{D_b^2 + D_{AB}^2 - D_a^2}{2D_b D_{AB}} \tag{6.1.18}$$

得AP边的坐标方位角为

$$\alpha_{AP} = \alpha_{AB} - \angle A \tag{6.1.19}$$

则P点的坐标为

$$\left.\begin{aligned} x_P &= x_A + D_{AP}\cos\alpha_{AP} \\ y_P &= y_A + D_{AP}\sin\alpha_{AP} \end{aligned}\right\} \tag{6.1.20}$$

算例见表6.1.8。与前方交会一样，为检核观测错误和控制点坐标抄录错误，需要测定三条边，组成两个交会图形，解算出P点两组坐标，在满足 f_D（$f_D = \sqrt{f_x^2 + f_y^2}$）$\leqslant \pm 0.2M$mm 条件下，取两组坐标平均值作为P点坐标。

表6.1.8　　测边交会计算

三角形编号	边名	边长	点名	坐标（m）		计算略图
				x	y	
Ⅰ	AP（D_b）	321.180	A（A）	524.767	919.750	（略图：P、A、B、C，Ⅰ、Ⅱ）
	AB（D_{AB}）	301.065	B（B）	479.593	1217.407	
	BP（D_a）	312.266	P（P）	776.161	1119.644	
Ⅱ	BP（D_b）	312.266	B（A）	479.593	1217.407	
	BC（D_{AB}）	260.722	C（B）	700.433	1355.991	
	CP（D_a）	248.177	P（P）	776.163	1119.650	
	P点最后坐标			776.162	1119.647	
辅助计算	$f_x = -0.002$m　　$f_y = -0.006$m $f_D = \sqrt{f_x^2 + f_y^2} = \sqrt{(-0.002)^2 + (-0.006)^2} = \pm 0.006$m $M = 1000$　　$f_{容} \leqslant \pm 0.2 \times 10^{-3} M = \pm 0.2$m					

6.2 高程控制测量

6.2.1 水准测量概述

小区域高程控制测量包括三、四等水准测量、图根水准测量和三角高程测量。三、四等水准测量，除了应用于国家高程控制网的加密外，还能够应用于建立小区域首级高程控制网。三、四等水准测量的起算点高程应尽量从附近的一、二等级水准点引测，若测区附近没有国家一、二等水准点，则在小区域范围内可采用闭合水准路线建立独立的首级高程控网，假定起算点的高程。三、四等水准点应选在土质较硬、便于长期保存和使用的地方，并应埋设水准标石（参见有关测量规范），也可以利用埋石的平面控制点作为水准点，称为平高点。

为了便于寻找，各水准点应绘“点之记”。三、四水准测量及图根水准测量的精度要求列于表6.2.1。

表 6.2.1 水准测量精度要求

等级	路线长度(km)	水准仪	水准尺	观测次数		往返较差、闭合差	
				与已知点联测	附合或环线	平地(mm)	山地(mm)
三	45	DS_1	铟瓦	往返各一次	往一次	$\pm 12\sqrt{L}$	$\pm 4\sqrt{n}$
		DS_3	双面		往返各一次		
四	15	DS_3	双面	往返各一次	往一次	$\pm 20\sqrt{L}$	$\pm 6\sqrt{n}$
图根	8	DS_3	单面	往返各一次	往一次	$\pm 40\sqrt{L}$	$\pm 12\sqrt{n}$

注 表中 L 为路线长度，km，n 为测站数。

6.2.2 三、四等水准测量

6.2.2.1 三、四等水准测量的观测程序和记录方法

三、四等水准测量的观测程序和记录方法如下所述。

(1) 后视黑面尺，精平，读取上、下、中丝读数，记为(1)、(2)、(3)。

(2) 前视黑面尺，精平，读取上、下、中丝读数，记为(4)、(5)、(6)。

(3) 前视红面尺，精平，读取中丝读数，记为(7)。

(4) 后视红面尺，精平，读取中丝读数，记为(8)。

上述测站观测顺序简称为：“后—前—前—后”(或黑—黑—红—红)，其优点是可消除或减弱仪器和尺垫下沉误差的影响。

四等水准测量测站观测顺序也可为：“后—后—前—前”(或黑—红—黑—红)。

三、四等水准测量一般采用双面尺法观测，其在一个测站上的技术要求列于表6.2.2中。

表 6.2.2 水准测量一测站技术要求

等级	水准仪	视线长度(m)	前后视距差(m)	前后视距差累积(m)	视线离地面最低高度(m)	黑红面读数较差(mm)	黑红面高差较差(mm)
三等	DS_1	100	3	6	0.3	1	1.5
	DS_3	75				2	3
四等	DS_3	100	5	10	0.2	3	5
图根	DS_3	100	大致相等	—	—	—	—

6.2.2.2 三、四等水准测量计算与检核

三、四等水准测量手簿(双面尺法)，见表6.2.3。

1. 视距计算

后视距 (9) ＝(1)－(2)

前视距 (10) ＝(4)－(5)

前、后视距差（11）＝（9）－（10）

前、后视距累积（12）＝本站（11）＋上站（12）

表 6.2.3 三、四等水准测量手簿（双面尺法）

测站编号	测点编号	后尺 下丝/上丝	前尺 下丝/上丝	方向及尺号	水准尺读数（m） 黑面	水准尺读数（m） 红面	K＋黑－红（mm）	平均高差（m）	备注
		后视距	前视距						
		视距差 d（m）	$\sum d$（m）						
		（1）	（4）	后	（3）	（8）	（14）		
		（2）	（5）	前	（6）	（7）	（13）	（18）	
		（9）	（10）	后－前	（15）	（16）	（17）		
		（11）	（12）						
1	BM_1	1.571	0.739	后 01	1.384	6.171	0		
	Z_1	1.197	0.363	前 02	0.551	5.239	－1	＋0.8325	
		37.4	37.6	后－前	＋0.833	＋0.932	＋1		
		－0.2	－0.2						
2	Z_1	2.121	2.196	后 01	1.934	6.621	0		尺常数
	Z_2	1.747	1.821	前 02	2.008	6.796	－1	－0.0745	01 尺：4.787
		37.4	37.5	后－前	－0.074	－0.175	＋1		02 尺：4.687
		－0.1	－0.3						
3	Z_2	1.914	2.055	后 01	1.726	6.513	0		
	Z_3	1.539	1.678	前 02	1.866	6.554	－1	－0.1405	
		37.5	37.7	后－前	－0.140	－0.041	＋1		
		－0.2	－0.5						
4	Z_3	1.965	2.141	后 01	1.832	6.519	0		
	BM_2	1.700	1.874	前 02	2.007	6.793	＋1	－0.1745	
		26.5	26.7	后－前	－0.175	－0.274	－1		
		－0.2	－0.7						
每页校核	$\sum(9)-\sum(10)=138.8-139.5=-0.7$		$\sum[(3)+(8)]-\sum[(6)+(7)]=32.700-31.814=+0.886$			$\sum[(15)+(16)]=0.866$		$\sum(18)=+0.443$；$2\sum(18)=+0.886$	
	总视距 $=\sum(9)+\sum(10)=278.3\text{m}$								

2. 同一水准尺黑、红面中丝读数校核

前尺（13）＝（6）＋K－（7）

后尺（14）＝（3）＋K－（8）

3. 高差计算及校核

黑面高差（15）＝（3）－（6）

红面高差（16）＝（8）－（7）

校核计算：红、黑面高差之差（17）＝（15）－［（16）±0.100］

或（17）＝（14）－（13）

高差平均值（18）＝［（15）＋（16）±0.100］/ 2

在测站上，当后尺红面起点为4.687m，前尺红面起点为4.787m时，取＋0.100；反之，取－0.100。

4. 每页计算校核

（1）高差部分。

每页上，后视红、黑面读数总和与前视红、黑面读数总和之差，应等于红、黑面高差之和，还应等于该站平均高差的两倍。

对于测站数为偶数的页：

$$\sum[(3)+(8)]-\sum[(6)+(7)]=\sum[(15)+(16)]=2\sum(18)$$

对于测站数为奇数的页：

$$\sum[(3)+(8)]-\sum[(6)+(7)]=\sum[(15)+(16)]=2\sum(18)\pm0.100$$

（2）视距部分。

末站视距累积差值　　末站(12)＝Σ(9)－Σ(10)

总视距＝Σ(9)＋Σ(10)

6.2.2.3　成果计算与校核

在每个测站计算无误后，并且各项数值都在相应的限差范围之内时，根据每个测站的平均高差，利用已知点的高程，推算出各水准点的高程，其计算与高差闭合差的调整方法，可参见第2章。至此完成了三、四等水准测量的整个过程。

6.2.3　图根水准测量

图根水准测量，是用于工程水准测量或测定图根控制点的高程，其精度低于四等水准测量，也称为等外水准测量。图根水准测量的水准路线形式可根据平面控制点和图根点在测区的分布情况布设，其施测方法参见第2章，精度要求见表6.2.1。

6.2.4　三角高程测量

三角高程测量是加密图根高程的一种方法。它是根据两点间的水平距离和竖直角，利用平面三角计算公式计算两点间的高差，推求待定点的高程。在地形起伏较大的山区，用几何水准测量测定高程进程缓慢，有时甚至不可能观测，若采用三角高程测量，既能保证一定的精度，又能迅速完成测量任务。

6.2.4.1　三角高程测量原理

如图6.2.1所示，在A点架设经纬仪，B点竖立标杆，照准目标高为V时，测出的竖直角为α，量出仪器高为i。设A、B两点间的水平距离为D（D可测出或由平面坐标反算求出）。

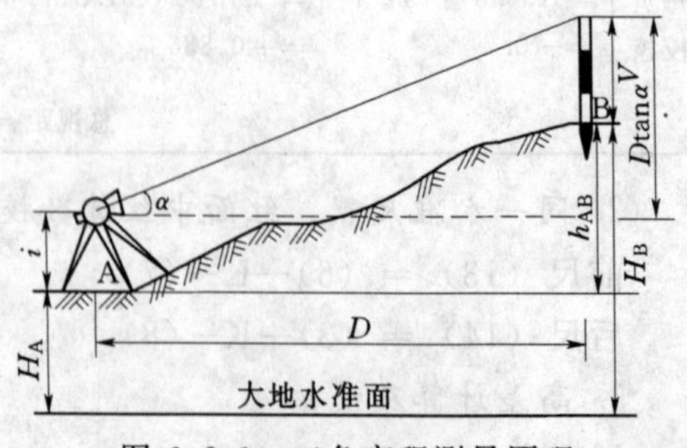

图6.2.1　三角高程测量原理

由图6.2.1可知，即

$$h_{AB}+V=D\tan\alpha+i \qquad (6.2.1)$$

$$h_{AB}=D\tan\alpha+i-V \qquad (6.2.2)$$

如果A点的高程已知，设其为 H_A，则B点的高程为

$$H_B = H_A + h_{AB} = H_A + D\tan\alpha + i - V \quad (6.2.3)$$

公式（6.2.3）适用于A、B两点距离较近（小于300m），此时水准面可近似看成平面，视线视为直线。

6.2.4.2 球气差影响及改正方法

当地面两点间的距离 D 大于300m时，就要考虑地球曲率及观测视线受大气垂直折光的影响。地球曲率对高差的影响称为地球曲率差，简称球差。大气折光引起视线成弧线的差异，称为气差。

如图6.2.2所示，MM' 为大气折光的影响，称为气差，EF 为地球曲率的影响，称为球差，由图6.2.2可知

$$h_{AB} + v + MM' = D\tan\alpha + i + EF \quad (6.2.4)$$

令 $f = EF - MM'$，称为球气差，整理上式得

$$h_{AB} = D\tan\alpha + i - v + f \quad (6.2.5)$$

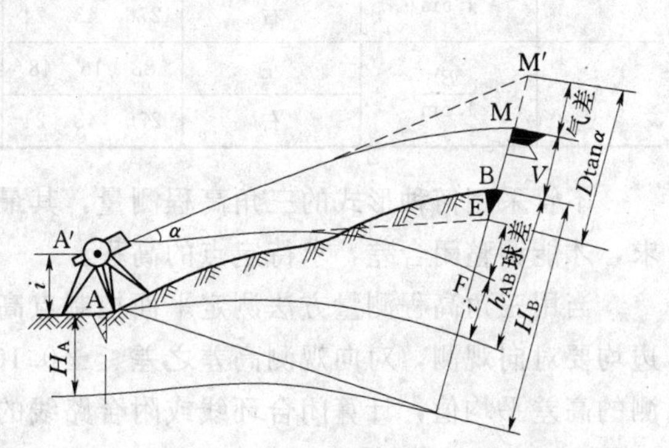

图6.2.2 三角高程测量球气差影响

式（6.2.5）即为受球气差影响的三角高程计算公式。f 为球气差的联合影响。球差的影响为 $EF = \frac{D^2}{2R}$，但气差的影响较为复杂，它与气温、气压、地面坡度和植被等因素有关。在我国境内一般认为气差是球差的七分之一，即 $MM' = \frac{D^2}{14R}$，所以球气差的计算公式为

$$f = EF - MM' = \frac{D^2}{2R} - \frac{D^2}{14R} \approx 0.43\frac{D^2}{R} \approx 0.07D^2\text{cm} \quad (6.2.6)$$

式中：D 为地球两点间的水平距离，100m；R 为地球平均曲率半径，一般取6371km。

若将式（6.2.6）中，取不同的 D 值，球气差 f 的数值列于表6.2.4，用时可直接查取。

表6.2.4 球气差查取表

D (100m)	1	2	3	4	5	6	7	8	9	10
f (cm)	0.1	0.3	0.6	1.1	1.7	2.5	3.4	4.5	5.7	7.0

由表可知，当两点水平距离 D<300m时，其影响不足1cm，故一般规定当 D<300m时，不考虑球气差的影响；当 D>300m时，才考虑其影响。

6.2.4.3 三角高程测量外业工作

设A点为已知高程点，已知A、B两点之间的水平距离，用三角高程测量B点的高程，其方法为

将经纬仪安置在测站上，可以是待定点B也可以是已知点A，量取仪器高和目标高（量至cm）。测量竖直角。为了减少大气折光的影响，观测视线应高出地面或障碍物1m以上，把仪器高、目标高、竖盘读数记入表6.2.5所示的记录手簿中。

表 6.2.5 竖直角观测记录表 仪器高：1.45m

测站	目标及目标高	竖盘位置	竖盘读数 (° ′ ″)	指标差 (″)	一测回竖直角 (° ′ ″)	各测回竖直角 (° ′ ″)	备注
A	$\frac{B}{1.5m}$	左	83 16 30	−3	+6 43 27	+6 43 22	
		右	276 43 24				
A	$\frac{B}{1.5m}$	左	83 16 48	+6	+6 43 18		
		右	276 43 24				

不管采用何种形式的三角高程测量，其最后计算出的闭合差或不符值均要满足规范要求，才能调整闭合差，求待定点的高程。

当用三角高程测量方法测定平面控制点高程时，应组成闭合或附合三角高程路线。每边均要对向观测，对向观测高差之差≤±0.10D（m），D为边长，单位km，再取对向观测的高差平均值，计算闭合环线或附合路线的高差闭合差，其限差为

$$f_{h_{容}} = \pm 0.05\sqrt{[D^2]}\ \mathrm{m} \tag{6.2.7}$$

式中：D为各边的水平距离，km。

当f_h不超过$f_{h_{容}}$时，则根据边长按成正比例的原则，将f_h反符号分配于各高差之中，然后用改正后的高差，从起始点的高程计算各未知点的高程。

6.2.4.4 三角高程测量内业计算

以独立交会点计算为例，计算过程见表6.2.6。

表 6.2.6 独立交会点三角高程计算

所求点	P（孙家岭）	
起始点	石 人 山	
觇法	直	反
D（m）	2150.4	2150.4
α	+1°58′02″	−1°51′10″
i（m）	1.60	1.48
v（m）	4.20	3.80
f（m）	0.32	0.32
h（m）	+71.58	−71.56
$H_{起}$（m）	164.70	164.70
H_P（m）	236.28	236.26
中数 H_P（m）	236.27	

习　题

1. 测绘地形图和施工放样为何先建立控制网？

2. 导线有哪几种布设形式？各在什么情况下采用？

3. 测角交会有哪几种形式？

4. 导线测量外业工作如何进行？

5. 导线坐标计算时应满足哪些几何条件？闭合导线与附合导线在计算中有哪些异同点？

6. 用四等水准测量建立高程控制时，怎样观测、记录、计算？

7. 在什么情况下采用三角高程测量？如何观测、记录、计算？

8. 设有闭合导线1—2—3—4—5—1，其已知数据和观测数据列于表6.1（表中已知数据用单线标明），试计算各导线点坐标。

表 6.1

点　号	观测角 β (° ′ ″)	坐标方位角 α (° ′ ″)	距离 D (m)	坐标值	
				X (m)	Y (m)
1				1000.00	1000.00
		98　25　36	199.36		
2	128　39　34				
			150.23		
3	85　12　33				
			183.45		
4	124　18　54				
			105.42		
5	125　15　46				
			185.26		
1	76　34　13				

9. 根据表6.1中的已知数据及观测值计算1、2、3点的坐标，如图6.1所示。

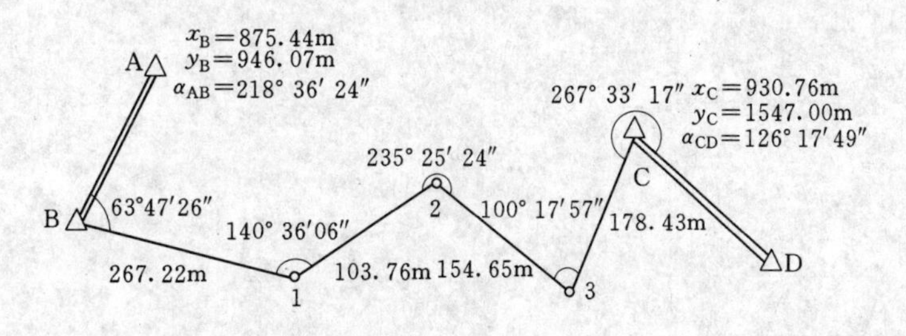

图 6.1

10. 前方交会观测数据如图6.2所示，已知 x_A＝1112.342m、y_A＝351.727m、x_B＝659.232m、y_B＝355.537m、x_C＝406.593m、y_C＝654.051m，求P点的坐标。

11. 测边交会观测数据如图6.3所示，已知 x_A＝1223.453m、y_A＝462.838m、x_B＝

770.343m、y_B=466.648m、x_C=517.704m、y_C=765.162m，求P点的坐标。

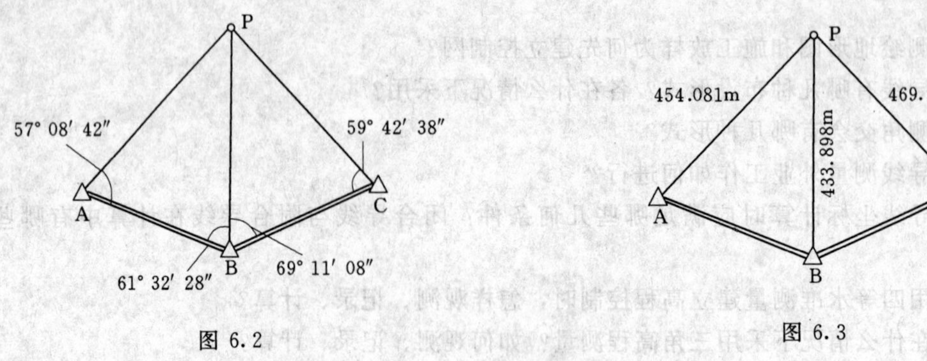

图 6.2

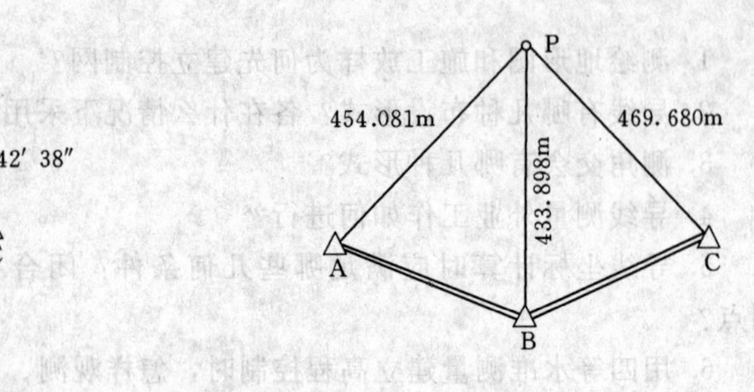

图 6.3

第7章　地形图的基本知识

学习目标：

通过本章的学习，了解地形、地形图、地物、地貌、比例尺、图廓的概念，理解比例尺的精度、地形图的图廓外注记、地形图的分幅和编号，掌握地物、地貌在图上的表示方法。

7.1　地形图概述

7.1.1　地形分类

地表（陆地和海底表面）上的物体不计其数，千姿百态，测绘工作中，把地表的形态和分布在地表上的所有固定物体统称为地形。所谓地表的形态系指由于自然力的因素（地震、风力、地壳运动等）引起的，地表高低起伏变化的形状和姿态，如平原、山地、丘陵、盆地等，我们把地表这种高低起伏变化的形状和姿态总称为地貌；所谓地表上的所有固定物体系指地表的一切自然物体（除山体外）和人工建筑物，前者如河流、森林、洞穴等，后者如房屋、道路、路灯等。我们把这些固定的自然物体和人工建筑物总称为地物。因此，地形包含地物和地貌，或者说，地形分为地物和地貌。地物又分为自然地物与人工地物；根据大部分地区地面的倾斜程度和起伏状态的不同，地貌分为平地、丘陵地、山地、高山地等。地貌的分类见表7.1.1。

表7.1.1　地貌分类

地貌类别	图幅内大部分地区	
	地面倾斜角（°）	地面高差（m）
平地	<2	<20
丘陵地	2～6	20～150
山地	6～25	—
高山地	>25	—

地貌虽然千姿百态，但所有的地貌均由以下几种基本形态相互组合而成。

1. 山顶

地面隆起而高出四周的部分称为山。山的最高部位称为山头或山顶。山的侧面称为山坡。如图7.1.1（*a*）所示。山与平地的交线称为山脚线。

2. 凹地

地面凹下，低于四周的部分称为凹地。范围大而深的凹地称为盆地，如图7.1.1（*b*）所示。范围小而浅的凹地称为洼地，很小的凹地称为坑，小而长的凹地称为沟，如图7.1.1（*h*）所示。

3. 山脊

沿着某一个方向延伸的高地称为山脊，如图7.1.1（*c*）所示。山脊最高点的连线称为山脊线，山脊线又称为分水线。

4. 山谷

沿着某一个方向延伸的低地称为山谷，如图7.1.1（*c*）所示。山谷最低点的连线称为山谷线，山谷线又称为集水线。

5. 鞍部

两座山或两座山头相连接，形态如马鞍形的部位，称为鞍部。如图7.1.1（*d*）所示。

6. 阶地

山坡上近乎水平的场地称为阶地，如图7.1.1（*e*）所示。海拔在500m以上，地势起伏不大的辽阔地区称为高原，面积不大的高原称为台地。

7. 峭壁、悬崖

形态壁立，有明显的棱线，坡度大于70°，难于攀登的陡峭崖壁，称为峭壁或陡崖，如图7.1.1（*f*）所示。坡度等于90°的峭壁称为绝壁；上部突出，中部凹陷的陡崖称为悬崖，如图7.1.1（*g*）所示。

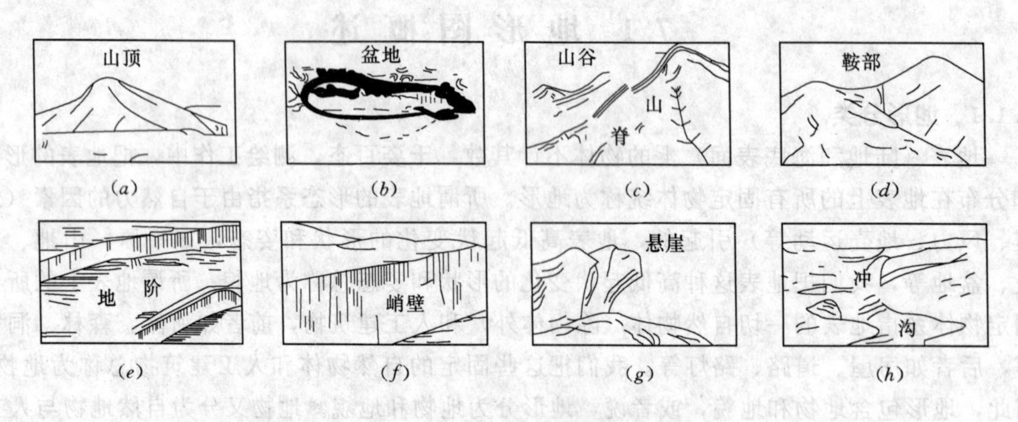

图7.1.1　地貌的基本形态

（*a*）山头；（*b*）盆地；（*c*）山脊山谷；（*d*）鞍部；（*e*）阶地；（*f*）峭壁；（*g*）悬崖；（*h*）冲沟

7.1.2　地形图概念

将地物、地貌沿铅垂线方向投影（正射投影）到水平面上，并按一定的比例和规定的符号缩绘到图纸上所成的图形，称为地形图。地形图既表示地物的平面位置，又表示地貌的起伏形态。只表示地物的平面位置，不表示地貌起伏形态的正射投影图称为平面图。将地表上的自然、社会、经济等地理信息，按一定的要求及数学模式投影到旋转椭球面上，再按制图的原则和比例缩绘所成的图，叫做地图，如我们常见的中华人民共和国地图。

为了测绘、管理和使用上的方便，地形图必须按照国家统一规定的图幅、编号、图式进行绘制。

7.2　地形图的比例尺

7.2.1　比例尺的概念

由于图纸的尺寸有限以及用图时的方便，在测绘地形图时，不可能把地面上的地物、地貌按其实际大小测绘在图纸上，因此，必须按一定的倍数缩小后，用规定的符号在图纸上表示出来。地形图上两点之间的距离与其实地距离之比，称为比例尺。例如，图上AB的长度为0.1m，实地AB的水平距离为100m，则该图的比例尺为1∶1千（或写成

1∶1000)，不能写成0.001。同理，实地测得M、N两点的水平距离为250m，则在1∶1000图上只能画0.25m的长度。国家统一规定的比例尺有1∶1000000、1∶500000、1∶250000、1∶100000、1∶50000、1∶25000、1∶10000、1∶5000、1∶2000、1∶1000、1∶500。其中1∶5000、1∶2000、1∶1000、1∶500的比例尺，称为大比例尺，其余的比例尺为基本比例尺。

7.2.2 比例尺的种类

按照表示的方法不同，比例尺通常分为数字比例尺和直线比例尺。如上面所写的1∶1000或1∶1000、1∶500或1∶500等，这种用分子为1的分数形式所表示的比例尺称为数字比例尺。在数字比例尺中，分数值越大，比例尺也越大。在地形图上绘制一条直线，并把直线分成若干等分段，每个等分段一般为1cm（或2cm)，再将最左边的一个等分段进行10等分（或20等分)，并以第10（或第20）等分处的分划线为零分划线，然后在零分划线的左右分划线处，标注按数字比例尺算出的实际距离，这种比例尺称为直线比例尺。如图7.2.1所示。直线比例尺因画在图纸上，可随着图纸一起伸缩，所以在测图或用图时可以避免因图纸伸缩引起的误差。

图 7.2.1 直线比例尺

7.2.3 比例尺精度及测图比例尺的确定

通常人们用肉眼只能分辨出图上最小的距离为0.1mm，当图上两个点的距离小于0.1mm时，就认为这两个点为同一个点。因此在图上量度和描绘时，只能达到图上0.1mm的正确性。例如，在1∶1000的地形图上量取两点间的距离时，用眼睛最多只能辨别出0.1mm×1000=0.1m的正确性。不可能辨别到0.01mm×1000=0.01m。同样，在测绘1∶1000比例尺地形图时，测量水平距离或计算的数据结果的取位也只需精确到0.1m，如果要精确到0.01m，图上的最小距离应为0.01mm，则图上也无法表示出来。同理，如果要求图上能表示出地面线段精度不小于0.1m，则采用的测图比例尺应不小于1∶1000；如果要求图上能表示出地面线段精度不小于0.05m，则采用的测图比例尺应不小于1∶500。把图上0.1mm所代表的实地水平距离称为比例尺精度。如1∶1000地形图，其比例尺精度为0.1mm×1000=0.1m、1∶500地形图，其比例尺精度为0.05m。各种比例尺的比例尺精度可表达为

$$\delta = 0.1\text{mm} \times M$$

式中：δ为比例尺精度；M为比例尺的分母。

7.3 地 形 图 的 图 式

地形图的图式是根据国民经济建设各部门的共性要求制定的国家标准，是测制、出版地形图的基本依据之一，是识别和使用地形图的重要工具，也是地形图上表示各种地物、地貌要素的符号。

7.3.1 地物在图上的表示方法

地物在图上表示的方法用地物符号。地物符号根据其表示地物的大小和特性分为比例

符号、非比例符号和线状符号。

1. 比例符号

在地形图上表示地物的形状、大小、位置，与地物的外轮廓线成相似图形的符号，称为比例符号，如房屋、河流、池塘等符号。

2. 非比例符号

在地形图上只表示地物的中心位置，不表示地物的形状、大小的象形符号，称为非比例符号，如三角点、水准点、路灯、独立树等符号。

3. 线状符号

在地形图上只表示地物的中心位置和长度，不表示地物宽度的线性符号，称为线状符号，如通讯线、电力线、篱笆、栏杆等。

地物符号随着地形图采用的比例尺不同而有所变化，比例符号可能变成非比例符号，线状符号可能变成比例符号。如蒙古包、水塔、烟囱等在1∶500的地形图中为比例符号，在1∶2000的地形图中为非比例符号；铁路、传输带、小路等在1∶2000地形图中为线状符号，在1∶500的地形图中为比例符号。

常见的1∶500～1∶2000的地形图的图式见表7.3.1。

表7.3.1　　地形图图式（摘录）

编号	符号名称	图例	编号	符号名称	图例
1	坚固房屋 4—房屋层数	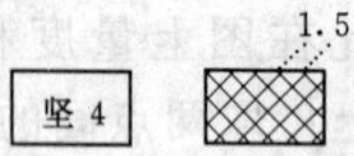 坚4　1.5	7	经济作物地	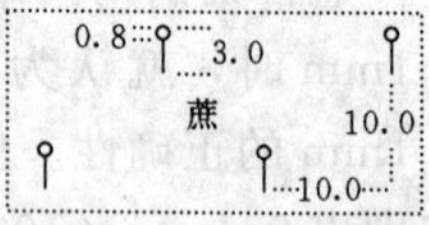 0.8　3.0　蔗　10.0　10.0
2	普通房屋 2—房屋层数	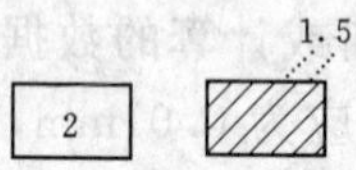 2　1.5	8	水生经济作物地	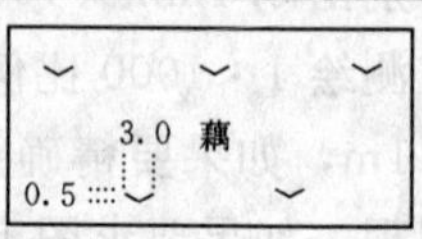 3.0　藕　0.5
3	窑洞 1. 住人的 2. 不住人的 3. 地面下的	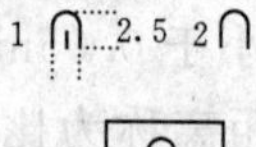 1　2.5　2 3	9	水稻田	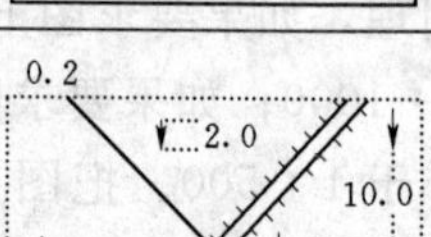 0.2　2.0　10.0　10.0
4	台阶	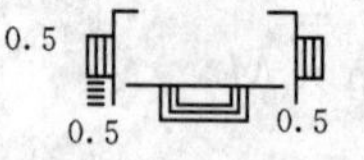 0.5 0.5　0.5	10	旱地	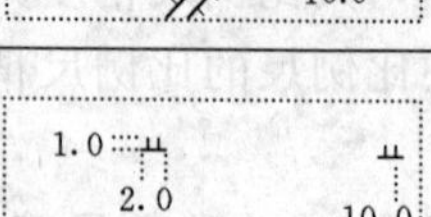 1.0　2.0　10.0　10.0
5	花圃	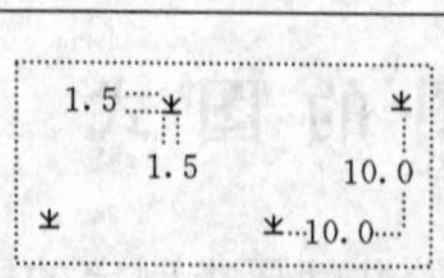 1.5　1.5　10.0　10.0	11	灌木林	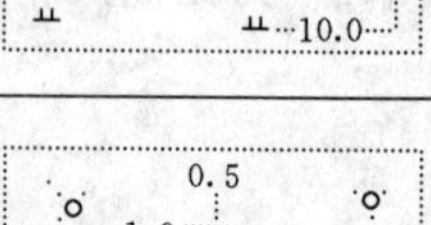 0.5　1.0
6	草地	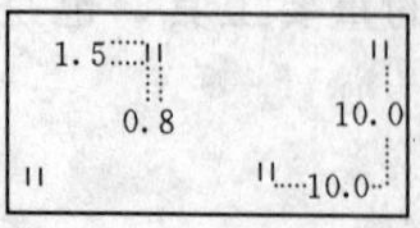 1.5　0.8　10.0　10.0	12	菜地	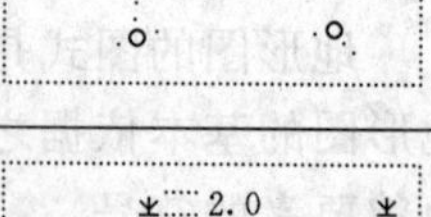 2.0　2.0　10.0　10.0

续表

编号	符号名称	图例
13	高压线	4.0
14	低压线	4.0
15	电杆	1.0
16	电线架	
17	砖、石及混凝土围墙	10.0　0.5　0.3　10.0
18	土围墙	10.0　0.5
19	栅栏、栏杆	1.0　10.0
20	篱笆	1.0　10.0
21	活树篱笆	3.5　0.5　10.0　1.0　0.8
22	沟渠 1. 有堤岸的 2. 一般的 3. 有沟堑的	1 2　0.3 3
23	公路	0.3　沥：砾　0.3
24	简易公路	8.0　2.0
25	大车路	0.15　碎石　0.3
26	小路	4.0　1.0　0.3
27	三角点 凤凰山—点名 394.468—高程	凤凰山 394.468　3.0
28	图根点 1. 埋石的 2. 不埋石的	1. 2.0 N16/84.46 2. 1.5 25/62.74　1.5
29	水准点	2.0 Ⅱ京石5/32.804
30	旗杆	1.5　1.0　4.0　1.0
31	水塔	2.0　3.0　1.0　1.2
32	烟囱	3.5　1.0
33	气象站（台）	3.0　4.0　1.2
34	消火栓	1.5　1.5　2.0
35	阀门	1.5　1.5　2.0
36	水龙头	3.5　2.0　1.2
37	钻孔	3.0　1.0
38	路灯	1.5　1.0
39	独立树 1. 阔叶 2. 针叶	1.5 1. 3.0　0.7 2. 3.0　0.7
40	岗亭、岗楼	90°　3.0　1.5
41	等高线 1. 首曲线 2. 计曲线 3. 间曲线	0.15　87　1 0.3　85　2 0.15　6.0　3　1.0

7.3.2 地貌在图上的表示方法

地貌在图上表示的方法用等高线。

1. 等高线的概念

地面上高程相等的各相邻点所连成的闭合曲线。

2. 等高线表示地貌的原理

如图7.3.1所示，设想平静的湖水中有一座山头，当水面的高程为90m时，水面与山头相交得一条高程为90m的等高线；当水面上涨到95m时，水面与山头相交又得一条高程为95m的等高线；当水面继续上涨到100m时，水面与山头相交又得一条高程为100m的等高线。将这三条等高线垂直投影到水平面上，并注上高程，则这三条等高线的形状就显示出该山头的形状。因此，根据等高线表示地貌的原理，各种不同形状的等高线就表示出各种不同形状的地貌。

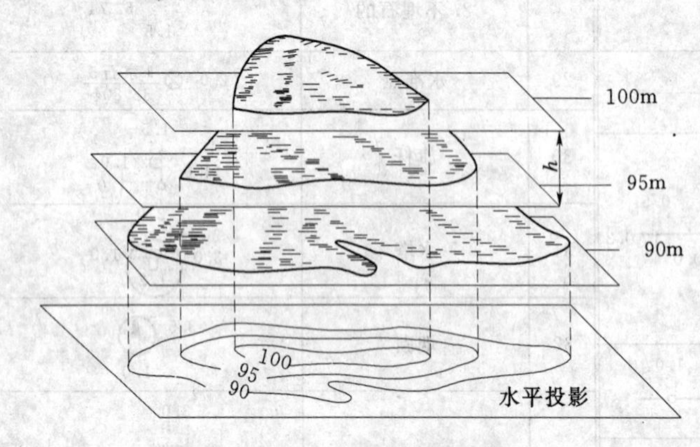

图7.3.1 等高线地貌原理

3. 等高距

地形图上相邻两条等高线的高程之差称为等高距。常用的等高距有1m、2m、5m、10m等几种。图7.3.1中的等高距为5m。从等高线表示地貌的原理来看，等高距越小，等高线表示的地貌越详细。

4. 等高线平距

地形图上相邻两条等高线之间的水平距离称为等高线平距。从等高线表示地貌的原理来看，等高线平距越小，地面坡度越陡。如果等高线平距等于零，即等高线重叠则地面坡度等于90°。

5. 几种典型地貌的等高线

根据等高线表示地貌的原理，如图7.3.2（*a*）表示山头的等高线，其由若干圈闭合的曲线组成，高程自外向里逐渐升高。

如图7.3.2（*b*）表示盆地的等高线，也由若干圈闭合的曲线组成，高程自外向里逐渐降低。为了明显区别山顶和盆地，用垂直于等高线的小短线——示坡线来标明地面降低的方向，示坡线未跟等高线连接的一端朝向低处。

如图7.3.2（*c*）表示山脊和山谷的等高线，他们都近似于抛物线，山脊的等高线凸向低处，山谷的等高线凸向高处。

如图7.3.2（*d*）表示鞍部的等高线，其特征是四组等高线共同凸向一处。

如图7.3.2（*e*）表示梯田的等高线，等高线的两侧均有陡坎符号。

如图7.3.2（*f*）表示峭壁的等高线，几条等高线几乎重叠。如果几条等高线完全重叠，那么该处的等高线表示绝壁。

如图7.3.2（*g*）表示悬崖的等高线，等高线两两相交，高程高的等高线覆盖高程低的等高线，覆盖的部分用虚线表示。

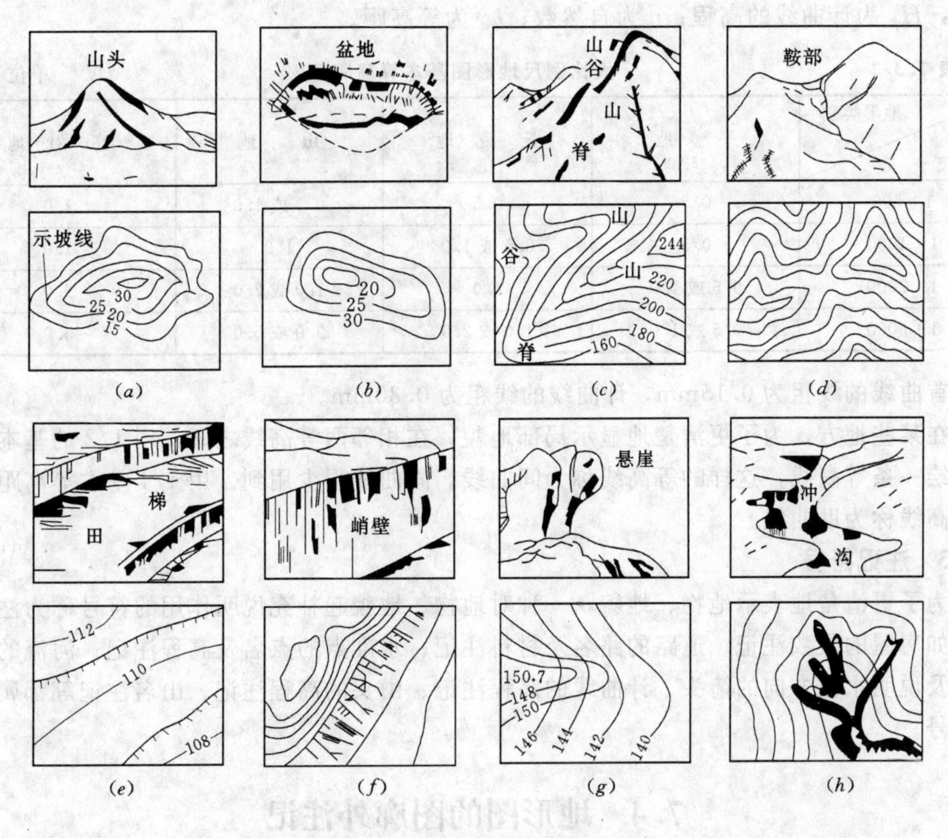

图 7.3.2 几种典型等高线的地貌

(a) 山头；(b) 盆地；(c) 山谷山脊；(d) 鞍部；(e) 梯田；(f) 峭壁；(g) 悬崖；(h) 冲沟

如图 7.3.2 (h) 为冲沟等高线。

6. 等高线的特性

分析图 7.3.1 和图 7.3.2 可以得出，等高线具有如下的特性：

(1) 同一条等高线上的各点，其高程相等。

(2) 每一条等高线都是自行闭合的连续曲线，不在图内闭合，就在图外闭合。

(3) 一组等高线能反映地面坡度的陡、缓，同一幅图上，等高线愈密集的地方表示地面坡度愈陡，反之，地面坡度愈缓。

(4) 除悬崖外，等高线不相交。

(5) 等高线通过山脊或山谷时改变方向，并与山脊线或山谷线正交。

7. 等高线的种类

地形图上常用的等高线有两种：一种是首曲线；另一种是计曲线，极少用到间曲线和助曲线。按规定的基本等高距勾绘的等高线称为首曲线。大比例尺地形图规定的基本等高距如表 7.3.2 所示。

为了计算高程的方便，从零米起算，每间隔四条首曲线而加粗的一条等高线称为计曲线，其高程应满足：

$$H_J = 5nh_d$$

式中：H_J 为计曲线的高程；n 为自然数；h_d 为等高距。

表 7.3.2　大比例尺地形图基本等高距　单位：m

地形类别 比例尺	平地	丘陵地	山地	高山地
1∶500	0.5	0.5	0.5 或 1.0	1.0
1∶1000	0.5	0.5 或 1.0	1.0	1.0
1∶2000	0.5 或 1.0	1.0	1.0 或 2.0	2.0
1∶5000	0.5 或 1.0	1.0 或 2.0	2.0 或 5.0	5.0

首曲线的线粗为 0.15mm，计曲线的线粗为 0.30mm。

在某些地方，为了更清楚地显示局部地貌，在相邻两等高线之间，用 1/2 的基本等高距加绘一条等高线，这样的等高线称为间曲线。间曲线很少用到。用 1/4 基本等高距勾绘的等高线称为助曲线。

7.3.3 注记符号

为了更清楚地表示地物、地貌，一种对地物、地貌起补充说明作用的符号称为注记符号。如房屋的层数注记、道路的路名及材料注记、水准点的点名及高程注记、河流的名称注记及说明水流方向的箭头、计曲线的高程注记、山头的高程注记、山名注记等都属于注记符号。

7.4 地形图的图廓外注记

图 7.4.1 表示的是一幅任意图幅的 1∶500 比例尺的地形图，地形图的四周各有两条间隔 12mm 的直线，它们是地形图的边界线，也叫作地形图的图廓。

在地形图的四周有八条直线，里侧的四条直线是坐标方格网的边界线称为内图廓；外侧的四条直线称为外图廓，它比内图廓粗，专门用来装饰和美化图幅用的。内外图廓之间的短线处标注以公里为单位的坐标值。地形图上，靠东、西、南、北的图廓又分别称为东图廓、西图廓、南图廓、北图廓。为了阅读和使用地形图的方便，国家图式规定在地形图的图廓外四周必须进行一系列的注记。图廓外注记的内容有如下几个方面。

7.4.1 图名和图号

图名选取本幅地形图内最著名的地名或重要地的名，标注于北图廓的正上方，如图 7.4.1 中的“金山岭”。当图名选取有困难时，也可不注图名，仅注图号。

图号是本图幅在测区内所处位置的编号。大比例尺地形图，其编号一般采用图廓西南角坐标公里数法，或采用流水编号法，或行列编号法。标注于北图廓和图名所夹位置的中间部位。当采用图廓西南角坐标公里数编号时，x 轴坐标写在前，y 轴坐标写在后，1∶500 地形图的坐标标注取至 0.01km，1∶1000 地形图坐标标注取至 0.1km，1∶2000 地形图坐标标注取至整公里……如图 7.4.1 所示，图廓西南角坐标公里数标注为 $x=80.85$，$y=33.60$，所以该图幅的图号为 80.65－33.60；当采用流水编号法时，按测区统一的顺序，从左到右，从上到下用阿拉伯数字（数字码）1、2、3、…编定，如图 7.4.2（a）所

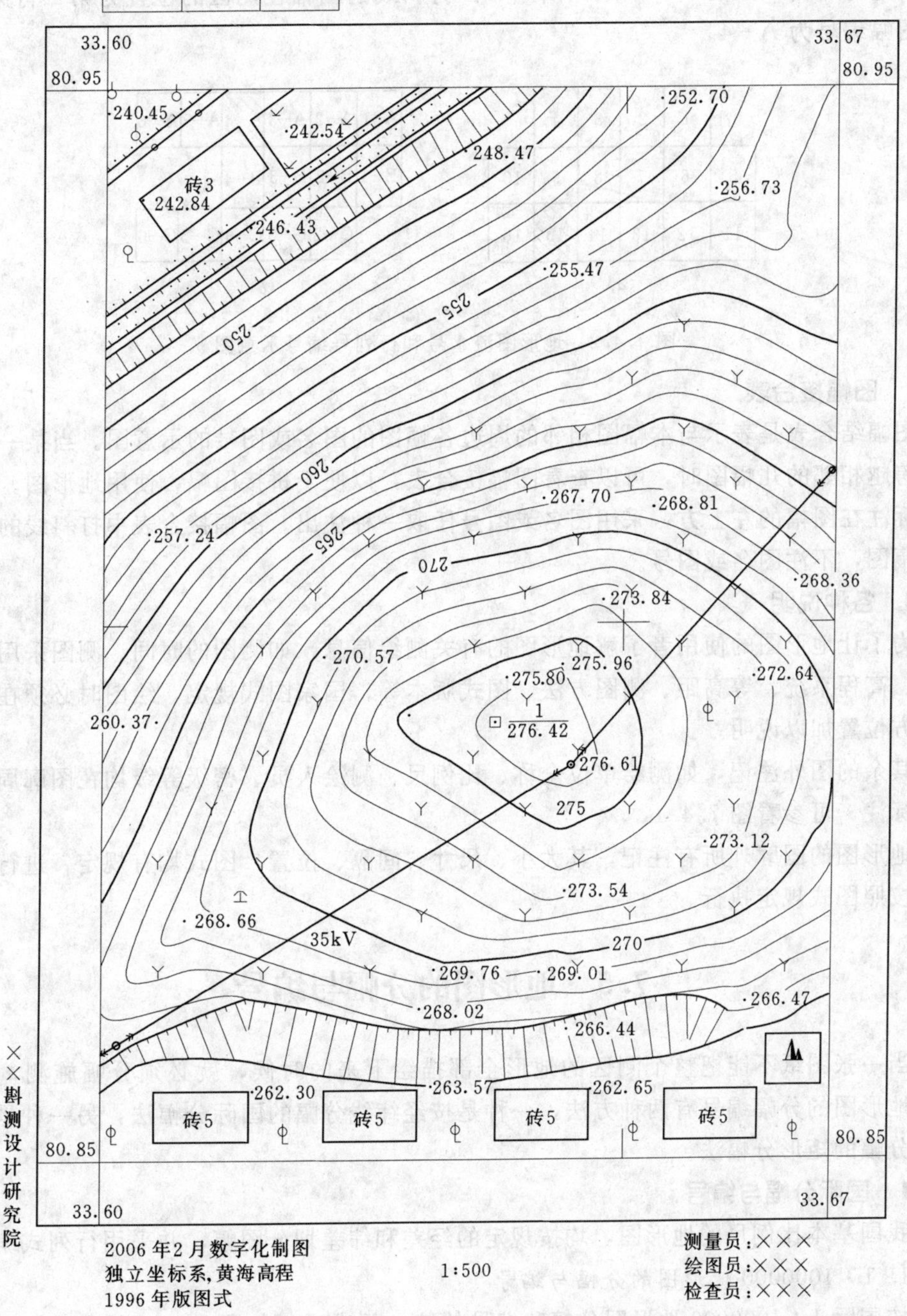

图 7.4.1 地形图的图外注记示意图

示，打斜线的图幅编号为“15”，表示本幅图在测区的位置，按从左到右，从上到下的排列顺序为第15幅；当用行列编号法时，横行用拉丁字母（字符码）A、B、C、…为代号，由上到下排列，纵列用阿拉伯数字（数字码）1、2、3、…为代号，从左到右来编定。编定时，先行后列，如图7.4.2（*b*）所示，因打斜线的图幅在测区的位置为第一行第四列，故其图幅编号为A-4。

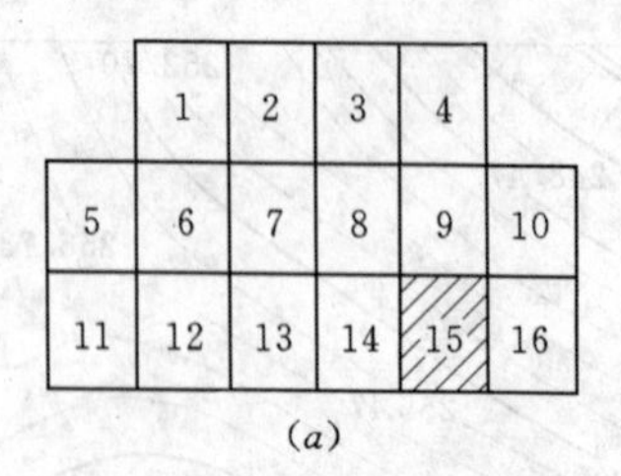

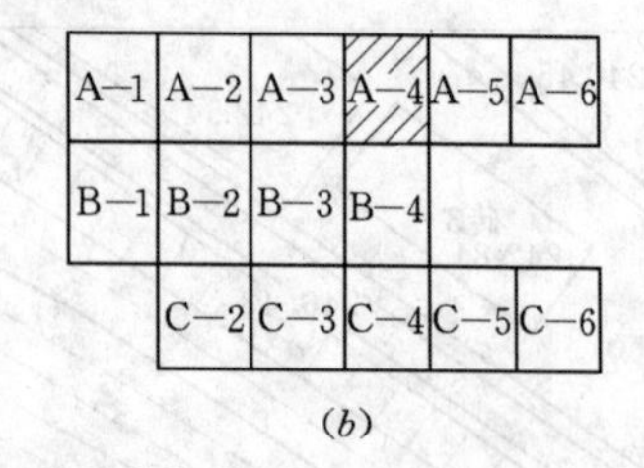

图7.4.2　地形图流水号和行列号编号示意图

7.4.2　图幅接合表

图幅结合表是表示与本幅图相邻的周边各幅图的图名或图号的示意图。当某一工程的地形跨越相邻的几幅图时，可以查看图幅接合表，以便于拼接图幅，使用地形图。图幅接合表标注在图幅的左上方，采用图名或图号任取一种注出。图幅接合表中打斜线的位置表示本幅图，不注图名或图号。

7.4.3　各种说明

为了让地形图的使用者了解地形图的有关测绘信息，如测图的时间、测图采用的坐标系统、高程系统、等高距、测图方法、图式版本等，国家图式规定，绘图时必须在图幅的左下方位置加以说明。

其余的图外注记，如测绘单位全称、比例尺、测绘人员、密级等级均在图廓周边相应位置标注，可参看图7.4.1。

地形图的图廓外所有注记，其大小、尺寸、间隔、位置，图式均有规定，进行注记时必须按照图式规定执行。

7.5　地形图的分幅与编号

当一张图纸不能把整个测区的地形全部描绘下来的时候，就必须分幅施测，统一编号。地形图的分幅编号有两种方法，一种是按经纬线分幅的国际分幅法，另一种是按坐标格网分幅的矩形分幅法。

7.5.1　国际分幅与编号

我国基本比例尺的地形图，均按规定的经差和纬差划分图幅，并采用行列式编号。

1. 1∶1000000地形图的分幅与编号

按国际1∶1000000地形图分幅和编号的统一标准进行如图7.5.1所示。从地球的赤道起，向两极每纬差4°为一行，依次以拉丁字母（字符码）A、B、C、…、V表示其相应行号；从180°经线起算，自西向东每经差6°为一列，依次以阿拉伯数字（数字码）1、

2、3、…、60 表示其相应列号。由经线和纬线所围成每一个梯形小格为一副 1∶1000000 地形图，它们的编号由该图幅所在的行号与列号组合而成，行号在前，列号在后。北京所在1∶1000000地形图的图幅编号为 J50。

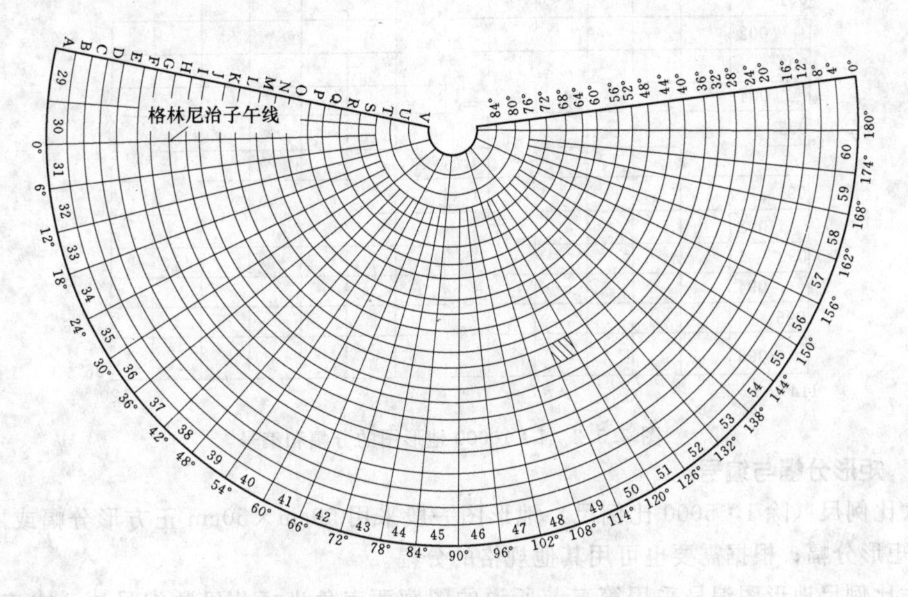

图 7.5.1 1∶1000000 地形图分幅与编号

2. 1∶500000～1∶5000 地形图的分幅

它们均以 1∶1000000 地形图为基础，将一副 1∶1000000 地形图按经差 3°、纬差 2°分成 2 行 2 列，形成 4 幅 1∶500000 地形图。将一副 1∶1000000 地形图按经差 1°30′、纬差 1°分成 4 行 4 列，形成 16 幅 1∶250000 地形图。将一副 1∶1000000 地形图按经差 30′、纬差 20′分成 12 行 12 列，形成 144 幅 1∶100000 地形图。将一副 1∶1000000 地形图按经差 15′、纬差 10′分成 24 行 24 列，形成 576 幅 1∶50000 地形图。将一副 1∶1000000 地形图按经差 7′30″、纬差 5′分成 48 行 48 列，形成 2304 幅 1∶2500 地形图。将一副 1∶1000000地形图按经差 3′45″、纬差 2′30″分成 96 行 96 列，形成 9216 幅 1∶10000 地形图。将一副 1∶1000000 地形图按经差 1′52.5″、纬差 1′15″分成 192 行 192 列，形成 36864 幅 1∶5000 地形图。

3. 1∶500000～1∶5000 地形图的编号

1∶500000～1∶5000 地形图的编号仍然采用行列式方法编号。将一副 1∶1000000 地形图按上述各种比例尺地形图的经差和纬差分成若干行和列，行从上到下、列从左到右依次分别用阿拉伯数字（数字码）编号。图幅编号的行、列代码均以三位十进制数表示，不足三位数的用 0 补齐。图幅编号由本幅图所处的 1∶1000000 地形图图幅编号，再加本幅图比例尺的代码，最后加本幅图的行、列代码，行代码在前，列代码在后。如图 7.5.2 所示，北京某地区一幅 1∶10000 地形图位于编号为 J50 图幅中的第 92 行、第 3 列，则该图幅的行、列代码分别为 092、003，该地形图图幅编号为 J50G092003（1∶10000 比例尺代码为 G）。基本比例尺的各种代码见表 7.5.1。

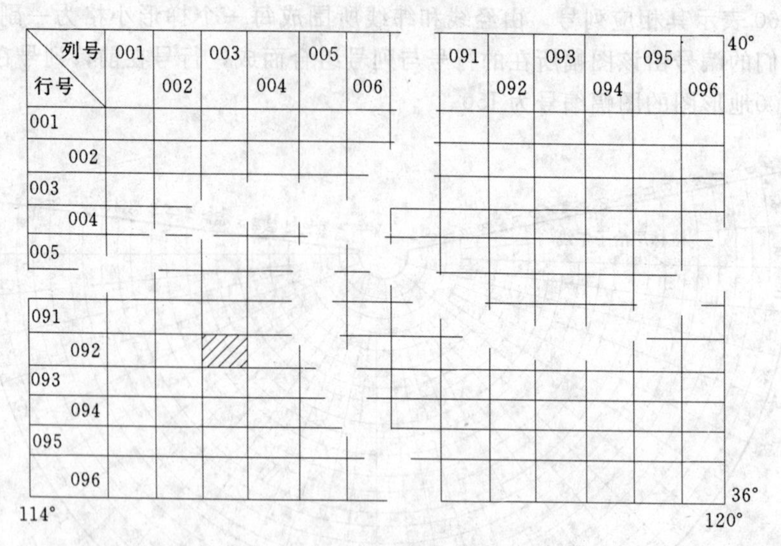

图 7.5.2　1∶10000 地形图的分幅和编号

7.5.2　矩形分幅与编号

大比例尺（除 1∶5000 比例尺）地形图一般采用 50cm×50cm 正方形分幅或 40cm×50cm 矩形分幅；根据需要也可用其他规格的分幅。

大比例尺地形图编号采用第三节所说的图廓西南角坐标公里数编号法，或流水编号法，或行列编号法。

表 7.5.1　　国家基本比例尺地形图的比例尺代码

比例尺	1∶500000	1∶250000	1∶100000	1∶50000	1∶25000	1∶10000	1∶5000
代码	B	C	D	E	F	G	H

注　新图式规定 1∶5000 比例尺为大比例尺。

习　题

1. 何谓比例尺？比例尺有哪几种？

2. 何谓比例尺精度？1∶5000 地形图的比例尺精度为多少？

3. 某单位要求测绘一幅图上能反映 0.2m 地面线段精度的地形图，测绘单位至少应选用多大比例尺进行测图？

4. 在 1∶2000 图上量得 A、B 两点的长度为 0.1646m，则 A、B 两点实地的水平距离为多少米？

5. 何谓地物、地貌？在地形图上如何表示它们？

6. 判别下列物体哪些是地物？哪些是地貌？

山顶　停车场上公交车　挖渠堆集的土堆　峭壁　滑坡　水准点　河中的捞沙船

7. 何谓首曲线和计曲线？

8. 某幅地形图的等高距为 2m，图上绘有 38、40、42、44、46、48、50、52 等 8 条等高线，其中哪几条为计曲线？

9. 说出图 7.1 中各箭头所指位置的地貌名称。

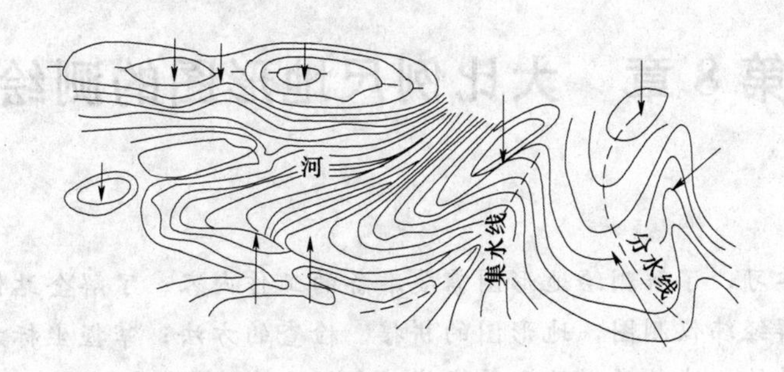

图 7.1

10. 我国某地一幅 1∶5000 的地形图位于国际编号为 G50 的图幅中第 11 行、22 列，写出该幅地形图图幅的国际编号为多少？

第8章　大比例尺地形图的测绘

学习目标：

通过本章的学习，了解测绘地形图需要准备的工作内容；了解全站仪进行数字化测图的方法步骤；理解经纬仪测图，地形图的拼接、检查的方法；掌握坐标方格网的绘制，控制点、碎部点的展绘，地物的描绘和等高线的勾绘方法。

8.1　测图前的准备工作

地面上的控制测量完成之后，测区内的所有的控制点的平面坐标和高程则是已知的。地形测图时，首先要把控制点展绘在图纸上，然后根据已知控制点的实地位置和图上位置，测定控制点周围的所有地物、地貌相对于控制点的高差、距离和方向，从而在图上确定地物、地貌的位置。因此，在控制测量完成之后，开始测绘地形图之前，测绘人员需要做如下的测图前的准备工作。

8.1.1　收集资料

测图前摘录测区所有控制点的平面坐标和高程，绘制控制测量成果表（见表8.1.1），收集有关测量规范、相应测图比例尺的地形图图式等以备查用。

表8.1.1　　浮桥镇防洪工程控制测量成果表

点　号	X（m）	Y（m）	H（m）	所在地
F410	7827.572	5702.627	11.390	旧防洪堤上广告牌下
F103	7735.583	5864.157	24.730	浮桥小学宿舍楼顶
F107	6859.869	5842.651	20.730	浮桥镇政府办公楼顶
F106	6666.041	6056.620	10.352	浮桥东侧桥头下游边

8.1.2　仪器工具的准备

根据测图的要求，准备所需的仪器（如经纬仪、测距仪、全站仪等），并对仪器进行必要的检验和校正。绘图所需的量角器、比例尺、直尺、三角板、小刀、橡皮、大头针、2H的铅笔、4H的铅笔、6H的铅笔（2H的铅笔用于记录、4H的铅笔用于绘图、6H的铅笔用于绘制坐标方格网）等工具都要准备，缺一不可。

8.1.3　图纸的准备

为了保证测图的质量和图纸使用的寿命，图纸应该选用伸缩性小、韧性好、色泽白、具有耐水性和吸墨性、质地良好的绘图纸，并将其裱糊在锌板或胶合板上。如果图纸选用打毛的聚酯薄膜，因其具有伸缩性小、韧性大、强度高、透明度好、不怕雨淋、可直接着墨复晒蓝图等优点，故可不必进行裱糊，只要将其固定在绘图板上即可；临时性的绘图，也可将图纸临时固定在绘图板上，不必裱糊。

8.1.4 绘制坐标方格网

控制点在图上的位置是以坐标的形式确定的，为了把控制点展绘在图纸上，必须先精确地绘制坐标方格网。坐标方格网每小格的大小为10cm×10cm。大比例尺地形图若采用正方形分幅时，坐标方格网的边界长为50cm×50cm。坐标方格网绘制的方法有坐标仪法、坐标格网尺法、对角线法。当没有坐标仪和坐标格网尺时，对角线法是最常用的坐标方格网绘制的方法。对角线法绘制坐标方格网的方法见如下所述。

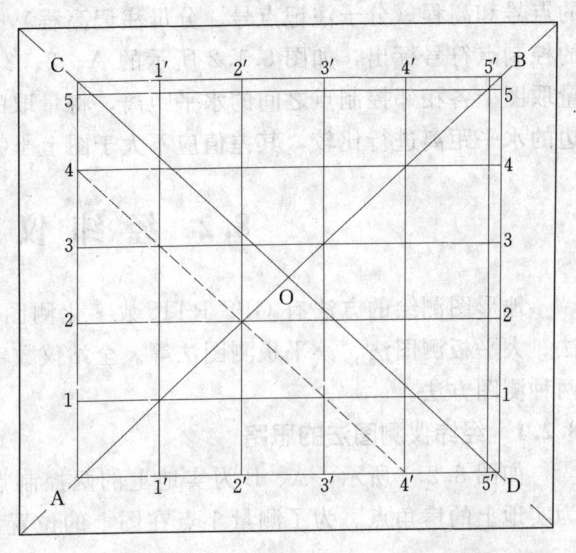

图 8.1.1　对角线绘制坐标方格网

以正方形图幅 50cm×50cm 为例，考虑图外注记的用处，取一张图幅大于60cm×60cm 裱糊好的图纸如图 8.1.1 所示，在图纸上画两条对角线相交于O点。以O点为圆心，以略小于对角线长度的一半（可取 35.357cm）为半径画弧，分别与对角线相交于A、D、B、C点，依次连接这四点形成一矩形。以直尺的同一尺段10cm的长度分别自A、C点沿AD、CB方向依次截取，得1′、2′、3′、4′、5′各点，分别自A、D点沿AC、DB方向依次截取，得1、2、3、4、5各点，连接编码相同的点即得50cm×50cm的坐标方格网。方格网画好之后，用直尺检查各相应格网交点是否落在各相应的直线上（如图8.1.1中44′虚直线），其偏离值不应超过0.2mm；检查各小方格的边长与10cm的差值不应超过0.2mm、图廓边及图廓对角线长度与其理论值之差不应超过0.3mm、网格线粗应小于0.1mm。若检查结果有一项超限，应重新绘制坐标方格网。

8.1.5 展绘控制点

坐标方格网画好之后，在图廓的西、南边，内、外图廓间标注坐标值，标定的坐标值大小应根据比例尺的大小、控制点的坐标以及控制点至测区边界的距离，使控制点和以后测定的测区边界的地物、地貌都能落在图幅内。展点时，先根据控制点的坐标，确定控制点所在的方格，然后计算出控制点与该方格西南角点坐标的差值进行展绘。如图 8.1.2 所示，控制点A的坐标 $X_A=647.43$m，$Y_A=634.52$m，可确定A点位于plmn方格内，由于方格plmn的西南角p点的坐标为 $X_p=600$m，$Y_p=600$m，从而计算出A与p的坐标差值 $\Delta X_{pA}=47.43$m，$\Delta Y_{pA}=34.52$m。然后，用测图比例尺分别自p、n点，沿pl、nm方向量出47.43m得c、d两点。同法，分别自p、l点，沿pn、lm方向量出34.52m得b、a两点。连接ab、

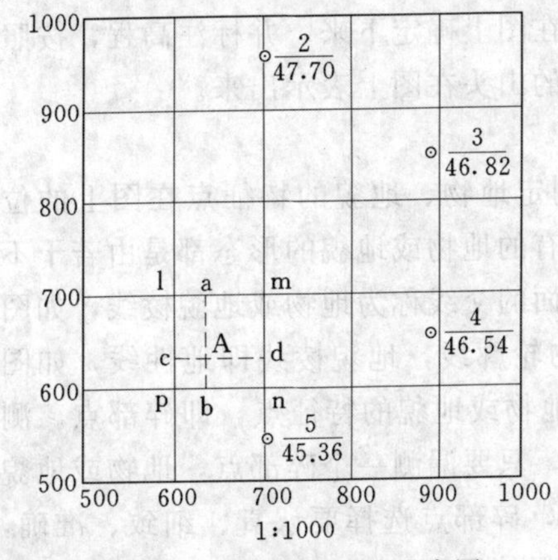

图 8.1.2　控制点展绘示意图

cd，其交点即为控制点 A 在图上的位置。同法可将相应图幅内其他的控制点全部展绘在图纸上。当所有的控制点展绘完毕之后，在各个控制点的右侧，以分数的形式注记控制点的点号和高程（分子注记点号、分母注记高程），所有的控制点均应根据其类型，用相应的控制点符号标出，如图 8.1.2 所示的 A、2、3、4、5 点为导线点。最后用测图比例尺量取图上各相邻控制点之间的水平距离，将量取的各边水平距离与控制测量所测的相应各边的水平距离进行比较，其差值应不大于图上±0.3mm。如果超限，应重新展绘。

8.2　经纬仪测图法

地形图测绘的方法有 GPS RTK 数字化测图法、全站仪数字化测图法、经纬仪测图法、大平板测图法、小平板测图法等。全站仪数字化测图法和经纬仪测图法是目前常用的两种测图方法。

8.2.1　经纬仪测图法的思路

如图 8.2.1 所示，A、B 为实地上的两控制点，其展绘在图纸上为 a 点、b 点，点 1 为实地上的房角点。为了测量 1 点在图上的位置，我们把经纬仪安置在 A 点上，测定连线 AB 与连线 A1 所夹的水平角 β 及 A1 的水平距离 D_{A1}。而后根据水平角 β，水平距离 D_{A1}，用量角器在图上量出$\angle bac=\beta$，得 ac 方向线，在 ac 方向线上，用测图比例尺从 a 往 c 量出水平距离为 D_{A1} 的 $1'$ 点，并标注 $1'$ 点的高程，$1'$ 点即为实地房屋特征点 1（房角点 1）在图上的位置。同法测定房屋的其他各特征点房角点 2、3、4 点在图上的位置，并用直线将其相连，即可在图上绘出该房子来。类似测绘房子的方法，我们把实地的独立树、小路等在图上确定下来，把反映山头的各特征点在图上确定下来，并标注高程，按照等高线表示地貌的原理，用一组闭合的等高线把实地的山头在图上表示出来。

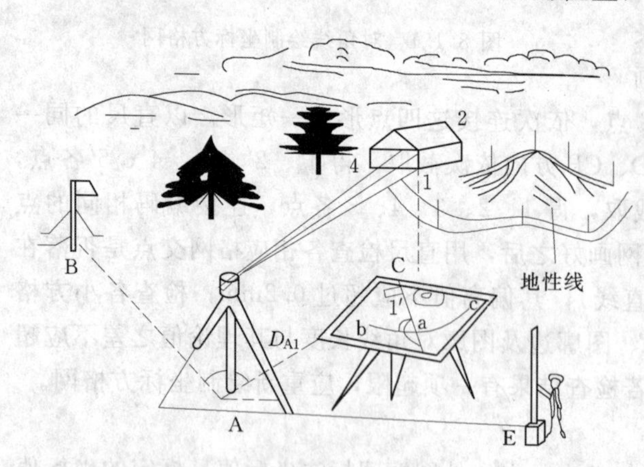

图 8.2.1　经纬仪测绘法示意图

8.2.2　碎部点选择

测绘地形图的主要工作就是根据已知的控制点测定地物、地貌的特征点在图上的位置。测量上，把地物、地貌的特征点称为碎部点。所有的地物或地貌的形态都是由若干不同倾角的平面相互组合而成的，组成地物或地貌的平面的交线称为地物或地貌棱线，如图 8.2.1 中的线段 12、14 为地物棱线。地物棱线即地物轮廓线，地貌棱线即地性线，如图 8.2.1 中的山脚线。地物棱线或地貌棱线的端点称为地物或地貌的特征点，即碎部点。测绘地形图时，必须测定构成地物或地貌的所有碎部点，只要漏测一个碎部点，地物或地貌就会走样。因此，碎部点的选择直接影响成图的质量，碎部点选择要认真、细致、准确，选择在最能够反映地物、地貌特征的点子上。但为了保持图面清晰，减少测图的工作量，

对于地物特征点，当相邻点小于图上 0.4mm 时，可不必测绘；对于地貌特征点应根据测图比例尺大小、地貌复杂情况、用图的目的等综合考虑，进行取舍。一般规定图上每隔 2～3cm应有一个地貌特征点。

8.2.2.1 地物特征点

所有确定地物形状的外轮廓线上的转折点、交叉点，或独立地物的中心点，如房屋的四个角点、围墙的转折点、道路的转弯点或交叉点，独立树、路灯、旗杆等中心点以及图 8.2.2 所示的池塘轮廓线的转折点都是地物特征点。

8.2.2.2 地貌特征点

最能反映地貌特征的地面坡度或方向的变化点，如山顶的最高点、鞍部的最低点，山脊线、山谷线、山脚线、峭壁的边缘线等所有这些地性线上的转折点都是地貌特征点。如图 8.2.3 所示的那些立尺点，都是地貌特征点。

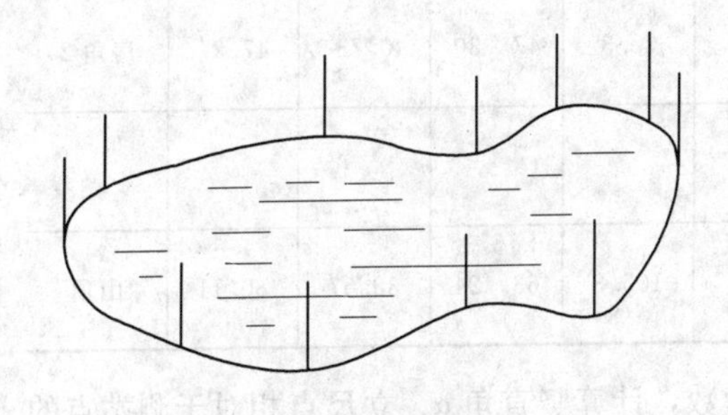

图 8.2.2 池塘碎部点示意图

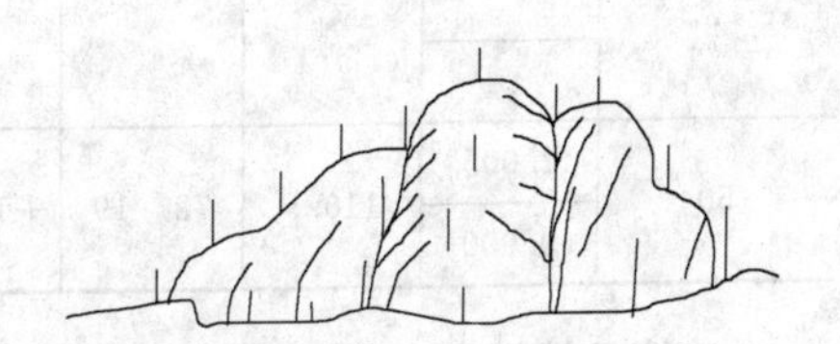

图 8.2.3 地貌碎部点示意图

8.2.3 测站的设置和检查

根据经纬仪测图法的思路，如图 8.2.1 所示，观测员在测站（一个已知的控制点 A）上安置、对中、整平经纬仪，量取仪器高 I（仪器高量至厘米）。以盘左瞄准较远的另一个已知控制点（该点称为后视点、或定向点、或零方向点如 B 点），配置水平度盘读数为 $0°00'00''$后，照准第三个已知控制点（如 C 点）上的立尺，读取下丝、上丝、中丝读数，水平度盘读数，竖直度盘读数，检查观测所得半测回水平角值与控制测量时所得的角值（如∠BAC）之差不应大于 $2'$，观测所得的高程与控制测量时所得第三个控制点的高程之差不应大于 1/5 基本等高距。当测站的设置和检查合格后，才能进行碎部点的观测。

8.2.4 碎部点观测与记录计算

如图 8.2.1 所示，观测员对碎部点（如房角点 1）上的立尺进行观测，读取下丝、上丝、中丝读数、水平度盘读数、竖直度盘读数。观测时，下丝、上丝读数读至毫米、中丝读数读至厘米、水平度盘和竖直度盘读数读至分。在读取下丝、上丝、中丝读数时，也可采用上丝读数凑整法直接读取尺间隔，即把上丝对准一个整分米的刻划（如 10dm＝1m），然后读取下丝读数（如 2.638m），将下丝读数减去整分米数，即得尺间隔（如 2.638－1＝1.638）。同法观测了其他碎部点。在每一站的测图过程中，观测员应随时检查定向点方向，其归零差不应大于 $4'$，即经纬仪再次照准定向点时，水平度盘读数与原先配置的 $0°00'00''$之差不应大于 $4'$。否则应返工重测。

为了记录的数据清晰、美观、便于查阅、存档，碎部点观测所得的数据应记录在专门的碎部测量记录表格中，如表 8.2.1 所示，记录员应认真填写每一测站的观测时间、点名、高程、仪器高，观测者、记录者的姓名，以及后视点名称，记录所观测的每一碎部点名称（如房角 1、房角 2、房角 3、路灯、陡坎端点 1、陡坎折点、陡坎端点 2、山顶、鞍部、山坡等），记录观测员和计算员所报告的数据，记录员在记录时，须重报观测员和计算员所报告的数据，记录有误时，应按正确改错的方法进行改错，不得涂擦。

表 8.2.1　　碎部测量记录表格

2006 年6月6日　观测者：徐至高　记录者：董细敏

测站：A　后视点：B　仪器高：1.42　测站高程：46.54

测点	下丝 / 上丝	视距	竖盘读数 (° ′)	竖直角 (° ′)	中丝 (m)	平距 (m)	水平角 (° ′)	高差 (m)	高程 (m)	点位
1	1.520 / 1.300	22.0	88　06	+1　54	1.42	22.0	44　34	0.73	47.27	房角 1
2	1.783 / 1.500	28.3	88　10	+1　50	1.59	28.3	47　30	0.73	47.27	房角 2
⋮										
50	2.005 / 0.900	110.5	72　19	+17　41	1.42	105.3	63　24	33.57	80.11	山顶

计算员根据观测的竖盘读数，下、上、中丝读数，计算竖直角 α、立尺点相对于测站点的水平距离、高差及立尺点高程。各项计算方法和数据取位均按视距测量计算的方法要求。

碎部点的观测应按地物或地貌顺序。对地物而言，一个地物观测结束后，再观测另一个地物，对同一个地物，也要按顺序一点一点地观测；对于地貌而言，一条地性线观测结束后再观测另一条地性线，对同一条地性线，也要按顺序一点一点地观测。对于复杂的地物、地貌，跑尺员应画出草图，为展绘碎部点及绘图提供帮助。

8.2.5　展绘碎部点

绘图员在测站边上安置图板，并使图纸的方向与实地方向基本保持一致。在图纸上画好零方向线，线长与绘图使用的半圆量角器的半径相等。把小针穿过量角器的圆心孔与图上的测站点位置对准，并插入图板（绘图使用的量角器见图 8.2.4）。根据观测员所报的水平度盘读数，绘图员转动量角器，将量角器上相应的该读数值对准零方向线，此时量角器的直线边所指的方向就是图上测站点与碎部点的连线方向。如果水平盘读数在 0°～180°之间，则碎部点的图上位置处在量角器的圆心至 0°刻划线的方向上；如果水平盘读数在 180°～360°之间，或等于 180°，则碎部点的图上位置处在量角器的圆心至 180°刻划线的方向上。当碎部点的方向确定之后，即可自圆心沿碎部点方向，按测图比例截取测站点至碎部点的水平距离，展绘出碎部点，并在靠近点位的右侧标注高程。标注高程的字体为正等线体，

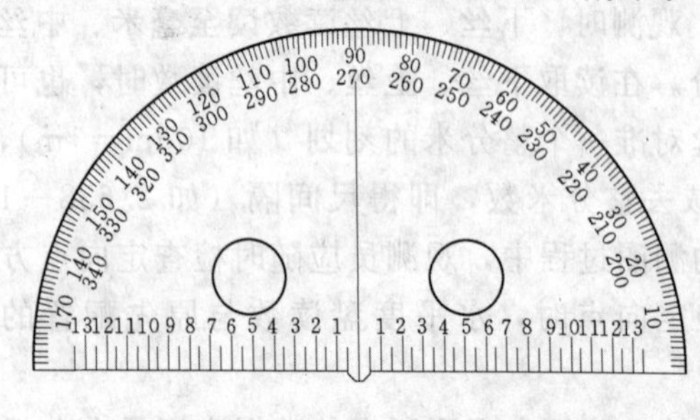

图 8.2.4　绘图使用的量角器

字高2mm、宽1mm，字头朝北。每展绘一个碎部点，绘图员都应根据实地相邻碎部点的高低、前后、左右的实际关系，对照图上所展的碎部点，判断其测绘是否有误，及时检查，修正错误。检查无误后，及时把该相连的线（如房屋的外轮廓线、稻田的边界线、山脊线、山谷线、通讯线、道路的边线、河岸线等），徒手轻轻相连，形成草图。

当测区面积较大，必须分幅测图时，为了相邻图幅的拼接，每幅图应测出图外5～10mm。

8.2.6 地物地貌的绘制

地形测图的外业完成之后，图纸上显示的地物、地貌只是按比例缩小的草图。为了使图纸清晰、美观、准确、无误、符合国家规定的图式标准、成为合格的成果，还需要对图纸上的地物进行描绘，对地貌进行勾绘，对图纸拼接图边、检查、整饰，并用地物符号对地物进行描绘、用等高线对地貌进行勾绘，以及对所描绘和勾绘的对象进行检查、整饰、注记，使之符合地形图图式标准。

8.2.6.1 地物描绘

国家图式规定的地物符号有三种，在地形图上，如果地物的外轮廓线的形状、大小能够依比例表示的，则根据所测的外轮廓点用线粗为0.15mm的直线相连；不能依比例表示时，则用图式中的非比例符号描绘。非比例的地物符号的定位点（表示地物中心位置的点）随着符号形状的不同而不同。如果是几何图形符号（如矩形、圆形、三角形等），则其几何图形的中心表示实地地物的中心位置；如果是宽底符号（如烟囱、水塔、庙宇等），则其底线中心表示实地地物的中心位置；如果底部为直角形的符号（如独立树、路标等），则直角顶点表示实地地物的中心位置；如果由几种几何图形组成的符号（如气象站、旗杆等），则其下方图形中心点或交叉点表示实地地物的中心位置；如果下方没有底线的符号（如窑、亭等），则其下方两端点间的中心点表示实地地物的中心位置。描绘非比例的地物符号时，应使非比例的地物符号的定位点与图上的碎部点重合，且符号均朝正北方向描绘。非比例的地物符号的形状、大小、尺寸，地形图图式中都有明确的规定；描绘时，参照相应比例尺的地形图图式执行；如果线状物体长度能依比例，宽度不能依比例表示时，则用相应的线状符号依次连接图上线状物体的特征点。

在通常情况下，地物的外轮廓线（或中心线）用实线描绘；地下部分或架空部分在地面的投影用虚线描绘；地类界、地物分界线、范围线、坎（坡）脚线用点线表示。

8.2.6.2 等高线勾绘

表示地貌的符号是等高线，外业测图时，图上显示的只是地貌的特征点，不是等高线。等高线勾绘的工作就是根据图上地貌特征点的高程，找出高程为规定等高距的整数倍的点，再把其中高程相等的各相邻点，用光滑的曲线依次相连，形成一条条的等高线。等高线勾绘的方法有两种：一种是解析法；另一种是目估法。

1. 解析法

由于地形测图时立尺点就是地貌特征点，即坡度变化点，因此，相邻两地貌特征点之间的坡度是均匀变化的，在它们之间任取两点，其高差和距离是成正比关系的。如图8.2.5所示，高程分别为72.7m、77.4m的实地A、B两点在图上的位置分别为a、b，其图上的水平距离为23mm。若用1m的等高距勾绘等高线，则通过A、B两点间的等高线

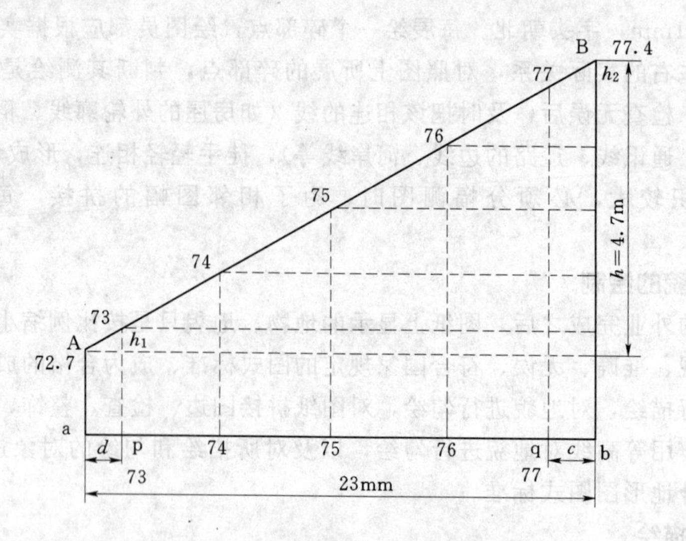

图 8.2.5　解释勾绘等高线原理

有 73m、74m、75m、76m、77m 五条等高线。分别计算靠近 A 端的 73m 等高线与 a 点的平距 d 及靠近 B 端的 77m 等高线与 b 点的平距 c，由 $d : d_{ab} = h_1 : h$ 得

$$d = d_{ab} \times h_1 / h = 23\text{mm} \times 0.3\text{m} / 4.7\text{m} = 1.5\text{mm}$$

由 $c : d_{ab} = h_2 : h$ 得

$$c = d_{ab} \times h_2 / h = 23\text{mm} \times 0.4\text{m} / 4.7\text{m} = 2.0\text{mm}$$

自 a 向 b 量出平距 d 得 p 点，自 b 向 a 量出平距 c 得 q 点，p、q 即为 73m 点、77m 点。将 pq 线段四等分得 74m 点、75m 点、76m 点。用同样的解释方法定出图 8.2.6（a）中各相邻碎部点间高程为规定等高距的整数倍的点，再用光滑的曲线把其中高程相等的各相邻点依次相连，形成一条条如图 8.2.6（b）所示的等高线。

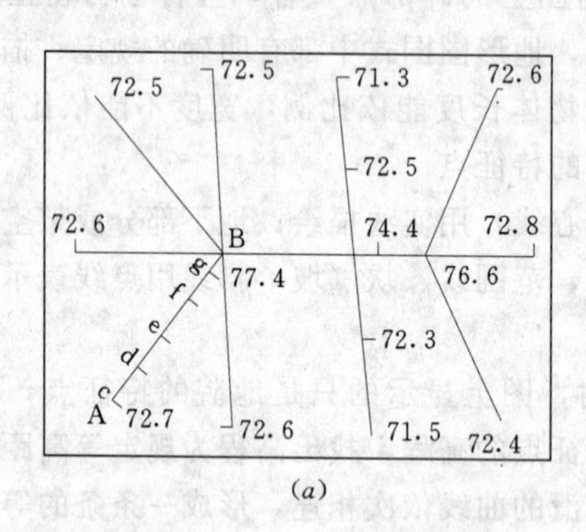

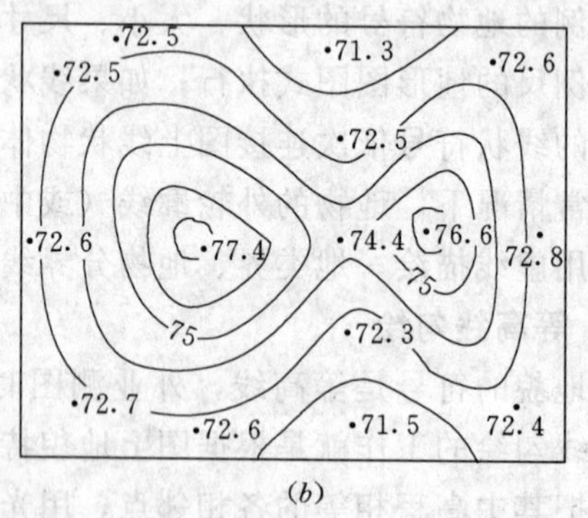

图 8.2.6　等高线勾绘

2. 目估法

由于解析法勾绘等高线计算繁琐，所以实际采用目估法勾绘等高线。目估法勾绘等高线的基本方法与解析法勾绘等高线的方法基本相同，也是定两头，中间平分，即先确定碎部点两头等高线通过的点，再等分碎部点中间等高线通过的点。

8.3 地形图的拼接、整饰和检查

8.3.1 地形图的拼接

当测区面积较大，进行分幅施测时，由于测量、绘图等误差的原因，使相邻图幅衔接处的地物轮廓线、地貌等高线不能完全吻合，如图 8.3.1 所示，因此，为了相邻图幅拼接时能互成一整体，必须对地形图的图边进行拼接。如果测图用的图纸是打毛的聚酯薄膜，则直接将两幅拼接的图纸按图廓线和相同坐标的格网线重叠对齐，检查地物及等高线的偏差，如果地物轮廓线偏差小于 2mm，同一条等高线偏差小于相邻等高线平距时（等高线没有错开一条），则取其平均位置进行修整，改正。取平均位置时，应保证地物的原状不变（如房屋的直角不能改变）。如果是白纸测图，则用透明纸把图 8.3.1 的左幅图的东图廓线和靠近东图廓线的图内 2cm 范围的地物、等高线、坐标格网线及图外多测的地形透描下来，再将透描的透明纸蒙到右幅图上，使左、右幅图的东西图廓线重叠、相同坐标的格网线对齐，检查地物、等高线的偏差。当偏差在允许的范围时，在透明纸上取其平均位置进行修整、画线，使左、右图幅衔接处的地物轮廓线、地貌等高线完全吻合，然后把修整、画线的透明纸分别蒙到左、右幅图上进行改正。改正时，可用无墨的圆珠笔在透明纸上用力描绘，使透明纸下的图纸留下痕迹，而后用铅笔在图纸上沿痕迹描绘。

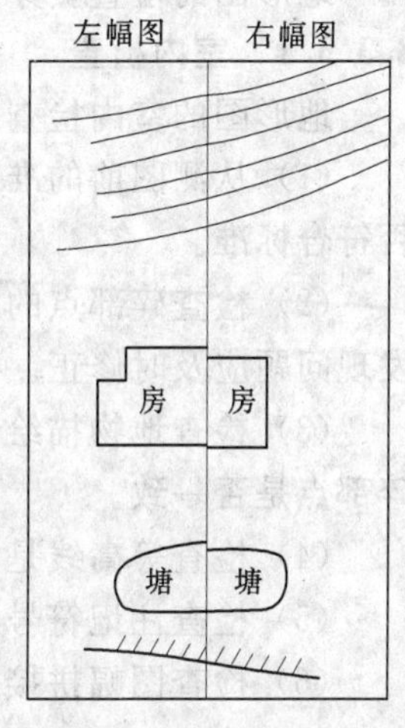

图 8.3.1 图幅拼接

8.3.2 地形图的整饰

地形图的整饰包括图廓内的图面整饰和图外注记整饰。

1. 图廓内的图面整饰

擦去所有不必要的线条、注记，如零方向线、碎部点旁标注的“电杆”、“消火栓”、“山顶”、“鞍部”等说明文字。擦去所有的坐标网格线，仅在网格线交叉点保留纵横格网线各 1cm 的长度，在图廓内侧，格网线与图廓相交处保留 5mm 的长度。所有的地物按图式规定修饰。等高线应光滑合理，遇到各种注记、独立性符号时，应割断 0.2mm；遇到房屋、双线道路、双线河渠、水库、湖、塘等符号时，绘至符号边线。计曲线应加粗，并且标注高程，字体在计曲线中间。各种注记的字义、字体、字级、字向、字序、字位应准确无误，按照所注地物的面积和长度妥善配置，间隔均匀相等。各种注记的字向，除了计曲线高程注记字头朝向高处，街道名称、河名、道路、管线类别的注记字向、字序按图 8.3.2 的方法注记外，其余所有的注记字向朝向北图廓。

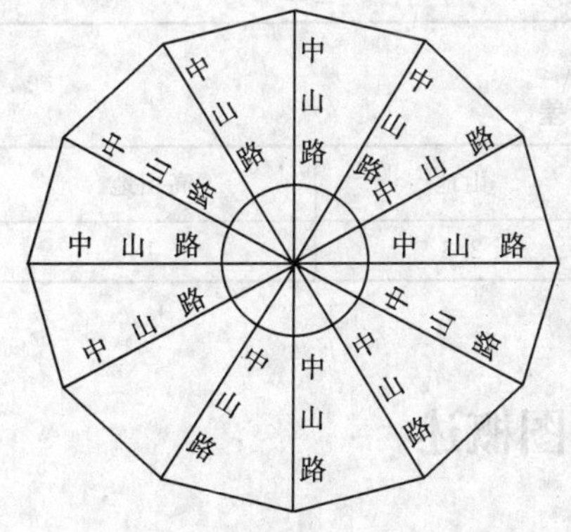

图 8.3.2 注记的字向字序示意图

注记符号按注记的内容不同，其字体大小不同，具体尺寸参照地形图图式进行整饰。

2. 图外注记整饰

地形图图外注记，按照7.4节地形图的图廓外注记的内容进行，根据注记的内容不同，其注记的文字或数字的大小、尺寸、位置与图廓的边距等都各有不同，进行图外注记整饰时，应参照地形图图式附录“图廓整饰样式及说明”执行。

8.3.3 地形图的检查

地形图的检查贯穿于地形测图的始终，一般分为室内检查和室外检查。

8.3.3.1 室内检查

地形图的室内检查应注重以下内容：

(1) 从测图前的准备工作开始，就应该认真检查坐标方格网的绘制、控制点的展绘是否符合标准。

(2) 检查碎部点的测量计算、展绘是否准确无误，当天测绘的碎部点应重算、重展，发现问题应及时修正。

(3) 检查地物描绘的各种符号是否按照图式规定的尺寸、大小。地物符号的定位点与碎部点是否一致。

(4) 检查等高线是否光滑、合理，与高程点标注有无矛盾。

(5) 检查注记符号的位置是否恰当，文字或数字的大小是否按图式标准。

(6) 检查图幅拼接是否吻合，是否保持地物、地貌的原状。室内检查应在自检的基础上进行互检。

8.3.3.2 室外检查

地形图的室外检查应注重以下内容：带原图和测量仪器到实地对照检查。首先检查地物、地貌有无漏测，等高线走向与实地地貌是否一至；其次，在测图控制点上安置仪器，对地物、地貌特征点进行抽样观测检查，将观测的结果重展于图上，与原图上相应点的平面位置和高程进行比较，其较差应小于 $2\sqrt{2}M$（M 为中误差，其数值见表8.3.1、表8.3.2)。如果超差的个数占总抽查个数的2%以上，则认为该图纸不合格。

表8.3.1　图上地物点点位中误差

地区分类	点位中误差（图上mm）
城市建筑区和平地、丘陵地	±0.5
山地、高山地和设站施测困难旧街坊内部	±0.75

注　森林隐蔽等特殊困难地区，可按上表规定放宽50%。

表8.3.2　等高线插求点的高程中误差

地形类别	平地	丘陵地	山地	高山地
高程中误差（等高距）	1/3	1/2	2/3	1

注　森林隐蔽等特殊困难地区，可按上表规定放宽50%。

8.4 全站仪数字化测图概述

随着计算机制图技术的发展，各种高科技的测绘仪器的应用，以及数字成图软件的开

发完善，一种采用以数字坐标表示地物、地貌的空间位置、以数字代码表示地形图符号（地物符号、地貌符号、注记符号）的测图方法——数字化测图正在测绘领域迅速发展。以数字的形式表示的地形图称为数字地形图。数字地形图比手工绘图具有精度高、速度快、图形美观、易于更新、误差小，便于长期保存的特点，且可根据用户的不同需要，同一幅分层储存在计算机中的数字地形图可输出不同比例尺、不同图幅大小的各种用图，如地籍图、管线图、断面图等。数字化测图是地形测图的发展方向。数字化测图的作业过程包括数据采集（将地面上的地形和地理要素转换为数字的过程称为数据采集）、数据处理和图形输出三个基本阶段。按照数据采集的方法不同，数字化测图分为经纬仪视距测量进行数据采集的数字化测图、电子经纬仪＋红外测距仪＋便携式电脑联合数据采集的数字化测图、航测数据采集的数字化测图、全站仪数据采集的数字化测图、GPS RTK 数据采集的数字化测图、数字化仪数据采集和扫描矢量化数据采集的数字化测图。本节主要介绍带内存的全站仪数据采集的数字化测图方法。

8.4.1 野外数据采集

全站仪野外数据采集根据地形的复杂情况分别采用“草图法”数据采集和“编码法”数据采集。当地物比较凌乱时，采用“草图法”作业模式，现场绘制草图，室内用编码引导文件或用测点点号定位方法、或坐标定位法进行成图。当地物比较规整时，可以采用“编码法”作业模式，现场观测每一个碎部点时，都输入编码，室内由计算机自动成图。

8.4.1.1 “草图法”数据采集

“草图法”数据采集的方法步骤大致如下：

(1) 利用各种带内存系列的全站仪，在一图根控制点上安置，对中、整平、量取仪器高，完成与数据采集有关的初始设置（如温度、气压、棱镜常数等，参数设置，以及测距模式、测距次数、测量所得数据是否自动记录等设置）。

(2) 在仪器内存中创建或建立一个数据采集的文件，如文件名为“AA”的文件。

(3) 输入测站的点名、仪高、三维坐标（北向坐标、东向坐标、高程），输入后视点的点名、坐标或方位角，并对后视点进行测量或定向。

(4) 仪器瞄准碎部点，如加固陡坎的起点上的棱镜，输入加固陡坎起点的点号，如“66”，目标高，并对陡坎起点上的棱镜进行测量，则点号为 66 的陡坎三维坐标自动记录到文件名为“AA”的文件中（初始设置时，已设置为坐标自动记录）。

(5) 绘图员在预先画好的测区地物、地貌草图上，相应的陡坎位置，标注点号“66”，并注明坎高，如 3m。全站仪同法测量其他碎部点，如加固陡坎的转折点 67、68，以及其他的地貌特征点，随之文件名为“AA”的文件中自动记录了点号为 67、68 以及其他的地貌特征点的三维坐标，同时绘图员也在草图上相应的位置标注点号 67、68、…当碎部点无法安置棱镜或碎部点与测站点无法通视时，数据采集可采用角度偏心测量、距离偏心测量、平面偏心测量、圆柱偏心测量等偏心测量方法获得碎部点的三维坐标。

8.4.1.2 “编码法”数据采集

草图法数据采集仅采集碎部点的坐标和点号，不能满足计算机自动成图的要求，为了达到计算机自动成图的效果，数据采集时，观测员在输入测点点号之后，必须接着输入测点地物属性码（即地物特征码或地物代码）和地物特征点之间的连接关系（连接的序号和连接的线型的信息等）的连接关系码。表示地物属性和连接关系的，并具有一定规则的字符串称为编码。不同的数字测图系统，其编码各不相同，如武汉瑞得信息工程公司设计的瑞得数字测图系统 RDMS V5.0，其加固陡坎的代码为 118，而南方测绘仪器公司设计的数字地形地籍成图系统 CASS 5.0，其直折线型的陡坎代码（简码）为 K1，曲线型的加固陡坎代码（简码）为 U1。下面以成图系统 CASS 5.0 为例说明编码法数据采集的方法。

编码法（CASS 5.0 为简码）数据采集的方法与草图法数据采集的作业方法基本相似，不同的是在输入每一个碎部点点号的同时，都要在全站仪上输入地物点的编码。如上所述，对加固陡坎的起点进行数据采集时，在点号栏输入陡坎起点的点号“66”后，还要在编码栏输入陡坎编码 K1，当采集点号为 67 的加固陡坎折点时，要在编码栏输入“+”，“+”表示 68 号点与上一点 67 号点直线连接。如果 72 号点是连接 68 号点后的加固陡坎的另一个折点，则在采集 72 号点时，编码栏应输入编码“3+”，“3+”表示 72 号点跳过 3 个点（71、70、69）与 68 号点连接。具体的编码规则请参考 CASS 5.0 成图系统。

8.4.2 数据传输和处理

数据传输是全站仪与计算机两者之间的数据相互传输，这里所指的数据传输是指野外数据采集完成之后，将全站仪内存中的采集数据传输到计算机中；数据处理贯穿于数字测图的全过程，包括的内容很多，这里的数据处理指的是，当数据传输到计算机后，对数据所进行的编辑（如坐标转换、简码格式坐标数据文件编辑）、图形生成、图形编辑、图形整饰、图形分幅等。由于不同系列的全站仪数据传输所配置的数据传输线和数据传输软件各不相同，不同的数字成图系统菜单命令各不相同，所以数据传输的方法和数据处理的方法也各不相同。下面以数字地形地籍成图系统 CASS 5.0 与索佳 SET 系列全站仪通讯为例说明数据传输的方法，以数字地形地籍成图系统 CASS 5.0 说明数据处理的方法。

8.4.2.1 数据传输

1. 数据传输在计算机上的操作

首先在全站仪与计算机的串口之间，用全站仪配置的专用通讯电缆连上，然后打开计算机，进入 WINDOWS 系统，双击 CASS 5.0 的图标，进入 CASS 成图系统，此时屏幕上将出现系统的操作界面。移动鼠标至“数据处理”处按左键，便出现如图 8.4.1 所示的下拉菜单图，选择“读取全站仪数据”项，该处以高亮度（深蓝）显示，按左键，这时，便出现如图 8.4.2 所示的对话框。在“仪器”下拉列表中选择全站仪的型号，如索佳 SET 系列，点击鼠标左键，便出现如图 8.4.3 所示的对话框，在对话框中选择与全站仪内置相同的通讯参数（图中选择为索佳 SET 系列全站仪通讯参数），接着在对话框最下面的“CASS 坐标文件:”下的空栏里输入全站仪输出的数据要保存的文件名，如“BB. dat”。鼠标点击【转换】，屏幕提示：“先在计算机上按回车，再在全站仪上按回车”，此时传输操作转向全站仪。

2. 数据传输在全站仪上的操作

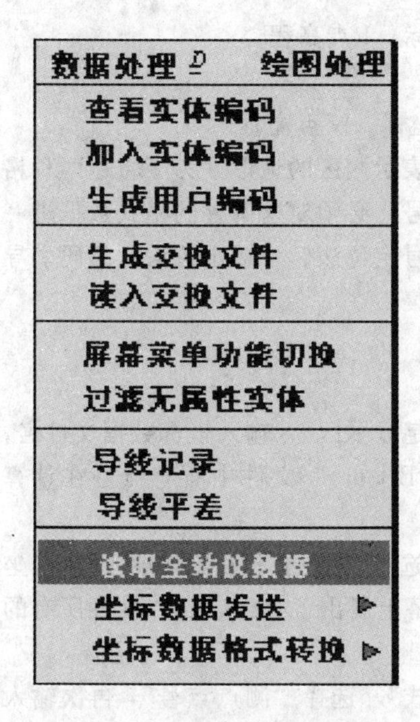

图 8.4.1 数据处理的下拉菜单

图 8.4.2 全站仪内存数据转移

打开全站仪的电源开关，在存储管理模式下选取“工作文件”后按回车，进入工作文件管理屏幕。选取“工作文件输出”，屏幕上显示内存中工作文件列表，将光标移至其中一个文件，如上面数据采集时所建立的“AA”文件，此时按计算机屏幕上的提示，先在计算机上按回车，再在全站仪上按回车，如此即可把全站仪采集的碎部点的坐标及点信息“AA”文件中的数据转换成计算机中CASS成图系统能够识别的“BB.dat”坐标文件数据，并保存在计算机上的“BB.dat”文件中。

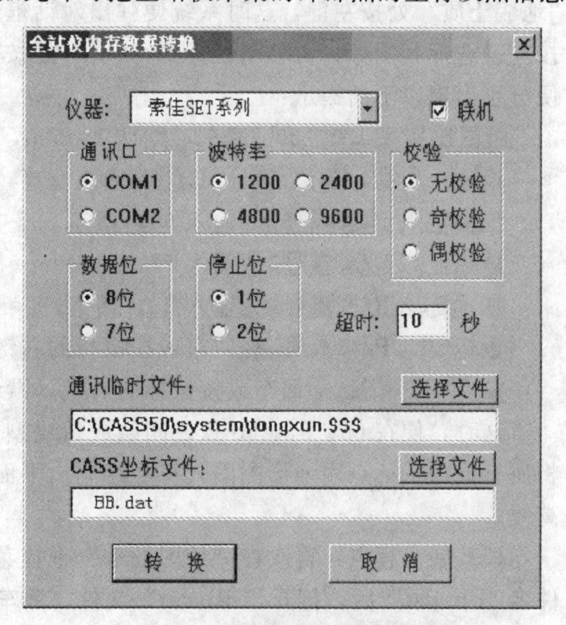

图 8.4.3 数据传输通讯参数设置

8.4.2.2 数据处理

全站仪工作文件中的数据转换为CASS成图系统能够识别的坐标文件数据其格式为：

1点点名，1点编码，1点 y（东向）坐标，1点 x（北向）坐标，1点高程

……

N点点名，N点编码，N点 y（东向）坐标，N点 x（北向）坐标，N点高程

当全站仪数据采集以草图法进行数据

采集时，其坐标文件数据其格式为：

1点点名，1点 y（东向）坐标，1点 x（北向）坐标，1点高程

……

N点点名，N点 y（东向）坐标，N点 x（北向）坐标，N点高程

以上两种的格式数据都不是地形图图式符号，无法表示测区的地形。为了将这两种格式的数据转化为表示地形图的各种地物、地貌要素的符号，必须对这两种的格式数据进一步处理。根据对数据处理的方法不同，数据处理分为点号定位法、坐标定位法、编码引导法、简码法，其中简码法数据处理适用于编码法数据采集。

1. 点号定位法

点号定位法数据处理的方法步骤大致如下：

(1) 定显示区：在“绘图处理”下拉菜单中选择“定显示区”，输入坐标数据文件名，如“BB. dat”后，打开“BB. dat”文件，以保证坐标“BB. dat”文件中所有点号在计算机屏幕上完全可见。

(2) 展野外测点点号：在“绘图处理”下拉菜单中选择“展野外测点点号”，输入坐标数据文件名“BB. dat”后，打开“BB. dat”文件，屏幕上展出了“BB. dat”文件所有的碎部点的点号。

(3) 选择定点方式：在屏幕右侧菜单区的“定点方式”，选择“测点点号”，再次输入坐标数据文件名，如“BB. dat”后，打开“BB. dat”文件。

(4) 绘制平面图：根据屏幕右侧的“屏幕菜单”所提供的各种地物符号（成图系统中已按图式标准制作好各种地物符号，并分层储存以便调用）和数据采集时绘制的外业草图，选择相应的地形图图式符号在屏幕上将平面图绘制出来。如将上面草图法数据采集时的66、67、68号点连成一段折线加固的陡坎，其操作方法：先移动鼠标至右侧屏幕菜单“地貌土质”处按左键，这时系统便弹出对话框，移动鼠标到表示加固陡坎符号的图标处，按左键选择其图标，再移动鼠标到“OK”处按左键确认所选择的图标，屏幕下方命令区便分别出现以下的提示：

绘图比例尺1：〈500〉回车，默认1：500，或输入新的绘图比例尺。

请输入坎高，单位：米<1.0>：输入坎高，如3后，回车（直接回车默认坎高1m）。

鼠标定点P/<点号>：输入66，回车。

鼠标定点P/<点号>：输入67，回车。

鼠标定点P/<点号>：输入68，回车。

鼠标定点P/<点号>：回车或按鼠标的右键，结束输入。

拟合吗？<N>：回车或按鼠标的右键，默认输入N。

这时，便在66、67、68点之间绘成折线型加固陡坎的符号。重复上述的操作便可以将所有地物特征点用地形图图式符号绘制出平面图来。对于地貌特征点，我们还要绘制等高线。

(5) 展高程点：再次在“绘图处理”下拉菜单中选择“展高程点”，输入坐标数据文件名“BB. dat”后，打开“BB. dat”文件，回车，屏幕上展出了“BB. dat”文件所有的碎部点的高程。

(6) 建立DTM：在“等高线”下拉菜单中选择“由数据文件建立DTM（数字地面模型)”，输入坐标数据文件名“BB”后，打开“BB.dat”文件，按照屏幕下方命令行提示，选择是否考虑坎高，是否选择地性线，是否显示三角网（通常情况这三项都应选择)，完成该三项选择后，屏幕展现三角网。

(7) 完善图面DTM：当屏幕显示出三角网后，可以对局部内没有等高线通过的三角形进行删除，对小角度的或边长相差悬殊的三角形进行过滤，对不合理的三角形进行重组、删除等，将修改后的三角网存盘。

(8) 绘制等高线：在“等高线”下拉菜单中选择“绘制等高线”，按照命令行提示，输入绘制等高线的等高距（按测图比例尺规定的等高距)，选择等高线的光滑函数（通常选择三次B样条拟合）后，屏幕显示计算机自动绘制的等高线。

(9) 修饰等高线：其内容包括计曲线的注记、切除穿越地物的等高线、切除穿越文字注记的等高线等修饰工作。

(10) 图面整饰与注记：对道路、河流、街道、村庄等名称进行注记，对房屋进行直角纠正、对植被进行填充等编辑和整饰工作。

(11) 图形分幅，图幅整饰：在“绘图处理”下拉菜单中选择“标准图幅”，出现“图幅整饰”对话框，在该对话框中输入有关分幅信息数据后，选择“确定”，一幅50cm×50cm类似图7.4.1的标准图幅的地形图就会在屏幕上呈现出来。其中图幅左下角的说明必须预先在CASS成图系统“参数设置”对话框中，选择“图框设置”选项卡，填写相关数据才能完成。

(12) 图形信息的编辑：数字图形生成以后，根据工程应用的不同目的，可以在图形中生成里程文件、计算土方、绘制断面图、生成各种数据文件等，以供工程使用。

2. 坐标定位法

坐标定位法数据处理的作业流程与点号定位法基本一样，所不同的仅仅是在绘制平面图时，地物特征点位置的确定不是通过输入点号的方法，而是利用“捕捉”功能直接在屏幕上捕捉地物特征点。

3. 编码引导法

编码引导法数据处理的思路是，首先编辑一个“编码引导文件”与“无码的坐标数据文件”合并生成一个新的带简编码格式的坐标数据文件，其次通过“简码识别”，将带简编码格式的坐标数据文件转换成计算机能识别的程序内部码（又称绘图码)，最后由计算机在屏幕上自动地绘出地物平面图。

编码引导法数据处理的步骤：

(1) 编辑编码引导文件：利用“Windows”中的“记事本”，根据野外数据采集的“草图”编辑生成一编码引导文件，如“CC.YD”。编码引导文件的格式为：

地物代码1，N1，N2，…，Nn

…

地物代码N，N1，N2，…，Nn

Ni为构成该地物的第i点的点号。N1、N2、…、Nn的排列顺序应与实际顺序一致。

如上面“草图法”数据采集点号为66、67、68的折线型加固陡坎，其在文件名为“CC. YD”编码引导文件中的格式为：

K1，66，67，68

如果“草图法”数据采集中还有点号顺序为37、42、48、50的高压输电杆，及点号为81的路灯，则“CC. YD”编码引导文件就为：

K1，66，67，68

D1，37，42，48，50

A70，81

其中D1是高压输电线的代码，A70为路灯的代码。

(2) 定显示区：操作方法同前。

(3) 编码引导：在“绘图处理”下拉菜单中选择“编码引导”，在出现的对话窗内输入编码引导文件名，如上面的“CC. YD”编码引导文件，或通过WINDOWS窗口操作找到此文件，然后用鼠标左键选择“打开”按钮。接着屏幕上再次出现对话窗，要求输入坐标数据文件名，此时输入坐标数据文件名，如上面的“BB. dat”坐标文件，再选择“打开”。这时，屏幕上又出现对话窗，要求输入“编码引导文件”与无码的“坐标数据文件”合并生成的简码坐标数据文件名，如输入“DD. dat”，该文件用于保存生成的简码坐标数据。当命令区提示：编码引导完毕!时，表示编码引导操作成功。

(4) 简码识别：在“绘图处理”下拉菜单中选择“简码识别”，在出现的对话窗内输入简码坐标数据文件名，如输入上面的简码坐标数据文件名“DD. dat”，再选择“打开”，当提示区显示“简码识别完毕!”时，表示简码识别操作完成。

(5) 绘平面图：在“绘图处理”下拉菜单中选择“绘平面图”，命令行提示：

绘图比例尺1：〈500〉回车，默认1∶500，或输入新的绘图比例尺后，计算机在屏幕上自动绘出平面图。

此后的展高程点、建立DTM、完善图面DTM、绘制等高线、修饰等高线、图面整饰与注记、图形分幅，图幅整饰等均与点号定位法数据处理完全一样。

4. 简码法

由于简码法数据处理适用于编码法数据采集，当编码法数据采集完成之后，进行数据传输时，计算机得到的数据已经是带简码的坐标数据文件，因此，简码法数据处理方法也基本上与编码引导法一样，所不同的是简码法数据处理不必编辑编码引导文件和进行编码引导，直接通过简码识别而绘制平面图。

8.4.3 数据和图形输出

经过数据处理后生成的图形，可以通过对层的控制，根据用户的不同需要输出平面图、地籍图、地形图、管网图等图形文件，以及坐标文件数据、纵横里程文件数据、权属信息文件数据、土方计算等各种数据文件。为了使用的方便和直观的效果，数据文件和图形文件还必须用绘图仪或打印机将数据文件和图形文件输出，由于打印机或绘图仪的型号不同，图形打印输出的方法也不尽相同，因此这里不作介绍，请参考有关说明。

习　题

1. 测图前的准备工作包括哪几项内容？

2. 用对角线法绘制一幅 20cm×20cm 坐标方格网，其中每小方格的边长为 10cm。

3. 点 A、B、C，其坐标 $x_A=647.4$，$y_A=425.8$；$x_B=690.2$，$y_B=538.4$；$x_C=725.6$，$y_C=442.6$。在题 2 绘制的方格网中用 1∶1000 的比例展绘出来。

4. 什么叫做碎部点？测绘地形图时，如何选择碎部点？

5. 地形图的整饰包括哪些内容？

6. 地形图检查的内容有哪些？

7. 叙述地形图拼接的步骤。

8. 作图表示图 8.1 所示的地物的中心位置。

图 8.1　独立地物示意图

9. 根据图 8.2 所示的地形点，用 1m 的等高距勾绘等高线。

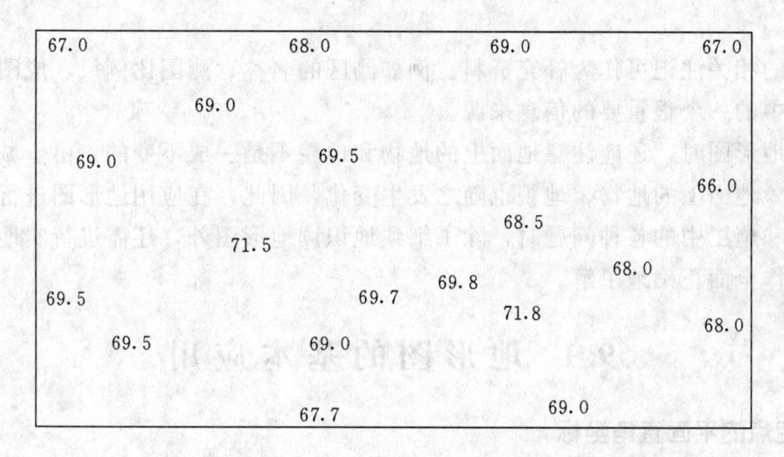

图 8.2　地形点示意图

10. 在全站仪数字化测图中，点号定位法的数据处理包括哪些步骤？

第9章 地形图的应用

学习目标：

通过本章的学习，掌握在地形图上确定任意点的坐标、两点连线的距离和方位角以及任意点的高程和两点连线的坡度；掌握面积计算的方法；能应用地形图绘制已知方向的断面图和进行土地平整的土方计算工作；了解电子地图及其应用的知识。

地形图在工程建设的规划设计、施工管理等各项工作中是不可缺少的基本资料，有着广泛的应用。对于一个工程技术人员来讲，正确阅读和应用地形图是十分必要的。

阅读地形图是指根据图示规定的符号及相关注记了解区域的地理环境，分析各种地理现象的相互关系。主要阅读包括居民地、交通管线设施、水系地貌、土质植被等方面的信息。

图框外的相关注记可作为补充资料。例如测区的名称、测图比例尺、成图时间等也是在识图过程中的一个很重要的信息来源。

在识读地形图时，还应注意地面上的地物和地貌不是一成不变的。由于城乡建设事业的迅速发展，地面上的地物、地貌也随之发生变化，因此，在应用地形图进行规划以及解决工程设计和施工中的各种问题时，除了细致地识读地形图外，还需进行实地勘察，以便对建设用地作全面正确地了解。

9.1 地形图的基本应用

9.1.1 确定点的平面直角坐标

如图 9.1.1 所示，欲求图上 A 点的坐标，首先要根据 A 点在图上的位置，确定 A 点所在的坐标方格 abcd。该方格西南角点 a 的坐标为（2100，1100）。过 A 点作平行于 x 轴和 y 轴的两条直线 gh、ef 与坐标方格相交于 ghef 四点，再按地形图比例尺量出 $l_{ag}=48.6\text{m}$，$l_{ae}=60.7\text{m}$，则 A 点的坐标为

$$x_A = x_a + l_{ag} = 2100 + 48.6 = 2148.6\text{m}$$

$$y_A = y_a + l_{ae} = 1100 + 60.7 = 1160.7\text{m}$$

如果精度要求较高，则应考虑图纸伸缩的影响，此时还应量出 ab 和 ad 的长度。设图上坐标方格边长的理论值为 l，则 A 点的坐标可按下式计算，即

$$x_A = x_a + \frac{l}{l_{ab}} l_{ag} \tag{9.1.1}$$

$$y_A = y_a + \frac{l}{l_{ad}} l_{ae} \tag{9.1.2}$$

9.1.2 确定两点间的水平距离

若求 AB 两点间的水平距离，见图 9.1.1，最简单的办法是用比例尺或直尺直接从地

形图上量取。假设比例尺为 1∶M，量得图上距离为 d，则 AB 的实地水平距离为

$$D = dM \tag{9.1.3}$$

为了消除图纸的伸缩变形给量取距离带来的误差，可以用两脚规量取 AB 间的长度，然后与图上的直线比例尺进行比较，得出两点间的距离。

更精确的方法是利用前述方法求得 A、B 两点的直角坐标，再用坐标反算出两点间距离。

$$D = \sqrt{(x_B - x_A)^2 + (y_B - y_A)^2} \tag{9.1.4}$$

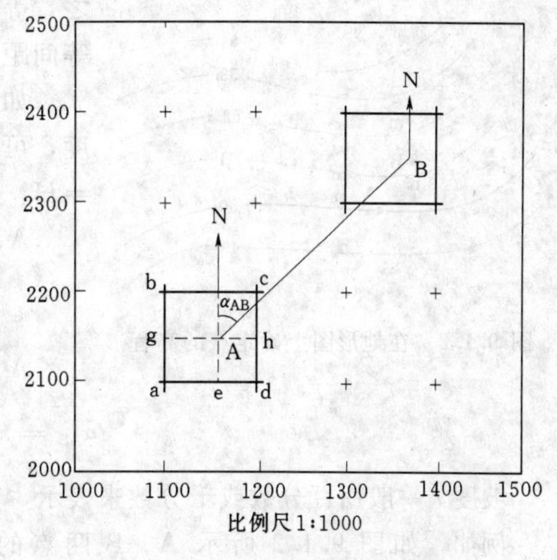

图 9.1.1　在地形图上确定点的坐标

9.1.3　确定直线的坐标方位角

(1) 图解法。如图 9.1.1 所示，求直线 AB 的坐标方位角时，可先过 A、B 两点作平行于坐标格网纵线的直线，然后用量角器直接量测 AB 的坐标方位角。同一直线的正、反坐标方位角之差应为 180°。

(2) 解析法。要求精度较高时，可以利用前述方法先求得 A、B 两点的直角坐标，再利用坐标反算公式计算出 α。

$$\alpha_{AB} = \arctan \frac{y_B - y_A}{x_B - x_A} \tag{9.1.5}$$

9.1.4　确定点的高程

地形图上一点的高程，可利用图上的等高线及其标注来确定。

(1) 如果一点的位置恰好在某一条等高线上，则该点的高程就等于这条等高线的注记高程，例如 A 点的高程为 50m，见图 9.1.2。

(2) 如果一点的位置在两条等高线之间，则可用内插法求得这点的高程。如图 9.1.2 所示 B 点位于 51m 和 52m 两等高线之间，通过 B 点作一条垂直于相邻两等高线的线段 mn，已知等高距 d，则 B 点对 n 点的高差 Δh 为

$$\Delta h = \frac{l_{nB}}{l_{nm}} d \tag{9.1.6}$$

假设量得 $l_{nB}=3.0\text{mm}$，$l_{nm}=5.7\text{mm}$，则 $\Delta h=\frac{l_{nB}}{l_{nm}}d=\frac{3.0}{5.7}\times 1=0.53\text{m}$，则 B 点的高程为 51+0.53=51.53m。

通常在图上求某点的高程时，可以根据相邻两等高线的高程目估确定。因此，其高程精度低于等高线本身的精度。

如果要确定两点间的高差，则可采用上述方法确定两点的高程后，相减即得两点间高差。

9.1.5　确定图上两点连线的坡度

由等高线的特性可知，地形图上某处等高线之间的平距愈小，则地面坡度愈大。反

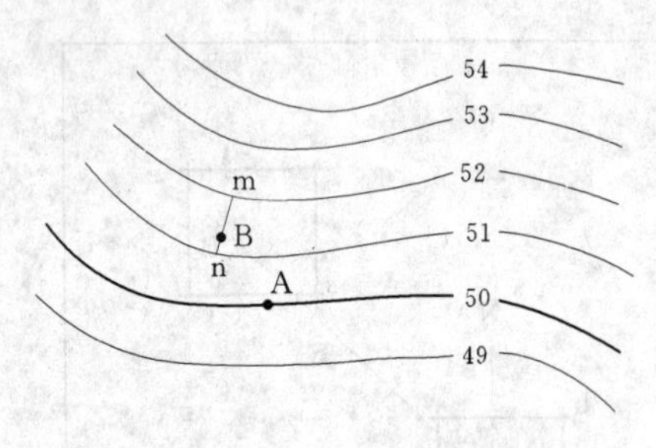

图 9.1.2 在地形图上确定点的高程

之，等高线间平距愈大，坡度愈小。当等高线为一组等间距平行直线时，则该地区地貌为斜平面。

如图 9.1.2 所示，欲求 A、B 两点之间的地面坡度，可先求出两点高程 H_A、H_B，然后求出高差 $h_{AB}=H_B-H_A$ 以及两点水平距离 D_{AB}，再按下式计算。

A、B 两点之间的地面坡度为

$$i=\frac{h_{AB}}{D_{AB}}=\tan\alpha_{AB} \tag{9.1.7}$$

A、B 两点之间的地面倾角为

$$\alpha_{AB}=\arctan\frac{h_{AB}}{D_{AB}} \tag{9.1.8}$$

坡度 i 一般用百分数或千分数来表示，其中“－”为下坡，“＋”则为上坡。

例如，如图 9.1.2 所示 A、B 两点的水平距离 $D_{AB}=100\text{m}$，高程分别为 $H_B=51.53\text{m}$，$H_A=50\text{m}$，则直线 AB 的坡度为

$$i=\frac{h_{AB}}{D_{AB}}=\frac{51.53-50}{100}=+1.53\%=+15.3‰$$

另外，当地面两点间穿过的等高线平距不等时，计算的坡度则为地面两点平均坡度。

在有坡度尺的地形图上，也可直接用坡度尺来确定两点连线的坡度。

9.2 面积量算

在规划设计中，常需要在地形图上量算一定轮廓范围内的面积。面积量算的方法有多种，下面介绍几种常用的方法。

9.2.1 几何图形法

在地图上，将量测的图形划分成若干简单的几何图形，如三角形、矩形、梯形等。然后用三棱比例尺量取计算所需的元素（长、宽、高），应用面积计算公式求出各个简单几何图形的面积。最后取代数和，即为多边形的面积。

对于不规则的边线，可以将其取直，使曲线边在直线内外所围成的面积大致相等，然后用其构成的几何图形计算面积，见图 9.2.1。

量测长、宽、高时可以用直尺、两脚规和三棱尺等简单工具。用几何图形法量测计算面积的误差约为 1%。

9.2.2 坐标计算法

如果欲求面积图形边界为直线，图形为任意多边形，且各顶点的坐标已在图上量出或已在实地测定，可利用各点坐标以解析法计算面积。具体步骤如下所述。

如图 9.2.2 所示，1234 为任意四边形，顶点按顺时针编号，其坐标分别为（x_1，y_1）、（x_2，y_2）、（x_3，y_3）、（x_4，y_4），则四边形 1234 的面积等于相应梯形面积的代数和，即

$$S=S_{ac21}+S_{cd32}-S_{ab41}-S_{bd34}$$

$$=\frac{1}{2}[(x_1-x_2)(y_1+y_2)+(x_2-x_3)(y_2+y_3)$$

$$-(x_1-x_4)(y_1+y_4)-(x_4-x_3)(y_4+y_3)]$$

$$=\frac{1}{2}[x_1(y_2-y_4)+x_2(y_3-y_1)+x_3(y_4-y_2)+x_4(y_1-y_3)]$$

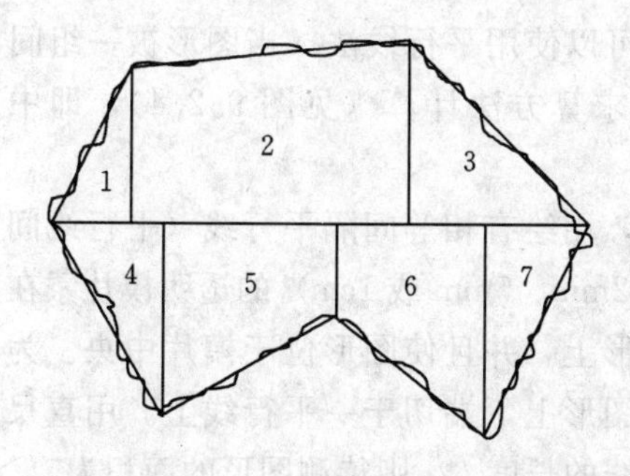

图 9.2.1 几何图形法求面积

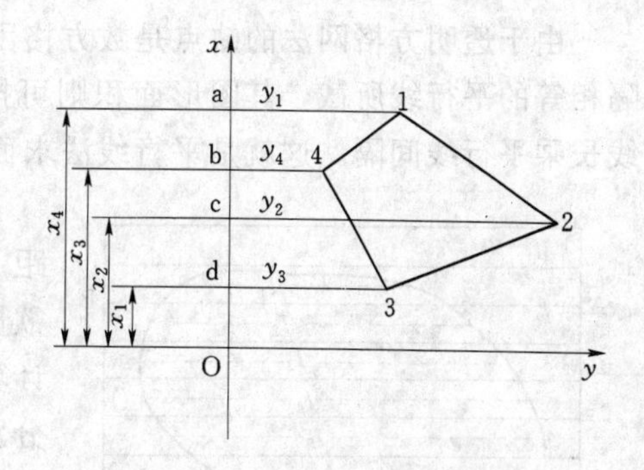

图 9.2.2 解析法计算面积

若图形为 n 边形，则可得面积计算通式为

$$S=\frac{1}{2}\sum_{i=1}^{n}x_i(y_{i+1}-y_{i-1})$$

或

$$S=\frac{1}{2}\sum_{i=1}^{n}y_i(x_{i-1}-x_{i+1})$$

式中：当 $i=n$ 时，$x_{n+1}=x_1$，$y_{n+1}=y_1$；当 $i=1$ 时，$x_{i-1}=x_n$，$y_{i-1}=y_n$。

在实际计算中可同时采用两公式计算，以便检核，注意四边形的编号为顺时针。

使用解析法求面积，精度较高，缺点是计算复杂，推荐编制小程序计算，将大大减少计算量。

9.2.3 透明方格纸法

使用以毫米为单位的透明方格纸或透明塑料模片（方格边长为 1mm、2mm、5mm）蒙在待测图形上，然后将待测图形的边界描绘在透明方格纸或透明塑料片上，首先读出完整的方格数，然后再用目估法将破格凑成完整的方格数。最后累加出图形轮廓线内的总方格数。用总方格数去乘每一方格代表的实地面积，即得待测图形的总面积。计算公式为

$$S=nA$$

式中：S 为所量图形的面积；n 为所数的方格总数；A 为每个方格代表的实地面积。

如图 9.2.3 所示，方格边长为 5mm，图形的比例尺为 1∶2000，则 $A=(5\text{mm}\times2000)^2=100\text{m}^2$。完整的方格数为 41，不完整的方格凑整的方格数为 14，方格总数为 55 个，则所求图形的实地面积为 $S=nA=55\times100\text{m}^2=5500\text{m}^2$。

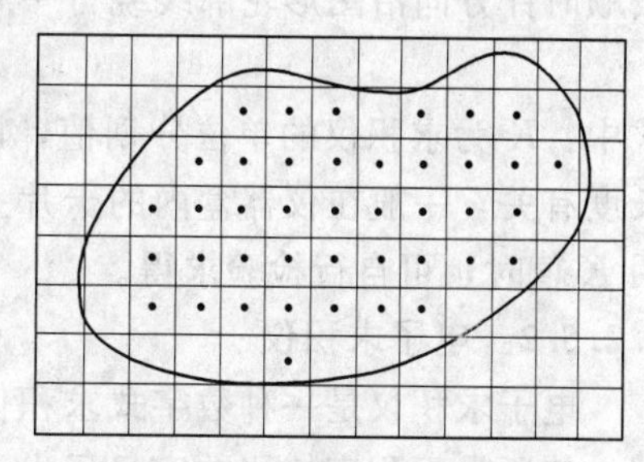
图 9.2.3 方格法求面积

方格法量算面积为了保证量算精度，首先必须保证使用的方格纸或模片的方格大小合乎要求，当然，方格分的越细，精度越高。另外，为提高量算精度，

最好将方格纸或模片放置不同方向，进行两次量算。两次计算结果若在允许限差内，则取其平均值作为最后面积。

使用方格法求面积，要边数格数边作记号，以防遗漏或重复。方格法计算面积的操作和计算比较简便，但边缘破格如果太多就会影响精度。

9.2.4 平行线法（积距法）

由于透明方格网法的缺点是数方格困难，为此，可以使用平行线法。当图形被一组间隔相等的平行线所截，其图形面积则可按梯形面积的求算方法计算（见图 9.2.4），即中线长乘平行线间隔。这就是平行线法求面积。

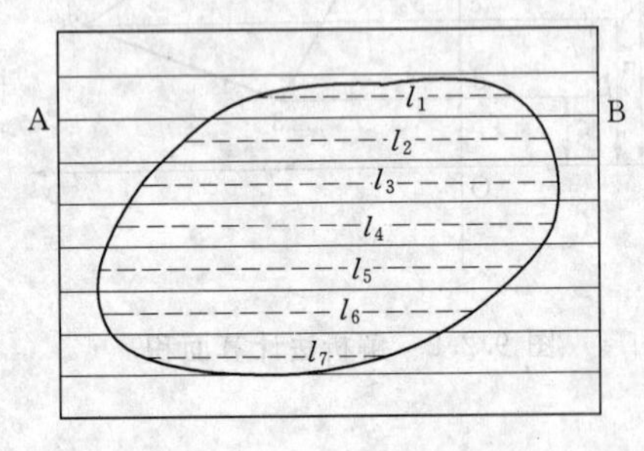

图 9.2.4 平行线法求面积

具体步骤是，用绘有相等间隔平行线（平行线间距一般为 1mm、2mm、5mm 或 1cm）的透明模片蒙在欲量算面积的图形上，并且使图形位于模片中央。为计算方便起见，图形上下端切于一平行线上。用直尺分别量取各条中线的长度 l_i，则待测图形的面积为

$$S = l_1h + l_2h + l_3h + \cdots + l_nh = h\sum l$$

式中：h 为两条平行线的间距，一般为 1mm、2mm、5mm 或 1cm；$\sum l$ 为中线长之和。

如图 9.2.4 所示，欲测图形的上端边缘未与平行线相切，为提高量算精度，则在平行线段 AB 之上这部分图形面积可单独计算，然后加入总面积为

$$S = h\sum l + h'l_1$$

式中：h'为平行线段 AB 上部待测图形的高。

用平行线法求面积的精度取决于平行线之间的间隔大小，平行线间隔愈小，则面积量算精度愈高。

9.2.5 求积仪法

求积仪是测定面积常用的一种仪器。其主要部件是计数器，计数器有机械计数器和电子微处理器数字计数器两种。求积仪法求面积优点是操作简便、速度快，适用于任意线型图形的面积量算，且能保证一定的精度。

9.2.5.1 机械求积仪

求积仪的使用方法（见图 9.2.5）为用求积仪测定图形面积时，一般将极点放在图形之外。首先将航针对准图形轮廓线上的一点作为起点，读出起始读数 $N_{始}$，然后将描迹针按顺时针方向沿图形轮廓线绕行一周，再读出终了读数 $N_{终}$。计算面积的公式为

$$A = K(N_{终} - N_{始})$$

式中：K 为求积仪的单位分划值，即测轮转动一个单位分划时的图形面积。K 与描迹臂长度有关，一般在仪器盒内的卡片上载有描迹臂不同长度时的 K 值。当仪器盒中没有注明 K 值时，可自行检验求得。

9.2.5.2 电子求积仪

电子求积仪是一种数字式求积仪，采用具有专用程序的微处理器代替传统的机械计数器，使所量面积直接用数字显示出来。

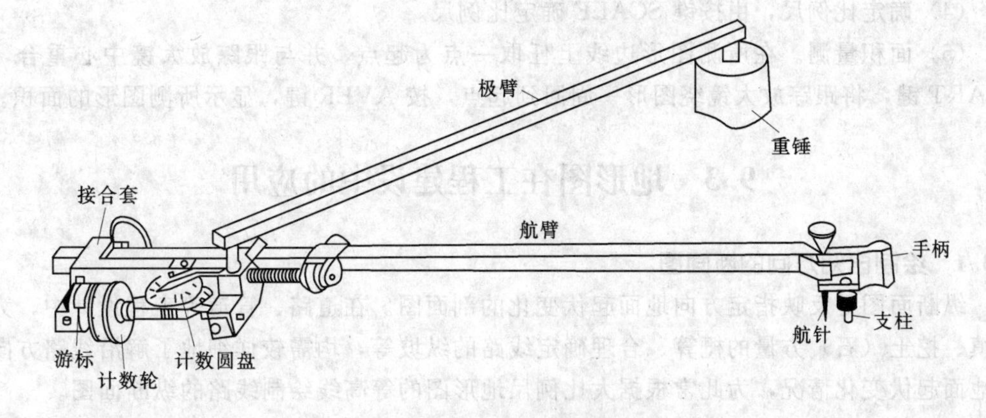

图 9.2.5 机械求积仪的结构

使用方法与机械求积仪一样，将描迹点自图形周界的某一点开始，顺时针沿周界转动一周仍回至原来一点，转动过程中计数器背面的积分轮随之转动，积分轮转动采集的信息通过微处理器处理后，在显示窗中显示相应的符号和所量测的面积值。

为了保证量测面积的精度和可靠性，应将图纸平整地固定在图板或桌面上。当需要测量的面积较大，可以采取将大面积划分为若干块小面积的方法，分别求这些小面积，最后把量测结果加起来。也可以在待测的大面积内划出一个或若干个规则图形（四边形、三角形、圆等），用解析法求算面积，剩下的边、角小块面积用求积仪求取。

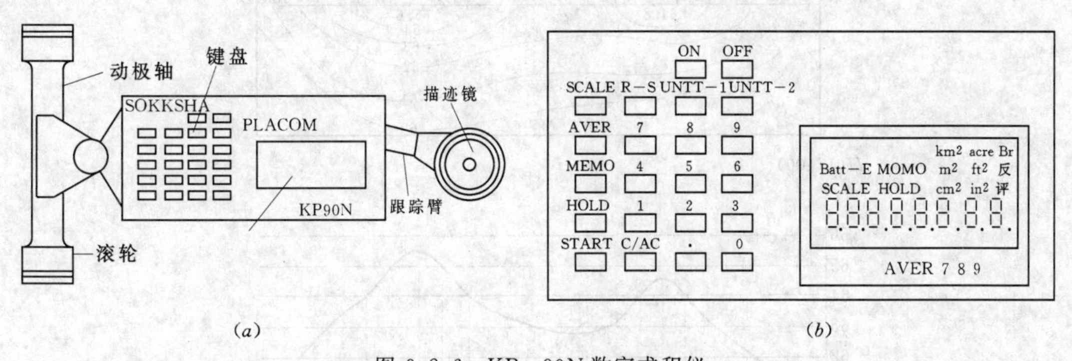

图 9.2.6 KP—90N 数字求积仪

(a) KP—90N 数字求积仪的构造；(b) KP—90N 数字求积仪的键盘

KP—90N 数字求积仪（见图 9.2.6）属于动极式求积仪，采用了大规模集成电路和六位脉冲计数器，最大累加量测面积可达 10m^2。主要由操作键盘、显示屏、描迹镜、编码器、计数器、微处理器等组成。该仪器可进行面积累加测量，平均值测量和累加平均值测量，可选用不同的面积单位，还可通过计算器进行单位与比例尺的换算，以及测量面积的存储，精度可达 1/500。具体测量方法如下：

(1) 将所量测的图纸固定在水平图板上，把跟踪放大镜大致放在图形中央，使动极轴与跟踪臂大约成 90°，然后用跟踪放大镜沿图形轮廓线转 1～2 周，用以检查移动是否平滑。

(2) 按下 ON 键，接通电源，显示窗上显示 0。

(3) 选择量算面积单位，该机设有米制、英制和日制三种计量制。

(4) 确定比例尺，由按键 SCALE 确定比例尺。

(5) 面积量测。在所测图形边线上任取一点为起点，并与跟踪放大镜中心重合，按 START 键，将跟踪放大镜绕图形一周回到起点，按 AVER 键，显示所测图形的面积。

9.3 地形图在工程建设中的应用

9.3.1 绘制已知方向的断面图

纵断面图是反映指定方向地面起伏变化的剖面图。在道路、管道等工程设计中，为进行填、挖土（石）方量的概算、合理确定线路的纵坡等，均需较详细地了解沿线路方向上的地面起伏变化情况，为此常根据大比例尺地形图的等高线绘制线路的纵断面图。

如图 9.3.1 所示，欲绘制直线 AB 纵断面图。具体步骤如下：

(1) 在图纸上绘出表示平距的横轴直线 AB，过 A 点作垂线，作为纵轴，表示高程 H。平距的比例尺与地形图的比例尺一致；为了明显地表示地面起伏变化情况，高程比例尺往往比平距比例尺放大 10～20 倍。然后，在纵轴上注明高程，并按等高距作与横轴平行的高程线。高程的起始值要选择恰当，使绘出的断面图位置适中。

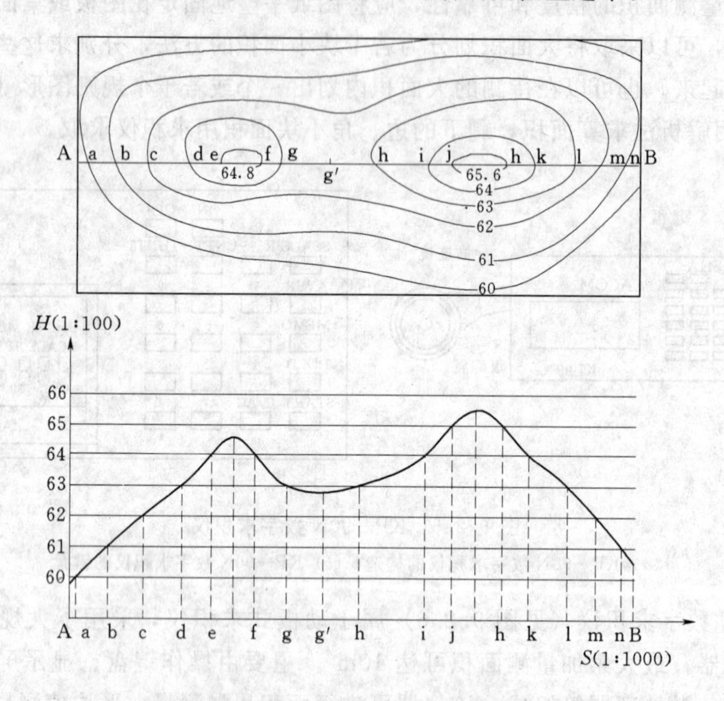

图 9.3.1 根据等高线绘制断面图

(2) 设 AB 与等高线的交点分别为 a、b、…、n，在图上沿断面方向量取两相邻等高线间的平距，依次在横轴上标出。

(3) 从各点作横轴的垂线，在垂线上按各点的高程，对照纵轴标注的高程确定各点在剖面上的位置。

(4) 用光滑的曲线连接各点，即得已知方向线 A—B 的纵断面图。

9.3.2 按限制坡度选择最短路线

在道路、管线等工程规划设计阶段，一般先在地形图上进行选线。线路的选择需要考虑很多因素，比如地质、地形条件，其中按限制坡度要求选定一条最短路线是一个重要的方面。下面说明根据地形图等高线，按规定坡度选择最短路线的方法。

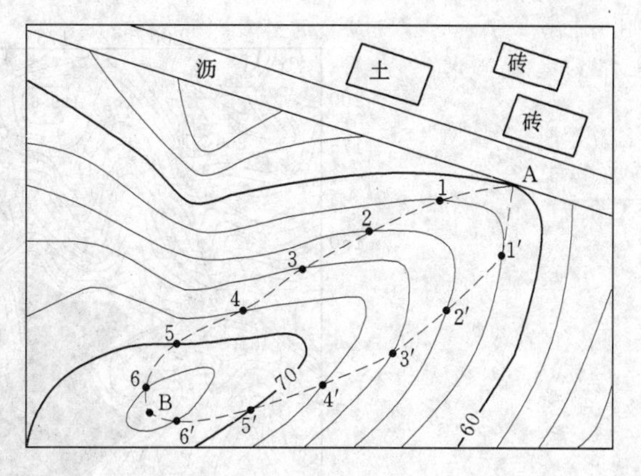

图 9.3.2 按设计坡度在图上选定最短路线

如图 9.3.2 所示，设从公路旁 A 点到山头 B 点选定一条最短路线，限制坡度为 4%，地形图比例尺为 1∶2000，等高距为 2m。具体方法见如下所述。

(1) 确定线路上两相邻等高线间的最小平距为

$$D=\frac{h}{i}=\frac{2}{0.04}=50\text{m}$$

测图比例尺为 1∶2000，则 50m 对应的图上距离为

$$d=50\text{m}\times\frac{1}{2000}=25\text{mm}$$

(2) 先以 A 点为圆心，以 d 为半径，用圆规划弧，交 62m 等高线与 1 点，再以 1 点为圆心同样以 d 为半径画弧，交 64m 等高线于 2 点，依次到 B 点。连接相邻点，便得同坡度路线 A—1—2—…—B。

在选线过程中，有时会遇到两相邻等高线间的最小平距大于 d 的情况，即所作圆弧不能与相邻等高线相交，说明该处的坡度小于指定的坡度，则以最短距离定线。

(3) 另外，在图上还可以沿另一方向定出第二条线路 A—1′—2′—…—B，可作为方案的比较。

在实际工作中，还需在野外考虑工程上其他因素，如少占或不占耕地、居民地，避开不良地质构造，减少工程费用等，最后确定一条最佳路线。

9.3.3 确定汇水面积

为了防洪、发电、灌溉等目的，需要在河道上适当的地方修筑拦河坝。在坝的上游形成水库，以便蓄水。坝址上游分水线所围成的面积，称为汇水面积。汇集的雨水，都流入坝址以上的河道或水库中，见图 9.3.3 中虚线所包围的部分就是汇水面积。

确定汇水面积时，应懂得分水线（山脊线）的勾绘方法，确定分水线的方法是：

(1) 分水线应通过山顶、鞍部及凸向低处等高线的拐点，在地形图上应先找出这些特征的地貌，然后进行勾绘。

(2) 分水线与等高线正交。

(3) 边界线由坝的一端开始，最后回到坝的另一端点，形成闭合环线。

闭合环线所围的面积，就是流经某坝址的汇水面积（见图 9.3.3）。根据汇水面积再结合水文气象条件可确定流经 AB 的水流量。

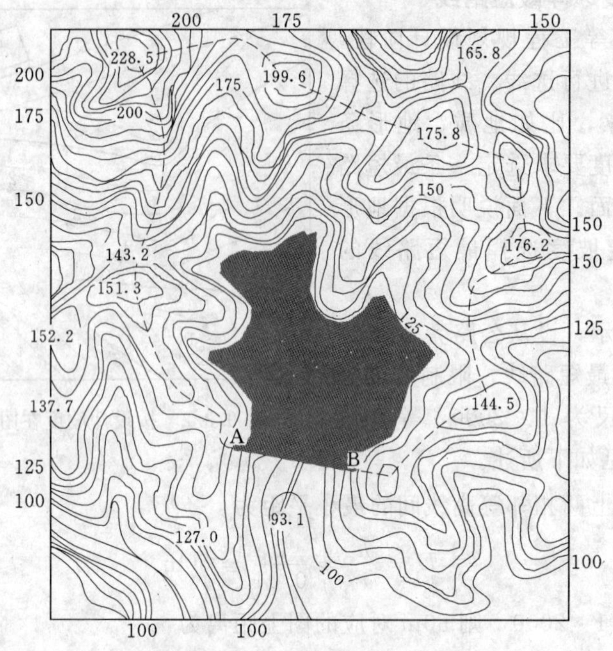

图 9.3.3 汇水面积和水库库容

9.3.4 确定水库库容

进行水库设计时，如坝的溢洪道高程已定，就可以确定水库的淹没面积，如图 9.3.3 所示中的阴影部分，淹没面积以下的蓄水量（体积）即为水库的库容。水库库容是水库蓄水后的存水面积，是水库设计中的一项重要指标。

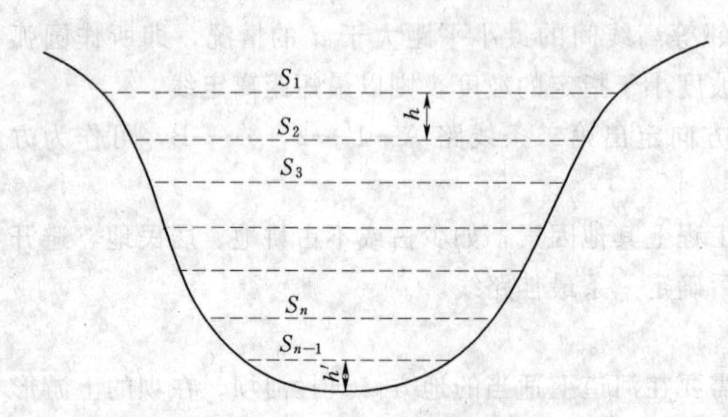

图 9.3.4 库容面积的计算

计算库容一般用等高线法。先求出图 9.3.4 中阴影部分各条等高线所围成的面积，然后计算各相邻两等高线之间的体积，其总和即为库容。

设 S_1 为淹没线高程的等高线所围成的面积，S_2、S_3、…、S_n、S_{n+1} 为淹没线以下各等高线所围成的面积，其中 S_{n+1} 为最低一根等高线所围成的面积，h 为等高距，h' 为最低一根等高线与库底的高差，则相邻等高线之间的体积及最低一根等高线与库底之间的体积用平均断面法分别计算，公式为

$$V_1 = \frac{1}{2}(S_1 + S_2)h$$

$$V_2 = \frac{1}{2}(S_2 + S_3)h$$

…

$$V_n = \frac{1}{2}(S_n + S_{n+1})h$$

$$V'_n = \frac{1}{3} S_{n+1} h'$$

因此，水库的库容为

$$V = V_1 + V_2 + \cdots + V_n + V'_n$$
$$= \left(\frac{S_1}{2} + S_2 + S_3 + \cdots + \frac{S_{n+1}}{2}\right) h + \frac{S_{n+1}}{3} h'$$

注意：如果溢洪道高程不等于地形图上某一条等高线的高程时，就要根据溢洪道高程用内插法求出水库淹没线，然后计算库容。这时水库淹没线与下一条等高线间的高差不等于等高距。

根据量取等高线围成的面积来计算水库库容，其误差来源主要是地形图本身的误差和量测面积的误差。一般来说，为了提高库容的计算精度，应选用等高距 h 小一点的地形图，使相邻层的体积误差减小。

9.4 地形图在平整土地中的应用及土石方估算

在各种土建工程建设中，除对建筑物要作合理的平面布置外，往往还要对原地貌作必要的改造，以便适于布置各类建筑物，排除地面水以及满足交通运输和敷设地下管线等。这种地貌改造称之为平整场地。平整场地的工作中，常需预算土、石方的工程量，即利用地形图进行填挖土（石）方量的估算。其方法有多种，其中方格法是应用最广泛的一种。下面介绍方格法估算土（石）方量的步骤。

9.4.1 将地面平整成水平场地

9.4.1.1 要求填挖平衡

如图 9.4.1 所示，比例尺为 1∶500，面积为 80m×80m，假设要求按挖填土方量平衡的原则改造成平面，其步骤见如下所述。

1. 在地形图图上绘方格网

在地形图上拟建场地内绘制方格网。方格网的大小取决于地形复杂程度，地形图比例尺大小，以及土方概算的精度要求。例如在设计阶段采用 1∶500 的地形图时，根据地形复杂情况，一般边长为 10m 或 20m。方格网绘制完后，根据地形图上的等高线，用内插法求出每一方格顶点的地面高程，并注记在相应方格顶点的右上方。

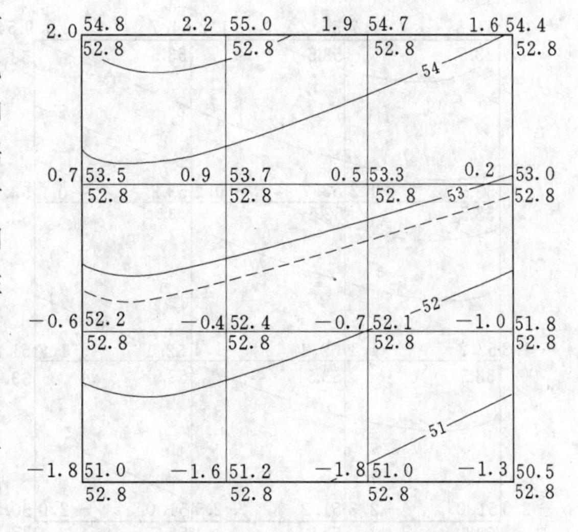

图 9.4.1 水平场地平整示意图

2. 计算场地填挖方平衡的设计高程

先将每一方格顶点的高程加起来除以 4，得到各方格的平均高程，再把每个方格的平均高程相加除以方格总数，就得到设计高程 $H_设$。

$$H_{设} = \frac{\sum H_1 + 2\sum H_2 + 3\sum H_3 + 4\sum H_4}{4n}$$

式中：H_1 为一个方格的顶点，即外转角点；H_2 为两个方格的公共顶点，即边线点；H_3 为三个方格的公共顶点，即内转角点；H_4 为四个方格的公共顶点，即方格内部中心点；n 为方格个数。

计算得出图 9.4.1 的设计高程为

$$\begin{aligned} H_{设} &= \frac{\sum H_1 + 2\sum H_2 + 3\sum H_3 + 4\sum H_4}{4n} \\ &= [1\times(54.8+54.4+50.5+51.0)+2\times(55.0+54.7+53.0+51.8 \\ &\quad +51.0+51.2+52.2+53.5)+4\times(53.7+53.3+52.1+52.4)]\div(4\times 9) \\ &= 52.8\text{m} \end{aligned}$$

3. 绘制填、挖边界线

根据 $H_{设}=52.8$m，在地形图上用内插法绘出 52.8m 等高线，该线就是填、挖边界线，见图 9.4.1 中的虚线。

4. 计算挖、填高度

根据设计高程和方格顶点的高程，可以计算出每一方格顶点的挖、填高度，即挖、填高度 = 地面高程－设计高程。

将图中各方格顶点的挖、填高度写于相应方格顶点的左上方。正号为挖深，负号为填高，如图 9.4.1 所示。

5. 计算挖、填土方量

计算土方量分两种情况：一种是整个方格都是填方或都是挖方，另一种是既有填方又有挖方。例如第一列方格一和方格二，下面以这两个方格为例进行计算。

$$V_1 = S_1[(2.0+2.2+0.9+0.7)\div 4] = 1.45S_1$$

$$V_{2挖} = S_{2挖}[(0+0+0.9+0.7)\div 4] = 0.4S_{2挖}$$

$$V_{2填} = S_{2填}[(0+0-0.6-0.4)\div 4] = -0.25S_{2填}$$

故 $V_2 = V_{2挖} + V_{2填}$

式中：V 为土方；S 为面积。

最后根据各方格的填、挖土方量，求得场地的总填、挖土方量，并且总填、挖土方量应基本平衡。

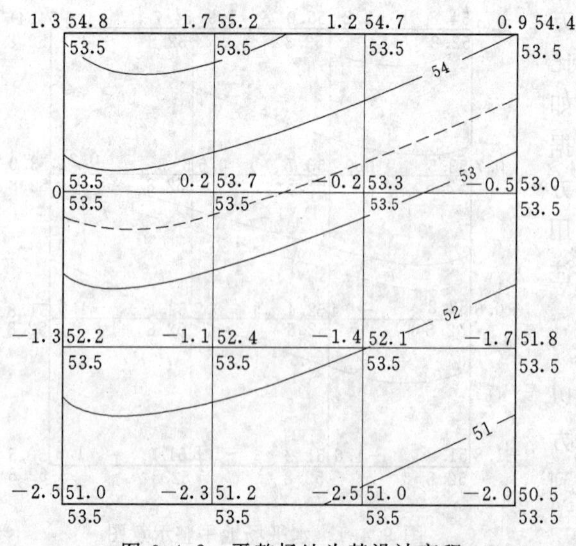

图 9.4.2 平整场地为某设计高程

9.4.1.2 要求平整为某设计高程

如图 9.4.2 所示，比例尺为 1∶500，面积为 80m×80m，假设要求按挖填土方量平衡的原则改造成平面，其步骤见如下所述。

1. 在地形图图上绘方格网

图中方格大小为 20m×20m，根

据等高线内插出每个角点的高程值，并注记在相应方格顶点的右上方。

2. 绘制填、挖边界线

本区域设计高程是给出的，$H_{设}=53.5\text{m}$，在地形图上用内插法绘出 53.5m 等高线，该线就是填、挖边界线，见图 9.4.2 中的虚线。

3. 计算挖、填高度

根据设计高程和方格顶点的高程，可以计算出每一方格顶点的挖、填高度，即挖、填高度 = 地面高程－设计高程。正号为挖深，负号为填高，同上。

4. 计算挖、填土方量

土方计算方法同上，最后根据各方格的填、挖土方量，求得场地的总填、挖土方量。由于设计高程是直接给出的，总填、挖土方量不一定平衡。

9.4.2 将地面平整成倾斜场地

9.4.2.1 要求填挖平衡

当地面坡度较大时，可以将地形整理成某一坡度的倾斜面。将图 9.4.3 所示的地面平整为倾斜场地，坡度要求从北到南为－4%，具体步骤如下：

（1）绘制方格网，求方格网点的地面高程，方法与水平场地平整相同，图 9.4.3 中方格边长为 20m。

（2）计算各方格网点的设计高程。与水平场地平整计算平均高程的方法相同，计算出场地的平均高程，即场地重心的设计高程 $H_{设}=52.8\text{m}$。因为平整后场地是坡度从北到南为－4%，按此坡度推算相邻网格点的设计高差为 $20\times4\%=0.8\text{m}$。例如，左上角点的设计高程为 $52.8+30\times4\%=54.0\text{m}$。

则方格网其他点的设计高程可求出，标注在相应点位的右下角。

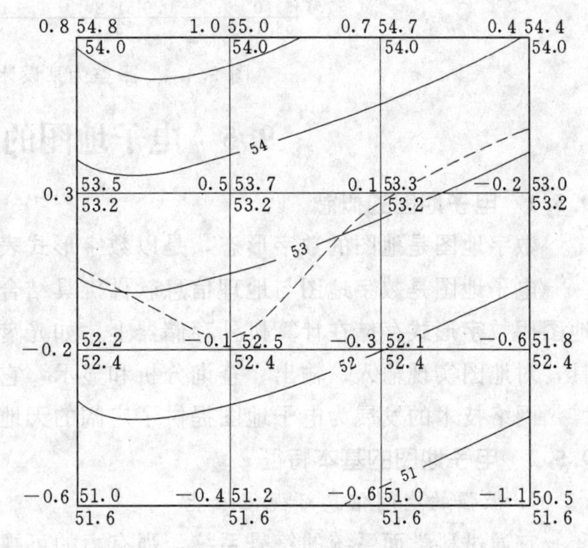

图 9.4.3 整理成倾斜场地

（3）计算各方格网点的填挖深度。

（4）确定填挖边界线。用相邻方格网点的填挖深度确定零点位置，将其相连即为填挖分界线，如图 9.4.3 中的虚线所示。

（5）计算填挖土方量。与水平场地平整计算土方的方法相同计算出各方格的填挖土方量。设计高程是根据填挖平衡的原则计算出来的，故填、挖土方应基本平衡。

9.4.2.2 要求平整为某设计坡面

将图 9.4.4 所示的地面平整为倾斜场地，坡度要求从北到南为－4%，北边线的设计高程为 54.5m，具体步骤如下：

（1）绘制方格网，求方格网点的地面高程，方法与填挖平衡时相同，图 9.4.4 中方格边长为 20m。

（2）计算各方格网点的设计高程。由于北边线的设计高程为 54.5m，平整后场地坡度从北到南为－4%，按此坡度推算相邻网格点的设计高差为20×4%＝0.8m。则方格网其他点的设计高程可求出，标注在相应点位的右下角。其他计算步骤与上述方法相同。

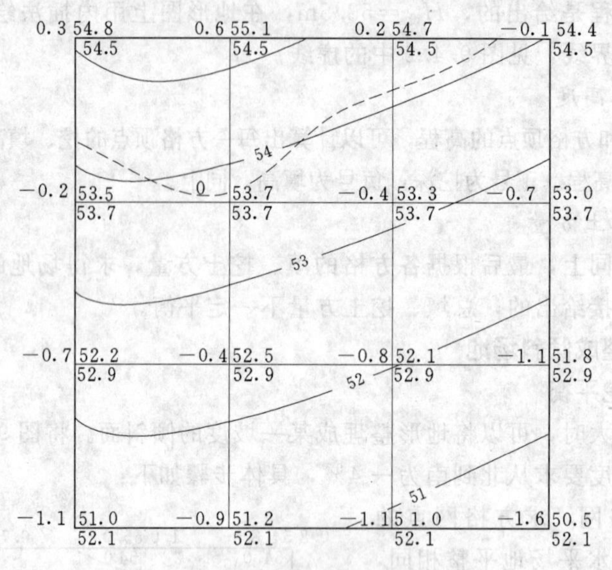

图 9.4.4 平整为某设计坡面示意图

9.5 电子地图的应用简介

9.5.1 电子地图的概念

数字地图是地图的数字形态，是以数字形式表示的地图。

电子地图是数字地图与地理信息软件工具结合的产物。它是以地图数据库为基础，将地图用数字形式存储在计算机外存储器上，如光盘、磁盘、磁带等，依托地理信息软件工具，对地图实现输入、输出、查询分析和显示，它侧重于空间信息的表现和显示。

网络技术的发展为电子地图提供了广阔的天地，使它的应用范围日益宽广。

9.5.2 电子地图的基本特征

1. 很强的空间信息可视化性能

它通过科学而系统的符号系统，强有力的可视化界面，支持地图的动态显示，如三维动态立体图、视觉立体图等，并可采用闪烁、变色等手段增强读图效果。

2. 电子地图表示的地图是无缝的

电子地图可无极缩放、平移、不需要地图分幅。一般带有自动载负量调整系统，能动态地调整地图载负量，使得屏幕上的显示内容保持适当，保证地图的易读性。

3. 制作周期短

提供地理信息丰富、存储方便、有利于标准化和规范化，便于远程传输。

9.5.3 电子地图的种类

1. 导航电子地图

在现代社会中，交通体系极其复杂，地图已成为人们出行的必备工具。这为电子地图的应用提供了天地，导航电子地图因此应运而生。导航电子地图以GPS（全球定位系统）作为

定位工具，电子地图实现定位可视化，再加上GIS的网络分析功能构成完整的导航工具。

2. 多媒体电子地图

指用图、文、声的方式为用户提供普通地图无力胜任的功能，又能方便地以专题地图的形式为用户提供各种服务，还能组成各种地图素材库、资料库进行保存。

3. 地形图

用电子地图形式提供的地形图可以配置空间信息可视化功能，显示三维地形图，给人以逼真感，叠加上道路图、城镇图，再配置上GPS接收机在野外可进行定位和导航。

4. 遥感地图

遥感数据制作成电子地图，并在上叠加矢量数据，不仅使栅格遥感图上具有注记，还使遥感图具有缩放功能。

5. 网络地图

网络是保存和传播电子地图的最好媒体，网络上提供的电子地图主要包括各种地图资料及交互式地图。地理信息的网络发布是美国国家空间基础设施建设的重要内容，并有一些专门的电子地图提供网站。

9.5.4 电子地图的应用

1. 在导航中的应用

一张CD—ROM电子地图能存储全国的道路数据，可供随时查阅。电子地图可帮助选择行车路线，制定旅行计划。电子地图能在行进中接通全球定位系统，将目前所处的位置显示在地图上，并指示前进路线和方向。在航海中，电子地图可将船的位置实时显示在地图上，并随时提供航线和航向。船进港口时，可为船实时导航，以免触礁或搁浅。在航空中，电子地图可将飞机的位置实时显示在地图上，并随时提供航线和航向。

2. 在规划管理中的应用

电子地图不仅能覆盖其规划管理的区域，而且内容的现势性很强，并有与使用目的相适宜的多比例尺的专题地图。可在电子地图上进行距离、面积、体积、坡度等量算分析，可进行路径查询分析和统计分析等空间分析，能满足现代规划管理的需要。

3. 在旅游交通中的应用

电子地图可将旅游交通的有关的空间信息通过网络发布给用户，也可通过机场、火车站、码头、广场等公共场所的触摸屏电子地图，为人们提供交通、旅游、购物信息。通过多媒体电子地图可了解旅游点的基本情况，帮助人们选择旅游路线，制定最佳旅游计划。

4. 在军事指挥中的应用

电子地图与卫星系统链接，指挥员可从屏幕上观察战局变化，指挥部队行动。电子地图系统安装在飞机、装甲车、坦克上，随时将自己所在的位置实时显示在电子地图上，供驾驶人员观察、分析和操作，为指挥决策服务。

5. 在防洪救灾中的应用

防洪救灾电子地图可显示各种等级堤防分布、险段分布和交通路线分布等详细信息，为各级防洪指挥部门具体布置抗洪抢险方案，如物资调配、人员安排、安全救护等提供科学依据。

6. 在其他领域的应用

农业部门可用电子地图表示粮食产量和各种经济作物产量情况，各种作物播种面积分

布，为各级政府决策服务。气象部门将天气预报电子地图与气象信息处理系统相链接，把气象信息处理结果可视化，向人们实时地发布天气预报和灾害性的气象信息，为国民经济建设和人们日常生活服务。

习 题

1. 在下图中（比例尺为1：2000），完成下列工作：

（1）在地形图上用圆括号符号绘出山顶（△），鞍部的最低点（×），山脊线（—·—·—），山谷线（……）。

（2）B点高程是多少？AB水平距离是多少？

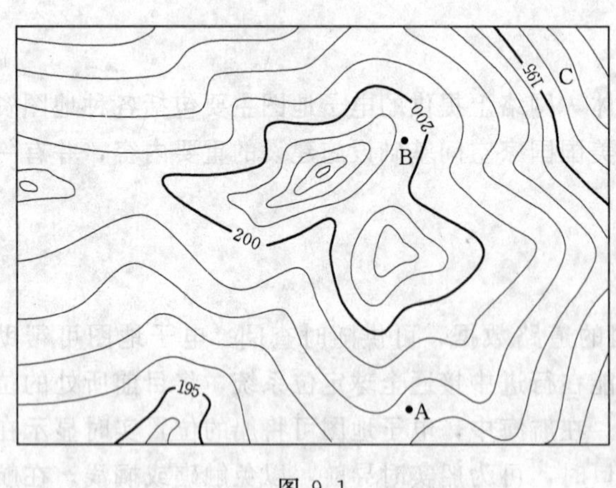

图 9.1

（3）判断A、B两点间，B、C两点间是否通视？

（4）由A选一条既短、坡度又不大于3%的线路到B点。

（5）绘AB断面图，平距比例尺为1：2000，高程比例尺为1：200。

2. 在下列1：10000的地形图上，用虚线标出路线上桥涵A和B的汇水面积，并用透明纸方格法分别求出它们的面积。

3. 欲将下图中地面ABCD平整成AB线设计高程为80m，由AB向南设计坡度为－2%的降坡场地，在图上绘出填挖边界线，并计算填挖土方量。（图形比例尺为1：2000）

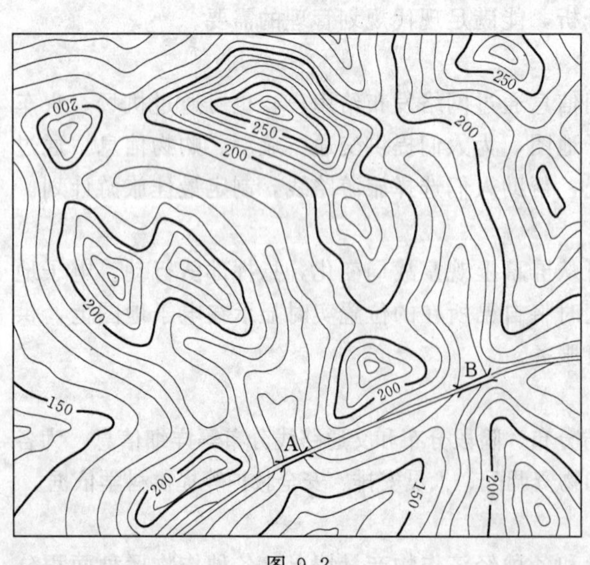

图 9.2

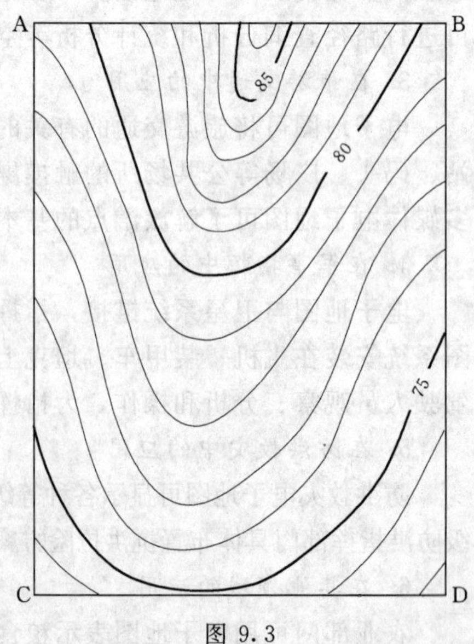

图 9.3

第10章　施工放样的基本工作

学习目标：

掌握使用测量仪器进行水平距离、水平角和高程的测设。进而掌握平面点及水平线、坡度线及圆曲线的测设工作。

10.1　施工测量概述

10.1.1　施工测量的任务

在施工阶段所进行的测量工作称为施工测量。施工测量的目的是把图纸上设计的建（构）筑物的平面位置和高程，按设计和施工的要求放样（测设）到相应的地点，作为施工的依据。并在施工过程中进行一系列的测量工作，以指导和衔接各施工阶段和工种间的施工。

施工测量贯穿于整个施工过程中。其主要内容有：

(1) 施工前建立与工程相适应的施工控制网。

(2) 建（构）筑物的放样及构件与设备安装的测量工作。以确保施工质量符合设计要求。

(3) 检查和验收工作。每道工序完成后，都要通过测量检查工程各部位的实际位置和高程是否符合要求，根据实测验收的记录，编绘竣工图和资料，作为验收时鉴定工程质量和工程交付后管理、维修、扩建、改建的依据。

(4) 变形观测工作。随着施工的进展，测定建（构）筑物的位移和沉降，作为鉴定工程质量和验证工程设计、施工是否合理的依据。

10.1.2　施工测量的原则

为了保证各个建（构）筑物的平面位置和高程都符合设计要求，施工测量也应遵循“从整体到局部，先控制后碎部”的原则。即在施工现场先建立统一的平面控制网和高程控制网，然后，根据控制点的点位，测设各个建（构）筑物的位置。

此外，施工测量的检核工作也很重要，因此，必须加强外业和内业的检核工作。

10.1.3　施工放样的精度要求

施工放样的精度，与建筑物的性质、等级、建筑材料、运行条件、使用年限、施工方法和程序有关。一般是金属结构和混凝土建筑物的放样精度高于土石料建筑物；大型或地理位置重要的建筑物的放样精度高于中小型或一般的建筑物；机械化或自动化运行、永久性建筑物的放样精度高于临时性的、运行条件较差的建筑物等。

建筑物主轴线的放样精度仅与施工场地的地质和地形条件有关，不需要更高的精度，这是由于周围无先期建筑物的约束。例如，水坝轴线的放样精度应不大于±20mm。因此，施工控制网的精度是容易满足这一要求的，但是，为了放样辅助轴线和建筑物细部，施工控制网的精度还应该提高，因为辅助轴线是直接放样建筑物细部的依据。建筑物的细部因建筑材料的不同，放样精度有明显的差异。例如，土石料建筑物轮廓点放样平面位置的中误差为±（30～50）mm，而机电与金属结构物平面位置放样中误差仅为±（1～10）mm。

在工程测量中，主轴线的放样精度称为第一种放样精度，或称绝对精度；辅助轴线和细部的放样精度称为第二种放样精度，或称相对精度。有些建筑物的相对精度高于绝对精度。因此，为了满足某些细部放样精度的需要，可建立局部独立坐标系统的控制网点。

10.1.4 施工测量的特点

（1）施工测量是直接为工程施工服务的，因此，它必须与施工组织计划相协调。测量人员必须了解设计的内容、性质及其对测量工作的精度要求，随时掌握工程进度及现场变动，使测设精度和速度满足施工的需要。

（2）施工测量的精度主要取决于建（构）筑物的大小、性质、用途、材料、施工方法等因素。一般高层建筑施工测量精度应高于低层建筑，装配式建筑施工测量精度应高于非装配式，钢结构建筑施工测量精度应高于钢筋混凝土结构建筑。往往局部精度高于整体定位精度。

（3）由于施工现场各工序交叉作业、材料堆放、运输频繁、场地变动及施工机械的震动，使测量标志易遭破坏，因此，测量标志从形式、选点到埋设均应考虑便于使用、保管和检查，如有破坏，应及时恢复。

10.2 施工测量基本工作

10.2.1 测设已知水平距离

根据一个设计的起点和一条直线的已知长度与方向，在地面标定终点，使起点与终点的间距等于设计长度，这项工作称为已知长度直线的测设。目前，工程建筑物放样时的距离测设工作，一般使用钢卷尺或测距仪。现将钢卷尺放样方法和精度介绍如下。

10.2.1.1 用钢尺进行长度的测设

放样前，首先，应根据钢尺的尺长方程式和地面倾斜情况，求出放样时应测设的距离，然后，沿预定方向将直线终点标出来，再丈量放出来的直线，最后，计算丈量的长度与设计长度之差，根据差值改正直线终点位置，即得设计长度。值得注意的是，丈量距离与长度放样程序相反，故长度放样时的尺长改正、温度改正和倾斜改正数的正负号与丈量距离时也相反。

沿指定方向从起点用钢尺放样设计长度，所测设的距离应满足式（10.2.1），即

$$D = D_0 - D_0\frac{\Delta l}{l} - D_0 a(t - t_0) + \frac{h^2}{2D_0} \tag{10.2.1}$$

式中：D 为用钢尺放样的距离，m；D_0 为设计的水平距离，m；Δl 为尺长改正数，m；l 为钢尺名义长度，m；a 为钢的线膨胀系数（0.0000125）；t 为放样时平均气温，℃；t_0 为钢尺检定时温度，℃；h 为尺段或设计线两端点高差，m。

【例10.2.1】 如图10.2.1所示，自A点沿AC方向的倾斜地面上测设一点B，使其水平距离为26m。设所用的30m钢尺在温度 $t_0=20°C$ 时，鉴定的实际长度为30.003m，

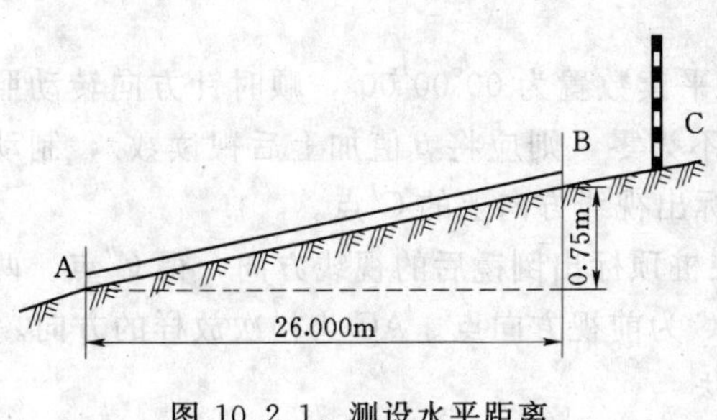

图 10.2.1 测设水平距离

钢尺的膨胀系数 $\alpha=1.25\times10^{-5}$，测设时的温度 $t=4℃$。预先用钢尺概量AB长度得B点的概略位置，用水准仪测得AB的高差 $h=0.75\text{m}$。试求测设时的实量长度。

解：首先计算下列改正数

$$\Delta_l=26\times\frac{30.003-30.00}{30.000}=+0.003\text{m}$$

$$\Delta_h=-\frac{0.75^2}{2\times26}=-0.011\text{m}$$

$$\Delta_t=26\times1.25\times10^{-5}\times(4-20)=-0.005\text{m}$$

由此得放样数据 $D'=26.000-0.003+0.011+0.005=26.013\text{m}$。

当测设长度的精度要求不高时，温度改正可不考虑，在倾斜地面上可拉平钢尺来丈量。

【例 10.2.2】 某厂房轴线的设计长度为75m，轴线两端点高差为1.50m，t 为25℃，放样时长度为30m的钢尺拉力与鉴定时的拉力相同，求放样长度。

解：已知放样用的钢尺尺长方程式为

$$l=30\text{m}+0.004\text{m}+30\text{m}\times0.0000125(t-20℃)$$

由公式（10.2.1）得

$$D=75-0.010-0.005+0.015=75.000\text{m}$$

由于现场测定高差并进行倾斜改正容易发生差错，所以在实际工作中，常避免加倾斜改正数，可将相邻尺段的木桩顶锯成等高，直接测设水平距离。

10.2.1.2 用测距仪测设长度

用光电测距仪进行直线长度放样时，可先在AB方向线上，目估安置反射棱镜，用测距仪测出的水平距离设为 D'。若 D' 与欲测设的距离 D 相差 ΔD，则可前后移动反射棱镜，直至测出的水平距离为 D 时为止。如测距仪有自动跟踪装置，可对反射棱镜进行跟踪，到需测设的距离为止。

10.2.2 已知水平角值的放样

根据已知边和一个设计的水平角，测设出另一条边，使所测出的边与已知边的夹角等于设计的角值，这项工作叫水平角的放样。在施工方格网的测设和建筑物的放样中，经常采用极坐标法定点。这种方法就是已知水平角值放样的具体应用之一。

已知水平角值可以用经纬仪放样，也可以用几何学上的勾股定理，也就是测量工作中的"3∶4∶5"法。还可以根据等腰三角法放样直角及45°角等。现将用经纬仪放样已知水平角的方法和精度介绍如下。

如图10.2.2所示，AB为起始边，β 为设计的水平角，欲测设终了边AC，实测步骤为：

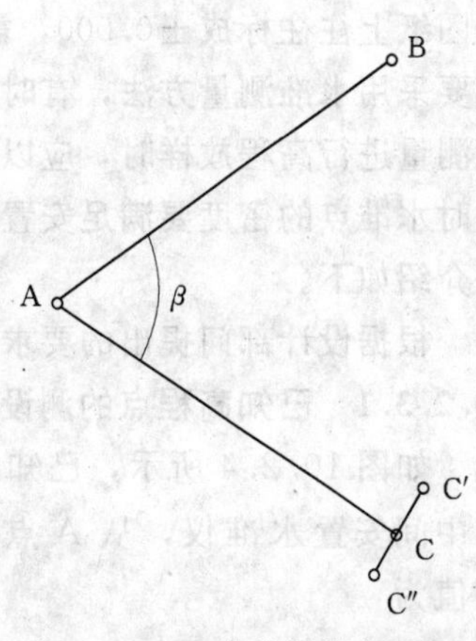

图 10.2.2 直接测设水平角

1. 一般方法

(1) 在 A 点安置仪器，正镜后视 B 点，水平读数置为 $00°00'00''$，顺时针方向转动照准部，当读数为设计角 β 时（若后视 B 点读数不为零，则应将 β 值加上后视读数），制动照准部，在前视方向线上打一木桩，并在桩顶标出视线方向上的 C' 点。

(2) 倒镜。后视 B 点，按 (1) 的操作，在桩顶标出倒镜后的视线方向，得 C'' 点。两次所标定的点若不重合，则取正倒镜分中位置 C 为前视方向点。AC 为初次放样的方向。

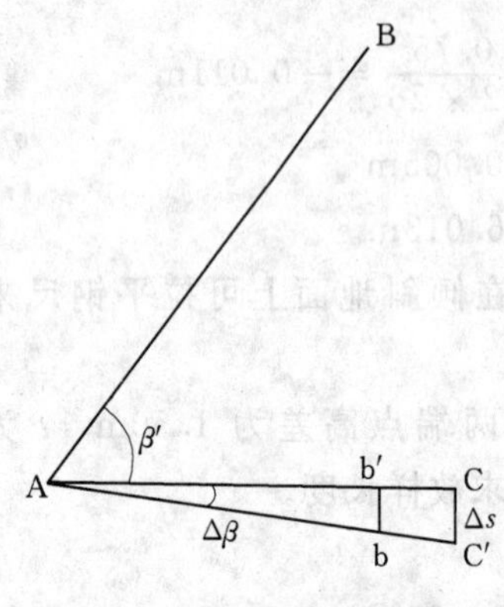

图 10.2.3　精确测设水平角

2. 精确方法

为了检核和提高放样精度，当测设 β 角后，再用角度观测法将 $\angle BAC$ 测几个测回，设其平均值为 β'，当 $\Delta\beta=\beta'-\beta>10''$ 时，应改正初次放样的 AC 方向，如图 10.2.3 所示。然后，沿 AC 方向测设线段 D_{AC}，过 C 点作垂线，截取 $\overline{CC'}=\Delta s$，则 AC' 即为放样的终了边，$\angle BAC'$ 即为设计的 β 角。

改正数 Δs 可按下式计算，即

$$\Delta s = D_{AC}\tan\Delta\beta$$

由于 $\Delta\beta$ 很小，故

$$\Delta s = D_{AC}\frac{\Delta\beta}{\rho} \tag{10.2.2}$$

式中：$\Delta\beta$ 为放样后初端角与设计角之差，($''$)；$\rho=206265''$；Δs 为改正数，应根据 $\Delta\beta$ 的符号作垂线，若 $\Delta\beta$ 为正号，从 C' 点向角内量 Δs，反之则向角外量 Δs。

若 A、C 两点间的距离为 100m，$\Delta\beta$ 为 $+12''$，由式 (10.2.2) 得

$$\Delta s=\frac{12\times 100000}{206265}=6\text{mm}$$

从 C' 点向角内垂直方向量 6mm 标定 C 点，即得终了边 AC。

10.2.3　测设已知高程

在工程建筑物的基础开挖、浇筑立模和结构安装等各施工工序中，常常遇到一个点的高程由设计部门给定，而地面上却没有这个点，例如，房屋建筑中室内地坪的设计高程，在图纸上往往标成±0.000，需要通过高程放样，把这个点在地面上标出来。高程放样，主要采用水准测量方法，有时也采用钢卷尺放样竖直距离或用三角高程测量的方法。用水准测量进行高程放样时，应以必要的精度先将高程控制点引测到工地，建立临时水准点。临时水准点的密度要满足安置一个测站就能放样出所需的高程点的要求。现将高程放样方法介绍如下。

根据设计部门提出的要求，以及施工场地条件，高程放样有以下几种情况。

10.2.3.1　已知高程点的测设

如图 10.2.4 所示，已知水准点 A 的高程为 H_A，设计点 B 的高程为 H_B，在 A、B 点中间安置水准仪，从 A 点上竖立的水准尺得读数为 a，设计点 B 上水准尺应读的数值为

$$b=(H_A+a)-H_B$$

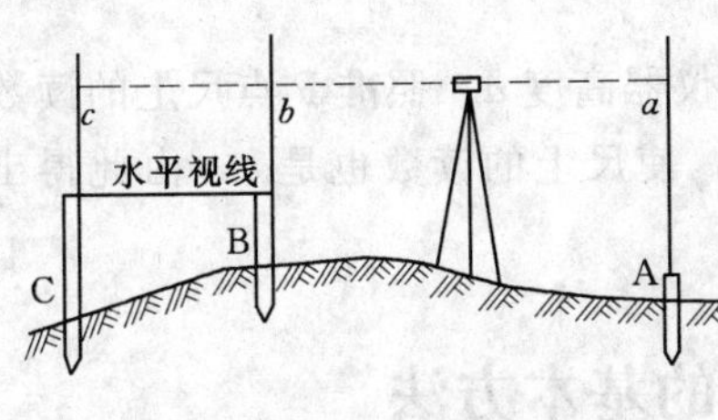

图 10.2.4 高程放样

用升高或降低前视尺的方法，使前视读数与上式算出的数值相等，然后，将前视尺零点用红漆标记在本桩的侧面。混凝土工程可用油漆标记在混凝土墙壁或模板上。有时在标志旁边还注记高程。若要在地面上放一条水平视线，使 $H_C=H_B$，就用放B点的同样方法放出C点，将B和C高程相等点的连线即为水平视线。

10.2.3.2 传递高程的测设深基坑或高层建筑物的高程放样

如图 10.2.5 所示，在深基坑或高层建筑物的高程放样中，已知地面上水准点A的高程为 H_A，需测设基坑内设计点P的高程为 H_P。为此，可在坑口设支架，自上而下悬一钢卷尺，使尺子零点在坑内，尺端悬垂球，为防止尺身抖动，可将垂球浸入水桶内。观测时，采用两台水准仪分别在坑上、坑内设站，根据水准测量原理，被放样点P的前视读数为

$$d=(H_A+a)-H_P-(b-c) \quad (10.2.3)$$

式中：(H_A+a) 为视线高程；H_P 为设计高程；$(b-c)$ 为钢卷尺尺段长度。

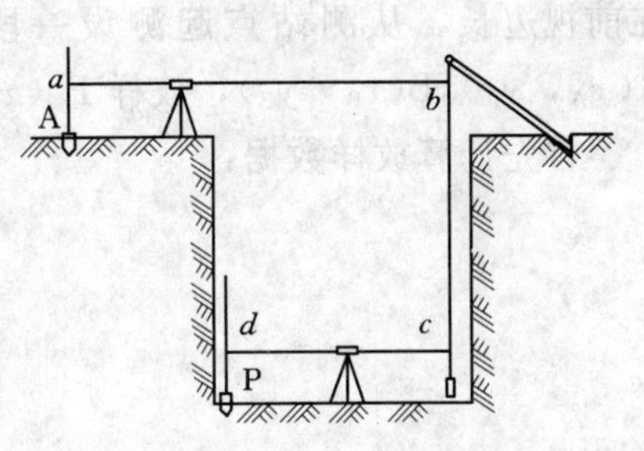

图 10.2.5 深基坑内高程放样

从地面上放样高层建筑物高程的情况与基坑内放样大致相同，故不另述。

10.2.3.3 倾斜视线放样已知坡度线坡放样

在管道工程中放样坡度钉的高程，或者放样已知坡度的场地，都需要进行斜坡放样。如图 10.2.6 所示，已知A点高程为 H_A，A点至设计点C、E、P间的距离为 D_1、D_2、D_3，直线AP的设计坡度为 i，欲放样C、E、P点，应先求P点高程

$$H_P=H_A+iD_3$$

说明：坡度 i 本身有符号，上坡为正号，下坡为负号。

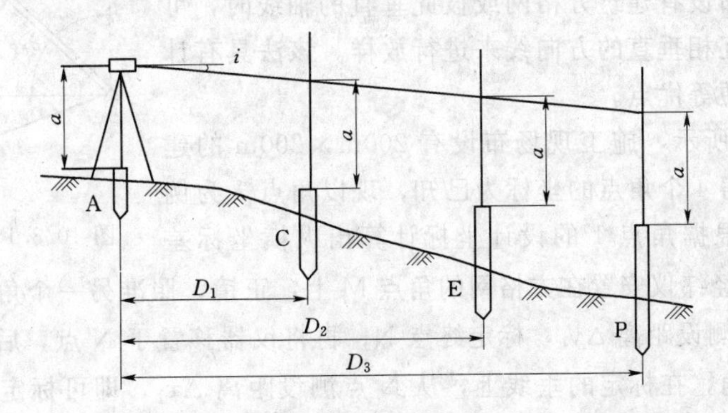

图 10.2.6 斜坡放样

当设计坡度 i 较小时，在A点安置水准仪，量取仪器高度 a，旋转微倾螺旋，用望远镜照准端点P上的水准尺，使读数为 a，此时望远镜视准轴就是坡度线的平行线。再在C、E点立水准尺，并沿木桩上下移动水准尺，使仪器视线对该尺的读数也为 a，则水准

尺的零点就是该点的放样高程 H_P。

当设计坡度 i 较大时，可在 A 点安置经纬仪，量出仪器高度 a，照准 P 点尺上的读数为 a，便得坡度线的平行线。然后，在 C、E 点上立尺，使尺上的读数也是 a，由此得出 C、E 点的放样高程，并在木桩上标定水准尺零点位置。

10.3　测设地面点平面位置的基本方法

测设放样点平面位置的基本方法有：直角坐标法、极坐标法、角度交会法、距离交会法。

10.3.1　极坐标法放样

极坐标法是在一个控制点上，以已知方向线为后视边，顺时针方向测设一个水平角，在前视边长，从测站点起测设一段设计距离，来确定设计点的平面位置。例：已知 A(x_A，y_A)，B(x_B，y_B)，放样 P（x_P，y_P）点。

首先计算放样数据：

$$\alpha_{AB}=\tan^{-1}\frac{y_B-y_A}{x_B-x_A}$$

$$\alpha_{AP}=\tan^{-1}\frac{y_P-y_A}{x_P-x_A}$$

$$D_{AP}=\sqrt{(x_P-x_A)^2+(y_P-y_A)^2}$$

如图 10.3.1 所示，AB 为已知方向线，P 为设计点，放样时先在极点 A 安置经纬仪，后视 B 点，顺时针方向测设已知角 β；在前视方向线上，从 A 点起放样设计距离 D_{AP}，则终点就是设计点 P 的位置。

根据 A、B、P 点的平面坐标，利用坐标反算公式，可以计算 AB、AP 边的坐标方位角并求出水平角 β 以及边长 D_{AP}。

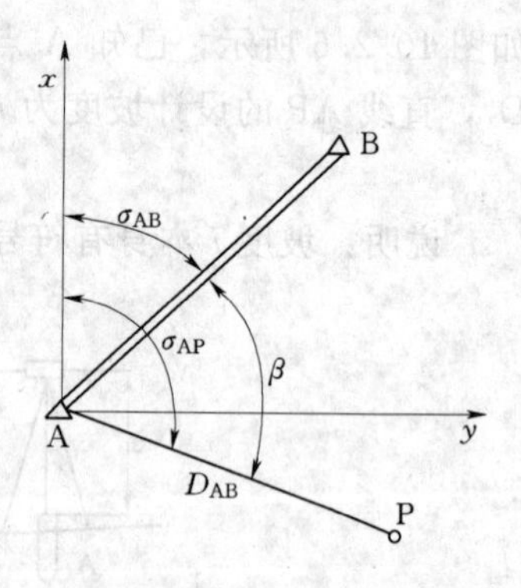

图 10.3.1　极坐标法放样

10.3.2　直角坐标法放样

当施工场地布设有建筑方格网或彼此垂直的轴线时，可以根据已知两条互相垂直的方向线来进行放样。该法具有计算简单、放样方便等优点。

如图 10.3.2 所示，施工现场布设有 200m×200m 的建筑方格网，某厂房 4 个角点的坐标为已知，现以角点 1 为例说明放样方法：根据角点 1 的设计坐标计算出纵横坐标差 Δx_1、Δy_1；先将经纬仪安置在方格网的角点 M 上，正镜，照准另一个角点 Q，沿此方向线从 M 点用钢尺测设距离 Δy_1，标定终点 N；再将仪器移置于 N 点，后视，照准 M 点，用正倒镜测设直角，在标定的垂线上，从 N 点测设距离 Δx_1，即可标定 1 点。其他角点 2、3、4 可用同样方法测设。最后，应测量 1－2、2－3、3－4、4－1 边的长度，以检验放样长度与设计长度之差是否符合规范要求。

10.3.3　角度交会法

大中型混凝土拱坝、深水中的桥墩和高层建筑物定位时，由于结构物的尺寸较大，形

状复杂，直接测设距离困难，因此，可采用前方交会法放样，它是工程建设中常用的一种放样方法，现将放样方法及其精度介绍如下。

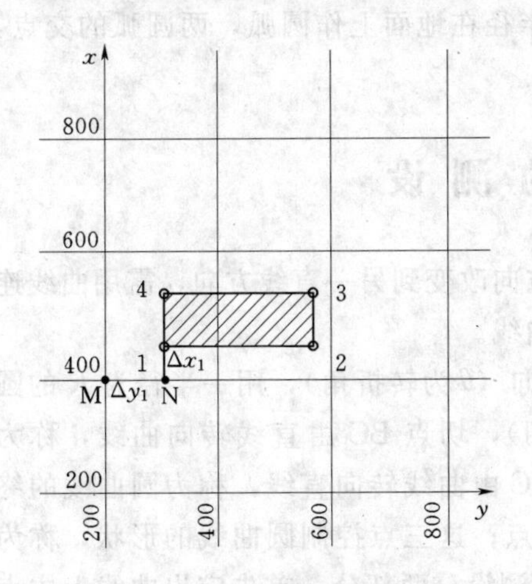

图 10.3.2　直角坐标法放样

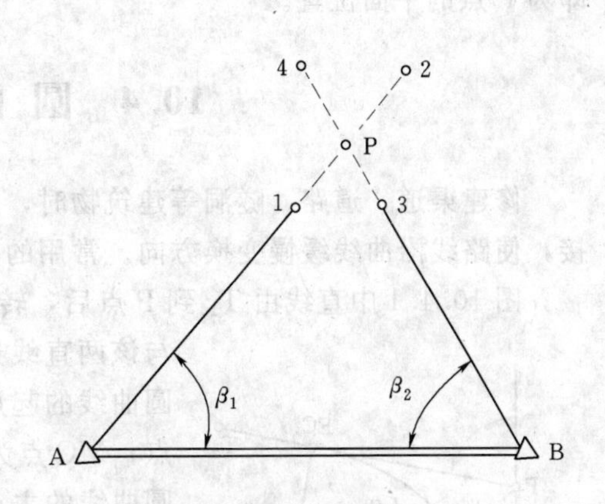

图 10.3.3　角度交会法

前方交会法的基本方法是在两个已知点上设站，利用设计点与已知点的坐标，计算两个水平角度，根据两个方向线直接交会定点。如图 10.3.3 所示，地面上已有两个控制点 A、B，设计点 P 的坐标也为已知。放样前，先按控制点与设计点坐标计算坐标方位角 α_{AP}、α_{BP}，再计算水平角 β_1、β_2，然后，进行放样。

10.3.3.1　一般方法

方法一：放样时，在 A 点设站，以 B 点为后视归零，正镜，使仪器照准部顺时针方向旋转（$360°-\beta_1$）角，倒镜，再观测一次，并在 P 点附近先后画出两条方向线，取两方向线的平均方向 AP，同时在 P 点附近沿 AP 方向设置 1、2 两桩。同理，在 B 点设站，以 A 点为后视，并沿 BP 方向在 P 点附近设置 3、4 两桩。沿 1－2 与 3－4 方向分别引张细绳，两绳的交点就是所放样的 P 点，然后，用木桩标定。

方法二：放样时，在 A 点设站，以 B 点为后视方位角，正镜，使仪器水平度盘读数为 α_{AP}，倒镜，再观测一次，并在 P 点附近先后画出两条方向线，取两方向线的平均方向 AP，同时在 P 点附近沿 AP 方向设置 1、2 两桩。同理，在 B 点设站，以 A 点为后视方位角，并沿 BP 方向在 P 点附近设置 3、4 两桩。沿 1－2 与 3－4 方向分别引张细绳，两绳的交点就是所放样的 P 点，然后，用木桩标定。当放样点的精度要求较高时，可采用下述方法进行放样。

10.3.3.2　精确方法

用上述方法初步标出设计点位后，再精密测定该点的位置。具体方法是在 A、B 点上以必要的精度观测 β_1 与 β_2 角外，还在初步标出的点上安置仪器，观测顶角，构成单三角形，然后，进行平差，计算该点的实测坐标，将实测坐标与设计坐标进行比较，按其差值将初步标出的点位改正到设计的位置。

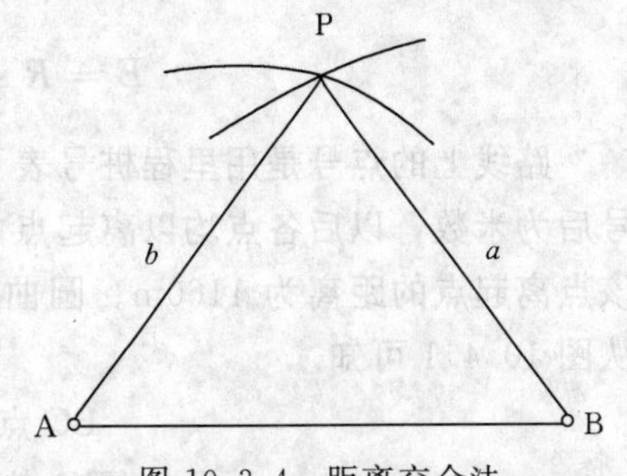

图 10.3.4　距离交会法

10.3.4　距离交会法

如图 10.3.4 所示，以控制点 A、B 为圆心，分别以 AP、BP 的长度（可用坐标反算公式求得）为半径在地面上作圆弧，两圆弧的交点，即为 P 点的平面位置。

10.4　圆曲线的测设

修建渠道、道路、隧洞等建筑物时，从一直线方向改变到另一直线方向，需用曲线连接，使路线沿曲线缓慢变换方向。常用的曲线是圆曲线。

图 10.4.1 中直线由 T_1 到 P 点后，转向 PT_2 方向（θ 为转折角），用一半径为 R 的圆与该两直线连接（相切），切点 BC 由直线转向曲线，称为圆曲线的起点；切点 EC 由曲线转向直线，称为圆曲线的终点；MC 点为曲线的中点；这三点控制圆曲线的形状，称为圆曲线的主点。圆曲线测设分两部分，首先定出曲线上主点的位置；然后定出曲线上细部点的位置。

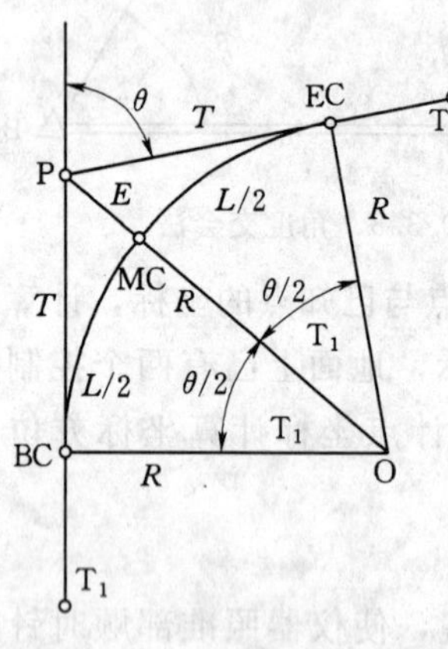

图 10.4.1　圆曲线主点放样示意图

10.4.1　圆曲线主点的测设

图 10.4.1 中，BC 为曲线起点，EC 为曲线终点，MC 为曲线中点，要定出这三个主点的位置，必须知道下面五个元素。

（1）转折角 θ（前一直线的延线与后一直线的夹角，在延长线左的为“偏左”，在右者为“偏右”）。

（2）圆曲线半径 R。

（3）切线长 $l_{BCP}=l_{ECP}=T$。

（4）曲线长 BC—MC—EC$=L$。

（5）外矢距 $l_{PMC}=E$。

上面几个元素中，转折角 θ 是用经纬仪实测的，半径 R 是在设计时选定的。其他三个元素与 θ 和 R 的关系是

$$T = R\tan\frac{\theta}{2} \tag{10.4.1}$$

$$L = R\theta\frac{\pi}{180} \tag{10.4.2}$$

$$E = R\sec\frac{\theta}{2} - R = R\left(\sec\frac{\theta}{2} - 1\right) \tag{10.4.3}$$

路线上的点号是用里程桩号表示的，起点的桩号为 0+000，“+”号前为公里，“+”号后为米数，以后各点均以离起点的距离作为其桩号，例如某点的桩号为 1+160，表示该点离起点的距离为 1160m。圆曲线三个主点的里程，是根据 P 点的里程桩号计算的，从图 10.4.1 可知

BC 点的里程＝P 点的里程－T

EC 点的里程＝BC 点的里程＋L

$$MC点的里程=BC点的里程+\frac{L}{2}$$

【例 10.4.1】 路线转折点P的里程桩号为0+380.89，$\theta=23°20'$（偏右），选定$R=200$m，试求主点的里程。

由式（10.4.1）求得

$$T=200\tan\frac{23°20'}{2}=41.30\text{m}$$

$$L=200\times\frac{\pi}{180}\times 23°20'=81.45\text{m}$$

$$E=200\times\left(\sec\frac{23°20'}{2}-1\right)=4.22\text{m}$$

BC点的里程=（0+380.89）－41.30=0+339.59

EC点的里程=（0+339.59）＋81.45=0+421.04

$$MC点的里程=（0+339.59）+\frac{81.45}{2}=0+380.32$$

在实地测设曲线上各个主点时，从转折点P沿PT_1及PT_2各量一段距离T，就可以定出曲线起点BC和终点EC的位置。再在P点安置经纬仪，瞄准EC点为零方向，将照准部转动$\frac{1}{2}$/（180－θ）的角度，得出外矢距的方向，在此方向上量取外矢距E的长度，就可以定出曲线中点Mc的位置。

10.4.2 曲线细部的测设

曲线除主点外，还应在曲线上每隔一定距离（弧长）测设一些点，这工作称为曲线细部点的测设。在渠道、道路等曲线上点的里程，一般都是10m、20m或50m的整数倍数，由于曲线起、终点的里程都不是上述的整数倍数，因此，如图10.4.2中曲线上第1点P_1和最末一点P_5到起、终点BC、EC的距离l_1和l_2都小于P_1～P_5间相邻两点的距离l。应按此分别计算各点的测设数据。

测设细部的方法很多，下面介绍几种常用的方法。

10.4.2.1 直角坐标法（也称切线支距法）

以曲线起点BC（或曲线终点EC）为坐标原点，通过该点的切线为x轴，垂直于切线的半径为y轴，建立直角坐标系。如图10.4.3所示，弧l_1及弧l所对的圆心角分别为ϕ_1

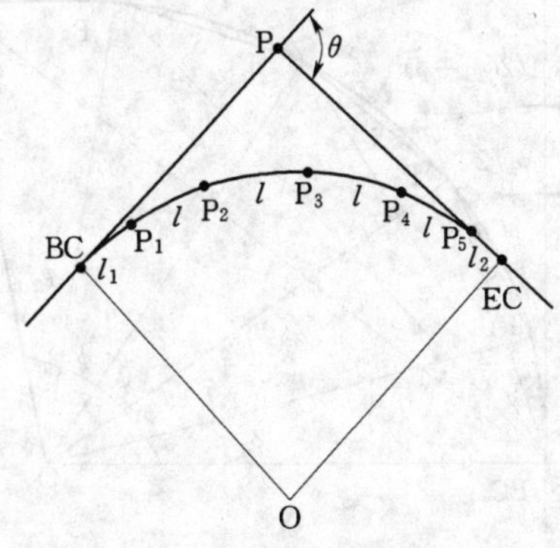

图 10.4.2 圆曲线细部点示意图

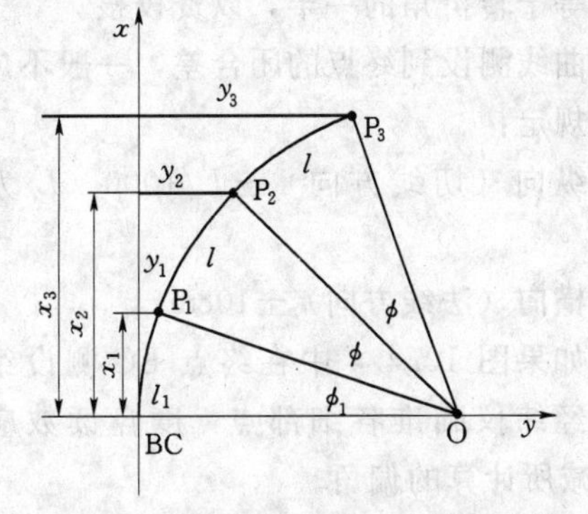

图 10.4.3 曲线细部测设——直角坐标法

及 ϕ，则

$$\phi_1 = \frac{l_1}{R}\frac{180}{\pi};\quad \phi = \frac{l}{R}\frac{180}{\pi}$$

由图可知细部点 P_1、P_2、P_3、…点的坐标为

$$x_1 = R\sin\phi_1;\ y_1 = R - R\cos\phi_1 = 2R\sin^2\frac{\phi_1}{2}$$

$$x_2 = R\sin(\phi_1+\phi);\ y_2 = R - R\cos(\phi_1+\phi) = 2R\sin^2\frac{1}{2}(\phi_1+\phi)$$

$$x_3 = R\sin(\phi_1+2\phi);\ y_3 = R - R\cos(\phi_1+2\phi) = 2R\sin^2\frac{1}{2}(\phi_1+2\phi) \quad (10.4.4)$$

在实地测设细部点时，根据算得的放样数据，用钢尺或皮尺由曲线起点沿切线方向量出 x_1、x_2、x_3、…，插上测钎作标记，然后分别作垂线并量出 y_1、y_2、y_3、…长度，就得曲线上细部点 P_1、P_2、P_3、…点。丈量各放出点间的距离（弦长），以资校核。

10.4.2.2 偏角法

偏角法的原理与极坐标相似，曲线上的点位，是由切线与弦线的夹角（称为偏角）和规定的弦长测定的。如图 10.4.4 所示，在曲线起点 BC 测设细部（也可在终点 EC 测设），l 为整弧长，l_1 与 l_2 为曲线首尾段的弧长，它们所对的圆心角分别为 ϕ、ϕ_1 及 ϕ_2，所对的弦分别为 S、S_1 及 S_2。测设 P_1 时用偏角 $\angle PBCP_1$（弦切角 $=\frac{1}{2}$圆心角 $=\frac{1}{2}\phi_1$）及弦长 S_1 测定（极坐标法）。测设 P_2 时，则用偏角 $\angle PBCP_2\left(\frac{1}{2}\phi_1+\frac{1}{2}\phi\right)$ 获得 BCP_2 方向，而后由 P_1 点以弦长 S 在 BCP_2 方向上相交得 P_2 点。以后各点用测设 P_2 点相同的方法测设。

计算放样数据所用的公式见如下所述。

得到曲线上细部点 P_1、P_2、P_3、…点。丈量各放出点间的距离（弦长），以资校核。

$$\phi = \frac{l}{R}\frac{180}{\pi},\ \phi_1 = \frac{l_1}{R}\frac{180}{\pi},\ \phi_2 = \frac{l_2}{R}\frac{180}{\pi}$$

$$S = 2R\sin\frac{\phi}{2},\ S_1 = 2R\sin\frac{\phi_1}{2},\ S_2 = 2R\sin\frac{\phi_2}{2} \quad (10.4.5)$$

计算偏角时，需计算到主点 EC 的偏角，它应等于转折角的一半，以资校核。

曲线测设到终点的闭合差，一般不应超过如下规定：

纵向（切线方向）$\pm L/1000$（L 为曲线长）。

横向（法线方向）± 10cm。

如果图 10.4.4 中在终点 EC 测设细部点时，经纬仪瞄准各细部点，度盘读数应置于 360°减所计算的偏角。

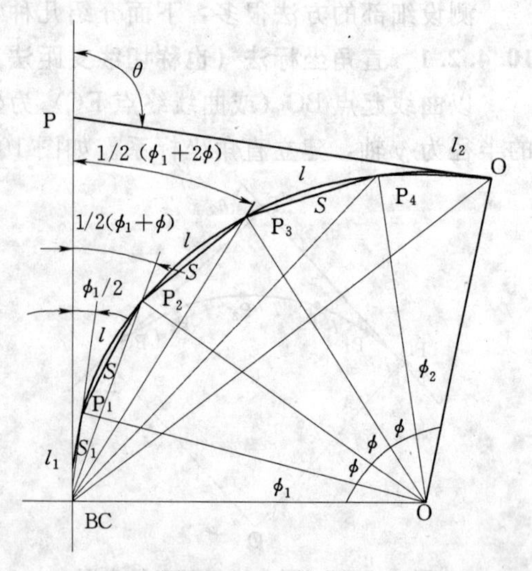

图 10.4.4 偏角法

【例 10.4.2】 用偏角测设例 10.4.1 中

曲线的细部。

解：在例 10.4.1 中三个主点里程桩号为

$$起点\ BC\ 的里程=0+339.59$$
$$中点\ MC\ 的里程=0+380.32$$
$$终点\ EC\ 的里程=0+421.04$$

以每隔 20m 钉一整数里程桩，则要测设的细部点有 0+340、0+360、0+380、0+400、0+420 等五个里程桩。因此，$l_1=340-339.59=0.41$，$l_2=421.04-420=1.04$，$l=20$。按式（10.4.5）算得

$$\phi_1/2=0°03'31'',\ S_1=0.41$$
$$\phi/2=2°51'53'',\ S=19.99$$
$$\phi_2/2=0°08'56'',\ S_2=1.04$$

放样数据列于表 10.4.1。

表 10.4.1　　圆曲线放样数据表

曲线元素	桩　号	偏　角	度盘读数	弦　长	备　注
转折点桩号 0+380.89 转折角 $\theta=23°20'$右 $R=200$m $T=41.30$m $L=81.45$m $E=4.22$m	起点 0+339.59	0°00′00″	0°00′00″	$S_1=0.41$m	$\theta/2=11°39'59''$
	0+340	0°03′31″	0°03′31″		
	0+360	2°55′24″	2°55′24″	$S_1=19.99$m	
	0+380	5°47′17″	5°47′17″		
	中点 0+3380.32				
	0+400	8°39′10″	8°39′10″		
	0+420	11°31′03″	11°31′03″	$S_1=1.04$m	
	终点 0+421.04	11°39′59″	11°39′59″		

注　偏角为顺时针方向时，度盘读数同计算的偏角值。如偏角为逆时针方向时，度盘读数应为 360°减计算的偏角值。

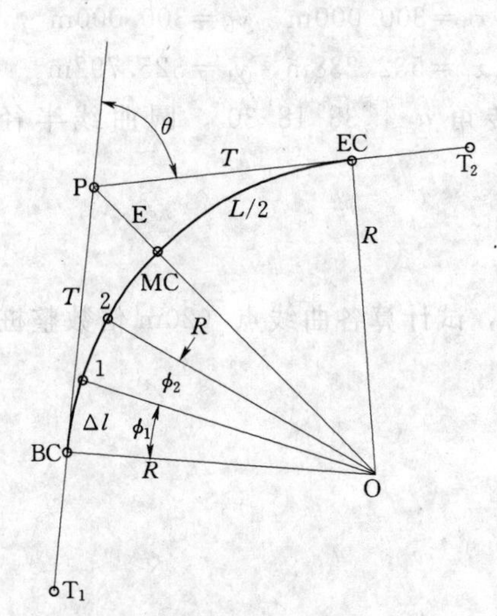

图 10.4.5　极坐标法

如果遇有障碍阻挡视线，则如图 10.4.4 所示，测设 P_3 点时，视线被房屋挡住，则可将仪器搬至 P_2 点，度盘置 0°00′，照准 BC 点后，倒转望远镜，转动照准部使度盘读数为 P_3 点的偏角值，此时视线就处于 P_2P_3 方向线上，由 P_2 在此方向上量弦长 S 即得 P_3 点。运用已算得的偏角数据，继续测设以后各点。

10.4.2.3　极坐标法

由于红外线测距仪或全站仪在各建筑工程、公路工程中的广泛使用，极坐标法已成为简便、迅速、精确的曲线测设方法。极坐标法就是先计算出圆曲线上某里程桩点的坐标，然后用极坐标法在地面上放出这些点。下面举例说明：如图 10.4.5 所示。

T_1、P、T_2 三点坐标是已知的，可以算出方位角

α_{BCP}，方位角 $\alpha_{BCO}=\alpha_{BCP}+90°$，则 O 点坐标 $x_O=x_{BC}+R\cos\alpha_{BCO}$，$y_O=y_{BC}+R\sin\alpha_{BCO}$。

在 1 点取整数里程桩，则 Δl 所对应圆心角为 $\phi_1=\dfrac{\Delta l}{R}\dfrac{180°}{\pi}$，$\alpha_{O1}=\alpha_{OBC}+\phi_1$，则 1 点坐标，$x_1=x_O+R\cos\alpha_{O1}$，$y_1=y_O+R\sin\alpha_{O1}$。

在 2 点取整数里程桩，用计算 1 点坐标的方法计算 2 点坐标，$x_2=x_O+R\cos\alpha_{O2}$，$y_1=y_O+R\sin\alpha_{O2}$。其余各点坐标用上述方法计算出。

圆曲线上各点坐标计算出来后，用极坐标法在地面上放出这些点（若用全站仪的放样菜单放样，则会提高放样速度和精度），将各点光滑连接起来，就是所要放的圆曲线。

习　题

1. 设钢尺的名义长度为 30m，检定时的实际长度为 30.008m，用此钢尺测设水平距离为 28.000m 的直线 AB，测设时的拉力与检定时相同，温度比检定时高 5℃，A、B 两点的高差 $h_{AB}=0.200$m，试求测设时沿地面需要量出的长度。

2. 先用一般方法测设一直角∠BAC，再进行多测回观测得其角值为 90°00′24″，已知 AC 距离为 100.000m，试计算改正该角值的垂距，改正的方向是向内还是向外？

3. 利用水准点 A 测设高程为 26.000m 的室内地坪±0 标高，已知 $H_A=25.345$m，水准点上的后视读数 $a=1.520$m，试计算±0 标高的前视尺应有的读数 b。

4. 设已知边 AB 的坐标方位角 $\alpha_{AB}=300°04'$，A 点坐标为：$x_A=14.22$m，$y_A=42.34$m，待定点 P 的坐标为 $x_P=42.34$m，$y_P=86.71$m。试计算用极坐标测设 P 点的测设数据。

5. 设直线 AB 的水平距离 $D=100.000$m，A 点高程 $H_A=65.123$m，B 点高 $H_B=66.000$m。现将经纬仪安置于 A 点，仪器高 $i=1.500$m，试求要获得 −3‰ 的倾斜视线望远镜在 B 点标尺上的读数应是多少？

6. 已知控制点 A、B、C 及待定点 P 的坐标，试求用角度交会法测设 P 点的测设数据。

A 点　$x_A=502.735$m，$y_A=124.360$m　　B 点　$x_B=300.000$m，$y_B=300.000$m

C 点　$x_C=480.320$m，$y_C=453.883$m　　P 点　$x_P=532.238$m，$y_P=325.792$m

7. 已知交点（JD）的桩号为 K1＋956.54，转角 $\alpha_{左}$：38°18′30″，圆曲线半径为 250m。

（1）计算圆曲线测设元素。

（2）计算主点桩号。

（3）在圆曲线起点（ZY）用偏角法进行详细测设，试计算各曲线点（20m 倍数整桩号）的偏角值及偏角读数值。

第 11 章　工业与民用建筑测量

学习目标：

通过本章学习，了解工业与民用建筑测量的基本要求和内容；掌握工业与民用建筑施工测量基本方法；重点掌握轴线的测设和标高的传递。

工业与民用建筑测量是指工业与民用建筑工程在勘测设计、施工和竣工后各个阶段所进行的测量工作。主要指施工阶段的测量工作，其任务是将设计好的建筑物、构筑物的平面位置和高程，按设计要求以一定的精度测设在地面上，以指导和衔接各工序间的施工，从根本上保证施工质量。

11.1　建筑场地施工控制测量

在工程建设勘测阶段已建立了测图控制网，由于它是为测图而建立的，未考虑施工时的要求，因此控制点的分布、密度、精度都难以满足施工测量的要求。此外，平整场地时控制点大多受到破坏，因此，在施工之前必须建立施工控制网。

11.1.1　平面控制

工业与民用建筑场地的平面控制网视场地面积大小及建筑物的布置情况，通常布设成三角网、导线网、GPS 网、建筑基线或建筑方格网的形式。三角网、导线网、GPS 网，其测量方法在其他章节介绍，在此不再赘述。本章重点介绍建筑基线和建筑方格网的布设方法。

11.1.1.1　建筑基线

1. 建筑基线的布设

建筑场地的施工控制基准线，称为建筑基线。即在建筑场地上布设一条长基线或若干条与其垂直的短基线。建筑基线的布置，主要根据建筑物的分布、场地的地形和原有测图控制点的情况而定。常用建筑基线的布设形式有四种，如图 11.1.1 所示。

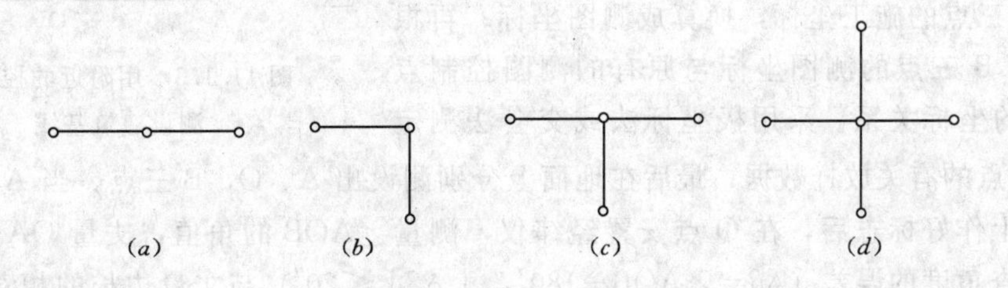

图 11.1.1　建筑基线的布设形式

(a) 三点直线形；(b) 三点直角形；(c) 四点丁字形；(d) 五点十字形

建筑基线布设的位置，应尽量临近建筑场地中的主要建筑物，且与其轴线相平行，以便采用直角坐标法进行放样。为了便于检查基线点位有无变动，基线点不得少于三个。基线点位应选在通视良好而不受施工干扰的地方。若点需长期保存，要建立永久性标志。

2. 建筑基线的测设

根据建筑场地的不同情况，测设建筑基线的方法主要有下述两种。

(1) 用建筑红线测设。

在城市建设中，建筑用地的界址，是由规划部门确定，并由拨地单位在现场直接标定出用地边界点（界址点），边界点的连线，称为建筑红线。拟建的主要建筑物或建筑群中的多数建筑物的主轴线与建筑红线平行。因此，可根据建筑红线用平行线推移法测设建筑基线。

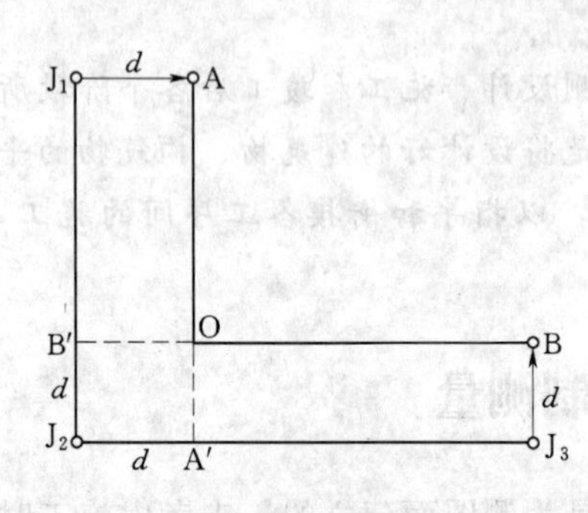

图 11.1.2　建筑红线测设建筑基线

如图 11.1.2 所示，J_1-J_2 和 J_2-J_3 是两条互相垂直的建筑红线，A、O、B 三点是欲测的建筑基线点。其测设过程：从 J_2 点出发，沿 J_2J_3 和 J_2J_1 方向分别量取 d 长度得出 A′和 B′点；再过 J_1、J_3 两点分别用经纬仪作建筑红线的垂线，并沿垂线方向分别量取 d 的长度得出 A 点和 B 点；然后，将 AA′与 BB′连线，则交会出 O 点。A、O、B 三点即为建筑基线点。

当把 A、O、B 三点在地面上作好标志后，将经纬仪安置在 O 点上，精确观测∠AOB，若∠AOB 与 90°之差不在容许值以内时（±20″），应进一步检查测设数据和测设方法，并应对∠AOB 按水平角精确测设法来进行点位的调整，使∠AOB=90°。

如果建筑红线完全符合作为建筑基线的条件时，可将其作为建筑基线使用，即直接用建筑红线进行建筑物的放样，既简便又快捷。

(2) 用附近的控制点测设建筑基线。

在新建筑区，没有建筑红线作依据时，就需要在建筑设计总平面图上，根据建筑物的设计坐标和附近已有的测图控制点来选定建筑基线的位置，并在实地采用极坐标法或交会法把基线点在地面上标定出来。

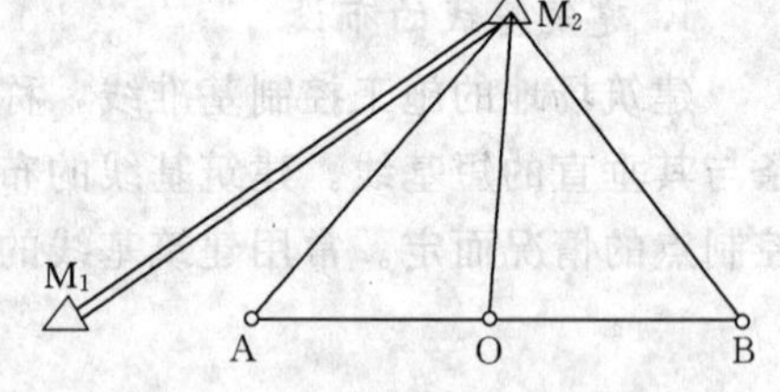

图 11.1.3　用附近的控制点测设建筑基线

如图 11.1.3 所示，M_1、M_2 两点为已有的控制点，A、O、B 三点为欲测设的建筑基线点。首先将 A、O、B 三点的施工坐标，换算成测图坐标；再根据 A、O、B 三点的测图坐标与原有的测图控制点 M_1、M_2 的坐标关系，采用极坐标法或交会法测定 A、O、B 点的有关放样数据；最后在地面上分别测设出 A、O、B 三点。当 A、O、B 三点在地面上作好标志后，在 O 点安置经纬仪，测量∠AOB 的角值，丈量 OA、OB 的距离。若检查角度的误差（$\Delta\beta=\angle AOB-180°$，$|\Delta\beta|\leqslant 20''$）与丈量边长的相对误差均不在容许值以内时，就要调整 A、B 两点，使其满足规定的精度要求。

调整三个点的位置时，如图 11.1.4 所示，应先根据三个主点间的距离 a 和 b 按下列公式计算调整值 δ，即

$$\delta=\frac{ab}{a+b}\times\frac{180°-\beta}{2\rho} \tag{11.1.1}$$

式中：ρ为1rad对应的秒值，$\rho=206265''$。

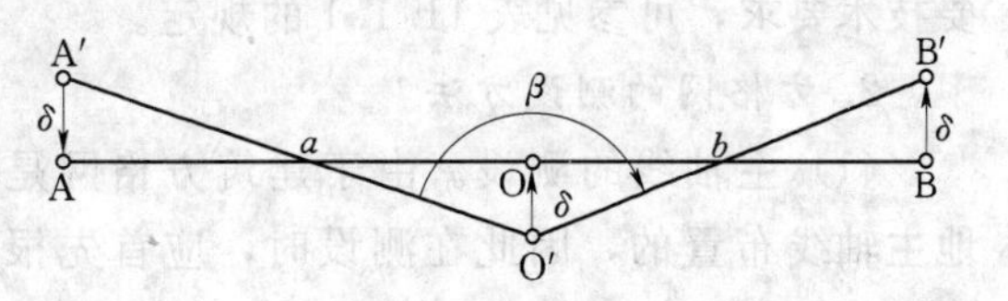

图 11.1.4 调整三个主点的位置

将A'、O'、B'三点沿与轴线垂直方向移动一个改正值δ，但O'点与A'、B'两点移动的方向相反，移动后得A、O、B三点。为了保证测设精度，应再重复检测∠AOB，如果检测结果与180°之差仍旧超过限差时，需再进行调整；直到误差在容许值以内为止。

除了调整角度之外，还要调整三个主点间的距离。先丈量检查AO及OB间的距离，若检查结果与设计长度之差的相对误差大于规定，则以O点为准，按设计长度调整A、B两点。调整需反复进行，直到误差在容许值以内为止。

【例 11.1.1】 如图11.1.4所示，某工地要测设一个建筑基线，其中：$a=b=100$m，初步测定后，定出A'、O'、B'，测出$\beta=180°01'42''$，问其改正值δ为多少？方向如何？

解：(1) $\delta=\dfrac{ab}{a+b}\ \dfrac{180°-\beta}{2\rho}$

$=\dfrac{100\times100}{100+100}\times\dfrac{180°-180°01'42''}{2\times206265}$

$=-0.012$m

(2) 在A'和B'点处δ向上；O'点处δ向下。

注意：$180-\beta$要以秒（″）为单位。

11.1.1.2 建筑方格网

1. 建筑方格网的布设

由正方形或矩形的格网组成建筑场地的施工平面控制网，称为建筑方格网。其适用于大型的建筑场地。建筑方格网的布置，应根据建筑设计总平面图上各种建筑物、道路、管线的分布情况，并结合现场地形条件而拟定。方格网的形式，可布置成正方形或矩形。布置建筑方格网时，先要选定两条互相垂直的主轴线，如图11.1.5中的AOB和COD，再全面布设格网。当建筑场地占地面积较大时，通常是分两级布设，首级为基本网，先测设十字形、口字形或田字形的主轴线，然后再加密次级的方格网。当场地面积不大时，尽量布置成全方格网。

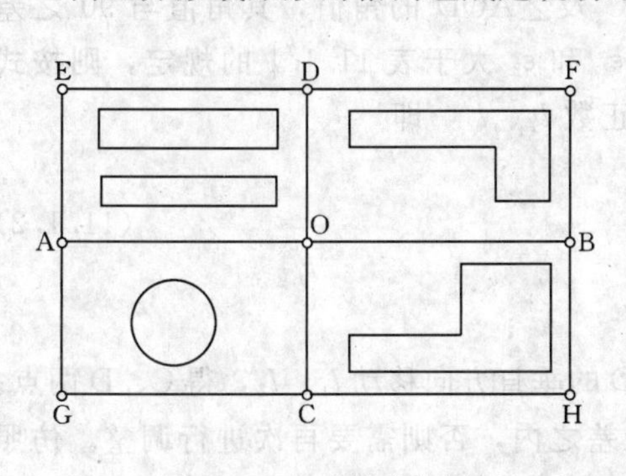

图 11.1.5 建筑方格网

方格网的主轴线，应布设在整个建筑场地的中央，其方向应与主要建筑物的轴线平行或垂直，并且长轴线上的定位点不得少于3个。主轴线的各端点应延伸到场地的边缘，以便控制整个场地。主轴线上的点位，必须建立永久性标志，以便长期保存。

当方格网的主轴线选定后，就可根据建筑物的大小和分布情况而加密格网。在选定格网点时，应以简单、实用为原则，在满足放样的前提下，格网点的点数应尽量减少。方格网的转折角应严格为90°，相邻格网点要保持通视，点位要能长期保存。建筑方格网的主

要技术要求，可参见表 11.1.1 的规定。

2. 方格网的测设方法

(1) 主轴线的测设。由于建筑方格网是根据场地主轴线布置的，因此在测设时，应首先根据场地原有的控制点，测设出主轴线的三个主点。

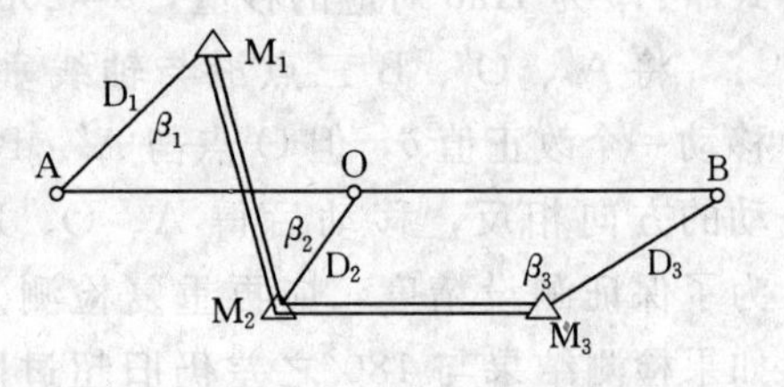

图 11.1.6　主轴线的测设

如图 11.1.6 所示，M_1、M_2、M_3 三点为已有的测图控制点，其坐标已知；A、O、B 三点为选定的主轴线上的主点，其坐标可以由设计图纸量得，则根据三个测图控制点 M_1、M_2、M_3，采用极坐标法即可测设出 A、O、B 三个主点。

测设三个主点的过程：先将 A、O、B 三点的施工坐标换算成测图坐标；再根据它们的坐标与测图控制点 M_1、M、M_3 的坐标关系，计算出放样数据 β_1、β_2、β_3 和 D_1、D_2、D_3，如图 11.1.6 所示，然后用极坐标法测设出三个主点 A、O、B 的概略位置为 A′、O′、B′。

当三个主点的概略位置在地面上标定出来后，要检查三个主点是否在一条直线上。由于测量误差的存在，使测设的三个主点 A′、O′、B′不在一条直线上，三个主点的调整方法和建筑基线三个主点的调整方法相同。

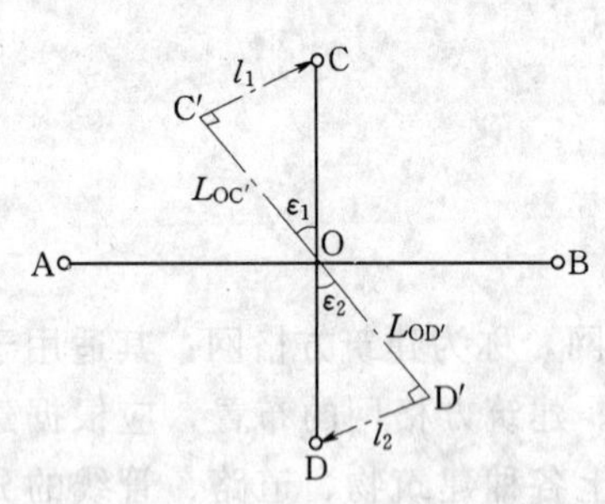

图 11.1.7　测设主轴线 COD

当主轴线的三个主点 A、O、B 定位后，就可测设与 AOB 主轴线相垂直的另一条主轴线 COD。如图 11.1.7 所示，将经纬仪安置在 O 点上，照准 A 点，分别向左、向右测设 90°；并根据 OC 和 OD 的距离，在地面上标定出 C、D 两点的概略位置为 C′、D′；然后分别精确测出∠AOC′及∠AOD′的角值，其角值与 90°之差为 ε_1 和 ε_2，若 ε_1 和 ε_2 大于表 11.1.1 的规定，则按式 (11.1.2) 求改正数 l_1、l_2，即

$$l = L\frac{\varepsilon''}{\rho''} \tag{11.1.2}$$

式中：L 为 OC′或 OD′的距离。

根据改正数，将 C′、D′两点分别沿 C′C、D′D 的垂直方向移动 l_1、l_2，得 C、D 两点。然后检测∠COD，其值与 180°之差应在规定的限差之内，否则需要再次进行调整。仿照上述同样方法检测 CO、DO 的距离。

(2) 方格网点的测设。主轴线确定后，先进行主方格网的测设，然后在主方格网内进行方格网的加密。主方格网的测设，采用角度交会法定出格网点。其作业过程如图 11.1.5 所示，用两台经纬仪分别安置在 A、C 两点上，均以 O 点为起始方向，分别向左、向右精确地测设出 90°角，在测设方向上交会于 G 点，交点 G 的位置确定后，进行交角的检测和调整，同法测设出主方格网点 E、F、H，这样就构成了“田”字形的主方格网。

当主方格网测定后，以主方格网点为基础，加密其余各格网点。

3. 建筑方格网精度要求

根据国家GB 50026—93《工程测量规范》规定：建筑场地大于$1km^2$或重工业区，宜建立相当于一级导线精度的平面控制网；建筑场地小于$1km^2$或重工业区，宜建立相当于二、三级导线精度的平面控制网。

建筑方格网的主要技术要求应符合表11.1.1的规定；距离测量应符合表11.1.2中的规定；角度观测应符合表11.1.3中的规定。

表11.1.1 建筑方格网的主要技术要求

等级	边长（m）	测角中误差（″）	边长相对中误差
Ⅰ	100～300	5	≤1/30000
Ⅱ	100～300	8	≤1/20000

表11.1.2 测距仪测设方格网边长的限差要求

方格网等级	仪器分级	总测回数
Ⅰ	Ⅰ级精度、Ⅱ级精度	4
Ⅱ	Ⅱ级精度	2

表11.1.3 方格网测设的限差要求

方格网等级	经纬仪型号	测角中误差（″）	测回数	测微器两次读数（″）	半测回归零差（″）	一测回2C值互差（″）	各测回方向互差（″）
Ⅰ	DJ_1	5	2	≤1	≤6	≤9	≤6
	DJ_2	5	3	≤3	≤8	≤13	≤9
Ⅱ	DJ_2	8	2	—	≤12	≤18	≤12

11.1.1.3 施工坐标系和测图坐标系的换算

1. 测图坐标系

为了便于地形图的使用，在测图时采用国家统一的（高斯平面坐标系）或任意的平面直角坐标系。南北方向为x轴，东西方向为y轴。

2. 施工坐标系

为了便于建筑物的设计和施工放样，设计总平面图上的建（构）筑物的平面位置常采用施工坐标系（又称建筑坐标系）的坐标。其纵坐标用A表示，横坐标用B表示，坐标原点常设在总平面图的西南角。

3. 施工坐标系和测图坐标系的换算

如图11.1.8所示，xoy为测量坐标系，AMB为施工坐标系，P点在两个坐标系中的坐标值分别为：(X_p，Y_p)，(A_p，B_p)。若点在施工坐标系中坐标值为已知，则可按下式将其换算成测图坐标系中的坐标值。

$$\begin{cases} x_p = x_m + A_p\cos\alpha - B_p\sin\alpha \\ y_p = y_m + B_p\cos\alpha + A_p\sin\alpha \end{cases} \tag{11.1.3}$$

式中：x_m，y_m为施工坐标系原点在测图坐标系中的坐标值；α为施工坐标系相对测图坐标系的旋转角。

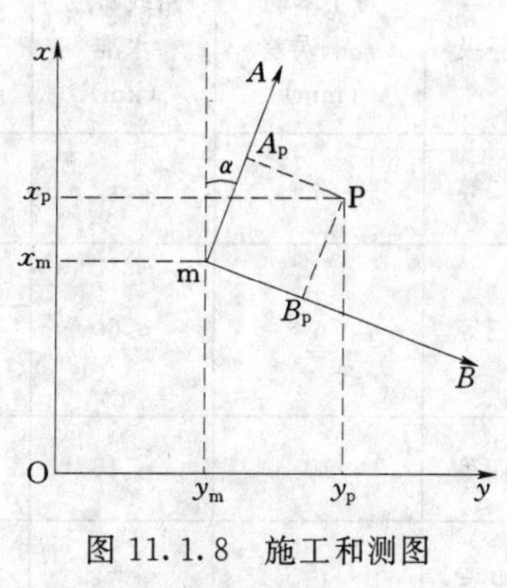

图11.1.8 施工和测图坐标系的关系

若点在测图坐标系中坐标值为已知，则可按式(11.1.4)将其换算成施工坐标系中的坐标值。

$$\begin{cases} A_p = (x_p - x_m)\cos\alpha + (y_p - y_m)\sin\alpha \\ B_p = -(x_p - x_m)\sin\alpha + (y_p - y_m)\cos\alpha \end{cases} \tag{11.1.4}$$

11.1.2　高程控制

1. 高程控制点布设要求

由于测图高程控制网在点位分布和密度方面均不能满足施工测量的需要，因此，在施工场地建立平面控制网的同时还必须重新建立施工高程控制网。

建立施工高程控制网时，当建筑场地面积不大时，一般按四等水准测量或等外水准测量来布设。当建筑场地面积较大时，可分为两级布设，即首级高程控制网和加密高程控制网。首级高程控制网，采用三等水准测量施测，加密高程控制，采用四等水准测量施测。

首级高程控制网，应在原有测图高程网的基础上，单独增设水准点，并建立永久性标志。场地水准点的间距，宜小于 1km。距离建筑物、构筑物不应小于 25m；距离振动影响范围以外不应小于 5m；距离回填土边线不应小于 15m。凡是重要的建筑物附近均应设置水准点。整个建筑场地至少要设置三个永久性的水准点。并应布设成闭合水准路线或附合水准路线。高程测量精度，不应低于三等水准测量。其点位要选择恰当，不受施工影响，并便于施测，又能永久保存。

加密高程控制网，一般不单独布设，要与建筑方格网合并，即在各格网点标志上加设一突出的半球状标志以示点位。各点间距宜在 200m 左右，以便施工时安置一次仪器即可测出所需高程。加密高程控制网，应按四等水准测量进行观测，并附合在首级水准点上。

为了测设方便，通常在较大的建筑物附近建立专用的水准点，即±0.000 标高水准点，其位置多选在较稳定的建筑物墙面上，用红色油漆绘成上顶成为水平线的倒三角形，如“▼”。

必须注意，在设计中各建筑物的±0.000 高程是不相等的，应严格加以区别，防止用错设计高程。

2. 高程控制的技术要求

高程控制的主要技术要求应符合表 11.1.4 的规定。

表 11.1.4　　水准测量的主要技术要求

等级	每千米高差中误差（mm）	路线长度水准（km）	仪器型号	水准尺种类	测量次数		限差	
					与已知点连测	附和或环线	平地（mm）	山地（mm）
二等	2	—	DS_1	铟瓦	往返各一次	往返各一次	$4\sqrt{L}$	—
三等	6	≤50	DS_1	铟瓦	往返各一次	往一次	$12\sqrt{L}$	$4\sqrt{n}$
			DS_3	双面		往返各一次		
四等	10	≤16	DS_3	双面	往返各一次	往一次	$20\sqrt{L}$	$6\sqrt{n}$
五等	15	—	DS_3	单面	往返各一次	往一次	$30\sqrt{L}$	—

11.2 建筑施工测量

11.2.1 施工测量前准备工作

1. 熟悉设计图纸

设计图纸是施工测量的主要依据，测设前应充分熟悉各种有关的设计图纸，以便了解建筑物与相邻地物的相互关系，以及建筑物本身的内部尺寸关系，准确无误地获取测设工作中所需要的各种定位数据。与测设工作有关的设计图纸主要有以下几种。

（1）建筑总平面图。建筑总平面图是建筑规划图。它表示新建、已建建筑物和道路的平面位置及其主要点的坐标和高程以及建筑物之间的相对位置，总平面图是测设建筑物总体位置的重要依据，如图 11.2.1 所示。

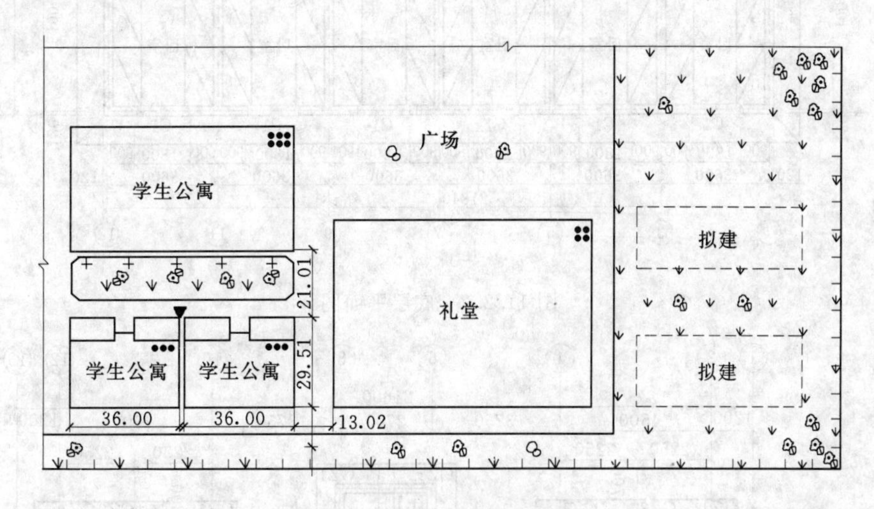

图 11.2.1 建筑总平面图

（2）建筑平面图。建筑平面图标明了建筑物底层、标准层等各楼层的总体尺寸和细部尺寸以及各承重构件之间位置关系，图 11.2.2 所示为底层平面图。建筑平面图是测设建筑物细部轴线的依据。

（3）基础平面图及基础详图。基础平面图及基础详图标明了基础形式、基础平面布置、基础中心或中线的位置、基础边线与定位轴线之间的尺寸关系、基础横断面的形状和大小以及基础不同部位的设计标高等，它是测设基槽（坑）开挖边线和开挖深度的依据，也是基础定位及细部放样的依据，图 11.2.3 所示为基础平面图。

（4）立面图。立面图标明了室内地坪、门窗、阳台等的设计高程，这些高程通常是以±0.000 标高为起算点的相对高程，它是测设建筑物各部位高程的依据，如图 11.2.4 所示。

（5）剖面图。剖面图标明了室内地坪、楼梯平台、楼板、屋面及屋架等的设计高程，这些高程通常是以±0.000 标高为起算点的相对高程，它是测设建筑物各部位高程的依据，如图 11.2.4 所示。

在熟悉图纸的过程中，应仔细核对各种图纸上相同部位的尺寸是否一致，同一图纸上

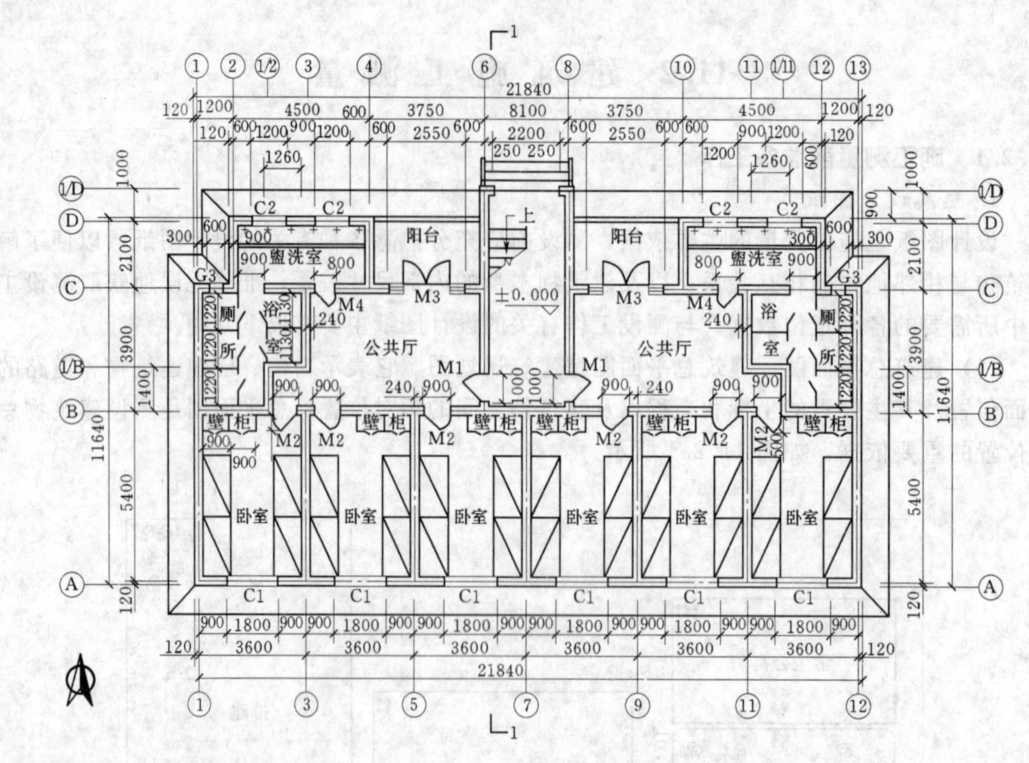

图 11.2.2　底层平面图

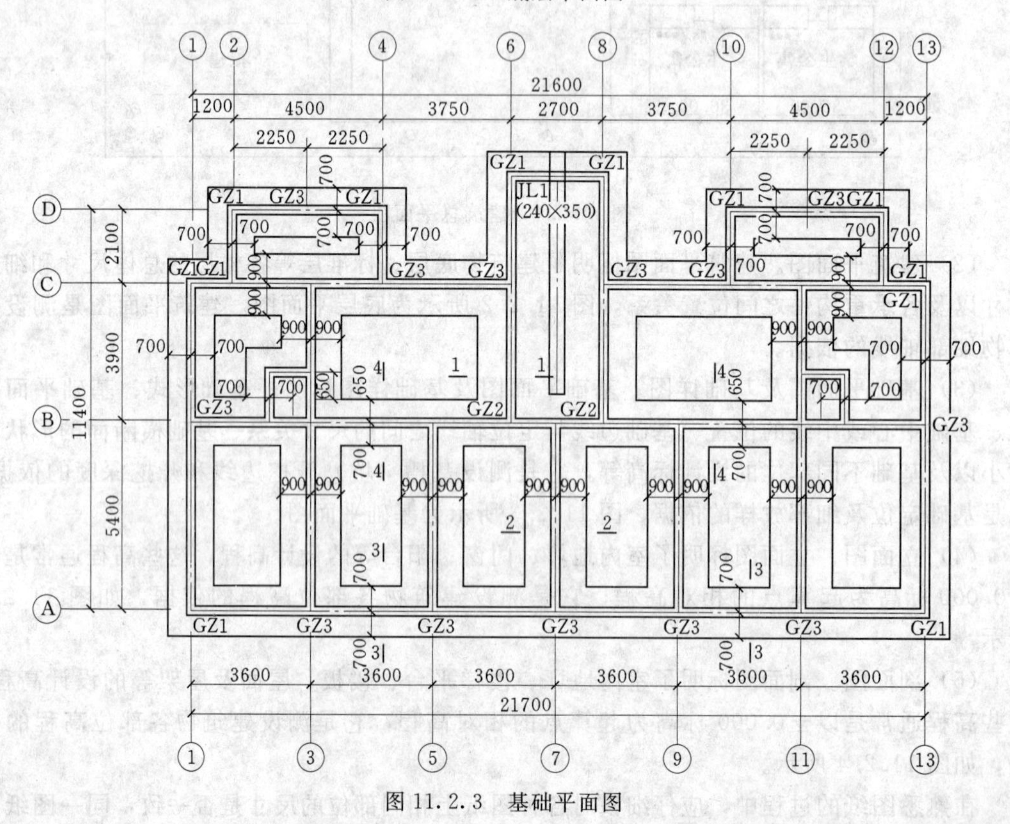

图 11.2.3　基础平面图

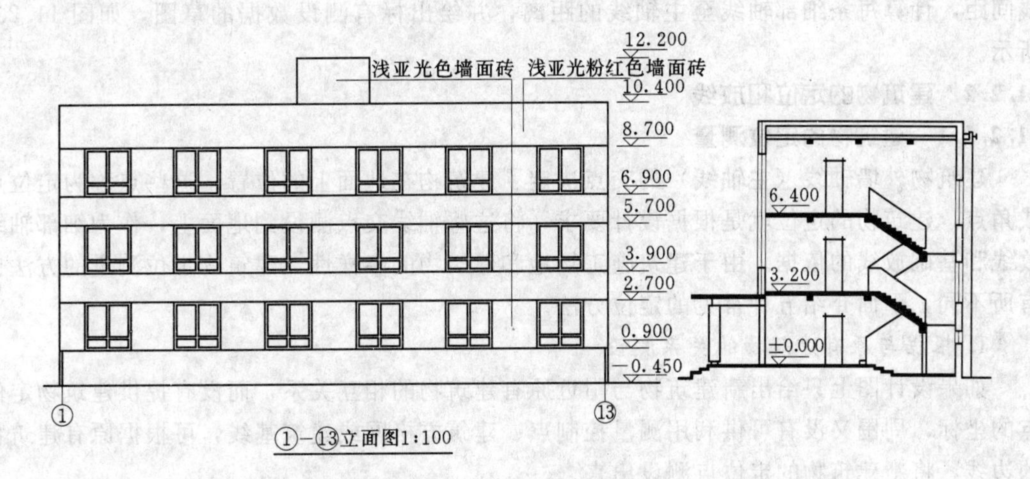

图 11.2.4 立面图和剖面图

总尺寸与各有关部位尺寸之和是否一致，以免发生错误。

2. 现场踏勘

在进行施工测量前必须了解施工现场地物、地貌以及现有测量控制点的分布情况，应进行现场踏勘，以便根据场地实际情况编制测设方案。

3. 确定测设方案和准备测设数据

在熟悉设计图纸、掌握施工计划和施工进度的基础上，结合施工现场的实际情况，拟定测设方案。测设方案包括测设方法、测设步骤、采用的仪器工具、精度要求、时间安排等。每次现场测设之前，应根据设计图纸和测量控制点的分布情况，计算好相应的测设数据并对数据进行检核，施工场地较复杂时还可绘出测设草图，把测设数据标注在草图上，使现场测设时更方便快速，并减少出错的可能。

如图 11.2.5 所示，现场已有 A、B 两个平面控制点，欲用经纬仪和钢尺，按极坐标法将图中所示设计建筑物测设于实地上。定位测量一般测设建筑物的四大角点，即图中所示的 1、2、3、4 点，应先根据有关数据计算其坐标；此外，应根据 A、B 的已知坐标和 1～4 点的设计坐标，计算各点的测设角度值和距离值，以备现场测设之用。如果是用全站仪按极坐标法测设，由于全站仪能自动计算方位角和水平距离，则只需准备好每个角点的坐标即可。

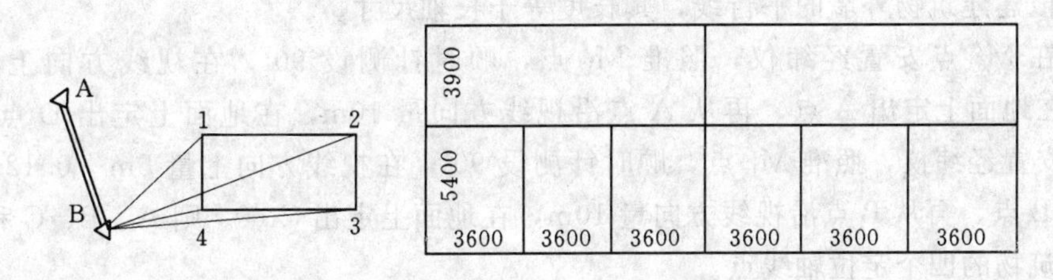

图 11.2.5 建筑物测设草图

上述四个主轴线点测设好后，即可测设细部轴线点，测设时，一般用经纬仪定线，然后以主轴线点为起点，用钢尺依次测设。准备测设数据时，应根据其建筑平面图所示的轴线间距，计算每条细部轴线至主轴线的距离，并绘出标有测设数据的草图，如图 11.2.5 所示。

11.2.2　建筑物的定位和放线

11.2.2.1　建筑物的定位测量

建筑物外墙轴线（主轴线）的交点决定了建筑物在地面上的位置，这些点称为定位点或角点，建筑物的定位就是根据设计要求，将这些轴线交点测设到地面上，作为细部轴线放线和基础放线的依据。由于建筑施工场地和建筑物的多样性，建筑物定位测量的方法也有所不同，下面介绍五种常见的定位方法。

1. *根据与原有建筑物的关系测设*

如果设计图上只给出新建筑物与附近原有建筑物的相互关系，而没有提供建筑物定位点的坐标，周围又没有可供利用测量控制点、建筑方格网或建筑基线，可根据原有建筑物的边线，将新建筑物的定位点测设出来。

具体测设方法随实际情况的不同而不同，但基本过程是一致的，就是在现场先找出原有建筑物的边线，再用经纬仪和钢尺将其延长、平移或旋转，得到新建筑物的一条定位轴线，然后根据这条定位轴线，用经纬仪测设角度，用钢尺测设长度，得到其他定位轴线或定位点，最后检核四个大角和四条定位轴线长度是否与设计值一致。下面分两种情况说明具体测设的方法。

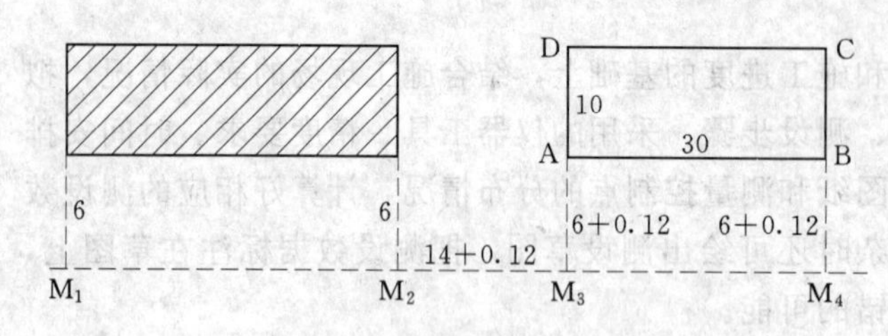

图 11.2.6　根据与原有建筑物的关系测设定位点

如图 11.2.6 所示，拟建建筑物的外墙边线与原有建筑的外墙边线在同一条直线上，两栋建筑物的间距为 14m，拟建建筑物的长轴为 30m，短轴为 10m，轴线与外墙边线间距为 0.12m，可按下述方法测设其外墙轴线交点。

（1）沿原有建筑物的两侧外墙拉线，用钢尺顺线从墙角往外量一段较短的距离（这里设为 6m），在地面上定出 M_1 和 M_2 两点，M_1 和 M_2 的连线即为原有建筑物外墙的平行线。

（2）在 M_1 点安置经纬仪，照准 M_2 点，用钢尺从 M_2 点沿视线方向量 14m+0.12m，在地面上定出 M_3 点，再从 M_3 点沿视线方向量 30m，在地面上定出 M_4 点，M_3 和 M_4 的连线即为拟建建筑物外墙的平行线，其长度等于长轴尺寸。

（3）在 M_3 点安置经纬仪，照准 M_1 点，顺时针测设 90°，在视线方向上量 6m+0.12m，在地面上定出 A 点，再从 A 点沿视线方向量 10m，在地面上定出 D 点。同理，在 M_4 点安置经纬仪，照准 M_1 点，顺时针测设 90°，在视线方向上量 6m+0.12m，在地面上定出 B 点，再从 B 点沿视线方向量 10m，在地面上定出 C 点。则 A、B、C 和 D 点即为拟建建筑物的四个定位轴线点。

（4）在 A、B、C、D 点上安置经纬仪，检核四个大角是否为 90°，用钢尺丈量四条轴线的长度，检核长轴是否为 30m，短轴是否为 10m。

注意用此方法测设定位点时不能先测定短轴的两个点，而应先测长轴的两个点，然后

在长轴的两个点设站测设短轴上的两个点，否则误差容易超限。

2. 根据建筑红线测设

如图 11.2.7 所示，J_1、J_2、J_3 为建筑红线桩，其连线 J_1-J_2、J_2-J_3 为建筑红线，A、B、C、D 为建筑物的定位点。因 AB 平行于 J_2-J_3 建筑红线，故用直角坐标法测设轴线较为方便。其具体测量方法如下：

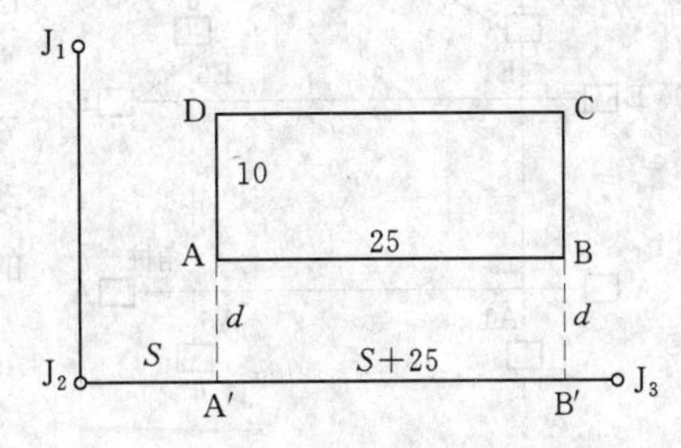

图 11.2.7　根据建筑红线测设定位点

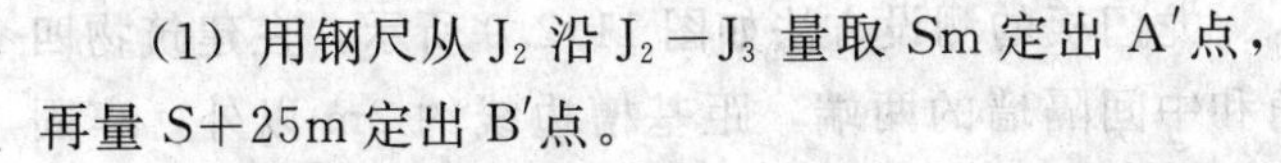

(1) 用钢尺从 J_2 沿 J_2-J_3 量取 Sm 定出 A′点，再量 $S+25$m 定出 B′点。

(2) 将经纬仪安置在 A′点，照准 J_3 点逆转 90°定出短轴 AD 方向，沿此方向量取 d 定出 A 点，沿此方向量取 $d+10$m 定出 D 点。

(3) 将经纬仪安置在 B′点，照准 J_2 点顺转 90°定出短轴 BC 方向，沿此方向量取 d 定出 B 点，沿此方向量取 $d+10$m 定出 C 点。

(4) 用经纬仪检核四个大角是否为 90°，用钢尺丈量四条轴线的长度，检核长轴是否为 30m，短轴是否为 10m。

3. 根据建筑基线测设

建筑基线测设时一般与拟建建筑物的主轴线平行，因此，根据建筑基线测设建筑物主轴线的方法和根据建筑红线测设主轴线的方法相同。

4. 根据建筑方格网测设

如果建筑物的定位点有设计坐标，且建筑场地已设有建筑方格网，可利用直角坐标法测设定位点。用直角坐标法测设点位，所需的测设数据计算较为方便。可用经纬仪和钢尺进行测设，建筑物总尺寸和四个大角的精度应进行控制和检核。

5. 根据控制点测设

如果已经给出拟定位建筑物定位点的设计坐标，且附近有高级控制点，即可根据实际情况选用极坐标法、角度交会法或距离交会法来测设定位点。在这三种方法中，极坐标法适用性最强，是用得最多的一种定位方法。

11.2.2.2　建筑物的放线

建筑物的放线，是指根据现场上已测设好的建筑物定位点（角桩），详细测设各建筑物细部轴线交点位置，并将其延长到安全地方做好标志，然后以细部轴线为依据，按基础宽度和放坡要求，用白灰撒出基础开挖边线的作业过程。

基础开挖后建筑物定位点将被破坏，为了恢复建筑物定位点，常把主轴线桩引测到安全地方加以保护，引测到安全地方的轴线桩称为轴线控制桩。除测设轴线控制桩外，可以设置龙门板来恢复建筑物的主轴线。

1. 轴线控制桩的测设

轴线控制桩一般设在开挖边线 4m 以外的地方，并用水泥砂浆加固。若附近有固定建筑物和构筑物，这时应将轴线投测在这些物体上，使轴线更容易得到保护，但每条轴线至少应有一个控制桩是设在地面上的，以便日后能安置经纬仪来恢复轴线。

如图 11.2.8 所示，A 轴、E 轴、①轴和⑥轴是建筑物的四条外墙主轴线，其交点

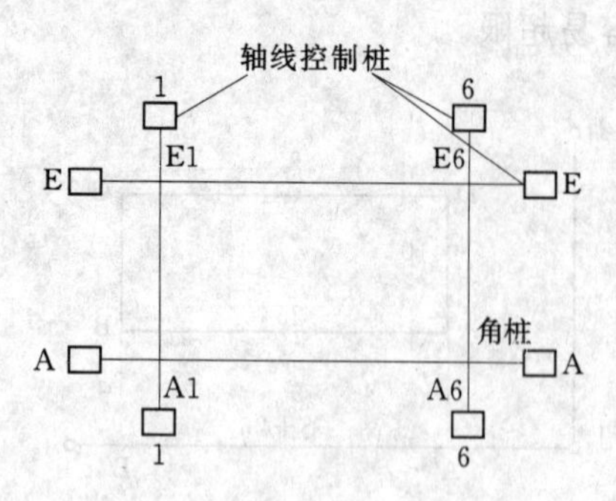

图 11.2.8　轴线控制桩的测设

A_1、A_6、E_1 和 E_6，是建筑物的定位点，这些定位点已在地面上测设完毕并打好桩点。轴线控制桩的测设方法是将经纬仪安置在 A_1 点，照准 E_1 点向外延长到安全地方定出 1—1 轴的一个控制桩；倒转望远镜（转动望远镜 180°）定出 1—1 轴的另一个控制桩。用同样的方法定出其他轴线控制桩。

2. 龙门板的测设

龙门板的测设方法如图 11.2.9 所示，在建筑物四角和中间隔墙的两端，距基槽边线约 2m 以外，牢固地埋设大木桩，称为龙门桩，并使桩的一侧平行于基槽；根据附近水准点，用水准仪将±0.000 标高测设在每个龙门桩的外侧上，并画出横线标志；在相邻两龙门桩上钉设横向木板，称为龙门板，龙门板的上沿应和龙门桩上的横线对齐，使龙门板的顶面标高在同一个水平面上，并且标高为±0.000，龙门板顶面标高的误差应在±5mm 以内；根据轴线桩，用经纬仪将各轴线投测到龙门板的顶面，并钉上小钉作为轴线标志，称为轴线钉，投测误差应在±5mm 以内。对小型的建筑物，也可用拉细线绳的方法延长轴线，再钉上轴线钉；用钢尺沿龙门板顶面检查轴线钉的间距，其相对误差不应超过 1/3000。

由于龙门板需要较多木料，而且占用场地，使用机械开挖时容易被破坏，因此，现在施工中很少采用，大多是采用引测轴线控制桩的方法。

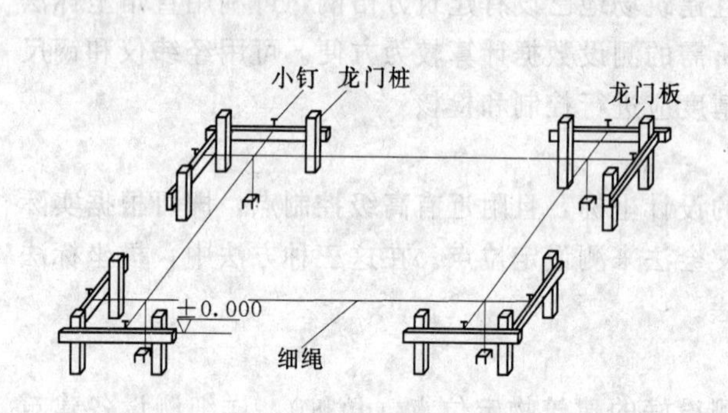

图 11.2.9　龙门桩与龙门板

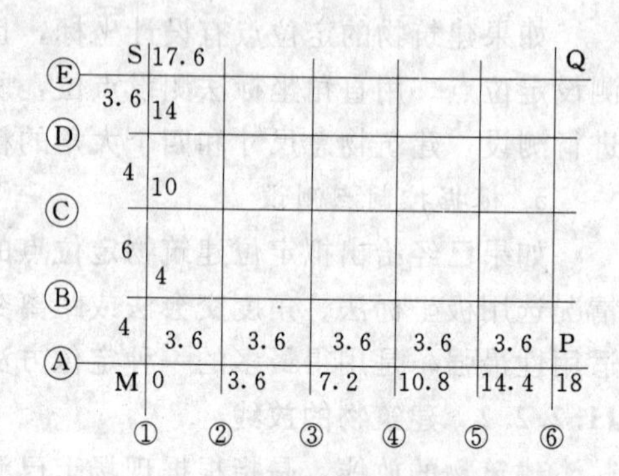

图 11.2.10　测设细部轴线交点图

3. 建筑物的放线（细部轴线测设）

如图 11.2.10 所示，在 M 点安置经纬仪，照准 P 点，把钢尺的零端对准 M 点，沿视线方向拉钢尺，在钢尺上读数等于①轴和②轴间距（3.6m）的地方打木桩，打桩过程中要经常用仪器检查桩顶是否偏离视线方向，并不时拉一下钢尺，看钢尺读数是否还在桩顶上，如有偏移要及时调整。打好桩后，用经纬仪指挥在桩顶上画一条纵线，再拉好钢尺，在读数等于轴间距处画一条横线，两线交点即 A 轴与②轴的交点；A 轴与③轴交点的测设方法与 A 轴与②轴交点测设方法相同，钢尺的零端仍然要对准 M 点，并沿视线方向拉钢尺，而钢尺读数应为①轴和③轴间距（7.2m），这种做法可以减小钢尺对点误差，避免轴线总长度增长或减短。如此依次测设 A 轴与其他各轴线的交点。测设完最后一个交点

后，用钢尺检查各相邻轴线桩的间距是否等于设计值，误差应小于1/3000。

测设完A轴上的轴线点后，用同样的方法测设其他三个轴线上的点。如果建筑物尺寸较小，也可用拉细线绳的方法代替经纬仪定线，然后沿细线绳拉钢尺量距。此时要注意细线绳不要碰到物体，风大时也不宜作业。

11.2.3 建筑物基础施工测量

工业与民用建筑基础按其埋置的深度不同，可分为浅基础和深基础两大类。一般埋置深度在5m左右且能按一般方法施工的基础称为浅基础。浅基础的类型有：刚性基础、扩展基础、柱下条形基础、伐板基础、箱型基础和壳体基础等。当需要埋设在较深的土层中，采用特殊的方法施工的基础则属于深基础，如桩基础、深井基础和地下连续墙等。这里介绍条形基础和桩基础的施工测量内容和方法。

11.2.3.1 条形基础施工测量

1. 基槽开挖线的放样

如图11.2.11所示，先按基础剖面图给出的设计尺寸，计算基槽的开挖宽度

$$d = B + 2mh \tag{11.2.1}$$

式中：B为基底宽度，可由基础剖面图查取；h为基槽深度；m为边坡坡度的分母。

根据计算结果，在地面上以轴线为中线往两边各量出$d/2$，拉线并撒上白灰，即为开挖边线。如果是基坑开挖，则只需按最外围墙体基础的宽度、深度及放坡确定开挖边线。

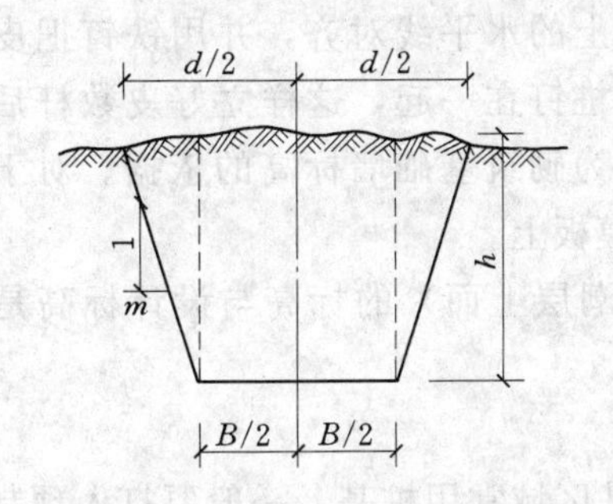

图11.2.11 基槽开挖宽度

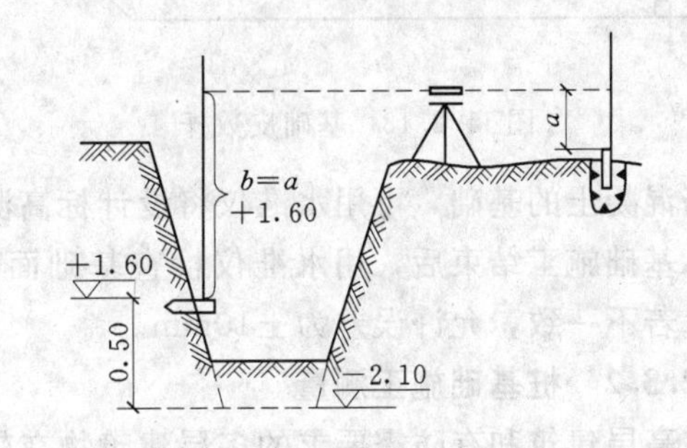

图11.2.12 基槽水平桩测设

2. 基坑抄平（水平桩的测设）

如图11.2.12所示，为了控制基槽开挖深度，当基槽挖到接近坑底设计高程时，应在槽壁上测设一些水平桩，水平桩的上表面离坑底设计高程为某一整分米数（例如0.5m），用以控制挖槽深度，也可作为槽底清理和打基础垫层时控制标高的依据。一般在基槽各拐角处均应打水平桩，在直槽上则每隔8～15m打一个水平桩，然后拉上白线，线下0.5m即为槽底设计高程。

水平桩测设时，以画在龙门板上或周围固定地物的±0.000标高线为已知高程点，用水准仪进行测设，水平桩上的高程误差应在±10mm以内。

例如，设龙门板顶面标高为±0.000，槽底设计标高为−2.1m，水平桩高于槽底0.5m，即水平桩高程为−1.6m，用水准仪后视龙门板顶面上的水准尺，读数$a=1.006$m，则水平桩上标尺的应有读数为

$$b = 0.000 + 1.006 - (-1.6) = 2.606\text{m}$$

测设时沿槽壁上下移动水准尺，当读数为2.606m时沿尺底水平地将桩打进槽壁，然后检核该桩的标高，如超限便进行调整，直至误差在规定范围以内。

3. 建筑物轴线的恢复

垫层打好后，根据龙门板上的轴线钉或轴线控制桩，用经纬仪或拉线挂吊锤的方法，把轴线投测到垫层面上，然后根据投测的轴线，在垫层面上将基础中心线和边线用墨线弹出，以便砌筑基础或安装基础模板。如果未设垫层，可在槽底打木桩，把基础中心线和边线投测到桩上。

4. 基础标高的控制

房屋基础指±0.000以下的墙体，它的标高一般是用基础“皮数杆”来控制的，皮数杆是一根木制的杆子，在杆上按照设计尺寸将砖和灰缝的厚度、防潮层的标高及±0.000的位置，从下往上一一画出来，如图11.2.13所示。

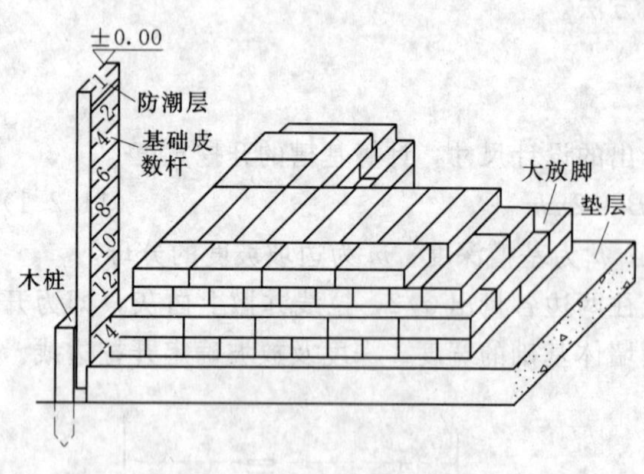

图11.2.13　基础皮数杆

立皮数杆时，应先在立杆处打一木桩，用水准仪在木桩侧面测设一条高于垫层设计标高某一数值（如200mm）的水平线，然后将皮数杆上标高相同的一条线与木桩上的水平线对齐，并用铁钉把皮数杆和木桩钉在一起，这样立好皮数杆后，即可作为砌筑基础墙标高的依据。对于采用钢筋混凝土的基础，可用水准仪将设计标高测设于模板上。

基础施工结束后，用水准仪检查基础面（或防潮层上面）的标高与设计标高是否一致，若不一致，允许误差为±10mm。

11.2.3.2　桩基础施工测量

高层建筑和有防震要求的多层建筑物在软土地基区域常用桩基，一般要打入预制桩或灌注桩。由于高层建筑物的荷重主要有桩基承受，所以对桩位要求较高，桩位偏差不得超过 $D/2$（D 为桩的直径或边长）。

1. 桩位的测设

桩基的定位测量与前述建筑物轴线桩的定位方法基本相同，桩基一般不设龙门板。桩位的测设方法如下：

（1）熟悉并详细核对各轴线桩布置情况，是单排桩、双排桩还是梅花桩，每排桩与轴线的关系，是否偏中，桩距多少，桩的数量，桩顶的标高等。

（2）用全站仪或经纬仪采用极坐标法或交会法测定各个角桩的位置。

（3）将经纬仪安置在角桩上照准同轴的另一个角桩定线，也可采用拉纵横线的方法定线，沿标定的方向用钢尺按桩的位置逐个定位，在桩中心打上木桩或钉上系有红绳的大铁钉。

若每一个桩位的坐标确定较方便，用全站仪采用极坐标法放样，则更为方便快捷。桩位全部放完后，结合图纸逐个检查，合乎要求后方可施工。

2. 桩深计算

桩的深度是指桩顶到进入土层的深度。预制桩的深度可直接量取每一根预制桩的长度和打入桩的根数来计算；灌注桩的深度直接量取没有浇筑混凝土前挖井的深度，测深时一般采用细钢丝一端加绑重物吊入井中来量取。

11.2.4 主体施工测量

房屋主体指±0.000以上的墙体，多层民用建筑每层砌筑前都应进行轴线投测和高程传递，以保证轴线位置和标高正确，其精度要求应符合表11.2.1的要求。

11.2.4.1 楼层轴线的投测

1. 首层楼房墙体轴线测设

基础工程结束后，应对龙门板或轴线控制桩进行检查复核，以防基础施工期间发生碰动移位，复核满足要求后，可根据轴线控制桩或龙门板上的轴线钉，用经纬仪法或拉线法，把首层楼房的墙体轴线测设到防潮层上，并弹出墨线，然后用钢尺检查墙体轴线的间距和总长是否等于设计值，用经纬仪检查外墙轴线四个主要交角是否等于90°，符合要求后，把墙轴线延长到基础外墙侧面上并弹线和做出标志，作为向上投测各层楼房墙体轴线的依据。同时还应把门、窗和其他洞口的边线，也在基础外墙侧面上做出标志。

墙体砌筑前，根据墙体轴线和墙体厚度，弹出墙体边线，照此进行墙体砌筑。砌筑到一定高度后，用吊锤线将基础外墙侧面上的轴线引测到地面以上的墙体上，以免基础覆土后看不见轴线标志。如果轴线处是钢筋混凝土柱，则在拆柱模后将轴线引测到柱上。

2. 二层以上楼房墙体轴线投测

首层楼面建好后，为了保证继续砌筑墙体时，对应墙体轴线均与基础轴线在同一铅垂面上，应将基础或首层墙面上的轴线投测到施工楼面上，并在施工楼面上重新弹出墙体的轴线，复核满足要求后，以此为依据弹出墙体边线，继续砌筑墙体。在这个测量工作中，从下往上进行轴线投测是关键，一般民用多层建筑常用吊线坠法、经纬仪投测法或激光铅垂仪投测法投测轴线。

（1）吊线坠法。当施工场地周围建筑物密集，场地窄小，无法在建筑物外的轴线上安置经纬仪时，可采用此法进行竖向投测。用较重的垂球悬吊在楼板或柱顶边缘，当垂球尖对准基础墙面上的轴线标志时，线在楼板或柱边缘的位置即为楼层轴线点位置，并画出标志线。用同样的方法投测各轴线端点。经检测各轴线间距符合要求后可继续施工。这种方法简便易行，一般能保证施工质量，但当风力较大或建筑物较高时，投测误差较大，应采用其他方法投测。

（2）经纬仪投测法（又称外控法）。当施工场地比较宽阔时，可使用此法进行竖向投测，如图11.2.14所示，安置经纬仪于轴线控制桩上，严格对中整平，盘左照准建筑物底部的轴线标志，往上转动望远镜，用其竖丝指挥在施工层楼面边缘上画一点，然后盘右再次照准建筑物底部

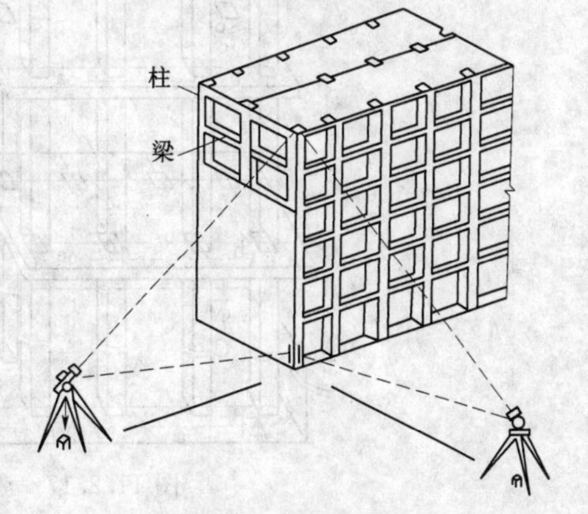

图11.2.14 经纬仪轴线投测

的轴线标志，同法在该处楼面边缘上画出另一点，取两点的中间点作为轴线的端点。其他轴线端点的投测与此法相同。

(3) 激光铅垂仪投测法。激光铅垂仪是一种专用的铅直定位仪器，多用于高层建筑物、烟囱及高塔架的定位测量。激光铅垂仪的基本构造如图 11.2.15 所示，主要有氦氖激光器、竖直发射望远镜、水准器、基座、激光电源和接受靶组成。

激光器通过两组固定螺钉在套筒内，激光铅垂仪的竖轴是空心筒轴，两端有螺纹，与发射望远镜和氦氖激光器相连接，两者可以对调，可以向上或向下发射激光束。仪器上设有两个高灵敏度水准管，用以精确整平仪器，并配有专用的激光电源。

激光铅垂仪投测轴线的原理，如图 11.2.16 所示。在首层控制点安置仪器，接通电源；在施工楼面留孔处放置接收靶，移动接收靶使激光铅垂仪发射激光束和靶心一致；靶心即为轴线控制点在楼面上的投测点。

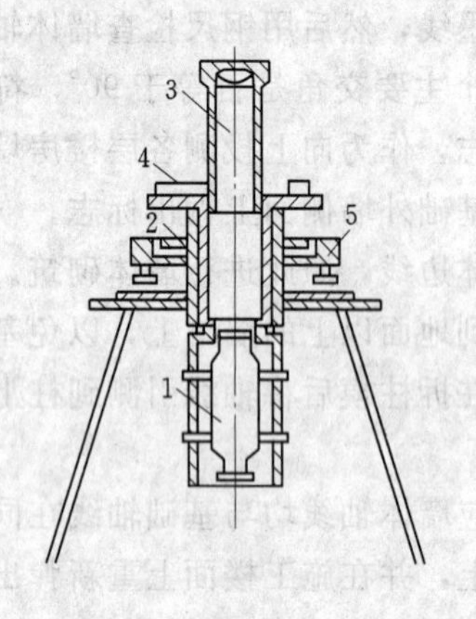

图 11.2.15　激光铅垂仪基本构造

1—氦氖激光器；2—竖轴；3—发射望远镜；4—管水器；5—基座

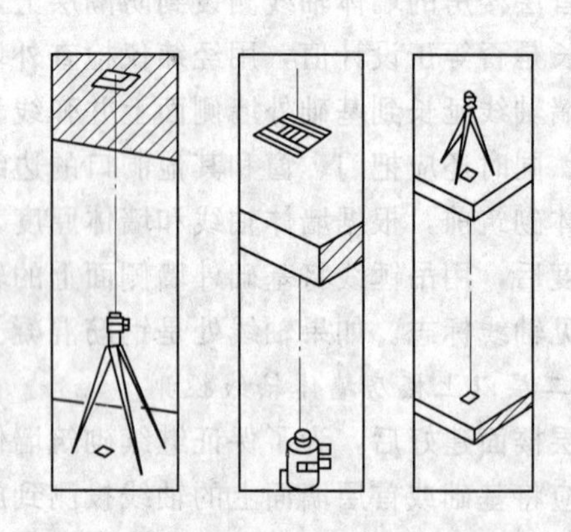

图 11.2.16　激光铅垂仪投测原理

图 11.2.17 为某一建筑工程用激光铅垂仪投测轴线的情况。在建筑底层地面，选择与柱列轴线有确定方位关系的三个控制点 A、B、C。三点距轴线 0.5m 以上，使 AB 垂直于

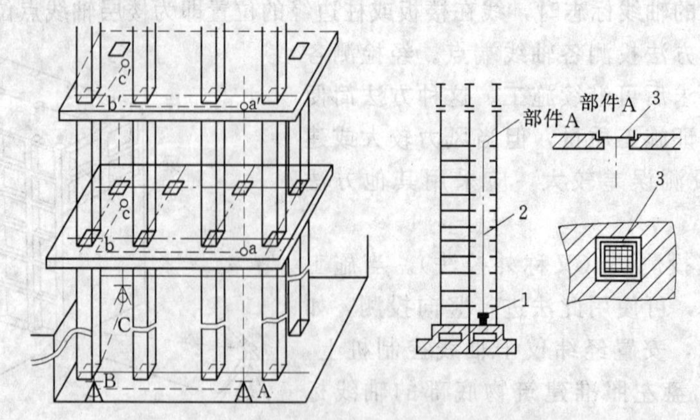

图 11.2.17　激光铅垂仪进行轴线投测

1—激光铅垂仪；2—激光束；3—接受靶

BC，并在其正上方各层楼面上，相对于A、B、C三点的位置预留洞口a、b、c作为激光束通光孔。在各通光孔上各放置一个水平的激光接收靶，如图11.2.17中的部件A，靶上刻有坐标格网，可以读出激光斑中心的纵横坐标值。将激光铅垂仪安置于A、B、C三点上，严格对中整平，接通激光电源，即可发射竖直激光基准线。在接收靶上激光光斑所指示的位置，即为地面A、B、C三点的竖直投影位置。角度和长度检核符合要求后，按底层直角三角形与柱列轴线的位置关系，将各柱列轴线测设于各楼层面上，做好标记，施工放样时可以当作建筑基线使用。

11.2.4.2 标高传递

在墙体施工中，必须根据施工场地水准点或±0.000标高线，将高程向上传递。标高传递有以下几种方法。

1. 利用皮数杆传递标高

墙体砌筑时，用墙身"皮数杆"传递标高。如图11.2.18所示，在皮数杆上根据设计尺寸，按砖和灰缝厚度画线，并标明门、窗、过梁、楼板等的标高位置。杆上标高注记从±0.000向上增加。

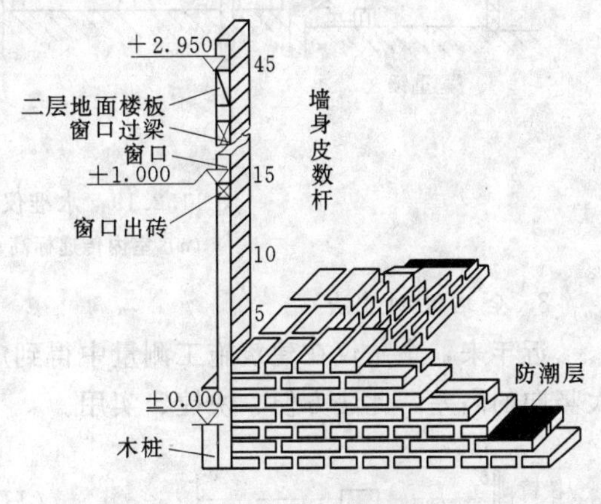

图11.2.18 墙身皮数杆

墙身皮数杆一般立在建筑物的拐角和内墙处，固定在木桩或基础墙上。为了便于施工，采用里脚手架时，皮数杆立在墙的外边；采用外脚手架时，皮数杆应立在墙的里边。立皮数杆时，先用水准仪在立杆处的木桩或基础墙上测设出±0.000标高线，测量误差在±3mm以内，然后把皮数杆上的±0.000线与该线对齐，用吊线锤的方法校正，并用钉钉牢，以保证皮数杆的稳定。

墙体砌筑到一定高度后（1.5m左右），应在内、外墙面上测设出+0.50m标高的水平墨线，称为"+50线"。外墙的+50线作为向上传递各楼层标高的依据，内墙的+50线作为室内地面施工及室内装修的标高依据。

2. 水准测量法

如图11.2.19所示，(*a*) 室内标高传递；(*b*) 室外标高传递。

(1) 先将钢尺固定好，水准仪安置在以现场水准点或±0.000标高线后视，树立起水准尺，水准仪安置在两尺中间，读取两尺的读数a、b(a_1、b_1)。

(2) 将水准仪安置在施工楼层上，用水泥堆砌一固定点作前视，树立起水准尺，吊起的钢尺作后视，读取两尺的读数c、d(a_2、b_2)。

(3) 传递到施工楼层的高程为

如图11.2.19 (*a*) 所示，$H_B=0.000+a+(c-b)-d$；

如图11.2.19 (*b*) 所示，$H_B=H_A+a_1+(a_2-b_1)-b_2$；$H_C=H_A+a_1+(a_3-b_1)-b_3$

另外，也可用水准仪根据在现场水准点或±0.000标高线，在首层墙面上测出一条整米的标高线，以此线为依据，用钢尺向施工楼层直接量取。

以上两种方法可作相互检查，误差应在±6mm以内。

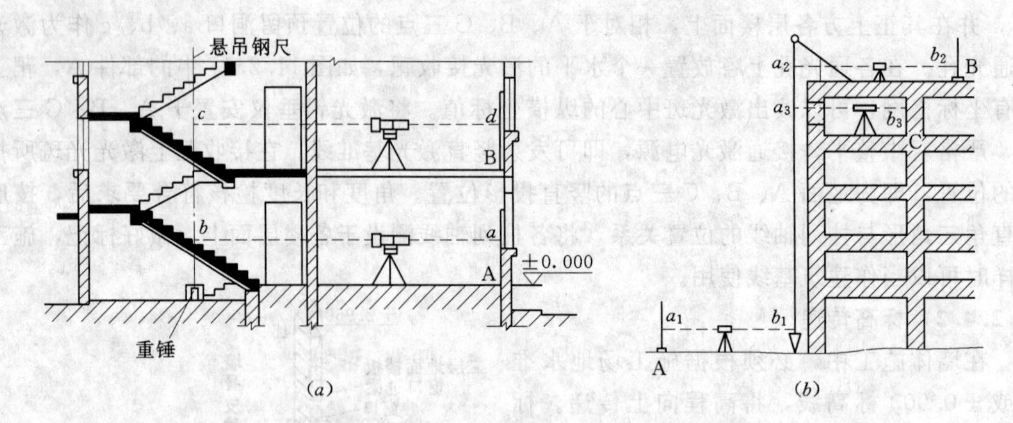

图 11.2.19　水准仪配合钢尺法传递标高

(a) 室内传递标高；(b) 室外传递标高

3. 全站仪测量法

近年来，全站仪在建筑施工测量中得到广泛应用，将全站仪配上弯管目镜，能测出较大竖向的高差，此法方便、快捷、实用。

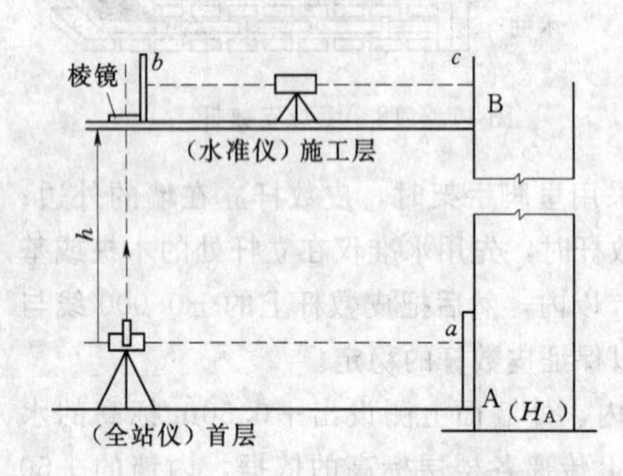

图 11.2.20　水准仪配合全站仪法

如图 11.2.20 所示，首层已知水准点 A (H_A)，将其高程传递至某施工楼层 B 点处，其具体方法是：

(1) 将全站仪安置在首层适当位置，以水平视线后视水准点 A，读取水准尺读数 a。

(2) 将全站仪视线调至铅垂视线（通过弯管目镜）瞄准施工楼层上水平放置的棱镜，测出铅直距离，即竖向高差 h。

(3) 将水准仪安置在施工楼层上，后视竖立在棱镜面处的水准尺，读数为 b，前视施工楼层上 B 点水准尺，读数为 c，则 B 点的高程为

$$H_B = H_A + a + h + b - c \tag{11.2.2}$$

这种方法传递高程与钢尺竖直丈量方法相比，不仅精度高，而且不受钢尺整尺段影响，操作也较方便。如果用很薄的反射镜片代替棱镜，将会更为方便与准确。

注意：水准仪和全站仪使用前应检验与校正，施测时尽可能保持水准仪前后视距相等；钢尺应检定，应施加尺长改正和温度改正（钢结构不加温度改正），当钢尺向上铅直丈量时，应施加标准拉力。

11.2.5　高层建筑施工测量

11.2.5.1　高层建筑施工测量的特点

高层建筑由于层数多、高度高、结构复杂，设备和装修标准较高以及建筑平面、立面造型新颖多变，所以高层建筑施工测量较之多层民用建筑施工测量有如下特点：

(1) 高层建筑施工测量应在开工前，制定合理的施测方案，选用合适的仪器设备和严密的施工组织与人员分工，并经有关专家论证和上级有关部门审批后方可实施。

(2) 高层建筑施工测量的主要问题是控制竖向偏差（垂直度），故施工测量中要求轴线竖向投测精度高，应结合现场条件、施工方法及建筑结构类型选用合适的投测方法。

(3) 高层建筑施工放线与抄平精度要求高，测量精度至毫米，并应使测量误差控制在总的偏差值以内。

(4) 高层建筑由于工程量大，工期长且大多为分期施工，不仅要求有足够精度与足够密度的施工控制网（点），而且还要求这些施工控制点稳固，能够保存到工程竣工，有些还应能保存到工程交工后继续使用。

(5) 高层建筑施工项目多，多为立体交叉作业，而受天气变化、建材性质、不同施工方法影响，而且施工测量时干扰大，故施工测量必须精心组织，充分准备，快、准、稳地配合各个工序的施工。

(6) 高层建筑一般基础基坑深、自身荷载大、周期较长，为了保证安全，应按照国家有关规范要求，在施工期间进行相应项目的变形监测。

11.2.5.2 高层建筑施工测量规范要求

高层建筑的施工测量工作，重点是轴线竖向传递，控制建筑物的垂直偏差，保证各个楼层的设计尺寸。

根据施工规范规定，高层建筑竖向及标高施工偏差应符合表 11.2.1 的要求。

表 11.2.1 高层建筑竖向及标高施工偏差限差

结构类型	竖向施工偏差限差（mm）		标高偏差限差（mm）	
	每层	全高	每层	全高
现浇混凝土	8	$H/1000$（最大 30）	±10	±30
装配式框架	5	$H/1000$（最大 20）	±5	±30
大模板施工	5	$H/1000$（最大 30）	±10	±30
滑模施工	5	$H/1000$（最大 50）	±10	±30

高层建筑的基础多采用桩基，桩位和基础的放线和多层建筑桩位放线一样。高层建筑大多有地下工程，基础挖的较深，常称为“深基坑”，深基坑除了测定开挖边线和深度外，还应对基坑和周围的建筑做变形观测。施工测量的工作内容很多，也较复杂。下面主要介绍轴线投测和高程传递两方面的测量工作。

11.2.5.3 轴线投测（竖向）

无论采用何种方法投测轴线，都必须在基础施工完成后，根据施工控制网，检测建筑物的轴线控制桩符合要求后，将建筑物的各轴线精确弹到±0.000 首层平面上，作为投测轴线的依据。目前，高层建筑的轴线投测方法分为内控法和外控法两类。

1. 外控法

当拟建建筑物外围施工场地比较宽阔时，常用外控法。它是根据建筑物的轴线控制桩，使用经纬仪（或全站仪）正倒镜向上投测，故称经纬仪竖向投测。它和多层民用建筑的经纬仪投测方法相同。但为了减小投测角度也可以将轴线投测到周围的建筑物上，再向上投测。用经纬仪投测时要注意以下几点：

(1) 投测前对使用的仪器一定要进行严格检校。

(2) 投测时要严格对中、整平，用正倒镜取中法向上投测，以减小视准轴误差和横轴误差的影响。

(3) 控制桩或延长线桩要稳固，标志明显，并能长期保存。

2. 内控法

施工场地狭小特别是周围建筑物密集的地区，无法用外控法投测时，宜采用内控法投测轴线。在建筑物首层的内部细致布置内控点（平移主轴线），精确测定内控点的位置。内控法有以下两种：吊垂线法投测；垂准经纬仪或激光铅垂仪法投测。激光铅垂仪法投测在多层建筑轴线投测部分已经讲过，在此不再赘述。垂线法方法投测在多层建筑轴线投测部分也已讲过但有所不同，下面就吊垂线法作一介绍。

该法与一般的吊锤线法的原理是一样的，只是线坠的重量更大，吊线（细钢丝）的强度更高。

如图11.2.21所示，事先在首层地面上埋设轴线点的固定标志，轴线点之间应构成矩形或十字形等，作为整个高层建筑的轴线控制网。各标志上方的每层楼板都预留孔洞，供吊锤线通过。投测时，在施工层楼面上的预留孔上安置挂有吊线坠的十字架，慢慢移动十字架，当吊锤尖静止地对准地面固定标志时，十字架的中心就是应投测的点，在预留孔四周做上标志即可，标志连线交点，即为从首层投上来的轴线点。同理测设其他轴线点。

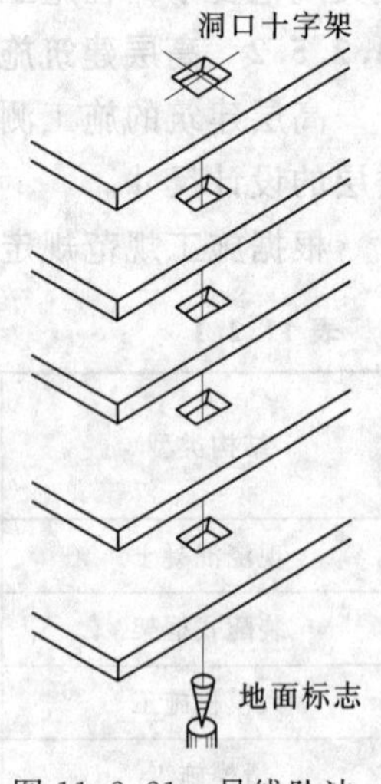

图11.2.21　吊线坠法投测

使用吊线坠法进行轴线投测，经济、简单且直观，精度也比较可靠，但投测较费时费力。

11.2.5.4　标高传递

墙体砌筑时，其首层标高用墙身“皮数杆”控制；二层以上楼房标高传递用前面讲过的水准仪法和全站仪法传递标高，在此不再赘述。

基础标高传递，基坑开挖完成后，应及时用水准仪根据地面上的±0.000水平线，将高程引测到坑底，并在基坑护坡的钢板或混凝土桩上做好标高为负的整米数标高线。由于基坑较深，引测时可多设几站观测，也可用悬吊钢尺代替水准尺进行观测。在施工过程中，如果是桩基，要控制好各桩的顶面高程；如果是箱基和筏基，则直接将高程标志测设到竖向钢筋和模板上，作为安装模板、绑扎钢筋和浇筑混凝土的标高依据。

11.3　工业厂房施工测量

工业建筑主要以厂房为主，一般工业厂房多采用预制构件在现场装配的方法施工。厂房的预制构件有柱子、吊车梁和屋架等。厂房柱子的跨距和间距大，隔墙少，其施工测量精度要求高。厂房施工测量主要内容：厂房矩形控制网的测设、厂房柱基础测设与厂房构件的安装测量。

11.3.1 施工放样的准备工作

1. 熟悉设计图纸和制定矩形控制网方案

设计图纸是施工测量的基础资料，工业厂房测设前应充分熟悉各种有关的设计图纸，以便了解建筑物与相邻地物的相互关系，以及建筑物本身的结构和内部尺寸关系，以获取测设工作中所需要的各种定位数据。

工业厂房大多为矩形，柱子为阵列式，其控制测量可根据建筑方格网或已有的其他控制点，在厂房外距外墙4～6m范围内布设一个和厂房平行的矩形网格，作为厂房施工测量的控制网，如图11.3.1所示。

2. 绘制放样略图和准备放样数据

施工放样前，根据施工图纸和已有控制点的位置绘制一张放样略图，并根据放样的方法计算好放样数据，标绘于略图上，以方便施工放样。如图11.3.1所示，是采用直角法放样的数据。

11.3.2 厂房矩形控制网的测设

1. 测设方法

如图11.3.1所示，M_1、M_2、M_3、M_4为欲要测设厂房矩形控制网的四个角点，称为厂房控制桩。矩形控制网的边线距厂房主轴线的距离为5m，厂房控制桩的坐标可根据厂房角点的坐标计算得到。测设方法如下：

(1) 将经纬仪安置在建筑方格网点a上，精确照准d点，自a点沿视线方向分别量取ab=10.00m和ac=85.00m，定出b、c两点。

(2) 将经纬仪分别安置于b、c两点上，用测设直角的方法分别测出bM_1、cM_2方向线，沿bM_1方向测设出M_1、M_4两点，沿cM_2方向测设出M_2、M_3两点，分别在M_1、M_2、M_3、M_4四点上钉立木桩，做好标志。

(3) 最后检查M_1、M_2、M_3、M_4四个控制桩各点的距离和角度是否符合精度要求。

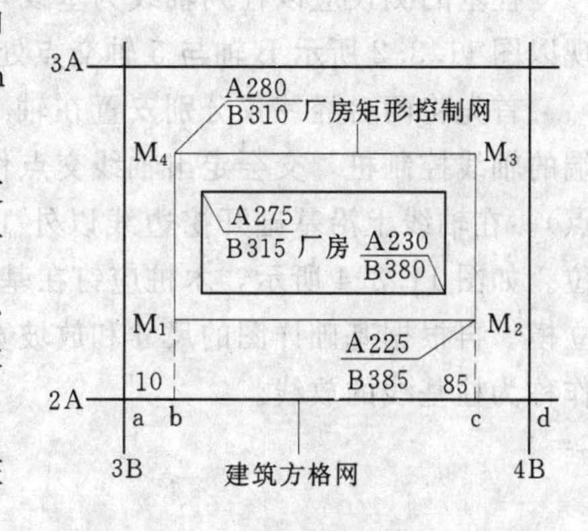

图11.3.1 矩形控制网示意图

2. 精度要求

一般情况下，测设角度误差不应超过±10″，各边长度相对误差不应超过1/10000～1/25000。然后在控制网各边上按一定距离测设距离指示桩，以便对厂房进行细部放样。

11.3.3 厂房基础施工测量

1. 厂房柱列轴线测设

如图11.3.2所示，M_1、M_2、M_3、M_4是厂房矩形控制网的角桩，A、B、C及1、2、3、4、5、6轴线分别是厂房的纵、横柱列轴线，又称定位轴线。纵向轴线间的距离表示厂房的跨度，横向轴线的距离表示厂房的柱距。在进行柱基测设时，应注意定位轴线不一定是柱的中心线，一个厂房的柱基类型很多，尺寸不一，放样时应特别注意。

如图11.3.2所示，在厂房控制网建立以后，在M_1点上安置经纬仪，照准M_2定线，即可按柱列间距用钢尺从M_1量起，沿矩形控制网边定出M_1到M_2上各轴线桩的位置，用同样方法定出其他各边轴线桩的位置，并在桩顶上钉入小钉，作为桩基放线和构件安装的依据。

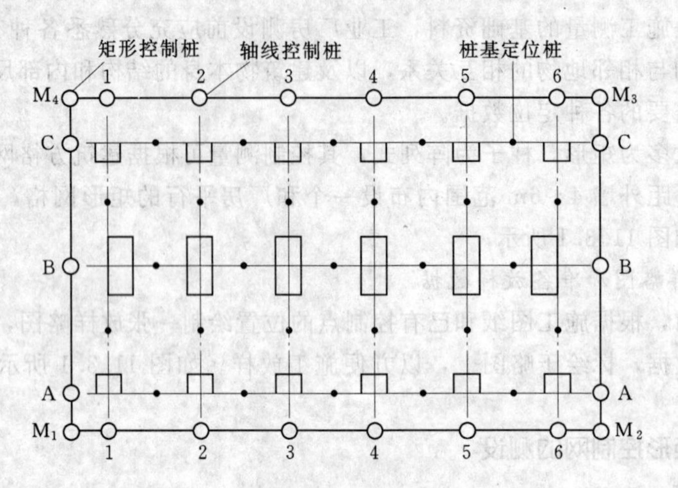

图 11.3.2　厂房柱列轴线测设示意图

2. 混凝土杯型基础的放样

如图 11.3.3 所示为混凝土杯型基础的剖面图。

柱基的测设应以柱列轴线为基线，按基础施工图中基础与柱列轴线的关系尺寸进行。现以图 11.3.2 所示 B 轴与 5 轴交点处的基础详图为例，说明柱基的测设方法。

首先将两台经纬仪分别安置在轴 B 与 5 轴一端的轴线控制桩上，瞄准各自轴线另一端的轴线控制桩，交会定出轴线交点作为该基础的定位点（注意：该点不一定是基础中心点）。在轴线上沿基础开挖边线以外 1～2m 处打入四个小木桩，并在桩上用小钉标明点位。如图 11.3.4 所示，木桩应钉在基础开挖线以外一定位置，留有一定空间以便修坑和立模。再根据基础详图的尺寸和放坡宽度，量出基坑开挖的边线，并撒上石灰线，此项工作称为柱基线的放线。

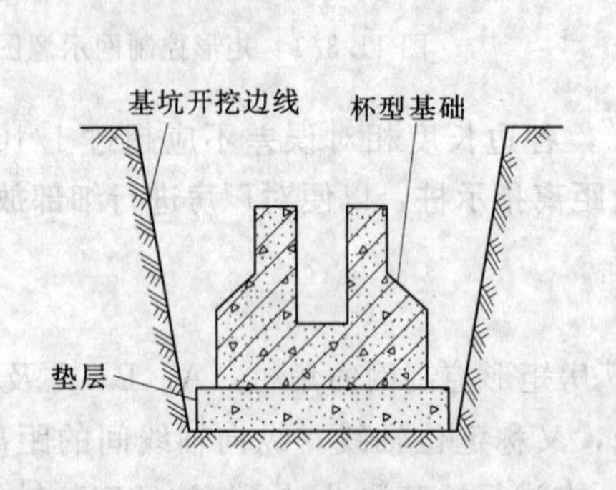

图 11.3.3　杯型基础的剖面图

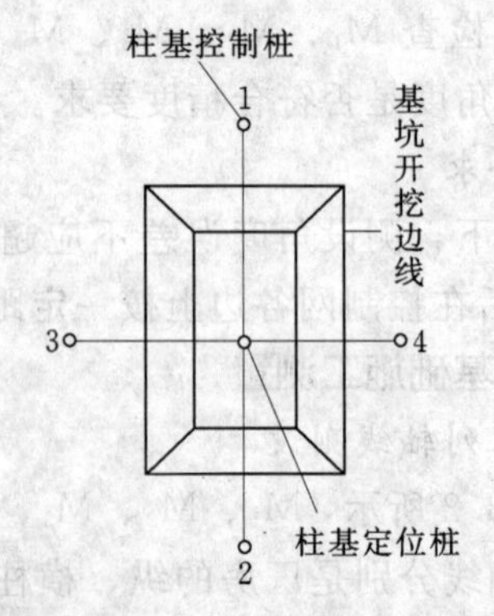

图 11.3.4　柱基测设示意图

3. 基坑抄平

柱基测设完成，经检查符合精度要求后，可按石灰边线和设计坡度开挖。当挖到一定

深度后，用水准仪在坑壁四周离坑底 0.3～0.5m 处测设几个水平桩以用作检查坑底标高和打垫层的依据，基坑水平桩和民用建筑基坑的测设方法相同，在此不再赘述。

基础垫层做好后，根据基坑旁的柱基控制桩，用拉线吊锤球法将基础轴线投测到垫层上，弹出墨线，作为柱基础立模和布置钢筋的依据。立模板时，将模板底线对准垫层上的定位线，并用锤球检查模板是否垂直。最后将柱基顶面设计高程测设在模板内壁。

11.3.4 厂房构件的安装测量

装配式工业厂房的构件安装时，必须使用测量仪器严格检测、校正，各构件才能正确安装到位并符合设计要求。安装的部件主要有：柱子、梁和屋架等，其安装精度应符合表 11.3.1 的规定。

表 11.3.1　厂房构件的安装容许误差

项目			容许误差（mm）
杯型基础	中心线对轴线偏移		10
	杯底安装标高		+0，−10
柱	中心线对轴线偏移		5
	上下柱接口中心偏移		3
	垂直度	柱高≤5m	5
		柱高>5m	10
		柱高≥10m 多节柱	1/1000 柱高且不大于 20mm
	牛腿面和柱高	柱高≤5m	+0，−5
		柱高>5m	+0，−8
梁或吊车梁	中心线对轴线偏移		5
	梁上面标高		+0，−5

11.3.4.1 柱子安装测量

1. 柱子吊装前的准备工作

柱子的安装就位及校正，是利用柱身的中心线、标高线和相应的基础顶面中心的定位线、基础内侧标高线进行对位来实现的。

在柱子安装之前，首先将柱子按轴线编号，并在柱身三个侧面弹出柱子的中心线，并且在每条中心线的上端和靠近杯口处画上“▶”标志。并根据牛腿面设计标高，向下用钢尺量出−60cm 的标高线，并画出“▼”标志，如图 11.3.5 所示，以便校正时使用。

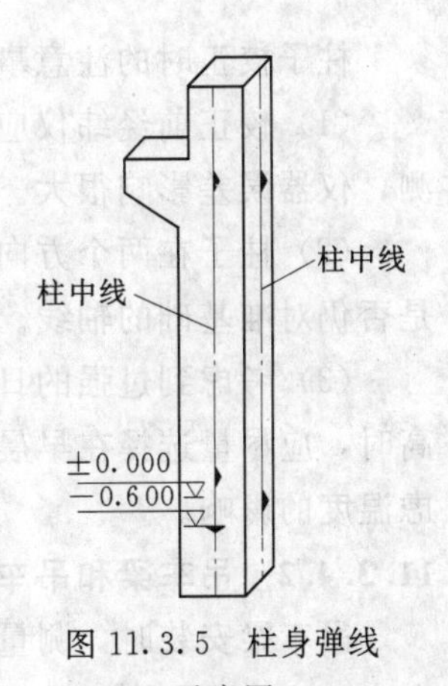

图 11.3.5　柱身弹线示意图

在杯形基础上，由柱列轴线控制桩用经纬仪把柱列轴线投测到杯口顶面上，如图 11.3.6 所示，并弹出墨线，用红油漆画上“▼”标志，作为柱子吊装时确定轴线的依据。当柱子中心

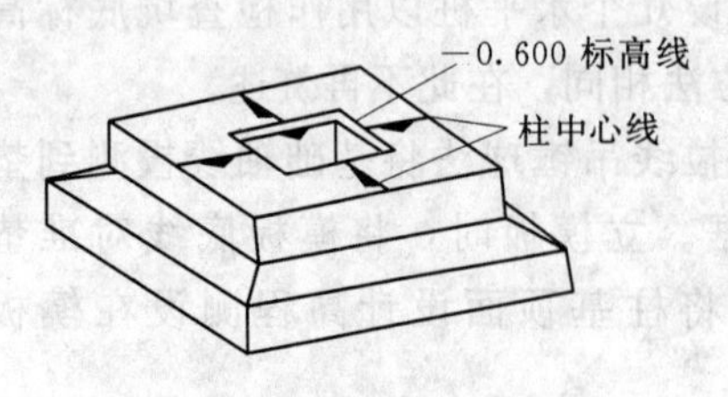

图 11.3.6　基础杯口弹线示意图

线不通过柱列轴线时，还应在杯形基础顶面四周弹出柱子中心线，仍用红油漆画“▼”标志。同时用水准仪在杯口内壁测设一条−60cm 标高线，并画“▼”标志，用以检查杯底标高是否符合要求，然后用 1∶2 水泥砂浆抹在杯底进行找平，使牛腿面符合设计高程。

2. 柱子安装时的测量工作

柱子被吊装进入杯口后，先用木楔或钢楔暂时进行固定。用铁锤敲打木楔或者钢楔，使柱在杯口内平移，直到柱中心线与杯口顶面中心线对齐（偏差不大于 5mm）。用水准仪检测柱身的标高线，然后用两台经纬仪分别在相互垂直的两条柱列轴线上，相对于柱子的距离大于 1.5 倍柱高处同时观测，如图 11.3.7 所示，进行柱子校正。观测时，将经纬仪照准柱子底部中心线上，固定照准部，逐渐上仰望远镜，通过校正使柱身中心线与十字丝竖丝相重合。

为了提高工作效率，一般可以将经纬仪安置在轴线的一侧，与轴线成 10°左右的方向线上，一次可以校正几根柱子，如图 11.3.8 所示。当校正变截面柱子时，经纬仪必须放在轴线上进行校正，否则容易出现差错。

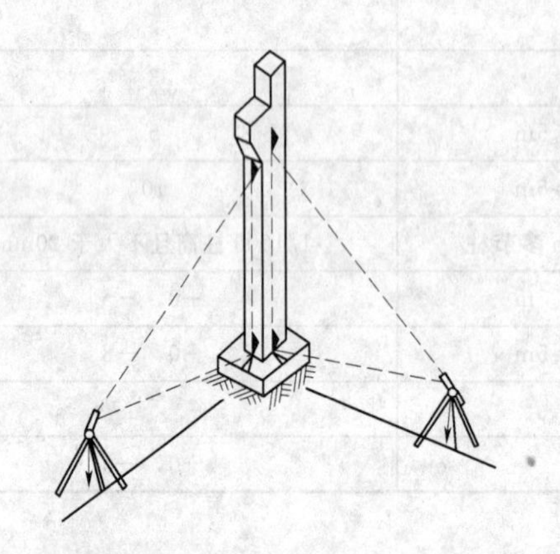

图 11.3.7　单根柱子校正示意图

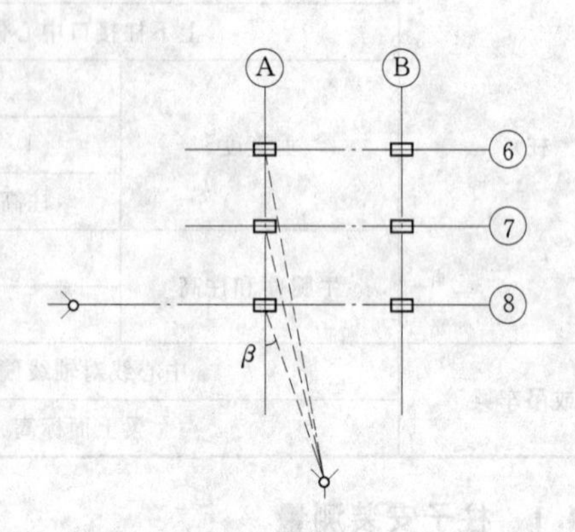

图 11.3.8　多根柱子校正示意图

柱子校正时的注意事项：

（1）校正前经纬仪应经过严格检校，因为校正柱子垂直度时，往往只用盘左或盘右观测，仪器误差影响很大。操作时还应注意使照准部水准管气泡严格居中。

（2）柱子在两个方向的垂直度都校正好后，应再复查平面位置，看柱子下部的中心线是否仍对准基础的轴线。

（3）考虑到过强的日照将使柱子产生弯曲，使柱顶发生位移，当对柱子垂直度要求较高时，应尽量选择在早晨无阳光直射或阴天时校正柱子垂直度。柱长小于 10m 时可不考虑温度的影响。

11.3.4.2　吊车梁和吊车轨的安装测量

吊车梁安装时，测量工作的任务是使柱子牛腿上的吊车梁的平面位置、顶面标高及端面中心线的垂直度都符合要求。

1. 准备工作

首先在吊车梁顶面和两端弹出中心线，再根据柱列轴线把吊车梁中心线投测到柱子牛腿侧面上，作为吊装测量的依据。投测方法如图 11.3.9 所示，先计算出轨道中心线到厂房纵向柱列轴线的距离 e，再分别根据纵向柱列轴线两端的控制桩，采用平移轴线的方法，在地面上测设出吊车轨道中心线 A_1A_1 和 B_1B_1。将经纬仪分别安置在 A_1A_1 和 B_1B_1 一端的控制点上，严格对中、整平，照准另一端的控制点，仰视望远镜，将吊车轨道中心线投测到柱子的牛腿侧面上，并弹出墨线。

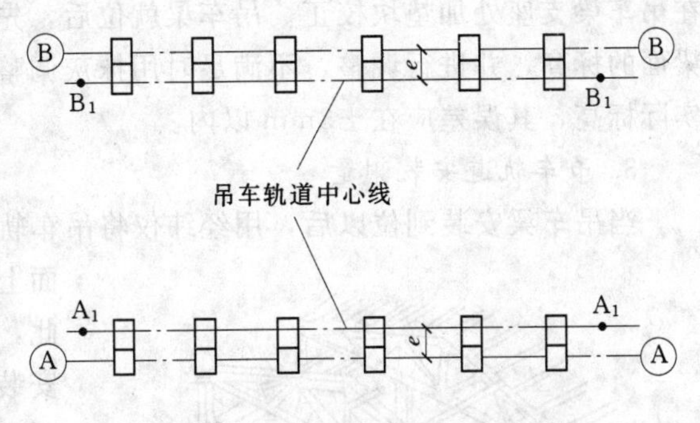

图 11.3.9　吊车梁中心线投测示意图

同时根据柱子±0.000 位置线，用钢尺沿柱侧面量出吊车梁顶面设计标高线，在柱子上画出标志线作为调整吊车梁顶面标高用。

吊车梁中心线也可用厂房中心线为依据进行投测。

2. 吊车梁吊装测量

吊装预制钢筋混凝土吊车梁时，应使其两个端面上的中心线分别与牛腿面上梁端中心线初步对齐，再用经纬仪进行校正。校正方法是根据柱列轴线（或厂房中心线）用经纬仪在地面上放出一条与吊车梁中心线相平行的校正轴线，水平距离为 1m。在校正轴线一端点处安置经纬仪，固定照准部，上仰望远镜，照准放置在吊车梁顶面的横放直尺，对吊车梁进行平移调整，使梁中心线上任一点距校正轴线水平距离均为 1m，如图 11.3.10 所示。在校正吊车梁平面位置的同时，用经纬仪或吊锤球的方法检查吊车梁的垂直度，不满足时

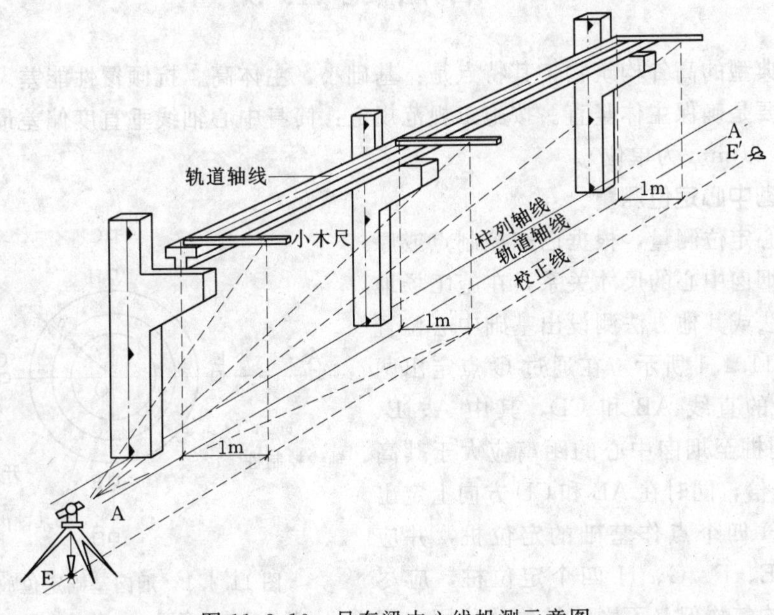

图 11.3.10　吊车梁中心线投测示意图

在吊车梁支座处加垫块校正。吊车梁就位后，先根据柱面上定出的吊车梁设计标高线检查梁面的标高，并进行调整，不满足时用抹灰调整。再把水准仪安置在吊车梁上，精确检测实际标高，其误差应在±3mm 以内。

3. 吊车轨道安装测量

当吊车梁安装到位以后，用经纬仪将吊车轨道线投测到吊车梁顶面上。由于安置在地面上的经纬仪可能与吊车梁顶面不通视，因此，吊车轨道安装测量仍可采用与吊车梁的安装校正相同的方法测设，如图 11.3.10 所示。

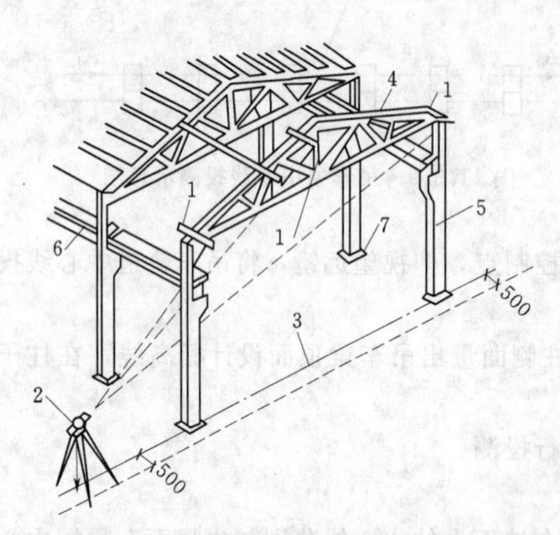

图 11.3.11　屋架安装示意图

1—卡尺；2—经纬仪；3—定位轴线；4—屋架；5—柱；6—吊车梁；7—基础

用钢尺检查两轨道中心线之间的跨距，其跨距与设计跨距之差不得大于 3mm。在轨道的安装过程中，要随时检测轨道的跨距和标高。

4. 屋架的安装测量

屋架安装测量的主要任务同样是使其平面位置及垂直度符合要求。

如图 11.3.11 所示，屋架的安装测量与吊车梁安装测量的方法基本相似。屋架的垂直度是靠安装在屋架上的三把卡尺（在安装前，固定在屋架上），通过经纬仪进行检查、调整。屋架垂直度的允许误差为：薄腹梁为 5mm；桁架屋架为高度的 1/250。

11.4　烟囱施工测量

烟囱是典型的高耸构筑物，其特点是：基础小、主体高、抗倾覆性能差。因此，施工测量工作主要是确保主体竖直。按施工规范规定：筒身中心轴线垂直度偏差最大不得超过 $H/1000$（H 以 mm 为单位）。

11.4.1　烟囱中心定位测量

烟囱中心定位测量，根据已知控制点或原有建筑物与烟囱中心的尺寸关系，在施工场地上用极坐标法或其他方法测设出基础中心位置 O 点。如图 11.4.1 所示，在通过 O 点定出两条互相垂直的直线 AB 和 CD，其中 A、B、C、D 各控制桩至烟囱中心的距离应大于其高度的 1～1.5 倍，同时在 AB 和 CD 方向上定出 E、F、G、H 四个点作基础的定位桩，并应妥善保护。E、F、G、H 四个定位桩，应尽量靠近所建构筑物但又不影响桩位的稳固，用

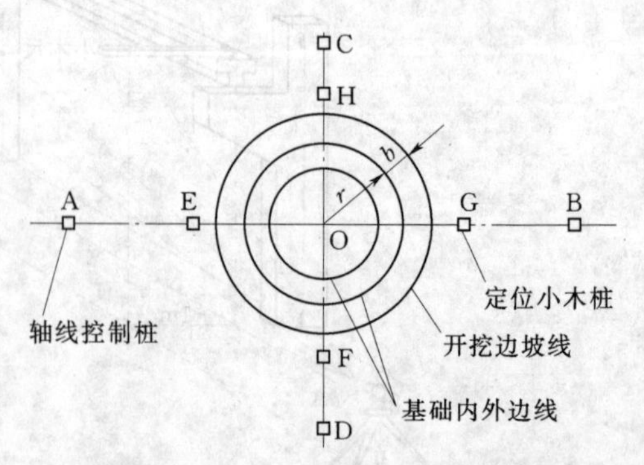

图 11.4.1　烟囱基础定位放线图

b—基坑的放坡宽度；r—构筑物基础的外侧半径

于修坑和恢复其中心位置。

11.4.2 烟囱基础施工测量

如图11.4.1所示，以基础中心点O为圆心，以$r+b$为半径，在场地上画圆，撒上石灰线以标明基础开挖范围。

当基坑开挖到接近设计标高时，按房屋施工测量中基槽开挖深度控制的方法，在基坑内壁测设水平桩，作为检查基础深度和浇筑混凝土垫层的依据。

浇筑混凝土基础时，应在基础中心位置埋设钢筋作为标志，并在浇筑完毕后，依据定位桩用经纬仪把基础中心点O精确地引测到钢筋标志上，刻上"+"线，作为筒体施工时控制筒体中心位置和筒体半径的依据。

11.4.3 烟囱筒身施工测量

烟囱筒身砌筑施工时，筒身中心线、直径、收坡应严格控制，通常是每施工到一定高度要把基础中心向施工作业面上引测一次。具体引测方法是：先在施工作业面上横向设置一根控制方木和一根带有刻度的旋转尺杆，如图11.4.2所示，尺杆零端铰接于方木中心。方木的中心下悬挂质量为8～12kg的锤球。平移方木，将锤球尖对准基础面上的中心标志，如图11.4.3所示，即可检查施工作业面的偏差，并在正确位置继续进行施工。

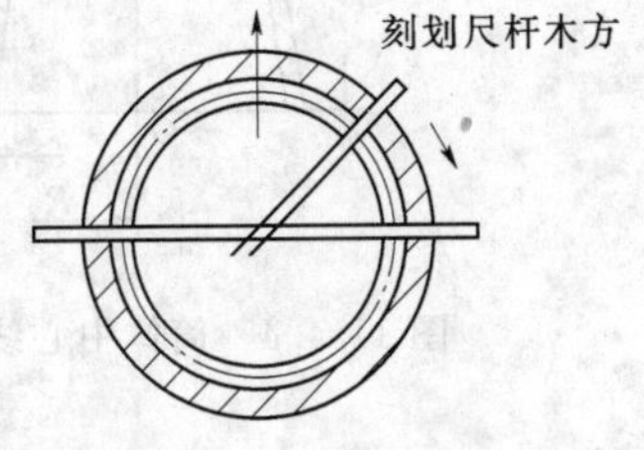

图11.4.2　旋转尺杆

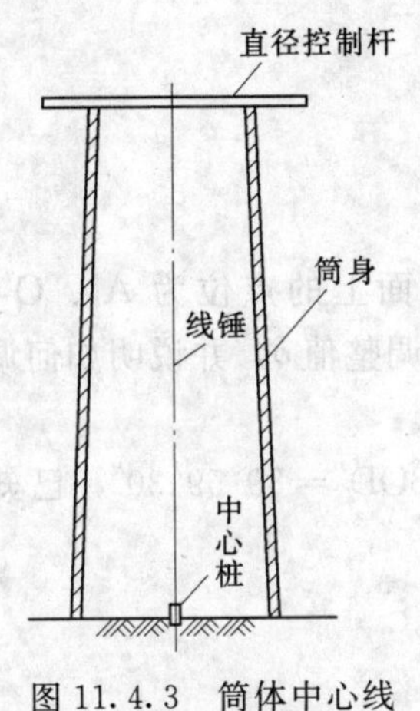

图11.4.3　筒体中心线引测示意图

对较高的混凝土烟囱，为保证施工精度要求，可采用激光铅垂仪进行烟囱铅垂定位。定位时将激光铅垂仪安置在烟囱基础的中心点上，在工作面中央处安放激光铅垂仪接收靶，每次提升工作平台前后都应进行铅垂定位测量，并及时调整偏差。

在筒体施工的同时，还应检查筒体砌筑到某一高度时的设计半径。如图11.4.4所示。

某高度的设计半径$r_{H'}$为

$$r_{H'} = R - H'm \tag{11.4.1}$$

式中：R为筒体底面外侧设计半径；m为筒体的收坡系数。

收坡系数的计算公式为

$$m = (R - r)/H \tag{11.4.2}$$

式中：r为筒体顶面外侧设计半径；H为筒体的设计高度。

为了保证筒身收坡符合设计要求，还应随时用靠尺板来检查。靠尺形状如图11.4.5所示，两侧的斜边是严格按照设计要求的筒壁收坡系数制作的。在使用过程中，把斜边紧靠在筒体外侧，如筒体的收坡符合要求，则锤球线正好通过下端的缺口。如收坡不符合要求，可通过坡度尺上小木尺读数反映其偏差大小，以便使筒体收坡及时得到控制。

11.4.4 筒体的标高控制

筒体的标高控制是用水准仪在筒壁上测出+0.500m（或任意整分米）的标高控制

线，然后以此线为准用钢尺量取筒体的高度；也可用带有弯管目镜的全站仪向上传递高程。

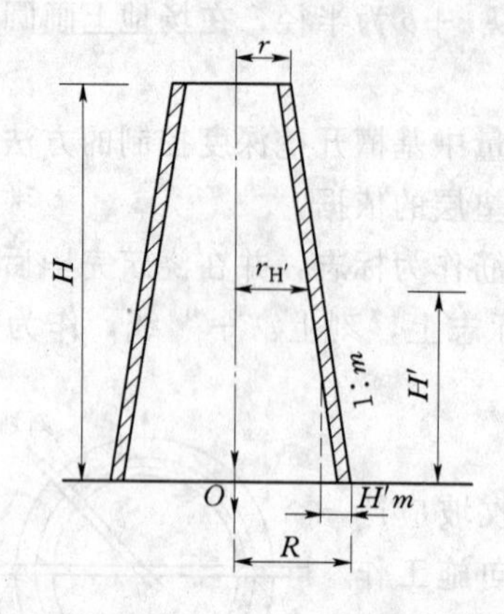

图 11.4.4　筒体中心线引测示意图

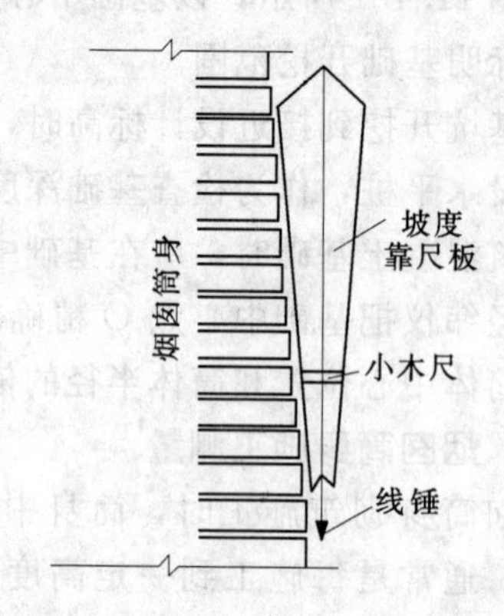

图 11.4.5　靠尺板示意图

习　题

1. 简述施工控制网的布设形式和特点。
2. 建筑基线的常用形式有哪几种？基线点为什么不能少于 3 个？
3. 建筑基线的测设方法有几种？试举例说明。
4. 建筑方格网如何布设？主轴线应如何选定？
5. 绘图说明用极坐标法测设主轴线上三个定位点的方法。
6. 建筑方格网的主轴线确定后，细部方格网点该如何测设？
7. 施工高程控制网如何布设？布设时应满足什么要求？
8. 如图 11.1 所示，假设主轴线上 A、O、B 三点测设于地面上的点位为 A′、O′、B′，经检测∠A′O′B′＝179°58′30″，已知 a＝50m，b＝50m。试求调整值 δ，并说明如何调整才能使三点成为一直线。
9. 如图 11.2 所示，在地面上测设直角∠BOD′，经检查∠BOD′＝89°59′30″，已知 OD′＝50m，试求改正数 l_2。

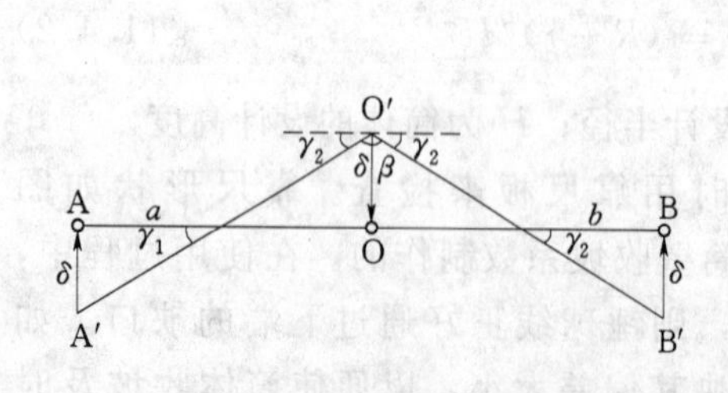

图 11.1　调整三个主点的位置

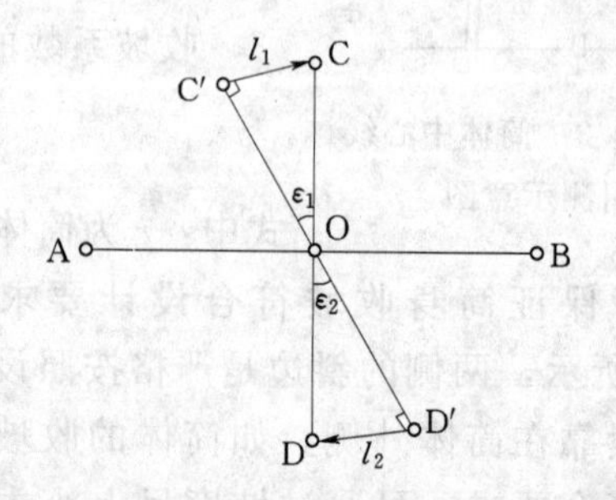

图 11.2　测设主轴线

10. 设置龙门板或引桩的作用是什么？如何设置？
11. 一般民用建筑条形基础施工过程中要进行哪些测量工作？

12. 一般民用建筑墙体施工过程中，如何投测轴线？如何传递标高？

13. 在高层建筑施工中，如何控制建筑物的垂直度和传递标高？

14. 如何进行柱子吊装的竖直校正工作？有哪些具体要求？

15. 烟囱筒身施工测量中如何控制其垂直度？

第12章　管道工程施工测量

学习目标：

通过本章的学习，了解管道工程施工测量的基本概念；理解管道工程施工测量与其他工程施工测量的异同点，在实际测量工作中加以注意和控制；掌握管道工程施工测量的方法及步骤，具体到地下管道工程、架空管道工程和顶管施工的测量程序和注意事项。

12.1　概　　述

随着经济的发展和人民生活水平的不断提高，在城镇和工矿企业中敷设的给水、排水、热力、燃气、输电和输油等各种管道愈来愈多。管道工程测量就是为各种管道的设计和施工服务的。它的任务有两个方面：一是为管道工程的设计提供地形图和断面图；二是按设计要求将管道位置敷设于实地。其内容包括如下各项工作：

(1) 收集资料：收集规划设计区域已有的各种比例尺地形图及原有管道布置平面图和断面图等资料。

(2) 勘测与定线：利用已有地形图，结合现场勘测，进行规划和纸上定线。

(3) 测绘地形图：根据初步规划的路线，实测和修测管线附近的带状地形图。

(4) 管道中线测设：根据设计要求，在实地标定管道中线位置。

(5) 纵横断面测量：测绘管道中线方向和垂直于中线方向的地面高低起伏状况。

(6) 管道施工测量：根据设计要求，将管道敷设于实地所需进行的测量工作。

(7) 管道竣工测量：将施工后的管道位置测绘成图，以反映施工质量和作为使用期间维修、管理及今后管道改建、扩建的依据。

管道工程多属于地下构筑物，在大、中城镇和工矿企业中，各种管道往往互相上下穿插，纵横交错。如果在测量、设计和施工中出现差错而没有及时发现，一经埋设，以后将会造成严重后果。因此，测量工作必须采用城市和厂区的统一坐标和高程系统，严格按设计要求进行测量工作，并做到“步步有检核”，只有这样，才能保证施工质量。

12.2　管道施工测量

12.2.1　施工前的测量工作

1. 熟悉图纸和现场情况

应熟悉施工图纸、精度要求、现场情况，找出各主点桩、里程桩和水准点位置并加以检测。拟定测设方法，计算并校核有关测设数据，注意对设计图纸的校核。

2. 恢复中线和施工控制桩的测设

在施工时中桩要被挖掉，为了在施工时控制中线位置，应在不受施工干扰、引测方

便、易于保存桩位的地方测设施工控制桩。施工控制桩分中线控制桩和位置控制桩。

(1) 中线控制桩的测设。

一般是在中线的延长线上设置中线控制桩并作好标记，如图 12.2.1 所示。

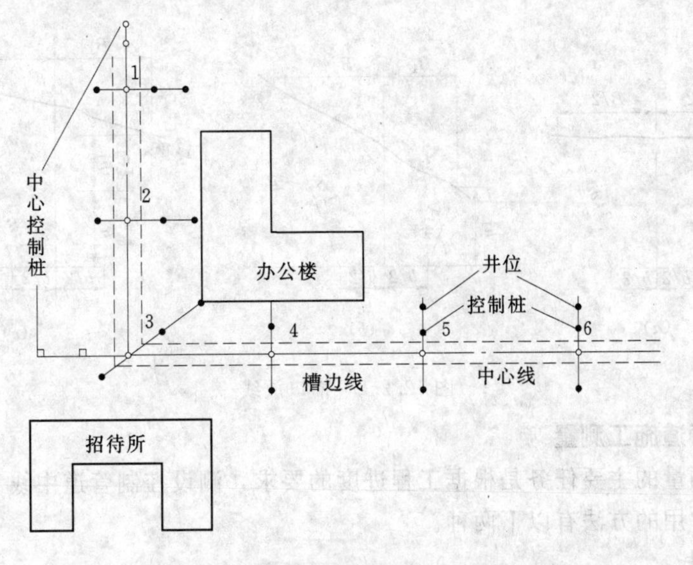

图 12.2.1 管道的施工控制桩

1、2、3、4—管道中心桩；5、6—检查井位中心桩

(2) 附属构筑物（如检查井）位置控制桩的测设。

一般是在垂直于中线方向上钉两个木桩。控制桩要钉在槽口外 0.5m 左右，与中线的距离最好是整米数。恢复构筑物时，将两桩用小线连起，则小线与中线的交点即为其中心位置。

当管道直线较长时，可在中线一侧测设一条与其平行的轴线，利用该轴线表示恢复中线和构筑物的位置。

3. 加密水准点

为了在施工中引测高程方便，应在原有水准点之间每 100～150m 增设临时施工水准点。精度要求应符合工程性质和有关规范的规定。

4. 槽口放线

槽口放线的任务是根据设计要求埋深和土质情况、管径大小等计算出开槽宽度，并在地面上定出槽边线位置，作为开槽边界的依据。

(1) 当地面平坦时，如图 12.2.2 (*a*)。槽口宽度 B 的计算方法为

$$B = b + 2mh$$

(2) 当地面坡度较大，管槽深在 2.5m 以内时中线两侧槽口宽度不相等，如图 12.2.2 (*b*) 所示。槽口宽度 B 的计算公式为

$$B_1 = b/2 + mh_1$$

$$B_2 = b/2 + mh_2$$

(3) 当槽深在 2.5m 以上时，如图 12.2.2 (*c*) 所示。槽口宽度 B 的计算公式为

$$B_1 = b/2 + m_1h_1 + m_3h_3 + C$$

$$B_2 = b/2 + m_2h_2 + m_3h_3 + C$$

以上三式中：b 为管槽开挖宽度；m_i 为槽壁坡度系数（由设计或规范给定）；h_i 为管槽左或右侧开挖深度；B_i 为中线左或右侧槽开挖宽度；C 为槽肩宽度。

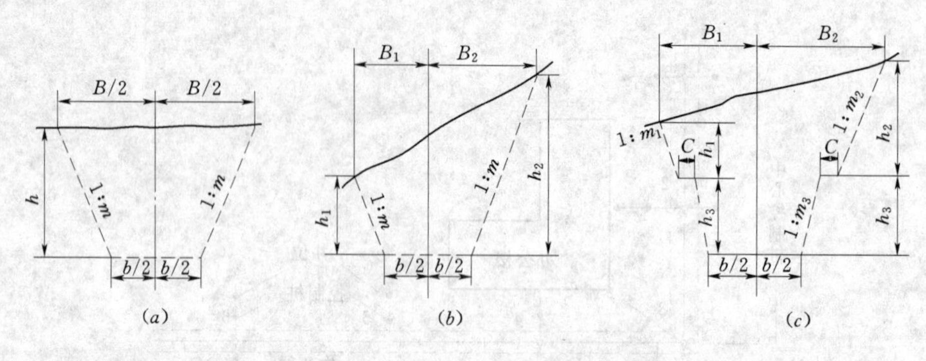

图 12.2.2　槽口放线

12.2.2　地下管道施工测量

管道施工测量的主要任务是根据工程进度的要求，测设控制管道中线和高程位置的施工测量标志，常用的方法有以下两种。

1. 龙门板法

龙门板由坡度板和高程板组成，如图 12.2.3 所示。沿中线每隔 10～20m 处和检查井处皆应设置龙门板。中线测设时，根据中线控制桩，用经纬仪将管道中线投影到各坡度板上，并钉上小钉标定其位置，此钉称为中线钉。各龙门板上中线钉的连线标明了管道的中线方向。在连线上挂垂线，可将中线位置投影到管槽内，以控制中线方向。

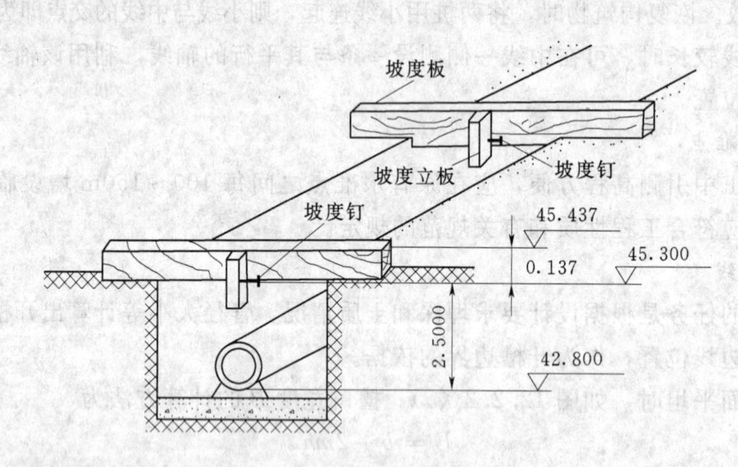

图 12.2.3　坡度板的设置

为了控制管槽的开挖深度，应根据附近的水准点，用水准仪测出各坡度板顶的高程。根据管道坡度，计算出该处管道设计高程，则坡度板顶高程与管道设计高程之差即为由坡度板顶往下开挖的深度（实际上管槽开挖深度还应加上管壁厚和垫层的厚度），通称下反数。由于下反数往往不是一个整数，并且各坡度板的下反数均不一致，所以施工时检查起来很不方便。为了使下反数为一个整分米数 C，则必须按式（12.2.1）计算每一坡度板顶

向上或向下测量的调整数为

$$\delta = C - (H_{BD} - H_{GD}) \tag{12.2.1}$$

式中：H_{BD}为坡度板顶高程；H_{GD}为管底设计高程。

根据计算出的调整数，在高程板上用小钉标定其位置，该小钉称坡度钉，如图12.2.3所示。相邻坡度钉连线即与设计管底坡度相平行，且高差为选定的下返数C。这样，只需要做一根木杆，在木杆上标出C的位置，便可用它随时检查槽底是否挖到了设计高程。若挖深超过设计高程。则绝不允许回填土，只能加高垫层。

下面结合表12.2.1说明坡度钉设置的步骤：

1）用水准测量方法测出坡度板顶高程，记入表中。

2）根据桩距$d(=10\text{m})$及坡度i计算管底设计高程H_{jS}

$$H_{jS} = H_{0S} + i\,jd \quad (j = 1,2,3,\cdots,n)$$

3）计算板顶高程与管底设计高程之差$h_j = H_{jBD} - H_{jS}$

表12.2.1 **坡度钉测设手簿** 单位：m

桩号	距离 d	坡度 i	管底设计高程 H	板顶高程 H_{BD}	$H_{BD}-H_{GD}$	下反数 c	调整数 δ	坡度钉高程
K0+000			42.800	45.437	2.637		−0.137	45.300
+010	10		42.770	45.383	2.613		−0.113	45.270
+020	10		42.740	45.364	2.624		−0.124	45.240
+030	10	−0.3%	42.710	45.315	2.605	2.500	−0.105	45.210
+040	10		42.680	45.310	2.630		−0.130	45.180
+050	10		42.650	45.246	2.596		−0.096	45.150
+060	10		42.620	45.268	2.648		−0.148	45.120

4）选定下返数C，计算调整数δ及坡度钉高程。

如K0+000高程为42.800，坡度−0.3%，K0+000～K0+010之间距离为10m，则K0+010的管底设计高程为

$$42.800 + 10i = 42.800 - 0.030 = 42.770\text{m}$$

用同样方法，可以计算出其他各处管底设计高程。第6栏为坡度板顶高程减去管底设计高程，例如K0+000为

$$H_{BD} - H_{GD} = 45.437 - 42.800 = 2.637\text{m}$$

其余类推。为了施工检查方便，选定下反数C为2.500m，列在第7栏内。第8栏是每个坡度板顶向下量（负数）或向上量（正数）的调整数，如K0+000调整数为

$$\delta = 2.500 - 2.637 = -0.137\text{m}$$

高程板上的坡度钉是控制高程的标志，所以在坡度钉钉好后，应重新进行水准测量，检查结果是否有误。

由于施工中交通繁忙，容易碰动龙门板；有时大雨过后，龙门板还有可能产生下沉；因此应定期进行检查。

2. 平行轴腰桩法

对于管径较小、坡度较大、精度要求较低的管道，施工测量时，常采用平行轴腰桩法来控制管道的中线和坡度。

在开工之前，在中线一侧或两侧设置一排平行于管道中线的轴线桩，桩位应落在开挖槽边线之外，如图 12.2.4 所示。平行轴离管道中线的距离为 a，各桩间距以 10～20m 为宜，检查井位也相应地在平行轴线上设桩。

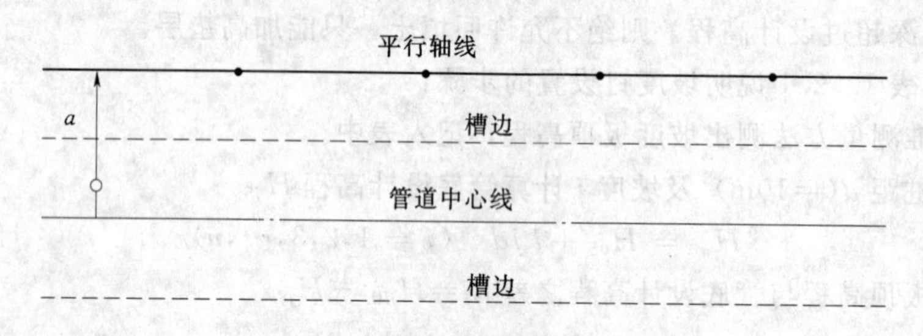

图 12.2.4 中线轴线桩

为了控制管底高程，在沟槽坡上（距槽底约 lm 左右）打一排与平行轴线相对应的桩，这排桩称为腰桩，如图 12.2.5 所示。在腰桩上钉一小钉，并用水准仪测出各腰桩上小钉的高程。小钉高程与该处管底设计高程之差，即为下反数。施工时只需用水准尺量取小钉到槽底的距离，并与下反数相比，便可检查槽底是否挖到管底设计高程。

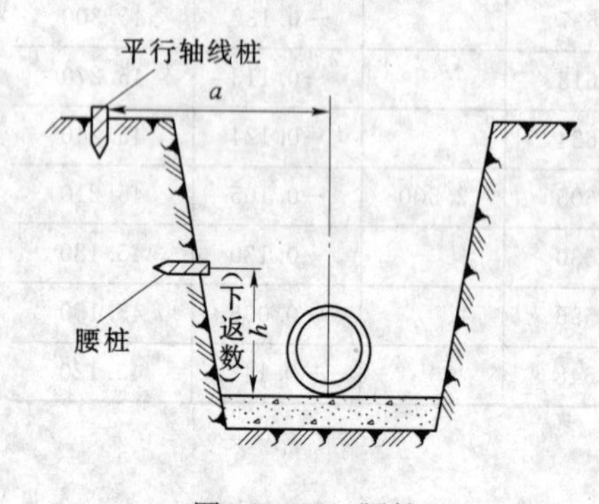

图 12.2.5 腰桩

腰桩法的施工和测量都比较麻烦，且各腰桩的下反数不同，容易出错。为此，先选定到管底的下反数为一整分米数，计算出各腰桩的设计高程，并按本章第 1 节高程测设方法测设腰桩，用小钉标志其位置。此时，各腰桩小钉的连线即与设计坡度平行，并且小钉的高程与管底的设计高程之差为一常数 C（选定的下反数）。

排水管道接头一般为承插口，施工精度要求较高。为了保证工程质量，在管道接口前复测管顶高程，查看管顶高程是否等于管底设计高程、管径、管壁厚度之和。高程误差不得超过±1cm，如在限差之内，方可接口。接口之后，则需等待竣工测量后，方可回填土方。如果不在限差之内，则应查明原因，予以纠正。

12.2.3 架空管道的施工测量

架空管道基础各工序的施工测量方法与厂房基础相同，不同点主要是架空管道有支架（或立杆）及其相应基础的测量工作。管架基础控制桩应根据中心桩测定。

管线上每个支架的中心桩在开挖基础时将被挖掉，需将其位置引测到互相垂直的四个控制桩上，如图 12.2.6 所示。引测时，将经纬仪安置在主点上，在Ⅰ、Ⅱ方向上钉出 a、b 两控制桩，然后将经纬仪安置在支架中心点 1，在垂直于管线方向上标定 c、d 两控制桩。根据控制桩可恢复支架中心 1 的位置及确定开挖边线，进行基础施工。

垂直校正等测量工作，其测量方法、精度要求均与厂房柱子安装测量相同。管道安装前，应在支架上测设中心线和标高。中心线投点和标高测量容许误差均不得超过±3mm。

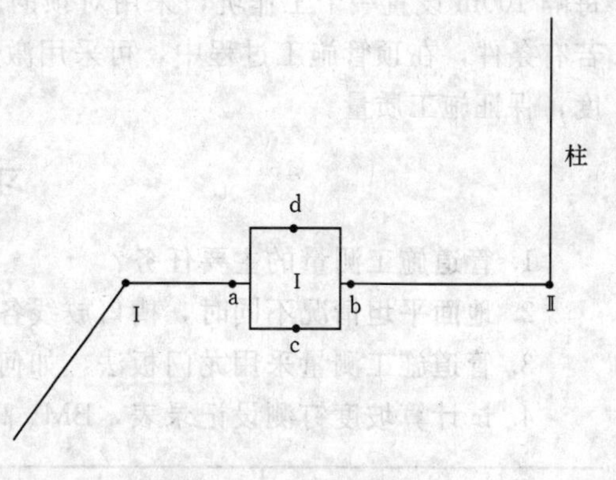

图 12.2.6 控制桩

12.2.4 顶管施工测量

当地下管道需要穿越铁路、公路或重要建筑物时，为了保证正常的交通运输和避免重要建筑物拆迁，往往不允许从地表开挖沟槽，此时常采用顶管施工方法。这种方法是在管道一端或两端事先挖好工作坑，在坑内安装导轨，将管筒放在导轨上，用顶镐将管筒沿中线方向顶入土中，然后将管内的土方挖出来。因此，顶管施工测量主要是控制好顶管的中线方向和高程。

为了控制顶管的位置，施工前必须做好工作坑内顶管测量的准备工作。例如，设置顶管中线控制桩，用经纬仪将中线分别投测到前、后坑壁上，并用木桩 A、B 或打钉作标志，如图 12.2.7 所示；同时在坑内设置临时水准点并进行导轨的定位和安装测量等。准备工作结束后，便可进行施工，转入顶管过程中的中线测量和高程测量。

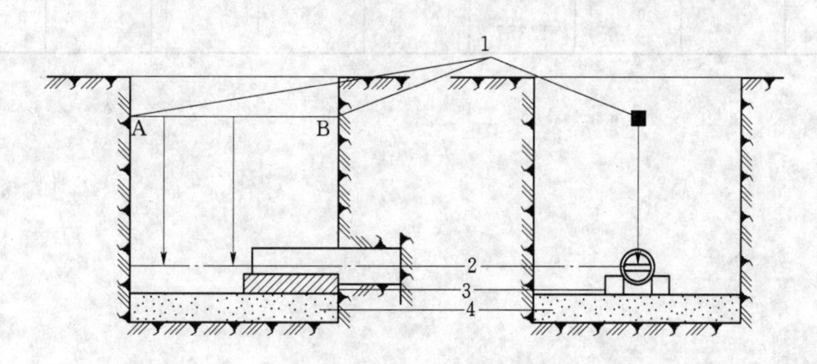

图 12.2.7 顶管中心线

1—中线控制桩；2—木尺；3—导轨；4—垫层

(1) 中线测量。如图 12.2.7 所示，在进行顶管中线测量时，通过两坑壁顶管中线控制桩拉紧一条细线，线上挂两个垂球，垂球的连线即为管道中线的控制方向。这时在管道内前端，用水准器放平一中线木尺，木尺长度等于或略小于管径，读数刻划以中央为零点向两端增加。如果两垂球连线通过木尺零点，则表明顶管在中线上。若左右误差超过 1.5cm，则需要进行中线校正。

(2) 高程测量。在工作坑内安置水准仪，以临时水准点为后视点，在管内待测点上竖一根小于管径的标尺为前视点，将所测得的高程与设计高程进行比较，其差值超过 1cm 时，就需要进行校正。

在顶管过程中，为了保证施工质量，每顶进 0.5m，就需要进行一次中线测量和高程测量。距离小于 50m 的顶管，可按上述方法进行测设。当距离较长时，应分段施工，可每隔 100m 设置一个工作坑，采用对顶的施工方法，在贯通面上管子错口不得超过 3cm。若有条件，在顶管施工过程中，可采用激光经纬仪和激光水准仪进行导向，可提高施工进度，保证施工质量。

习　题

1. 管道施工测量的主要任务？
2. 地面平坦情况不同时，槽口放线各有不同，简述不同情况下的计算方法。
3. 管道施工测量采用龙门板法，如何控制管道中线和高程？
4. 试计算坡度钉测设记录表，BM_A 高程为 18.056m。

桩号	坡度	后视	视线高程	前视	板顶高程	管底高程	（板顶－管底）高程	选定下反数	调整数	坡度钉高程
BM_A		1.784								
0+000				1.430						
+020				1.440						
+040	−1%			1.515	15.720			2.500		
+060				1.606						
+080				1.348						
+100				1.357						

第 13 章　工程建筑物的外部变形观测

学习目标：

通过本章的学习，了解建筑物变形观测的目的意义、任务和内容；掌握建筑物变形观测的基本方法；能够进行沉降、倾斜、裂缝、平移的观测和观测数据的处理。

13.1　概　　述

工程建筑物的变形观测，是随着大规模经济建设的发展而兴起的较年轻的学科。变形观测分为内部变形与外部变形，前者是测定工程建筑物内部垂直位移（沉陷）、水平位移、倾斜等，采用的主要仪器设备为沉降计、位移计、倾斜仪等。后者是通过设在工程建筑物外部的观测点，测定建筑物的垂直位移、水平位移、裂缝、倾斜和挠度等，采用的主要仪器和设备为精密水准仪、经纬仪和正垂线、倒垂线、引张线等。测量工作者从事的变形观测，属于外部变形观测，一般简称变形观测。现将变形观测的意义、内容、目的和观测方法，简要介绍如下。

13.1.1　变形观测的意义

大型水工建筑物、工业与交通建筑物、高大建筑物群体和许多精密机械的安装、导轨以及尖端科学技术试验设备由于自然条件的影响与变化，例如，建筑物地基的工程地质、水文地质、土壤的物理性质、大气温度的影响与变化，会引起建筑物的变形。另一种是建筑物本身的荷重、及建筑物的结构、型式、风力、地震等动荷载的作用，虽然在设计、施工及运营中采取了措施，但不可能尽善尽美，因此，还会引起建筑物的变形。如果这些变形在一定限度之内，认为是正常的现象；如果超过了限差，就会影响建筑物的正常使用，严重的会使建筑物倾斜甚至倒塌。因此，在建筑物施工过程和运营期间，都需要对它们进行变形观测。

工程建筑物的变形按其类型来区分，可以分为静态变形和动态变形。静态变形是指变形观测的结果只表示在某一期间内的变形值，也就是说，它只是时间的函数；动态变形是指在外力作用下而产生的变形，它以外力为函数，其观测结果是表示建筑物在某个时刻的瞬时变形。

静态变形观测的任务，是周期性地对观测点进行重复观测，求得两个观测周期间的变化量。变形观测的周期常随单位时间内变形量的大小而定。变形量较大时，观测周期宜短；变形量减小、建筑物趋向稳定时，观测周期宜相应放大。为了求得瞬时变形，则应采用各种自动仪器，自动观测或记录其瞬时位置。

13.1.2　变形观测的目的

对工程建筑物进行变形观测，已越来越广泛地被工程技术界所重视，其目的可归纳为以下 4 个方面：

（1）监测建筑物施工和运营期间的稳定性，测定变形数值。

（2）根据已测出的位移数据，分析变形的原因，总结出变形规律，预告建筑物未来的变形趋势。

（3）校核建筑物设计中各种基本假设和计算结果的正确性，及时发现和弥补设计与施工中尚未考虑周到的问题，采取有效措施预防建筑物发生事故，从而延长建筑物的使用期限。

（4）通过实测，为今后同类建筑物的设计与施工积累技术资料，提高设计与施工水平。

为了达到上述目的，通常在建筑物的设计阶段，在调查建筑物地基负载性能、研究自然因素对建筑物变形影响的同时，就应着手拟定变形观测的方案，并将其作为工程建筑物的一项设计内容，以便在施工时，就将观测标志和设备安置在设计位置上。从建筑物开始施工就进行观测，一直持续到变形终止。

由于外部变形观测同内部变形观测有密切的联系，故应该同时进行，以便在分析资料时可互相补充，互相验证。分析研究工作应该与工程地质、土力学、工程结构等专业人员共同进行，其中，测量工作者应至少对变形观测资料提供几何解释。

13.1.3 变形观测的内容

现代大型工程建筑物的类型很多，性能千差万别，但产生变形的原因，除与自然条件有关外，在很大程度上决定于基础土壤的负荷特性，所以，应根据建筑物的性质和地基情况来决定观测内容。要求既要有重点，又要全面考虑，以便能正确反映建筑物的变化情况。现根据建筑物的作用和建筑材料，举例说明变形观测内容如下：

（1）工业与民用建筑物。建筑物的全部荷载通过基础传给地基。地基受压后，由于土壤性质和荷载的变化，再加上地下水涨落、振动等外界因素影响，产生沉降。因此，主要观测内容是地基的均匀与不均匀沉陷。对于建筑物本身来说，则主要是观测倾斜与裂缝。

（2）大坝。大坝是挡水建筑物，为了发挥工程效益，确保安全运行，必须对大坝进行定期、系统的变形观测。以土石坝为例，其主要观测内容为垂直位移、水平位移以及裂缝观测等。混凝土重力坝，除主要观测垂直位移和水平位移外，还要进行伸缩缝等的观测。

（3）地表沉陷。对于建立在江河下游冲积层上的城市，由于大量吸取地下水，而影响地下土层的结构，将使地面发生沉陷；对地下进行人工充水后，地表有限的回升。水库高水位蓄水时，由于局部地段重量增加，可能引起水库沿岸发生坍塌或沉陷；水库泄水后，地面可能回弹。因此，主要观测内容是通过精密水准测量，测定垂直位移，以便掌握沉陷和回升的规律，适时采取防护措施。

（4）塔式建筑物。大型无线电发射系统、高大的电视塔、大跨度超高压送电线路的铁塔和其他高层塔式建筑物，都是由钢筋混凝土或钢结构组成。首先，由于受太阳照射或太阳辐射的作用，使塔身受热面和未受热面存在温差，引起塔身向受热面的反向弯曲。其次，塔身还要受风力的影响。因此，应当对建筑物进行变形观测，以测定塔身的扭转和可逆变形。

13.1.4 工程建筑物变形观测的精度和频率

工程建筑物的变形观测能否达到预期的目的，要受很多因素的影响。其中，最基本的因素是观测点的布置、观测的精度和频率以及每次观测时的自然条件等。观测点的布置与

各类工程的特点有关。下面介绍确定变形观测精度的几种不同观点以及确定观测频率的原则。

13.1.4.1　变形观测的精度

由于变形观测是一门新兴的学科，在基本理论、观测方法、仪器设备和内外部观测资料的分析研究等方面，还有待研制和提高。因此，如何根据容许变形值来确定观测的精度，国内外存在着不同的看法。目前，有如下几种观点：如果观测目的是为了使变形值不超过某一容许数值，而确保建筑物的安全，则其观测的中误差，应小于容许变形值的1/10～1/20；对于连续生产的钢结构、钢筋混凝土结构的大型车间，通常要求观测工作能反映出1mm的沉隐量，而为了科学研究的目的，往往要求达到±0.1mm的精度，所以，有人认为用固定误差作为容许的观测误差；通过对建筑物地基的均匀沉陷与不均匀沉陷的观测，从而计算绝对沉陷值、平均沉陷值、相对弯曲、相对倾斜和平均沉陷速度等。有人主张用建筑物地基平均沉陷值的1/5，作为观测中误差；也有人建议测量误差愈小愈好，尽可能提高观测精度。

我国建筑设计规范规定，高层建筑物的高度$H\leqslant 100$m时，建筑物的容许倾斜率$i\leqslant 1.5‰$，即偏移值$e\leqslant 1.5‰H$，但e值不能超过110mm。根据前述的观点，以容许偏移值的1/20作为观测中误差时，即$m_{容}=\pm 5.5$mm。然后，按此思路将精度指标提高，取$m_{测}=\pm 2$mm作为生产实践中应达到的精度。留有富余精度，可以使工作较为主动。

13.1.4.2　变形观测的频率

变形观测的频率决定于变形值的大小和变形速度以及观测目的。一般讲，当埋设的观测点稳固后，就应立即进行第一次观测。施工期间，在荷载的影响下，基础的沉陷是逐渐增加的，因此，建筑物每升高一层或每增加一次荷载就要观测一次，一般有三天、七天、半个月3种周期。工程竣工后，还应继续进行观测。开始可以一个月观测一次，以后视沉陷量的大小，可以两个月、三个月、半年及一年等不同的周期观测。在掌握了一次规律或变形稳定之后，可减少观测次数。这种根据日历计划或荷载增加量进行的变形观测称为系统观测。

上述的系统观测，是在正常情况下进行的。有时由于温度、大洪水、薄弱地质带处理不当或其他自然因素的影响，使工程建筑物在几小时、数天内发生突然变形，如滑动、转动或不均匀沉陷等，因此，应在出现特殊情况的前后进行紧急观测。对土石坝而言，突然变形将在较大的范围内变化，例如由几毫米至十几毫米。

13.1.5　变形观测点的布置

变形观测点就是安置在建筑物上，用来反映建筑物位移关系的标志点。其点位布置的恰当与否，是影响变形观测精度最基本的因素之一。下面根据建筑物的性质与特点，介绍变形观测点的布置方法。

工业与民用建筑物的变形观测，包括基础的沉陷观测与建筑物本身的变形观测。沉陷观测点，通常是由设计部门提出要求，在施工期间进行埋设。观测点应有足够的数量，并牢固地与建筑物结构在

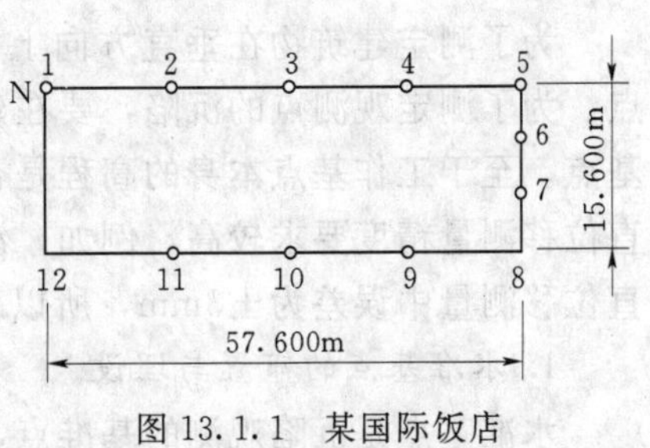

图13.1.1　某国际饭店沉陷观测点

一起。在观测点上要能竖立水准尺，通视条件良好，尽量保证在整个变形观测期间，观测点不能被损坏。

对于民用建筑物，通常在它的四角点、中点、转角处布置观测点。房屋应沿四周每隔10～20m布置一个观测点；设置有沉陷缝的建筑物，或者在新建和原有建筑物的连接处，在其两侧或伸缩缝的任一侧布置观测点；对于宽度大于15m的建筑物，在其内部有承重墙或支柱时，应尽可能布置观测点。图13.1.1为某国际饭店（主楼17层，总高60.5m）的沉陷观测点的布置情况。

对于一般的工业建筑物，除了在柱子基础上布置观测点之外，在主要设备基础的四周，以及挡土墙沉陷缝两侧，烟囱、水塔等圆筒形建筑物的对称轴线上均应布设观测点。对于高层建筑物，由于它层数多、荷载大、重心高、基础深，因此，除了进行基础沉陷观测之外，还要进行建筑物上部的倾斜与风振观测。

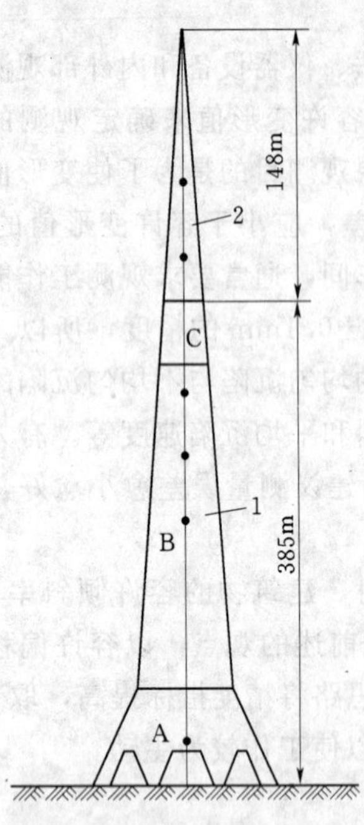

图13.1.2　某电视塔的结构图

1—塔身；2—钢结构天线

建筑物的动态变形观测点的布置，可以用高大的塔式建筑物作为例子。图13.1.2为高度等于533m的某电视塔，它由钢筋混凝土的塔身1和钢结构天线2组成。塔身包括下部的支柱截头锥体A，中部截头锥体B和上部圆柱体C，塔重55000t。为了测定电视塔在太阳光照射和风力作用下的动态变形，在塔身和天线的不同高度：237m、300m、385m、420m、520m等处，在其表面沿着两坐标轴的方向各布置了五个观测点，测定其相对于20m高度处的变形情况。由于塔身受热面和未受热面存在温差，引起塔身向受热面的反向变曲。经测定，塔身的温度以及由此引起的塔身弯曲值与太阳的方位和高度有关。在风力的作用下，电视塔按近似于二次抛物线的曲线偏离竖直状态。因为风力和风向经常变化，所以电视塔是以某种频率和振幅摆动的，它与被测定点的高度和风速有关。

13.2　建筑物的沉降观测

13.2.1　水准点和观测点的布设

为了测定建筑物在垂直方向上的位移，就要在最能反映建筑物沉陷的位置埋设观测点。为了测定观测点的沉陷，要在建筑物附近，既便于观测，又比较稳定的地点埋设工作基点。至于工作基点本身的高程是否变动，要由离建筑物较远的水准基点来检测。由于垂直位移测量精度要求较高，例如，混凝土坝的垂直位移测量中误差为±1mm，土石坝垂直位移测量中误差为±3mm，所以对水准点的构造与埋设有较高的要求。

1. 水准基点的布置与埋设

水准基点是沉陷观测的基准点，所有建筑物及其基础的沉陷均根据它来确定，因此，它的布置和标志的埋设必须保证稳定和能长久保存。对于水坝而言，水准基点一般应选择在坝下游的沉陷范围之外，并组成一等环线。工业建筑物大多位于较平坦地区，由于覆盖的土层较厚，往往采用深埋标志作为基准点。

为了检查水准基点本身的高程是否变动，可将其成组的埋设，通常每组3点，并形成一个边长约100m的等边三角形，如图13.2.1所示。观测前，在三角形的中心，与3点等距离的地方设固定测站，由此测站上可以经常观测3点间的高差，这样便于及时判断水准基点的高程有无变动。

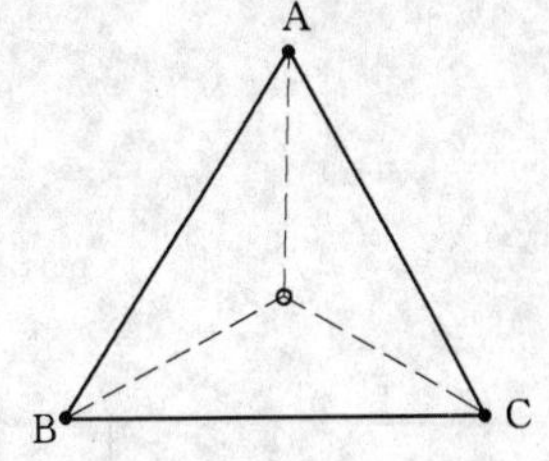

图13.2.1　水准基点组

水准基点可根据工程建筑物的特点和地层结构确定，为了保证基准点本身的稳定可靠，应尽量使标志的底部埋设在基岩上。因为埋设在土中的标志，受土壤膨胀和收缩的影响不易稳定。水准基点的标志，有以下几种类型。

如地面的覆盖层很浅，则水准基点可采用地表岩石标志类型，如图13.2.2所示。为了避免温度变化的影响，有时还采用平洞岩石标，如图13.2.3所示，这种标志是选择完整岩体开凿平洞建标的。平洞出口处作一过渡室，它有内、外两扇门，内门通平洞，外门通洞外。在平洞内埋设内水准标点，过渡室埋设外水准标点。观测时，将水准仪安置在平洞内，关闭过渡室的外门，等到过渡室温度与平洞一致时，将内水准标点的高程传至外标点。此后，关闭内门，开启外门，将仪器置于洞外，待过渡室内温度与外界温度基本一致时，将高程传至洞外，这样可以大大减少由于视线通过不同温度的空气而产生的大气折光影响。

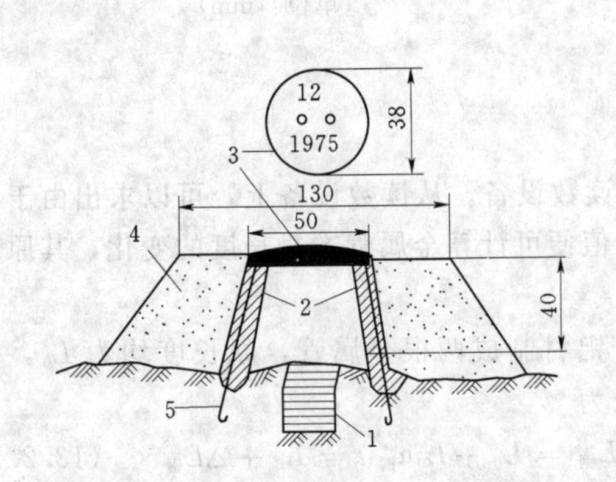

图13.2.2　地表岩石水准标志（单位：cm）

1—抗蚀金属制造的标志；2—钢筋混凝土井圈；3—井盖；4—土丘；5—井卷保护层

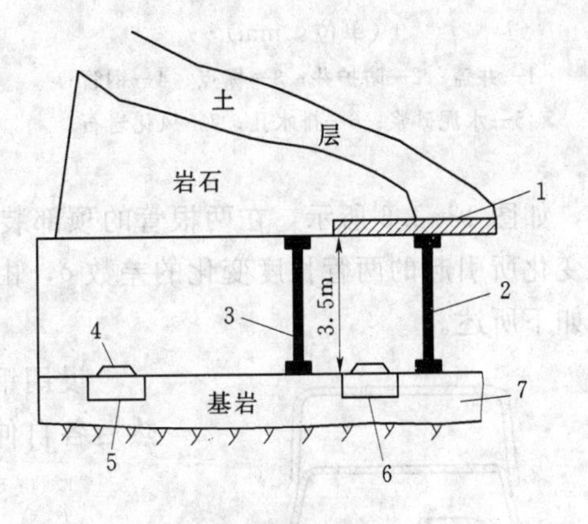

图13.2.3　平洞岩石水准标志

1—盖板；2—外门；3—内门；4—标盖；5—内标点；6—外标点；7—混凝土

在覆盖层较厚的平坦地区，采用钻孔穿过土层和风化岩层达到基岩埋设钢管标志，如图13.2.4所示。当常年温度变幅很大，且岩石上部土层较厚时，为了避免由于温度变化对水准标志高程的影响，还可采用深埋双金属标志，如图13.2.5所示。双金属标志系由膨胀系数不同的两根金属管组成，例如，可用钢和铝管。设置深埋双金属标，必须具有处理很好的金属管，并设法防止金属管的扭曲。

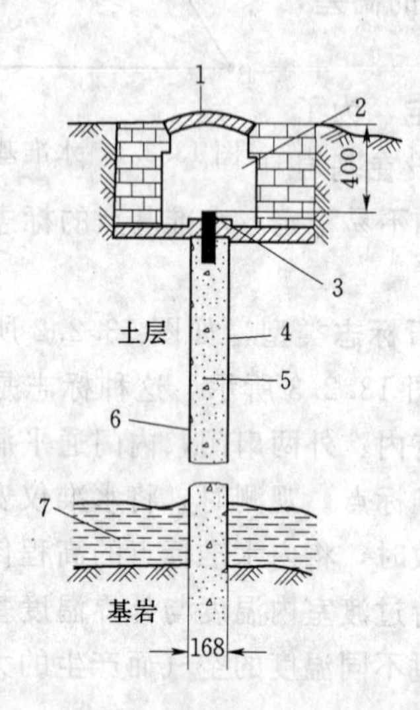

图 13.2.4　在岩基设置钢管水准标志

（单位：mm）

1—井盖；2—防护井；3—标点；4—钢管；
5—水泥砂浆；6—排水孔；7—风化岩石

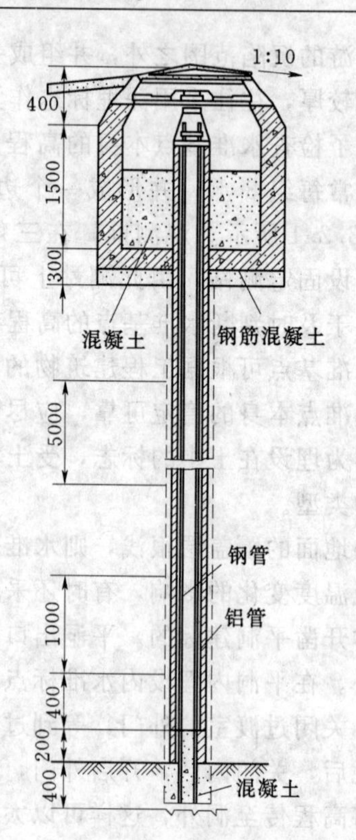

图 13.2.5　两根金属管的水准标志

（单位：mm）

如图 13.2.6 所示，在两根管的顶部装有读数设备。从读数设备上，可以求出由于温度变化所引起的两管长度变化的差数 δ，由 δ 值便可计算金属管本身长度的变化，其原理见如下所述。

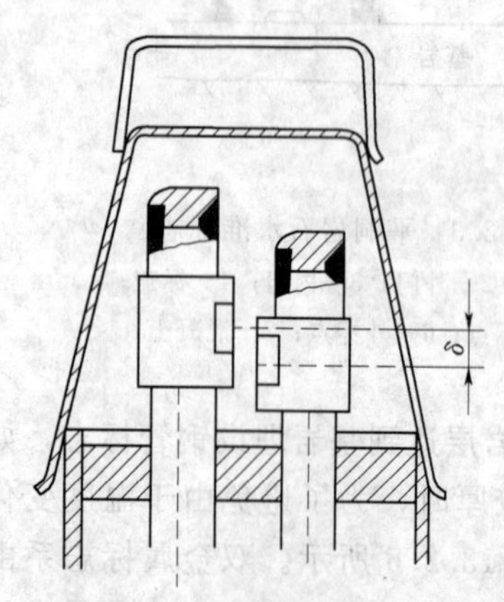

图 13.2.6　两根金属管水准标志的读数设备

设用钢、铝材制成两根金属管，原长度均为 L_0，受热后各自伸长为

$$L_{钢} = L_0 + L_0 \alpha_{钢} t = L_0 + \Delta L_{钢} \quad (13.2.1)$$

$$L_{铝} = L_0 + L_0 \alpha_{铝} t = L_0 + \Delta L_{铝} \quad (13.2.2)$$

式中：$\alpha_{钢}$ 为钢的线膨胀系数，$\alpha_{钢}=0.00012/℃$；$\alpha_{铝}$ 为铝的线膨胀系数，$\alpha_{铝}=0.00024/℃$；t 为标志各层高度处温度改变的平均值。

由以上两式，可求出两金属管长度之差为

$$\delta = L_{钢} - L_{铝} = \Delta L_{钢} - \Delta L_{铝} = L_0 t(\alpha_{钢} - \alpha_{铝})$$

同除以 $\Delta L_{钢}$ 或 $\Delta L_{铝}$，则得

$$\frac{\delta}{\Delta L_{钢}} = \frac{\alpha_{钢} - \alpha_{铝}}{\alpha_{钢}}$$

$$\frac{\delta}{\Delta L_{铝}}=\frac{\alpha_{钢}-\alpha_{铝}}{\alpha_{铝}}$$

移项后得

$$\Delta L_{钢}=\delta\frac{\alpha_{钢}}{\alpha_{钢}-\alpha_{铝}}$$

$$\Delta L_{铝}=\delta\frac{\alpha_{铝}}{\alpha_{钢}-\alpha_{铝}}$$

根据已知钢和铝的线膨胀系数，得 $\Delta L_{钢}=-\delta$，$\Delta L_{铝}=-2\delta$，以此来计算金属管本身的长度变化。

2. 工作基点和沉陷观测点的标志埋设

工作基点一般采用地表岩石标志。当建筑物附近的覆盖土层较厚时，可采用浅埋的土中标志。

关于沉陷观测点的标志结构，可根据工程的特点和观测点埋设的位置来确定。对于工业与民用建筑物，常采用图 13.2.7 所示的各种标志，其中图 13.2.7（*a*）为埋设在钢筋混凝土基础上的观测点，它是直径为 20mm、长度为 80mm 的铆钉；图 13.2.7（*b*）为设在钢筋混凝土柱子上的观测点，它是一根长度为 150mm 的角钢；图 13.2.7（*c*）为钢架上的标志，它在角钢上焊一个铜头后再将角钢焊到钢架上；图 13.2.7（*d*）为隐蔽式的观测标志，观测时将球形标志旋入孔洞内，用毕将标志旋下，换上罩盖。

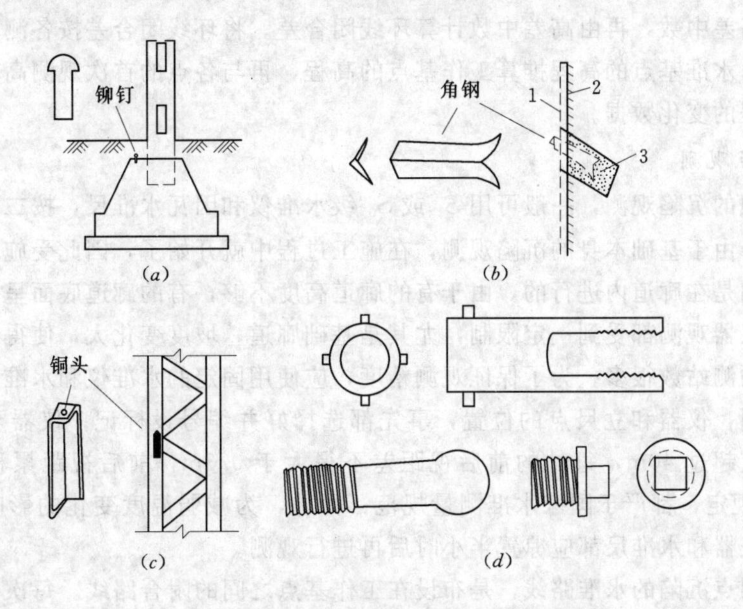

图 13.2.7 工业与民用建筑物上的沉陷观测标志

1—粉刷部分；2—柱（墙）；3—1：2 灰浆

13.2.2 建筑物垂直位移观测

定期地测量观测点相对于水准点的高差以求得观测点的高程，并将不同时期所测的高程加以比较，得出建筑物沉陷情况的资料，称为沉陷观测。目前，沉陷观测中最常用的是水准测量方法。工业与民用建筑物的变形观测中进行工作最多的是基础沉陷观测。沉陷观测的水准路线应形成闭合路线。与一般的水准测量相比较，视线长度一般不大于 25m；安置一次仪器有时可以观测几个前视点。在不同的观测周期中，仪器和水准尺应安置在同样的位置上，以削弱系统误差的影响。对于埋设在基础上的观测点，在埋设后即开始第一次观测，一直观测到沉陷完全停止。

由于在观测各个基础时，水准路线往往不很长，其闭合差一般不会超过 1～2mm，因此，闭合差可按测站平均分配。如果观测点之间的距离相差很大，则闭合差可以按距离成比例地进行分配。

1. 基准点观测

工作基点和水准基点之间所布设的水准路线，应按一等水准测量的规定进行观测，由于工作条件的不同，在作业方法上有其特点：例如，观测路线和安置仪器、立水准尺的点都是固定的；为消除一些误差的影响，立尺点一般应设置简便的金属标头。

由水准基点到工作基点的连测，每年要进行一次或两次，并尽可能选择外界条件相近的情况，以减少外界因素对观测成果的影响。

一等水准测量用 S_{05} 级水准仪和因瓦水准尺施测。水准路线分段观测，并进行各段往、返测高差不符值的计算。每公里水准测量高差中数的偶然中误差为±0.5mm，往、返测高差较差的限差为 $\Delta h \leqslant \pm 2\sqrt{k}$mm（$k$ 为路线、区段或测段长度，以 km 计）。

往、返测高差加标尺长度改正后计算往、返测高差较差。高差较差合格后，首先，计算往、返测高差中数，再由高差中数计算环线闭合差。将环线闭合差按各测段长度进行分配。然后，由水准基点的高程推算工作基点的高程，再与各点的首次观测高程比较，可得工作基点高程的变化数据。

2. 观测点观测

混凝土坝的沉陷观测，一般可用 S_1 或 S_{05} 级水准仪和因瓦水准尺，按二等水准测量规定进行施测。由于基础本身的沉陷观测，在施工过程中就开始了，因此受施工干扰大，而且大部分观测是在廊道内进行的。由于有的廊道高度不够，有的廊道底面呈阶梯形，使得立尺、安置仪器观测都受到一定限制，尤其是基础廊道，坡度变化大，使得视线很短，因此，每公里的测站数很多。为了保证观测精度，应使用固定的水准仪和水准尺，在同一路线上往返观测，仪器和立尺点的位置，事先都选择好并编号设标记；仪器至水准尺的视距，最长不应超过 40m，每站的前后视距差不得大于 0.3m，前后视距累积差不得大于 1.0m，这些规定，都严于国家水准测量规范；另外，为减弱温度变化的影响，每次进出廊道前后，仪器和水准尺都应凉置半小时后再进行观测。

测定观测点沉陷的水准路线，是布设在工作基点之间的附合路线。每次观测值都要加尺长改正数。由于视距短，每公里路线测站数很多，应对路线闭合差采取按测段的测站数进行分配的方法。然后，按工作基点的高程推算各观测点的高程，而对于钢管标志还要加钢管温度改正数，将本次计算的各测站点高程与首次观测的高程比较，即可求得各观测点的沉陷量。水工建筑物的垂直位移，一般规定下沉为正，上升为负。

由上述可见，沉陷量是同一观测点两次观测高程之差。因此，沉陷量最弱点的测定中

误差 $m_{沉}=\pm\sqrt{2}m_{弱}\leqslant\pm1\text{mm}$。另外，还需指出，工作基点本身逐年也会有些下沉，但各次沉陷量仍以工作基点的首次高程作为起算高程，而将工作基点各年的下沉量视为一常数，在分析观测资料时应一并考虑。

13.3 建筑物的水平位移观测

13.3.1 基准线法测定水平位移观测

当工程建筑物与基础之间的摩擦力小于水平压力时，建筑物就要发生水平位移。测定水平位移的方法，有基准线法、引张线法和前方交会法等。

基准线法的原理，是以通过水工建筑物轴线（如大坝轴线）或平行于建筑物轴线的固定铅垂平面为基准面，测定观测点与基准面之间的距离变化，以确定观测点的水平位移。在实用上，通过经纬仪中心的铅垂线与另一端点固定标志中心所构成的铅垂平面即基准面，这种由经纬仪的基准面形成的基准面观测方法，按其所使用的工具和作业方法的不同，又可分为活动觇牌法和测小角法，现将有关知识介绍如下。

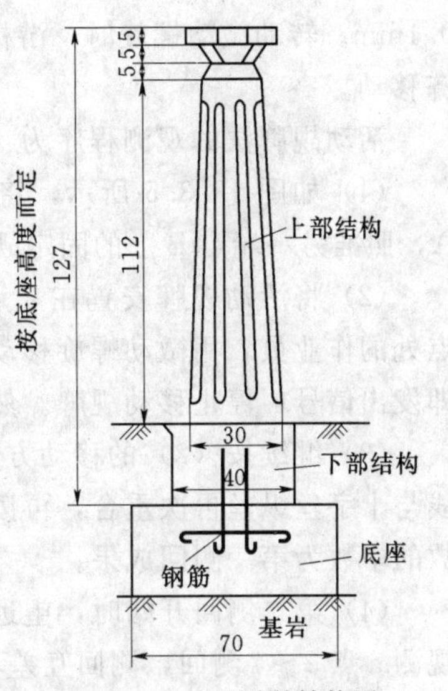

图 13.3.1 观测墩结构图

（单位：cm）

13.3.1.1 基准线端点与观测墩的埋设

基准线可以布置在坝顶或廊道内，为确保基准面的稳定，基准线端点应建造观测墩。观测墩底座部分应浇筑到基岩上或地下一定深度，以免因岩石风化层或表土层的活动而产生变位。观测墩各部分的尺寸见图 13.3.1。

为了减少觇牌和仪器的安置误差，在观测墩面的顶面常埋设固定的强制对中设备，通常要求仪器与觇牌的偏心误差小于 0.1mm。

水平位移观测点为观测方便，观测点偏离基准线的方向不得大于 10mm，如图 13.3.2 所示。所有观测点，有条件时应埋设观测墩和置中设备。

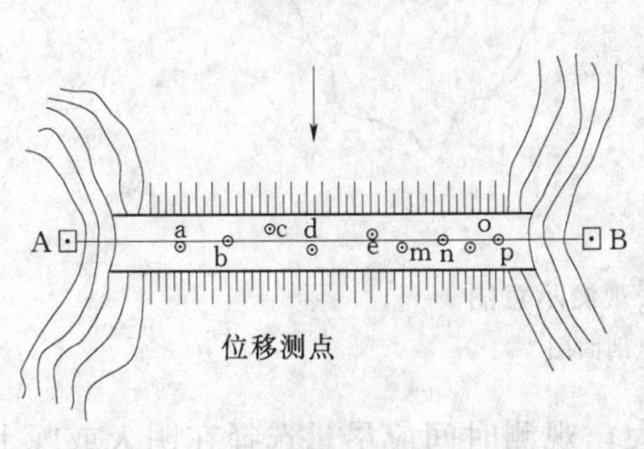

图 13.3.2 基准线端点与位移观测点

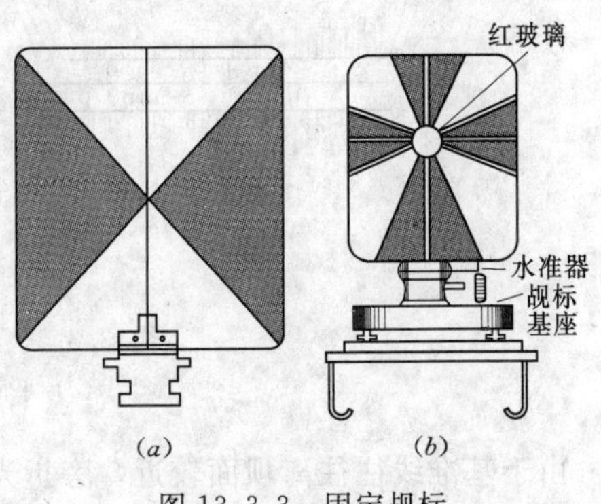

图 13.3.3 固定觇标

13.3.1.2　基准线观测法

1. 活动觇牌法

用活动觇牌直接测定观测点偏离基准线的数值，然后，求出该点的水平位移，称为活动觇牌法。它使用的主要仪器和设备，包括精密经纬仪、固定和活动觇牌。其次，固定觇牌观测时安置于端点墩上，通过望远镜的基准轴及固定觇牌中心，形成基准线，其构造如图 13.3.3 所示。活动觇牌观测时置于观测点上，用来测定偏离数据，图 13.3.4 所示为武汉地震研究所制造的活动觇牌。读数尺的最小分划为 1mm，游标最小读数为 0.1mm。转动微动螺旋时，游标随上部照准标志一齐移动。

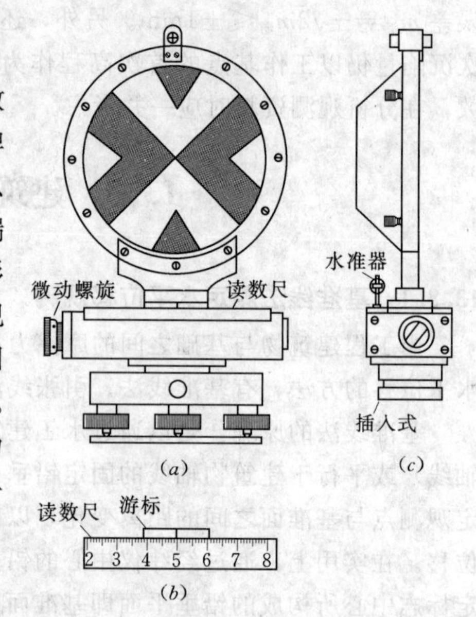

图 13.3.4　活动觇标

(a) 正面图；(b) 游标与读数尺；(c) 侧面图

活动觇牌法的观测程序为：

(1) 如图 13.3.5 所示，将经纬仪安置在端点 A，照准另一端点 B 上的固定觇牌中心线。

(2) 将活动觇牌安置在 a 点，由观测员指挥 a 点处的作业员，用微动螺旋移动觇牌，待觇牌的中心线与望远镜十字丝的纵丝重合时，立即发出信号，停止移动觇牌。然后，由 a 点处的作业员读数，记入规定的表格中。

(3) 继续按 (2) 的移动方向移动觇牌，然后，再向相反方向移动觇牌，使觇牌中心线与十字丝纵丝再次重合，再读一次数，与第一次读数之差不超过 0.7mm 时，取两次读数的中数为第一测回成果。

(4) 第二测回开始时，望远镜重新照准端点 B 进行定向，按上述 (2)、(3) 项操作观测 a 点 2～4 测回，测回互差不超过 0.5mm 时，取各测回平均值，为 a 点的往测成果。

(5) 按上述 (1)、(2)、(3) 和 (4) 项操作观测 b、c、d 点等，称为往测，然后，仪器与固定觇牌互换位置，重复 (1) ～ (5) 项操作，称为返测。

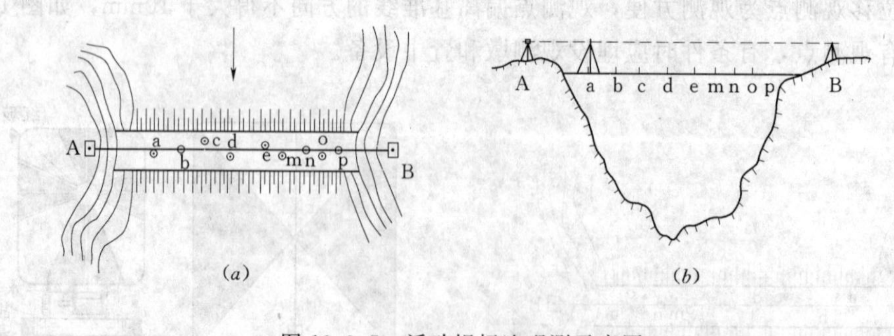

图 13.3.5　活动觇标法观测示意图

(a) 平面图；(b) 纵剖面图

由于基准线往往离坝面较近，旁折光影响较大，观测时间应尽量选择在阴天或晚上。当基准线很长时，为了减少照准误差的影响，可以将整条基准线分段进行观测，这时应该

先求出中间观测点的偏离值，然后，按偏离值改正以后各测段观测点的偏离值。

活动觇牌在每次观测之前，应检验和测定其零位值。所谓零位值，即觇牌上照准标志的中心线与置中设备中心重合时的读数。测定零位值的方法是，在相距20～40m左右的两个观测墩上，一端安置经纬仪，另一端安置固定觇牌，照准后将望远镜视线固定。然后，取下固定觇牌，换上活动觇牌，由作业员将活动觇牌的照准中心线移动到望远镜十字丝的纵丝上，在读数尺上读数；继续移动觇牌后，再以相反方向使觇牌的照准中心线与十字丝纵丝第二次重合，并进行读数。重复10次并读数，再检查仪器的读数是否有变动，如果未动，取10次读数的平均数，即为觇牌的零位值。

由前述知道，将首次观测值相对的视为不受外界影响的数据，把温度、荷载或时间等因素作为变形的函数，因此，水平位移值就是观测点的本次观测值与首次观测值之差，即

$$\delta = L_i - L \tag{13.3.1}$$

式中：δ为水平位移值；L为首次观测值；L_i为第i次观测值，$i=1, 2, 3, \cdots, n$。

一般规定，水位移位向下游为正，向上游为负，向左岸为正，向右岸为负。

【例 13.3.1】 设某观测点的首次观测值为$L=1.2$mm，本次观测值$L_i=-0.3$mm，求某点的水平位移值。

解：由式（13.3.1）得

$$\delta = L_i - L = -0.3 - 1.2 = -1.5\text{mm}$$

根据上述规定知道，某点位移方向，是上游1.5mm。

2. 测小角法

测小角法是利用精密经纬仪精确地测出基准线与观测点之间所夹的微小角度α_i，并按式（13.3.2）计算偏离值l_i，如图13.3.6所示。

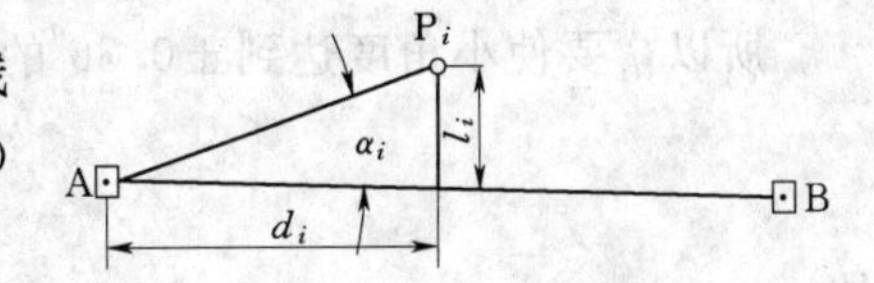

图13.3.6 测小角法

$$l_i = \frac{\alpha_i}{\rho} d_i \tag{13.3.2}$$

式中：d_i为测站A到观测点P_i的距离；α_i为测站与测点P_i间的小角，（″）。

将式（13.3.2）进行全微分，并转换成中误差，可得

$$m_{l_i}^2 = \frac{1}{\rho^2} d_i^2 m_{\alpha_i}^2 + \frac{1}{\rho^2} \alpha_i^2 m_{d_i}^2 \tag{13.3.3}$$

略去式（13.3.3）右边第二项后，可得测定偏离值精度的公式为

$$m_{l_i} = \frac{m_{\alpha_i}}{\rho} d_i \tag{13.3.4}$$

用测小角法观测水平位移时，仪器采用了强制对中，小角度只需测微器测定，所以主要误差来源是仪器照准觇牌时的照准误差。当小角度采用测回法观测时，一测回所测小角的误差，由误差传播定律可得

$$m_a = m_V \tag{13.3.5}$$

将式（13.3.5）代入式（13.3.4）则有

$$m_{l_i} = \frac{d_i}{\rho} m_V \tag{13.3.6}$$

由此可见，测小角法观测的精度，取决于照准误差 $m_V('')$ 数值的大小。通常认为照准误差为

$$m_V=\pm\frac{60}{V}$$

式中：V 为望远镜的放大率；60 为人眼的鉴别角，(″)。

在实际上，影响照准精度的因素不仅与望远镜放大率、人眼的鉴别角有关，而且与所有觇牌的图案形状、颜色也有关，不同的视线长度、外界条件的影响等，也改变照准精度。因此，为了使估算更符合实际，最好在观测现场对所用仪器进行照准误差测定。

【例 13.3.2】 设某观测点到测站（端点）的距离为 400m，若要求测定偏离值的精度为±0.7mm，用小角度法观测时，小角度的限差应为多少？

解：由式（13.3.4），可得小角度的限差为

$$m_{ai}=\frac{\rho}{d_i}m_{li}$$

将数据代入得

$$m_{ai}=\pm 0.36''$$

【例 13.3.3】 按［例 13.3.2］的数据，当采用 J_1 级经纬仪（$V=40$）观测时，小角度应观测几个测回？

解：由式（13.3.5）可计算观测一测回的中误差为

$$m_a=m_v=\frac{60}{40}=\pm 1.5''$$

所以，要使小角度达到±0.36″的精度，小角度观测应满足的测回数为

$$0.36''=\frac{1.5''}{\sqrt{n}}$$

故
$$n=17$$

即小角度应以不少于 17 个测回的精度测定。从直观上看，测回数较多，观测时间长，影响了精度。为此应采取措施，减少外界条件的影响。

13.3.2 前方交会法测定水平位移

前方交会法观测时，应尽可能选择较远的稳固目标作为定向点，测站与定向点之间的距离一般要求不小于交会边的长度。观测点应埋设适用于不同方向照准的标志。对于高层建筑物的观测，为保持建筑物的美观，可在其建造时采用预埋设备，作业时将标心安上，作业后可取下。观测点标志图案可采用同心圆式样，图 13.3.7（a）是立体觇标，图 13.3.7（b）为玻璃觇标。

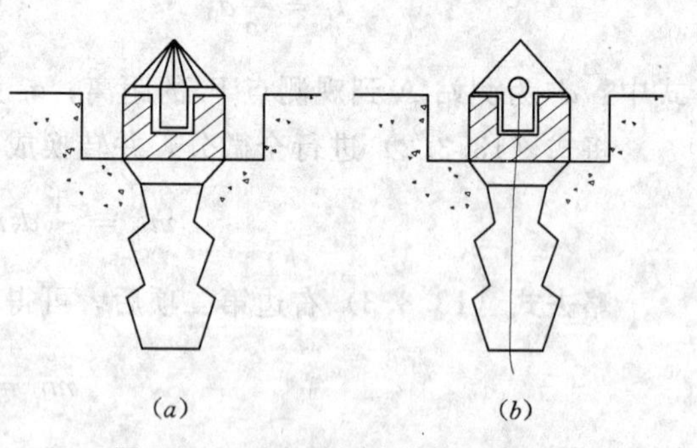

图 13.3.7　变形标志结构示意图

（a）立体觇标；（b）玻璃觇标

前方交会由于仪器强制对中，目标偏心误差可基本消除，还可采用有利于照准的特殊标志，观测中可由同一观测员用同一台仪器按同一方案进行观测等，因而交会的精度将高于一般工程施工与地形控制测量中所规定的精度。根据实测资料分析，当交会边长度在

100mm 左右时，用 J_1 级经纬仪观测 6 个测回，水平位移值测量中误差将不超过±1mm。

由于变形观测具有精度高、速度快的特点，故在观测方法选择上，应优先采用基准线法或引张线法等。但是，在拱坝、曲线桥梁、外部为曲面的高层建筑物的水平位移观测时，使用上述方法效率很低，或无法达到预期的目的。此时，必须采用前方交会法观测。前方交会法分为图解法和微分法，以下分别介绍。

13.3.2.1　前方交会图解法求水平位移

大坝观测点可根据两个基准点的两次观测所得角度之差 $\Delta\alpha$、$\Delta\beta$，以及交会基点到未知点的已知距离，采用计算和图解相结合的方法求得观测点的水平位移量。

实践证明，用图解法与解析法求得之结果相比较，误差大致在±0.5mm 左右。用图解法时要求有足够大的比例尺、绘图方法正确、作业认真仔细，必须有检查校核。

如图 13.3.8 所示，图解之前，应先将由于角差 $\Delta\alpha$、$\Delta\beta$ 引起的水平位移画出来，同时计算相应方向线的变量 Q_A 及 Q_B。若观测 AP 和 BP 的角差为 $\Delta\alpha$、$\Delta\beta$，则得

$$\left.\begin{aligned} Q_A &= D_{AP}\frac{\Delta\alpha}{\rho} \\ Q_B &= D_{BP}\frac{\Delta\beta}{\rho} \end{aligned}\right\} \tag{13.3.7}$$

式中：$\Delta\alpha$、$\Delta\beta$ 为角差。一般在数秒至十秒左右，相应的 Q_A、Q_B 在数毫米至十几毫米之间（堆石坝的 Q 值可能更大些），其边长 D_{AP} 及 D_{BP} 一般为数百米。

令式(13.3.7) 中

$$K_A = \frac{D_{AP}}{\rho}$$

$$K_B = \frac{D_{BP}}{\rho}$$

故

$$Q_A = K_A\Delta\alpha$$

$$Q_B = K_B\Delta\beta$$

绘图时，以交会用的基准点 A 或 B 作为圆心，分别以 D_{AP} 及 D_{BP} 为半径，把 Q_A 及 Q_B 分别作为相应的圆弧，可认为：$Q_A \perp D_{AP}$，$Q_B \perp D_{BP}$。根据这个原理，在作图时，可以计算的 Q_A、Q_B 长度为间距，分别作相应于 AP、BP 的平行线 mm′及 nn′。在图 13.3.9 中，mm′及 nn′的交点即为所求点 P′。

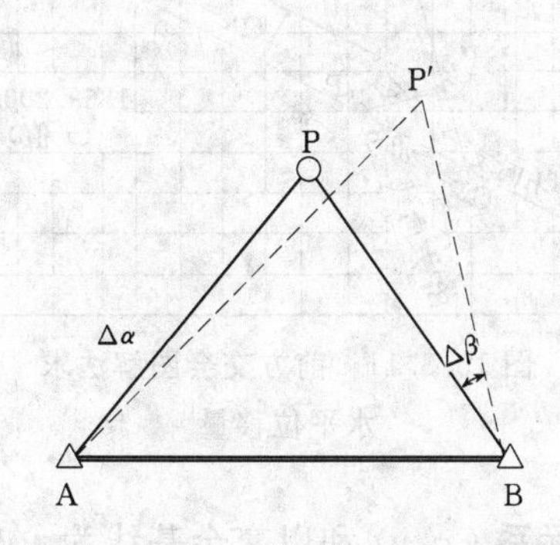

图 13.3.8　角差引起的水平位移

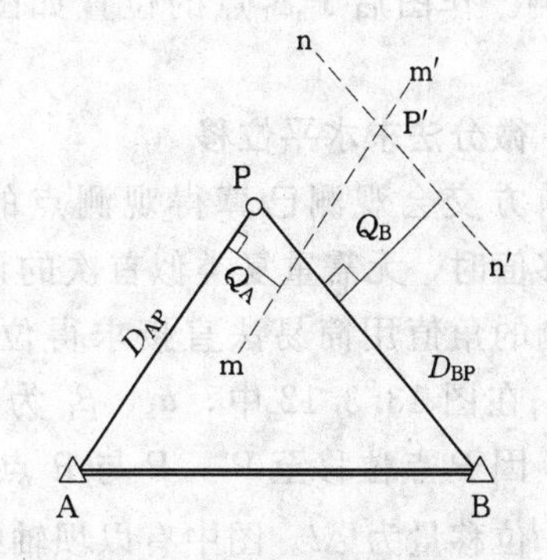

图 13.3.9　根据平行线求交点 P′

【例 13.3.4】　首次观测并计算两交会边之方位角为 $\alpha_{AP}=61°03'27''$，$\alpha_{BP}=09°57'10''$；

观测点首次观测的解析计算值为 $x_P=1869.200$m，$y_P=2735.228$m；首次观测计算的交会边长为 $D_{AP}=433.880$m，$D_{BP}=469.676$m；第 n 次观测后，算得的角差为 $\Delta\alpha=\alpha_n-\alpha=+7''$；$\Delta\beta=\beta_n-\beta=-10''$。试求：

（1）第 n 次观测时，P_n 点相对于首次观测时 P 的水平位移分量 Δx、Δy 及位移量 Δl。

（2）第 n 次观测后图解 P_n 点的坐标 x_{pn} 及 y_{pn}。

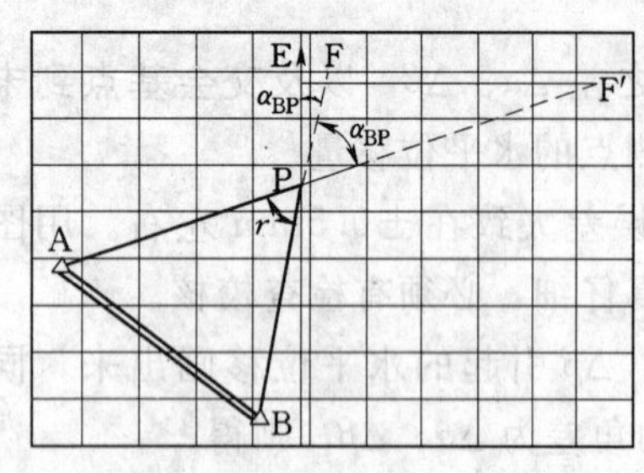

图 13.3.10　三角形 EPF′的解算

解：在图 13.3.10 中，已知三角形 EPF′的边长 $l_{EP}=100$mm，则

$$l_{EF'}=l_{EP}\tan\alpha_{AP}=100\times1.80833=180.8\text{mm}$$

在三角形 EFP 中，同理

$$l_{EF}=l_{EP}\text{tg}\alpha_{BP}=100\times0.17543=17.5\text{mm}$$

$$K_A=\frac{D_{AP}}{\rho}=\frac{133880}{206265}=2.103$$

$$K_B=\frac{D_{BP}}{\rho}=\frac{469676}{206265}=2.277$$

故

$$Q_A=+K_A\Delta\alpha=2.103\times7=14.7\text{mm}$$

$$Q_B=-K_B\Delta\beta=-2.277\times10=-22.8\text{mm}$$

作图：在图 13.3.11 所示的厘米方格纸上，已标明有关各线的坐标，图的比例尺为 1∶1，图中 P 点的位置是原有的。根据计算的 Q_A 及 Q_B 绘出新点 P_n。由图读得 P_n 在 x 方向的位移分量 $\Delta x=4.3$mm，y 方向的分量 $\Delta y=21.1$mm，位移量为 $\Delta l=21.5$mm。

【例 13.3.5】　若已知角差为 $\Delta\alpha=-3''$，$\Delta\beta=+5''$，其他数据同［例 13.3.4］，求新测得之点 P_{n+1}。

解：同［例 13.3.4］算得

$$Q_A=2.103\times(-3)=-6.3\text{mm}$$

$$Q_B=-2.277\times5=-11.4\text{mm}$$

在画平行线时，应注意当 $\Delta\alpha$ 为正，要画在 AP 方向线的左侧；当 $\Delta\alpha$ 为负时，要画在 AP 方向线的右侧。作图后 P_{n+1} 点的位置如图 13.3.11 所示。

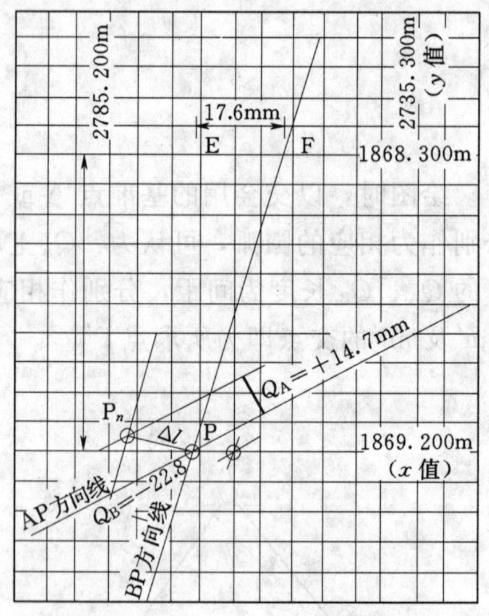

图 13.3.11　前方交会图解法求水平位移量

13.3.2.2　微分法求水平位移

首次前方交会观测已算得观测点的坐标值，当计算位移值时，无需重复类似首次的计算过程，可根据观测的角值用简易法直接求得位移，其计算过程为：在图 13.3.12 中，α_1、β_1 为观测 P 点时的角值，因 P 点位移至 P′，P 与 P′点坐标差为 Δx 及 Δy，位移量为 Δl。图中有以坝轴线为 y 轴的坐标系（x,y）和以交会基线为 y' 轴的坐标系（x',y'），此两坐标系间有夹角 ω。

由图 13.3.12 可见，在坝轴线坐标系（x,y）中，P 点坐标为

$$\left.\begin{aligned} x &= l_{AP}\sin(\alpha_1+\omega) \\ y &= l_{AP}\cos(\alpha_1+\omega) \end{aligned}\right\} \tag{13.3.8}$$

在三角形 APB 中

$l_{AP}=\dfrac{D_{AB}\sin\beta_1}{\sin(\alpha_1+\beta_1)}$以此代入式（13.3.8）

则

$$\left.\begin{aligned} x &= D_{AB}\frac{\sin\beta_1\sin(\alpha_1+\omega)}{\sin\gamma_1} \\ y &= D_{AB}\frac{\sin\beta_1\cos(\alpha_1+\omega)}{\sin\gamma_1} \end{aligned}\right\} \tag{13.3.9}$$

同理可求得 P′点的坐标为

$$\left.\begin{aligned} x' &= D_{AB}\frac{\sin\beta_2\sin(\alpha_2+\omega)}{\sin\gamma_2} \\ y' &= D_{AB}\frac{\sin\beta_2\cos(\alpha_2+\omega)}{\sin\gamma_2} \end{aligned}\right\} \tag{13.3.10}$$

因 $\Delta x=x-x'$，$\Delta y=y-y'$，所以

$$\left.\begin{aligned} \Delta x &= D_{AB}\left[\frac{\sin\beta_1\sin(\alpha_1+\omega)}{\sin\gamma_1}-\frac{\sin\beta_2\sin(\alpha_2+\omega)}{\sin\gamma_2}\right] \\ \Delta y &= D_{AB}\left[\frac{\sin\beta_1\cos(\alpha_1+\omega)}{\sin\gamma_1}-\frac{\sin\beta_2\cos(\alpha_2+\omega)}{\sin\gamma_2}\right] \end{aligned}\right\} \tag{13.3.11}$$

式（13.3.11）中，当 $\omega=0$ 时，可简化为

$$\left.\begin{aligned} \Delta x &= D_{AB}\left(\frac{\sin\beta_1\sin\alpha_1}{\sin\gamma_1}-\frac{\sin\beta_2\sin\alpha_2}{\sin\gamma_2}\right) \\ \Delta y &= D_{AB}\left(\frac{\sin\beta_1\cos\alpha_1}{\sin\gamma_1}-\frac{\sin\beta_2\cos\alpha_2}{\sin\gamma_2}\right) \end{aligned}\right\} \tag{13.3.12}$$

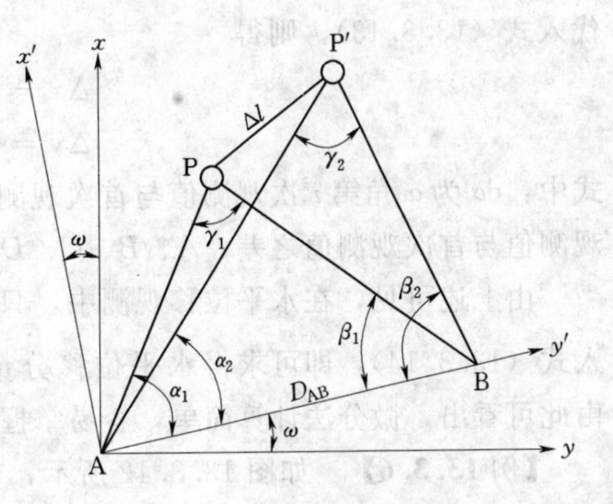

图 13.3.12 前方交会法测定水平位移

式（13.3.11）括号内第一项是首次观测值，第二项为本次观测值。由式（13.3.12）可见，计算工作量较大。为了更迅速准确地求得位移值，在实际计算中常用坐标微分法。

由于水平位移量一般很小，反映在方向观测值上的变量也很小，可以把 α_2、β_2 看作是由于 α_1、β_1 有微小变量而形成的角度。这样可用泰勒级数展开 P 点的函数式，从而导出 Δx、Δy 的一次微分方程式。函数 x 和 y 中的变量为 α 及 β，它们的全微分为

$$\begin{aligned} \mathrm{d}x &= D_{AB}\sin\beta\left[\frac{\cos(\alpha+\omega)\sin(\alpha+\beta)\mathrm{d}\alpha-\sin(\alpha+\omega)\cos(\alpha+\beta)\mathrm{d}\alpha}{\sin^2(\alpha+\beta)}\right] \\ &\quad + D_{AB}\sin(\alpha+\omega)\left[\frac{\sin(\alpha+\beta)\cos\beta\mathrm{d}\beta-\sin\beta\cos(\alpha+\beta)\mathrm{d}\beta}{\sin^2(\alpha+\beta)}\right] \\ &= D_{AB}\frac{\sin\beta\sin(\beta-\omega)}{\sin^2\gamma}\mathrm{d}\alpha+D_{AB}\frac{\sin(\alpha+\omega)\sin\alpha}{\sin^2\gamma}\mathrm{d}\beta \end{aligned}$$

$$dy = D_{AB}\sin\beta\left[\frac{-\sin(\alpha+\beta)\sin(\alpha+\omega)d\alpha-\cos(\alpha+\omega)\cos(\alpha+\beta)d\alpha}{\sin^2(\alpha+\beta)}\right]$$

$$+D_{AB}\cos(\alpha+\omega)\left[\frac{\sin(\alpha+\beta)\cos\beta d\beta-\sin\beta\cos(\alpha+\beta)d\beta}{\sin^2(\alpha+\beta)}\right]$$

$$=-D_{AB}\frac{\sin\beta\cos(\beta-\omega)}{\sin^2\gamma}d\alpha+D_{AB}\frac{\cos(\alpha+\omega)\sin\alpha}{\sin^2\gamma}d\beta$$

以 Δx、Δy 代替 dx、dy，为了说明各角为首次观测值，都以 α_1、β_1、γ_1 表示。

$$\left.\begin{aligned}\Delta x &= \frac{D_{AB}}{\rho}\left[\frac{\sin\beta_1\sin(\beta_1-\omega)}{\sin^2\gamma_1}d\alpha+\frac{\sin\alpha_1\sin(\alpha_1+\omega)}{\sin^2\gamma_1}d\beta\right]\\ \Delta y &= \frac{D_{AB}}{\rho}\left[\frac{-\sin\beta_1\cos(\beta_1-\omega)}{\sin^2\gamma_1}d\alpha+\frac{\sin\alpha_1\cos(\alpha_1+\omega)}{\sin^2\gamma_1}d\beta\right]\end{aligned}\right\} \tag{13.3.13}$$

其中

$$\rho = 206265''$$

令

$$A = \frac{D_{AB}\sin\beta_1\sin(\beta_1-\omega)}{\rho\sin^2\gamma_1}$$

$$B = \frac{D_{AB}\sin\alpha_1\sin(\alpha_1+\omega)}{\rho\sin^2\gamma_1}$$

$$C = \frac{D_{AB}\sin\beta_1\cos(\beta_1-\omega)}{\rho\sin^2\gamma_1}$$

$$D = \frac{D_{AB}\sin\alpha_1\cos(\alpha_1+\omega)}{\rho\sin^2\gamma_1}$$

代入式（13.3.13），则得

$$\left.\begin{aligned}\Delta x &= Ad\alpha+Bd\beta\\ \Delta y &= -Cd\alpha+Dd\beta\end{aligned}\right\} \tag{13.3.14}$$

式中：$d\alpha$ 为 α 角第 i 次观测值与首次观测值之差（$i=1, 2, 3, \cdots, n$）；$d\beta$ 为 β 角第 i 次观测值与首次观测值之差；A、B、C、D 为首次观测后算得之常数。

由上述可见，在水平位移观测中，只要求出首次与本次观测值之差 $d\alpha$ 和 $d\beta$，然后代入式（13.3.14），即可求得水平位移分量 Δx、Δy，位移值可按 $\Delta l=\sqrt{\Delta x^2+\Delta y^2}$ 计算。由此可看出，微分法计算简单，容易掌握。

【例 13.3.6】　如图 13.3.12 所示，在单一三角形中，其观测资料及观测后经图形平差的成果为：$x_A=300.000$m；$y_A=400.000$m；$x_B=326.147$m，$y_B=698.859$m；方位角 $\alpha_{AB}=85°00'00''$；坝轴线方位角为 $90°00'00''$；首次观测角值为：$\alpha_1=38°39'20.4''$，$\beta_1=79°52'26.5''$，$\gamma_1=68°28'13.1''$；本次观测角值：$\alpha_n=38°39'18.0''$，$\beta_n=79°52'28.5''$，$\gamma_n=61°28'13.5''$；试求水平位移值。

解：由已知数据得

$$D_{AB} = \sqrt{\Delta x_{AB}^2+\Delta y_{AB}^2}$$

$$=\sqrt{26.147^2+298.859^2}=300.001\text{m}$$

$$\omega = 90°00'00''-85°00'00''=5°$$

将首次观测值代入常数式，计算得

$$A=\frac{\sin79°52'26.5''\sin74°52'26.5''}{\sin^2 61°28'13.1''}\times\frac{300.001\times10^3}{206265}=1.7906616$$

$$B=\frac{\sin38°39'20.4''\sin43°39'20.4''}{\sin61°28'13.1''}\times\frac{300.001\times10^3}{206265}=0.8125045$$

$$C=\frac{\sin79°52'26.5''\cos74°52'26.5''}{\sin61°28'13.1''}\times\frac{300.001\times10^3}{206265}=0.4840285$$

$$D=\frac{\sin38°39'20.4''\cos43°39'20.4''}{\sin61°28'13.1''}\times\frac{300.001\times10^3}{206265}=0.8515555$$

根据测角成果计算方向值

首次观测 $\begin{cases}\alpha_{AP}=46°20'39.6''\\ \alpha_{BP}=344°52'26.5''\end{cases}$

本次观测 $\begin{cases}\alpha_{AP}=46°20'42.0''\\ \alpha_{BP}=344°52'28.5''\end{cases}$

故本次观测值与首次之差为

$$d\alpha=\alpha_n-\alpha_1=-2.4''$$

$$d\beta=\beta_n-\beta_1=2.0''$$

将上列数据代入式（13.3.14）得

$$\Delta x=Ad\alpha+Bd\beta=1.7906616\times(-2.4)+0.8125045\times2.0=-2.7\text{mm}$$

$$\Delta y=-Cd\alpha+Dd\beta=-0.4840285\times(-2.4)+0.8515555\times2.0=2.9\text{mm}$$

故 $$\Delta l=\sqrt{\Delta x^2+\Delta y^2}=\sqrt{(-2.7)^2+2.9^2}=4.0\text{mm}$$

根据 Δx、Δy 的符号，说明该点沿着 x 轴的负向和 y 轴的正向移动。按规范的规定，该点的水平位移指向上游的左岸。

13.4 裂缝及伸缩缝观测

工程建筑物在修筑、养护、运行阶段，因材料处理不当、基础或建筑物本身发生不均匀沉陷等原因，将使建筑物表面或内部产生裂缝。混凝土坝相邻坝段间留有伸缩缝，在施工或运行中，当温度变化或地基不均匀沉陷时，伸缩缝有开或合的变化。开合度是大坝稳定性能的重要标志，一般应予以观测。

13.4.1 裂缝观测

当建筑物多处发生裂缝时，应先对裂缝进行编号，然后，分别对裂缝的位置、走向、长度、宽度等进行观测，如果是大坝，还应进行渗水观测。

当混凝土建筑物发生裂缝时，应在观测的同时，测定混凝土温度、气温、水温及上游水位等有关的观测项目，并需对梁柱等构件进行负载情况的检查。

在发生裂缝期，每天观测一次，当裂缝发展缓慢时可适当减少观测次数。当出现最高、最低气温，坝上游最高水位及水位变化较大、裂缝有显著发展时，均应增加观测次数。

裂缝处应用油漆画线作标志，或在混凝土表面绘制方格坐标进行测量。对重要裂缝，应在适当距离及高度处设立固定测站进行地面摄影观测。在不同时期摄影的照片上，可量测裂缝变化方向及尺寸。

一般情况下，裂缝宽度可用放大镜测定。重要裂缝可在其两侧各埋设一标点，用游标卡尺测定，其精度可达 0.1mm。测定裂缝的金属标志，可用直径为 20mm、长度为 60mm 的金属棒制成，埋深为 40mm。两标志间距不小于 150mm，其结构形式如图 13.4.1 所示。

对于特殊部位的重要裂缝，或为了给科研提供资料时，应该更精确地测定裂缝宽度的变化，可用裂缝测点上安装的百分（或千分）表等精密量具进行观测，如图 13.4.2 所示。

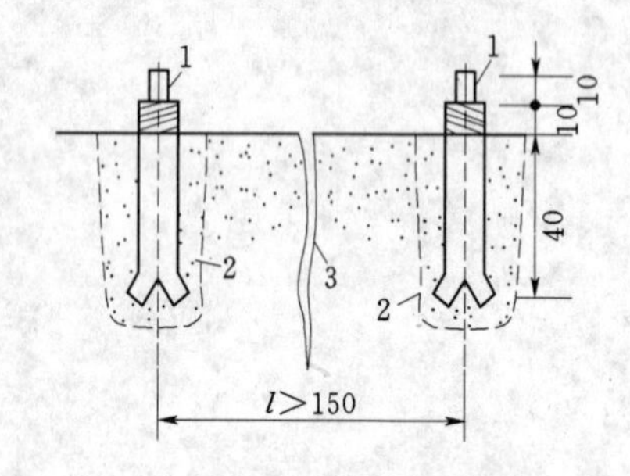

图 13.4.1　混凝土裂缝观测金属标点结构（单位：mm）

1—游标卡尺卡着处；2—钻孔线；3—裂缝

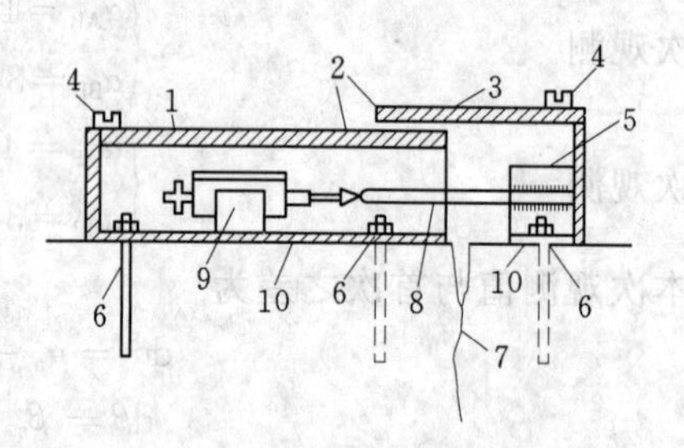

图 13.4.2　固定百分（或千分）

1—百分（或千分）表；2—可相互移动的保护盖（与底座焊接）；3—密封胶垫；4—连接螺栓；5—测杆座；6—固定螺栓；7—裂缝；8—测杆（Φ>20mm）与测杆座焊接；9—固定百分（或千分）表支架（与底座焊接）；10—底座

13.4.2　伸缩缝观测

观测伸缩缝时，应同时观测混凝土温度、气温、水温及上游水位等相关项目。一般可在最大坝高、地质情况复杂或进行应力应变观测的坝段上布置测点。测点的位置，一般可布设在坝顶、下游坝面和廊道内。一条伸缩缝的测点，不得少于两个。

混凝土建筑物的伸缩缝观测，是在伸缩缝的测点外，埋设金属标点或电阻式测缝计来量测的。目前，国内外应用较广泛的是差动电阻式测缝计，其原理与使用方法，可参考有关专著。金属测缝计有 3 种。

1. 单向测缝计

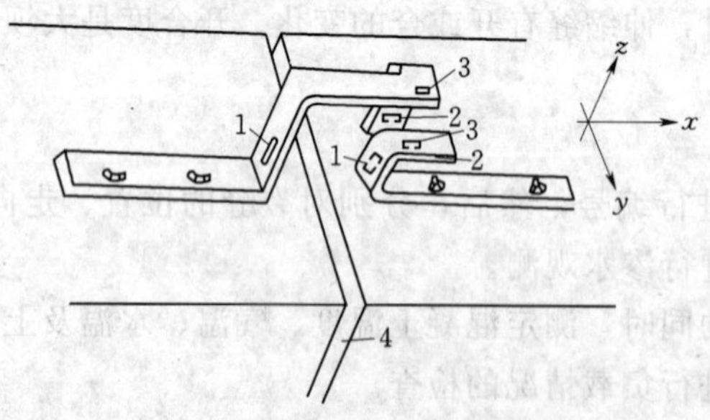

图 13.4.3　型板式三向标点结构安装示意图

1—观测 x 方向的标点；2—观测 y 方向的标点 3—方向的标点；4—伸缩缝

在伸缩缝的两侧埋设一对金属标点，用游标卡尺进行测量，如图 13.4.3 所示。

2. 型板式三向测缝计

如图 13.4.3 所示，可观测空间三向变化。它是将两块宽约 30mm、厚约 5～7mm 的金属板，做成相互垂直的 3 个方向的拐角；并在板上焊 3 对不锈钢或铜质标点，用以观测 3 个方向的变化。标点上都有保护设施。

埋设后，用游标卡尺测量 3 对标点的距

离，算出3对标点的距离变化 Δx、Δy、Δz，即代表伸缩缝的三向变化。

13.4.3 三点式金属测缝计

三点式金属测缝计是用来观测伸缩缝空间变化的仪器。它由3个金属标点组成，其中两个标点埋设在伸缩缝的一侧，其连接线平行于伸缩缝，并与在另一侧的标点构成3边大致相等的三角形，同时3个标点大致在一个水平面上。

金属标点埋设后，应测出各标点间的水平距离及其裂缝两侧某两点的高差、以某点为原点的另外两点的空间坐标。以后的观测，仍按上法重新量测标点间的水平距离和高差，计算新的坐标。新旧坐标之差，即为伸缩缝的变化。

13.4.4 观测成果整理

混凝土建筑物裂缝的观测成果，一般可绘制成下列图表。

1. 裂缝分布图

将裂缝画在混凝土建筑物结构图上，并注明编号，如图13.4.5所示。

2. 裂缝平面形状分布图

对于重要和典型的裂缝，可绘制较大比例尺的平面图或剖面展视图。在图上注明观测成果，并将有代表性的几次观测成果绘制在同一张图上，以便于分析比较。

3. 裂缝发展过程图

对于重要裂缝，应绘制裂缝的长度、宽度随时间变化的过程线，以便于分析比较。图13.4.4为以时间为横坐标，以缝宽、温度为纵坐标，分别绘制的缝宽、混凝土温度、气温的过程线。图13.4.5是以缝宽为横坐标，以其相应期间的混凝土温度或气温为纵坐标，绘制的缝宽与温度关系曲线。

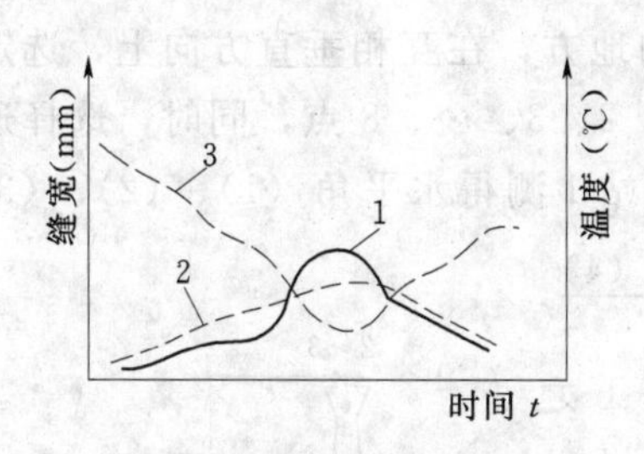

图 13.4.4 伸缩缝宽度与混凝土温度、气温过程线

1—气温过程线；2—混凝土温度过程线；3—裂缝宽度过程线

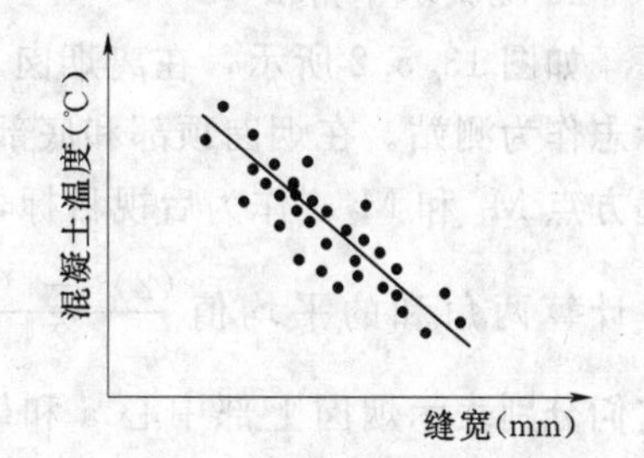

图 13.4.5 伸缩缝宽度与混凝土温度关系曲线

13.5 倾 斜 观 测

由于工程建筑物基础条件的差异，以及各部分荷载和受力不等，会引起不均匀沉陷，导致建筑物倾斜。测定建筑物倾斜的方法较多，归纳起来可分为两类：一是直接测定建筑物的倾斜；二是通过测定建筑物基础相对沉陷来确定建筑物的倾斜。现将观测方法介绍如下。

13.5.1　直接测定建筑物的倾斜

直接测定建筑物倾斜的方法中，最简单的是悬吊垂球的方法，根据其偏差值可直接确定建筑物的倾斜，但是，由于有时在建筑物上无法悬挂垂球，因此，对于高层建筑物、水塔、烟囱等建筑物，通常采用经纬仪投影或观测水平角的方法来测定它们的倾斜。

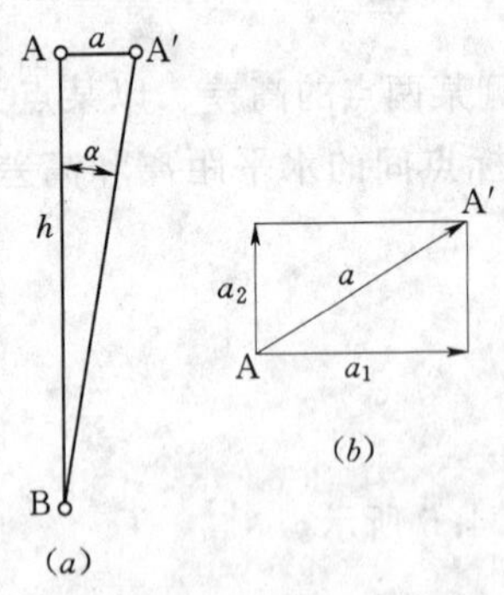

图 13.5.1　经纬仪投影法

1. 经纬仪投影法

如图 13.5.1（a）所示，根据建筑物的设计，A 与 B 点应位于同一铅垂线上，当建筑物发生倾斜时，则 A 点相对 B 点移动了数值 a，该建筑物的倾斜为

$$i = \tan\alpha = \frac{a}{h} \tag{13.5.1}$$

式中：a 为顶点 A 相对于底点 B 的水平位移量；h 为建筑物的高度。

为了确定建筑物的倾斜，必须，测出 a 和 h 值，其中 h 值一般为已知数；当 h 未知时，则可对着建筑物设置一条基线，用三角高程测量的方法测定。这时经纬仪应设置在离建筑物 1.5h 以外的地方，以减少仪器竖轴不垂直的影响。对于 a 值的测定方法，可用经纬仪将 A′点投影到水平面上量得。投影时，经纬仪严格安置在固定测站上，用经纬仪分中法得 A′点，然后，量取 A′点至中点 A 在视线方向的偏离值 a_1，再将经纬仪移到与原观测方向约成 90°的方向上，用前述方法可量得偏离值 a_2。然后，根据偏离值，即可求得该建筑物顶底点的相对水平位移量 a，如图 13.5.1（b）所示。

2. 观测水平角法

如图 13.5.2 所示，在离烟囱 1.5～2.0h 的地方，在互相垂直方向上，选定两个固定标志作为测站。在烟囱顶部和底部分别标出 1、2、3、…、8 点，同时，选择通视良好的远方点 M_1 和 M_2，作为后视目标，然后，在测站 1 测得水平角（1）、（2）、（3）和（4），并计算两角和的平均值 $\frac{(2)+(3)}{2}$ 及 $\frac{(1)+(4)}{2}$，它们分别表示烟囱上部中心 a 和勒脚部分中心 b 之方向。知道测站 1 至烟囱中心的距离，根据 a 与 b 的方向差，可计算偏离分量 a_1。

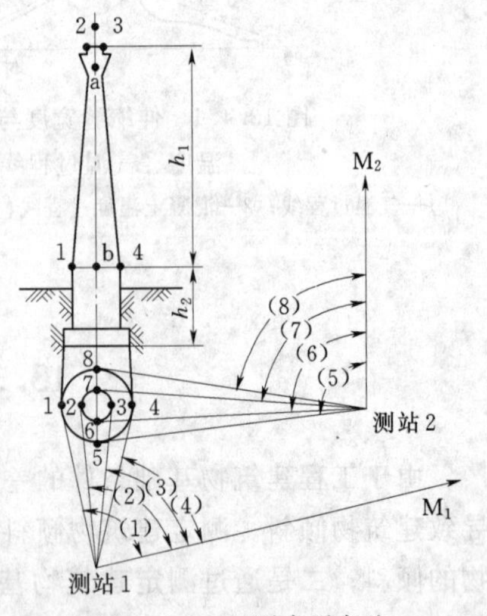

图 13.5.2　观测水平角法

同样，在测站 2 上观测水平角（5）、（6）、（7）和（8），重复前述计算，得到另一偏离分量 a_2，根据分量 a_1 和 a_2，按矢量相加的方法求得合量 a，即得烟囱上部相对于勒脚部分的偏离值。然后，利用式（13.5.1）可算出烟囱的倾斜度。

13.5.2　用基础相对沉陷确定建筑物的倾斜

通过对沉陷观测点的观测，可以计算这些点的相对沉陷量，获得基础倾斜的资料。目前我国测定基础倾斜常用的方法如下。

1. 水准测量法

用水准仪测出两个观测点之间的相对沉陷，由相对沉陷与两点间距离之比，可换算成倾斜角，即

$$K=\frac{\Delta h_a-\Delta h_b}{L}$$

或

$$a=\frac{\Delta h_a-\Delta h_b}{L}\rho \tag{13.5.2}$$

式中：Δh_a、Δh_b 为 a、b 点的累积沉陷量；L 为 a、b 两观测点之间的距离；K 为相对倾斜（朝向累积沉陷量较大的一端）；α 为倾斜角；$\rho=206265''$。

按二等水准测量施测，求得的倾斜角精度可达 $1''\sim2''$。

2. 液体静力水准测量法

液体静力水准测量的原理，就是在相连接的两个容器中，盛有同类并具有同样参数的均匀液体，液体的表面处于同一水平面上，利用两容器内液体的读数可求得两观测点的高差，其与两点间距离之比，即为倾斜度。要测定建筑物倾斜度的变化，可进行周期性的观测。这种仪器不受倾斜度的限制，并且距离愈长，测定倾斜度的精度愈高。

如图 13.5.3 所示，容器 1 与容器 2 由软管联结，分别安置在欲测的平面 A 与 B 上。高差 Δh 可用液面的高度 H_1 与 H_2 计算

$$\Delta h=H_1-H_2$$

或

$$\Delta h=(a_1-a_2)-(b_2-b_1) \tag{13.5.3}$$

式中：a_1、a_2 为容器的高度或读数零点相对于工作底面的位置；b_1、b_2 为容器中液面位置的读数值，亦即读数零点至液面的距离。

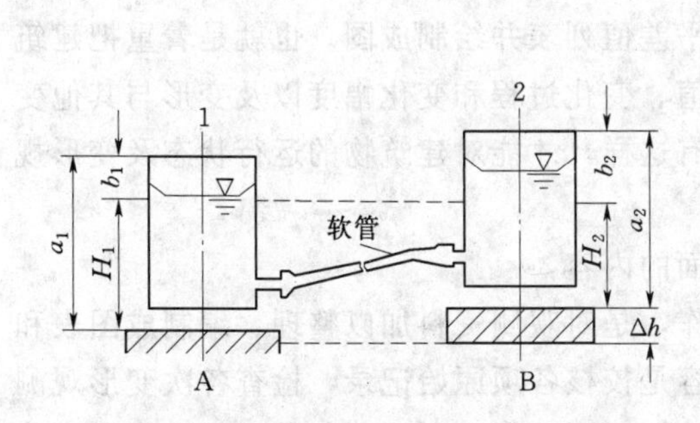

图 13.5.3 液体静力水准测量原理图

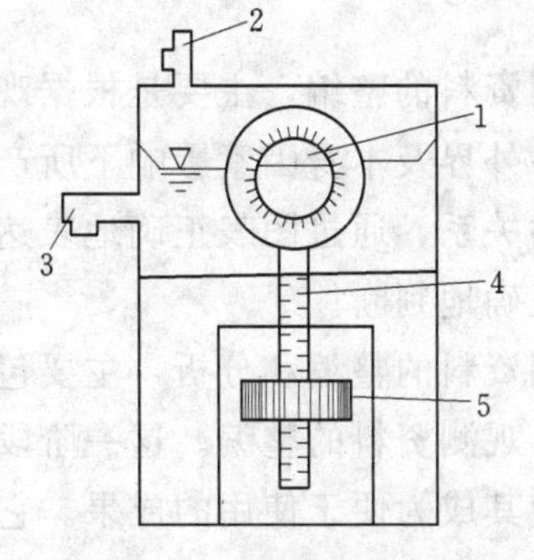

图 13.5.4 观测窗与观测圆环

1—观测窗；2—上管口；3—下管口；4—水位指针；5—测微圆环

用目视法读取零点至液面距离的精度为±1mm。中国南京水利电力仪表厂制造的液体静力水准仪，采用目视接触法来测定液面位置。

用目视接触法观测，如图 13.5.4 所示，转动测微圆环，使水位指针移动。当显微镜内所观测到的指针实象尖端与虚象尖端刚好接触时（见图 13.5.5），即停止转动圆环，进行读数。每次连续观测 3 次，取其平均值。其互差不应大于 0.004mm。每次观测完毕，

应随即把针尖退到水面以下。目视接触法的仪器，能高精度地确定液面位置，精度可达±0.01mm。

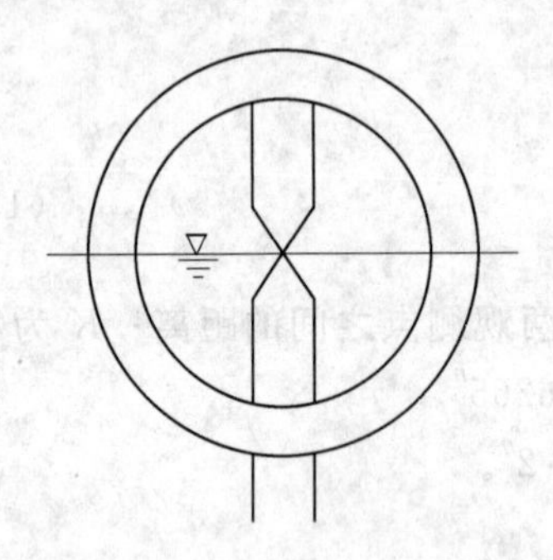

图 13.5.5　指针实象与虚象尖端接触

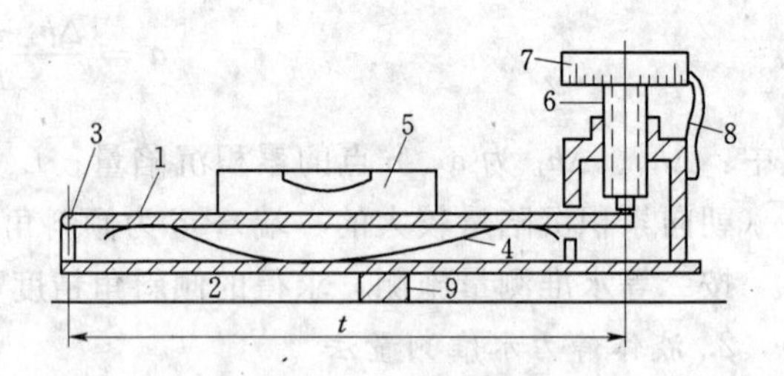

图 13.5.6　气泡式倾斜仪

3. 气泡式倾斜仪

气泡式倾斜仪由一个高灵敏度的水准管 5 和一套精密的测微器组成，如图 13.5.6 所示。测微器上包括测微杆 6，读数指标 8 和读数盘 7。水准管 5 固定在支架 1 上，1 可绕 3 点转动，1 下装一弹簧片 4，在底板 2 下有圆柱体 9，以便仪器置于需要的位置上。观测时，将倾斜仪放置后，转动读数盘，使测微杆向上或向下移动，直至水准气泡居中为止。此时在读数盘上读数，即可得出该处的倾斜度。

我国制造的气泡式倾斜仪，灵敏度为 2″，总的观测范围为 1°。气泡式倾斜仪适用于观测较大的倾斜角或量测局部地区的变形，例如，测定设备基础和平台的倾斜。

13.6　观测资料的整编

观测资料的整编，主要是根据观测数据的平差值列表并绘制成图。也就是着重把建筑物在各种外界及本身因素影响下所产生的变形值、变化过程和变化幅度以及变形与其他变形因素的关系，通过图表正确地表达出来。只有这样，才能对建筑物的运行状态及变形规律作出正确地判断。

观测资料的整编和分析，主要包括 6 个方面的内容：

（1）观测资料的整编。这一阶段的主要工作，是对观测资料加以整理、编制成图表和说明，使其成为便于使用的成果。它的具体内容是校核各项原始记录，检查各次变形观测值的计算有无错误；对各种变形值按时间逐点填写观测数据表；绘制各种变形过程线、建筑物变形分布图等。

（2）观测资料的分析。分析归纳变形过程、变形规律、变形幅度；变形的原因、变形值与引起变形因素之间的关系。在积累了较多的数据后，就可分析判断建筑物变形的内在原因和规律，从而修正设计的理论及所采用的经验系数。

（3）建筑物纵断面水平位移分布图。先按一定比例绘制建筑物的平面图或断面线，并绘上观测点位置，再将水平位移观测成果，按时间先后用适当比例绘制。对于只观测一个方向水平位移的，可绘制如图 13.6.1 的分布图。

对于土坝、堆石坝，为了了解坝体水平位移的全面分布情况，可绘制如图 13.6.2 所示的全坝体水平位移分布图。

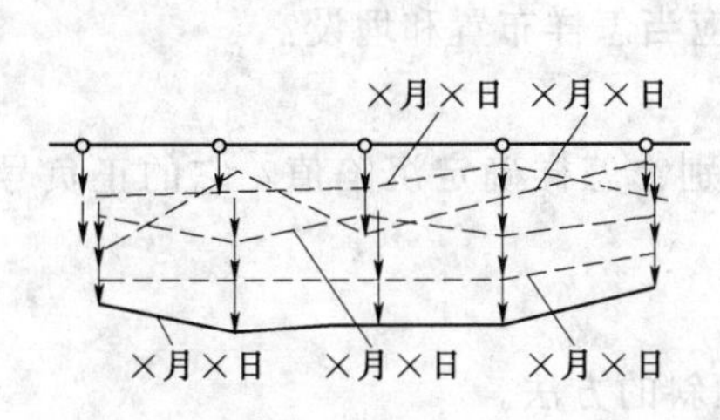

图 13.6.1 建筑物纵断面单向水平位移分布图

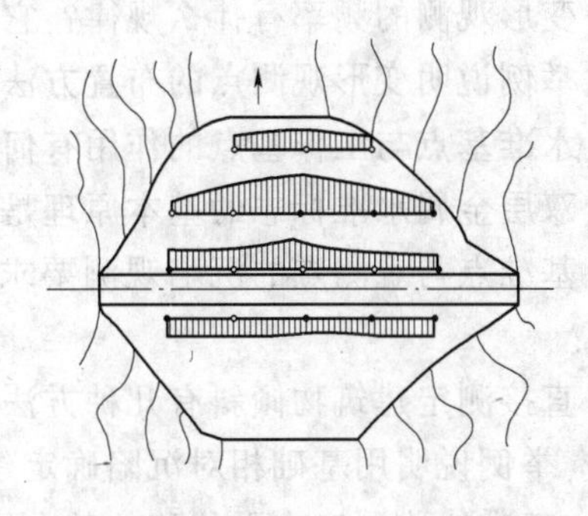

图 13.6.2 全坝体水平位移分布图

(4) 沉陷过程线。以累计沉陷量为纵坐标，时间为横坐标绘制，如图 13.6.3 所示。

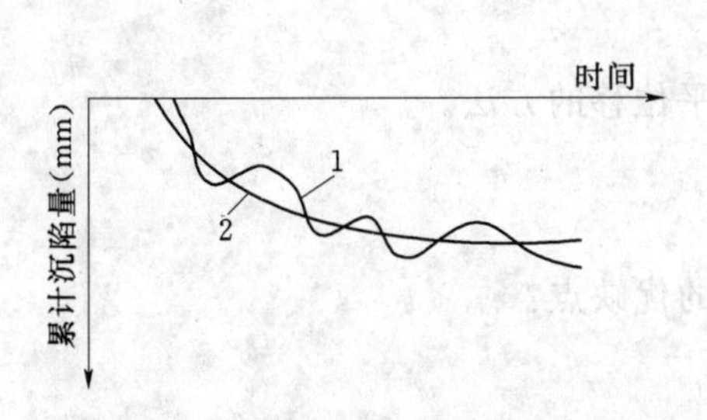

图 13.6.3 沉陷过程线

1—实测垂直位移过程线；2—设计垂直位移过程线

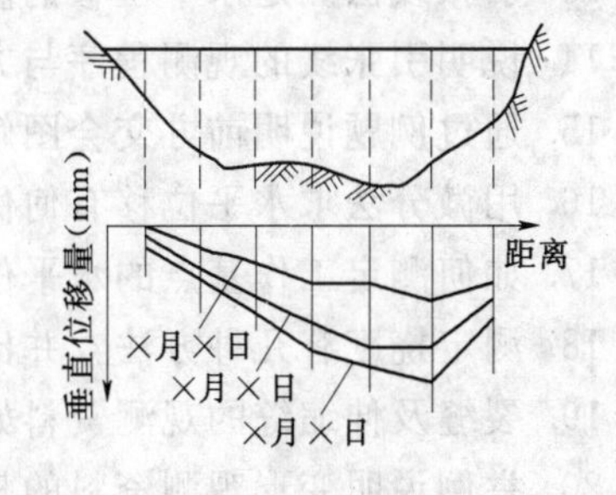

图 13.6.4 建筑物纵断面沉陷分布图

(5) 建筑物纵断面沉陷分布图。按适当比例尺绘制各沉陷观测点的纵断面图。然后，再将历次沉陷观测成果按比例标绘。以沉陷量为纵坐标，观测点至某一固定点的距离为横坐标，如图 13.6.4 所示。

(6) 土坝沉陷等值线图。如图 13.6.5 所示，按适当比例尺绘制土坝平面图，并标绘观测点位置，然后，将各点沉陷值填到相应位置上，再按勾绘等高线的原理，绘出沉陷等值线。如图 13.6.5 可见，愈向坝坡下游，等值线数值愈小，接近老河槽段和合拢段，等值线愈密，也就是沉陷量愈大。等值线注记为 10mm、20mm、30mm、40mm，这是土坝的正常沉陷情况。

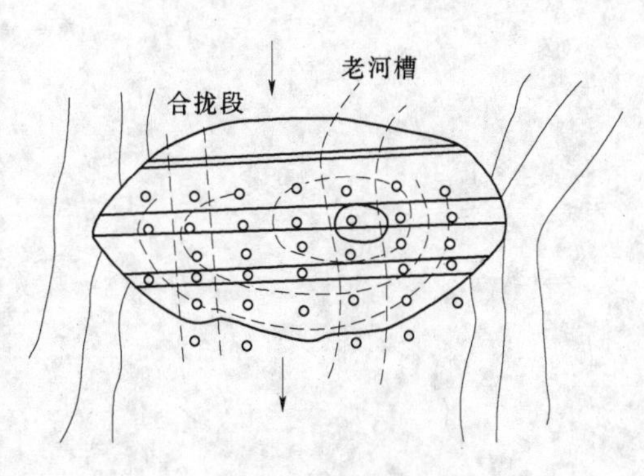

图 13.6.5 土坝沉陷等值线图（单位：mm）

习 题

1. 为什么要进行外部变形观测？变形观测按类型如何划分？

2. 举例说明变形观测的内容。

3. 变形观测的精度怎样确定？你认为哪种方法较好，为什么？

4. 变形观测的频率有什么规律？它与变形观测的精度要求有无关系？

5. 举例说明变形观测点的布置方法。

6. 水准基点与工作基点的作用有何不同？应当怎样布置和埋设？

7. 双层金属水准标志的基本原理是什么？

8. 基准点与观测点的沉陷观测要求有何区别？怎样确定沉陷值？它的正负号是怎样规定的？

9. 直接测定建筑物倾斜有几种方法？

10. 举例说明用基础相对沉陷确定建筑物倾斜的方法。

11. 基准线法测定水平位移的基本原理是什么？

12. 活动觇牌法与测小角法各有什么优缺点？

13. 引张线法测定水平位移的基本原理是什么？引张线的结构包括哪些内容？

14. 说明引张线的观测程序与方法？

15. 通过例题说明前方交会图解法求水平位移的方法。

16. 用微分法求水平位移有何优点？

17. 如何测定工作基点的水平位移？

18. 测定挠度有几种方法？并比较它们的优缺点？

19. 裂缝及伸缩缝的观测资料如何整理？

20. 举例说明变形观测资料的整理方法。

21. 举例说明引起水坝变形的原因。

22. 为什么要进行一元线性回归分析？怎样计算最佳估值的中误差？

第14章　全站仪测量简介

学习目标：

通过本章的学习，了解全站仪的基本工作原理和基本构造；清楚全站仪的按键功能和测量模式；掌握全站仪测量中的角度测量、距离测量、坐标测量和坐标放样等基本方法；掌握对边测量、悬距测量和面积测量等特殊模式下的测量方法。

14.1　概　述

全站仪全称为全站型电子速测仪，是一种集自动测距、测角、测高于一体，实现对测量数据进行自动获取、显示、存储、传输、识别、处理计算的三维坐标测量与定位系统。它融光学、机械、电子等先进技术于一身，是由光电测距仪、电子经纬仪、微处理机、电源装置和反射棱镜等组成。可在一个测站上同时进行角度（水平角、垂直角）测量和距离（斜距、平距、高差）测量，能自动计算出待定点的坐标和高程，并能完成点的放样工作。由于只要一次安置仪器就可以完成本测站所有的测量工作，故被称为“全站仪”。全站仪对野外采集的数据自动进行记录并通过传输接口将数据传输给计算机，配以绘图软件以及绘图设备，可实现测图的自动化和数字化。测量作业所需要的已知数据也可以由计算机或仪器的键盘输入全站仪。这样，不仅使测量的外业工作高效化，而且可以实现整个测量作业的高度自动化。

全站仪已广泛应用于控制测量、地形测量、地籍与房产测量、施工放样、变形观测及近海定位等方面的测量作业中。

全站仪按其结构可分为整体型和积木型（有时又称作组合型）两类。整体型全站仪的测距、测角与电子计算单元以及仪器的光学、机械系统组合成一个整体，不可分开。积木型全站仪的电子测距仪（又称测距头）、电子经纬仪各为一独立的整体，既可单独使用，又可组合在一起使用。全站仪按其测角精度（方向标准偏差）可分为0.5″、1.0″、1.5″、2.0″、3.0″、5.0″、7.0″等级别。

在全站仪发展初期：半站型电子速测仪（简称半站仪）较为普及。半站仪是一种以光学方法测角的电子速测仪，它也分为整体型与积木型两种。它工作时，通常情况下是在光学经纬仪上架装测距仪，再加上计算记录部分组成仪器系统，即形成积木型半站仪。也有的是将光学经纬仪与电子测距仪设计成一台独立的仪器，表面上看起来很像整体型全站仪，实际上却是整体型半站仪。在使用半站仪时可将光学角度读数通过键盘输入到测距仪里去，对斜距进行化算，最后得出平距、高差、方向角和坐标差，这些结果都可以自动传输到外部记录设备中去。

全站仪的测距仪部分，是一种利用电磁波进行距离测量的仪器。

按载波和发射光源的不同，可分为微波测距仪、激光测距仪、红外测距仪三类。

按测程可分为短程测距仪、中程测距仪、长程测距仪三类。短程测距仪测程小于

3km，一般测距精度为±（5mm+5ppm×D），用于普通工程测量和城市测量；中程测距仪测程为3～15km，一般测距精度为±（5mm+2ppm×D）～±（2mm+2ppm×D），通常用于一般等级的控制测量；长程测距仪测程大于15km，一般测距精度为±（5mm+1ppm×D），通常用于国家三角网及特级导线测量。

14.2 全站仪结构

全站仪自问世以来，经历了二十几年的发展，全站仪的结构几乎没有什么变化，但全站仪的功能不断增强，早期的全站仪，仅能进行边、角的数字测量，后来，全站仪有了放样、坐标测量等功能。现在的全站仪有了内存、磁卡存储，并在WINDOWS系统支持下，实现了全站仪功能的大突破，使全站仪实现了电脑化、自动化、信息化、网络化。本章以生产中较为常用的南方NTS—350系列全站仪为例说明全站仪的基本构造与功能。

全站仪的结构原理如图14.2.1所示。图中上半部分包含有测量的四大光电系统，即测距、测水平角、测竖直角和水平补偿。电源是可充电池，供各部分运转、望远镜十字丝和显示器照明。键盘是测量过程的控制系统，测量人员通过键盘便可调用内部指令，指挥仪器的测量工作过程和测量数据处理。以上各系统通过I/O接口接入总线与数字计算机系统联系起来。

微处理机是全站仪的核心部分，它如同计算机的中央处理机（CPU），主要由寄存器系列（缓冲寄存器、数据寄存器、指令寄存器等）、运算器和控制器组成。微处理机的主要功能是根据键盘指令启动仪器进行测量工作，执行测量过程的检核和数据的传输、处理、显示、储存等工作，保证整个光电测量工作有条不紊地完成。输入输出单元是与外部

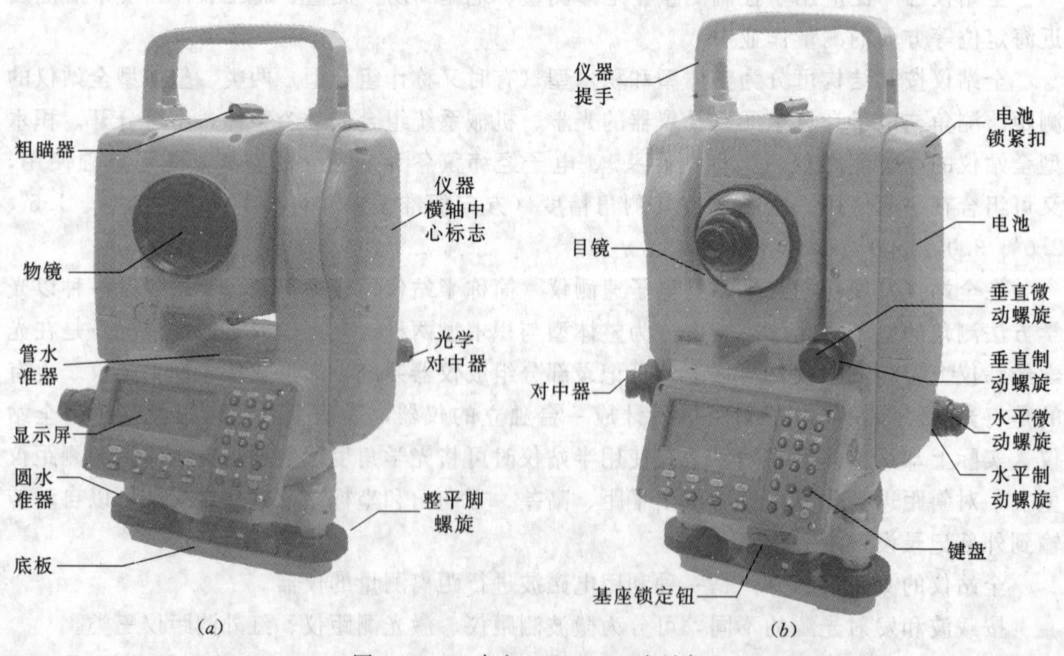

图14.2.1　南方NTS—350全站仪

设备连接的装置（接口）。为便于测量人员设计软件系统，在全站仪的微型电脑中还提供有程序存储器。

全站仪的基本结构大体由同轴望远镜、键盘、度盘读数系统、补偿器、存储器和I/O通信接口几部分组成。

1. 同轴望远镜

全站仪的望远镜中，瞄准目标用的视准轴和光电测距仪的光波发射、接收系统的光轴是同轴的。望远镜与调光透镜中间设置分光棱镜系统，使它一方面可以接收目标发出的光线，在十字丝分划上成像，进行目标瞄准；又可使光电测距部分的发光管射出的测距光波经物镜射向目标棱镜，并经同一路径反射回来，由光敏二极管接收，并配置电子计算机中央处理机、存储器和输入输出设备，根据外业观测数据实时计算并显示所需要的测量结果。在全站仪测距头里，安装有两个光路与视准轴同轴的发射管，提供两种测距方式。一种方式为IR，它可以利用棱镜和反射片发射和接收红外光束；另一种方式为RL，它可以发射可见的红色激光束，不用反射镜（或反射片）即可测距。两种测量方式的转换可通过仪器键盘上的操作控制内部光路来实现，由此引起的不同的常数改正会由系统自动修正到测量结果上。正因为全站仪是同轴望远镜，因此，一次瞄准目标棱镜，即可同时测定水平角、垂直角和斜距。望远镜也能作360°纵转，通过直角目镜，甚至可以瞄准天顶的目标(工程测量中有此需要)，并可测得其垂直距离（高差）。

2. 键盘

全站仪的键盘为测量时的操作指令和数据输入的部件，键盘上的按键分为硬键和软件键（简称软键）两种。每一个硬键有一固定的功能，或兼有第二、第三功能；软键与屏幕最下一行显示的功能菜单相配合，使一个软键在不同的功能菜单下有多种功能。

3. 度盘读数系统

电子测角，即角度测量的数字化，也就是自动数字显示角度测量结果，其实质是用一套角码转换系统来代替传统的光学经纬仪光学读数系统。目前，这种转换系统有两类：一类是采用光栅度盘的所谓“增量法”测角，一类是采用编码度盘的所谓“绝对法”测角。然而，无论是编码度盘或是光栅度盘，都只给出角度的大数（格值为1′）。如果要提高角度的分辨力，必须再采用电子内插技术，对格值进行测微，达到秒级才能成功。

4. 补偿器

在测量工作中，有许多方面的因素影响着测量的精度，不正确安装常常是诸多误差源中最重要的因素。补偿器的作用就是通过寻找仪器在垂直和水平方向的倾斜信息，自动地对测量值进行改正，从而提高采集数据的精度。

补偿器类型一般有摆式补偿器和液体补偿器两种，前者为老式补偿器，多见于早期徕卡电子经纬仪［如T(c)1000/r(c)1600等］，液体补偿器则几乎被当今所有全站仪所使用。

补偿器按补偿范围一般分为单轴（纵向，即x方向）补偿、双轴（纵横向，即xy方向）补偿和三轴补偿。单轴补偿仅能补偿由于垂直轴倾斜而引起的垂直度盘读数误差；双轴补偿可同时补偿由于垂直轴倾斜而引起的垂直和水平度盘的读数误差；三轴补偿则不仅能补偿经纬仪垂直轴倾斜引起的垂直度盘和水平度盘读数误差，而且还能补偿由于水平轴倾斜误差和视准轴误差引起的水平度盘读数的影响。

与全站仪的双轴补偿器密切相关的是电子气泡。在仪器工作过程中，它显示的就是仪器的倾斜状态，而这种状态对垂直和水平度盘读数的影响，就是通过补偿器有关电路来进行改正。电子气泡的形式有两种，一种是数字型，用仪器在 x、y 方向的倾斜值来表示，当二者都为零时，仪器为整平状态；一种是图形型，常常用一个圆点在大圆中的位置来表示，当圆点位于大圆的圆心时，仪器为整平状态。电子气泡的使用使仪器整平过程更加容易。在实际测量时，仪器允许电子气泡起作用并有效地整平。当倾斜量被自动地用来改正水平角和垂直角时，单面测量将会获得更高的精度，特别在垂直角较大时这一点很重要。大范围的补偿范围为测量工作者增加了信心，特别是工作在松软的地面上，或者接近震动源（如高速公路或铁路轨道）时更是这样。

5. 存储器

把测量数据先在仪器内存储起来，然后传送到外围设备（电子记录手簿、计算机等），这是全站仪的基本功能之一。全站仪的存储器有机内存储器和存储卡两种。

(1) 机内存储器。机内存储器相当于计算机中的内存（RAM），利用它来暂时存储或读出测量数据，其容量的大小随仪器的类型而异，较大的内存可同时存储测量数据和坐标数据多达 3000 点以上，若仅存坐标数据可存储 8000 点。现场测量所必需的已知数据也可以放入内存。经过接口线将内存数据传输到计算机以后将其清除。

(2) 存储卡。存储器卡的作用相当于计算机的磁盘，用作全站仪的数据存储装置，卡内有集成电路、能进行大容量存储的元件和运算处理的微处理器。一台全站仪可以使用多张存储卡。通常，一张卡能存储大约 1000 个点的距离、角度和坐标数据。在与计算机进行数据传送时，通常使用称为卡片读出打印机（卡读器）的专用设备。

将测量数据存储在卡上后，把卡送往办公室处理测量数据。同样，在室内将坐标数据等存储在卡上后，送到野外测量现场，就能使用卡中的数据。

6. I/O 通信接口

全站仪可以将内存中的存储数据通过 I/O 接口和通信电缆传输给计算机，也可以接收由计算机传输来的测量数据及其他信息，称为数据通信。通过 I/O 接口和通信电缆，在全站仪的键盘上所进行的操作，也同样可以在计算机的键盘上操作，便于用户应用开发，即具有双向通信功能。

全站仪基本功能是一起照准目标后，通过微处理器控制，自动完成测距、水平方向、竖直角的测量，并将测量结果进行显示与存储。可以自动记录测量数据和坐标数据，并直接与计算机传输数据，实现真正的数字化测量。随着计算机的发展，全站仪的功能也在不断扩展，生产厂家将一些规模较小但很实用的计算机程序固化在微处理器内，如悬高测量、偏心测量、对边测量、距离放样、坐标放样，设置新点，后方交会，面积计算等，只要进入相应的测量模式，输入已知数据，然后依照程序观测所需的观测值，即可随时显示结果。

14.3 按键功能及测量模式

全站仪的种类很多，功能各异，操作方法也不尽相同，但全站仪的测角、测边及测定高差的基本测量功能却大同小异，要想熟练掌握一种全站仪的测量方法，首先要熟悉它的

键盘及其功能，本节主要介绍南方 NTS—350 系列全站仪的按键功能，按键主要有操作键和功能键两大类，见图案 14.3.1 所示。

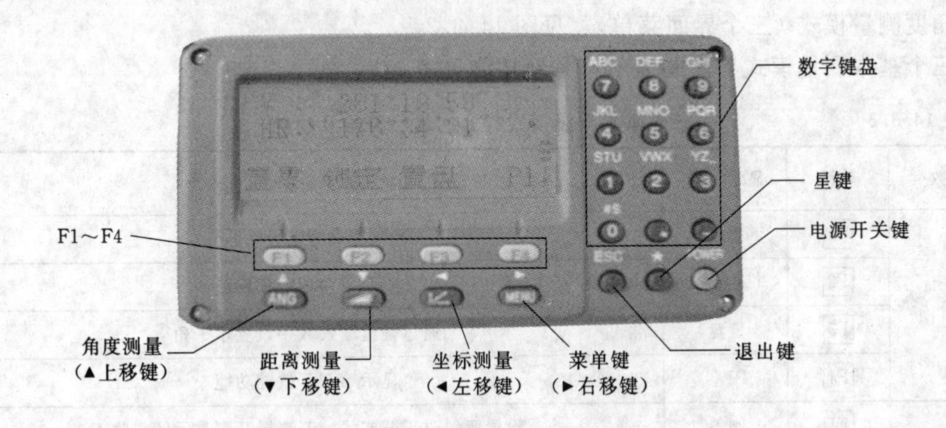

图 14.3.1　南方全站仪操作键盘

14.3.1　操作键

南方全站仪操作键盘见图 14.3.1，键盘符号及功能见表 14.3.1，显示符号及意义见表 14.3.2。

表 14.3.1　键盘符号及功能

按　键	名　称	功　　能
ANG	角度测量键	进入角度测量模式（▲上移键）
◢	距离测量键	进入距离测量模式（▼下移键）
⇲	坐标测量键	进入坐标测量模式（◀左移键）
MENU	菜单键	进入菜单模式（▶右移键）
ESC	退出键	返回上一级状态或返回测量模式
POWER	电源开关键	电源开关
F1～F4	软键（功能键）	对应于显示的软键信息
0～9	数字键	输入数字和字母、小数点、负号
★	星键	进入星键模式

表 14.3.2　显示符号及意义

显示符号	内　容	显示符号	内　容
V%	垂直角（坡度显示）	E	东向坐标
HR	水平角（右角）	Z	高程
HL	水平角（左角）	*	EDM（电子测距）正在进行
HD	水平距离	m	以米为单位
VD	高差	ft	以英尺为单位
SD	倾斜	fi	以英尺与英寸为单位
N	北向坐标		

14.3.2 功能键及测量模式

1. 角度测量模式（三个界面菜单）

角度测量模式（三个界面菜单），见图 14.3.2。

三个基本测量模式界面的显示符号及功能见表 14.3.3。

表 14.3.3　三个基本测量模式界面的显示符号及功能

页数	软键	显示符号	功　能
第 1 页（P1）	F1	置零	水平角置为 0°0′0″
	F2	锁定	水平角读数锁定
	F3	置盘	通过键盘输入数字设置水平角
	F4	P1↓	显示第 2 页软键功能
第 2 页（P2）	F1	倾斜	设置倾斜改正开或关，若选择开则显示倾斜改正
	F2	—	—
	F3	V%	垂直角与百分比坡度的切换
	F4	P2↓	显示第 3 页软键功能
第 3 页（P3）	F1	H—蜂鸣	仪器转动至水平角 0°90°180°270°是否蜂鸣的设置
	F2	R/L	水平角右/左计数方向的转换
	F3	竖角	垂直角显示格式（高度角/天顶距）的切换
	F4	P3↓	显示第 1 页软键功能

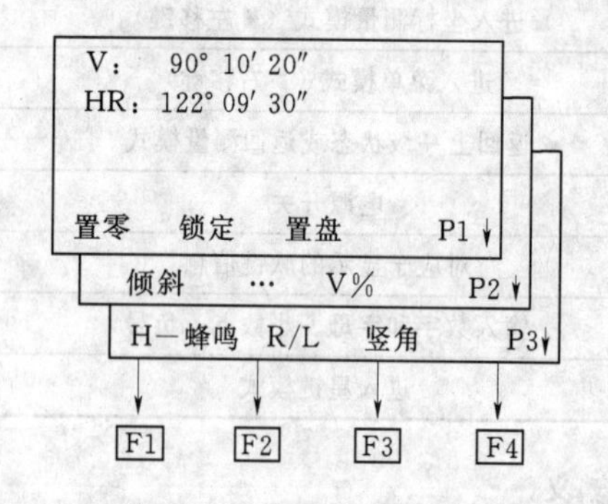

图 14.3.2　角度测量模式（三个界面菜单）

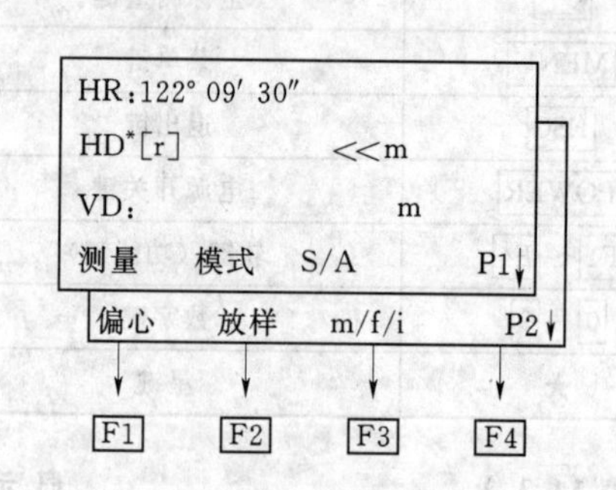

图 14.3.3　距离测量模式（两个界面菜单）

2. 距离测量模式（两个界面菜单）

距离测量模式（两个界面菜单），见图 14.3.3。

距离测量模式界面显示符号及功能见表 14.3.4。

3. 坐标测量模式（三个界面菜单）

坐标测量模式（三个界面菜单），见图 14.3.4。

坐标测量模式显示符号及功能见表 14.3.5。

表 14.3.4　　距离测量模式界面显示符号及功能

页数	软键	显示符号	功　　能
第1页(P1)	F1	测量	启动距离测量
	F2	模式	设置测距模式为 精测/跟踪/……
	F3	S/A	温度、气压、棱镜常数等设置
	F4	P1↓	显示第2页软键功能
第2页(P2)	F1	偏心	偏心测量模式
	F2	放样	距离放样模式
	F3	m/f/i	距离单位的设置 米/英尺/英寸
	F4	P2↓	显示第1页软键功能

表 14.3.5　　坐标测量模式显示符号及功能

页数	软键	显示符号	功　　能
第1页(P1)	F1	测量	启动测量
	F2	模式	设置测距模式为 精测/跟踪
	F3	S/A	温度、气压、棱镜常数等设置
	F4	P1↓	显示第2页软键功能
第2页(P2)	F1	镜高	设置棱镜高度
	F2	仪高	设置仪器高度
	F3	测站	设置测站坐标
	F4	P2↓	显示第3页软键功能
第3页(P3)	F1	偏心	偏心测量模式
	F2	—	—
	F3	m/f/i	距离单位的设置 米/英尺/英寸
	F4	P3↓	显示第1页软键功能

14.3.3　星键模式

按下星键可以对以下项目进行设置：

（1）对比度调节。按星键后，通过按［▲］或［▼］键，可以调节液晶显示对比度。

（2）照明。按星键后，通过按 F1 选择“照明”，按 F1 或 F2 选择开关背景光。

（3）倾斜。按星键后，通过按 F2 选择“倾斜”，按 F1 或 F2 选择开关倾斜改正。

（4）S/A。按星键后，通过按 F4 选择“S /A”，

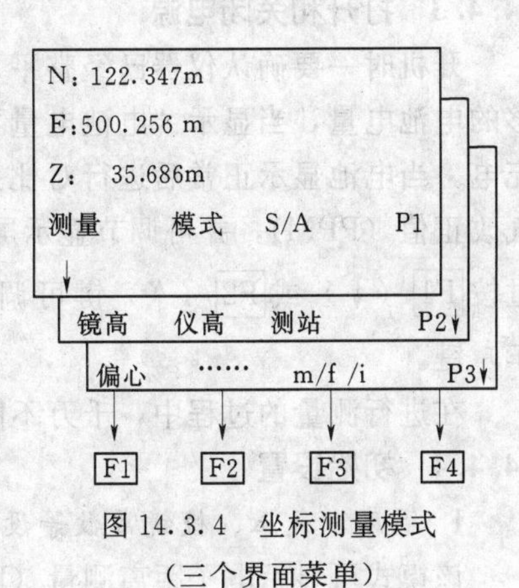

图 14.3.4　坐标测量模式
（三个界面菜单）

可以对棱镜常数和温度气压进行设置。并且可以查看回光信号的强弱。

14.4　全站仪安置及初始设置

14.4.1　全站仪安置

全站仪的安置方法与经纬仪的安置方法完全一致，包括仪器的连接、对中、整平等，具体操作方法详见第 3 章经纬仪安置的相关内容。

14.4.2　电池的安装及信息

取下电池盒时，按下电池盒底部插入仪器的槽中，按压电池盒顶部按钮，使其卡入仪器中固定归位。

电池信息（见图 14.4.1）：

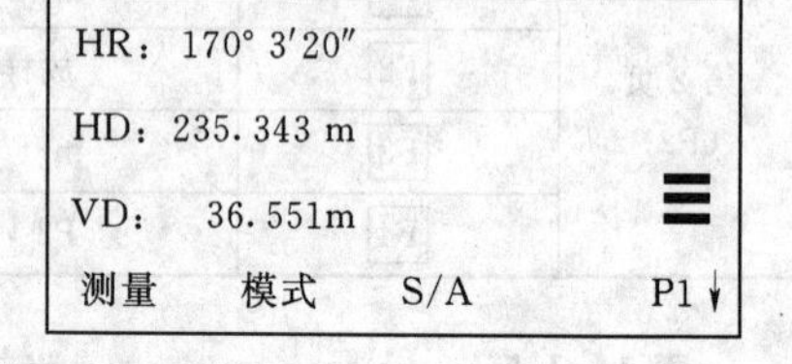

图 14.4.1　电池信息

≡——电量充足，可操作使用。

=——刚出现此信息时，电池尚可使用 1h 左右；若不掌握已消耗的时间，则应准备好备用的电池或充电后再使用。

━——电量已经不多，尽快结束操作，更换电池并充电。

━闪烁到消失——从闪烁到缺电关机大约可持续几分钟，电池已无电应立即更换电池并充电。

注意：

（1）电池工作时间的长短取决于环境条件，如：周围温度、充电时间和充电的次数等，为安全起见，建议提前充电或准备一些充好电的备用电池。

（2）电池剩余容量显示级别与当前的测量模式有关，在角度测量模式下，电池剩余容量够用，并不能够保证电池在距离测量模式下也能用。因为距离测量模式耗电高于角度测量模式，当从角度模式转换为距离模式时，由于电池容量不足，有时会中止测距。

电池充电应用专用充电器，本仪器配用 NC—20A 充电器。充电时先将充电器接好电源 220V，从仪器上取下电池盒，将充电器插头插入电池盒的充电插座，充电器上的指示灯为橙色时表示正在充电，充电 6h 后或指示灯为绿色时表示充电完毕，拔出插头。

14.4.3　打开和关闭电源

开机时一要确认仪器已经整平，二要打开电源开关（POWER 键）确认显示窗中有足够的电池电量，当显示“电池电量不足”（电池用完）时，应及时更换电池或对电池进行充电。当电池显示正常后进行对比度调节，仪器开机时应确认棱镜常数值（PSM）和大气改正值（PPM），并可调节显示屏对比度为显示该调节屏幕，请参阅“基本设置”。通过按[F1]（↓）或[F2]（↑）键可调节对比度，为了在关机后保存设置值，可按[F4]（回车）键。

在进行测量的过程中，千万不能不关机拔下电池，否则测量数据将会丢失！

14.4.4　初始设置

1. 温度、气压、棱镜常数等设置

该模式可显示电子距离测量（EDM）时接收到的光线强度（信号水平），大气改正值

(PPM) 和棱镜常数改正值 (PSM)。

一旦接收到来自棱镜的反射光，仪器即发出蜂鸣声，当目标难以寻找时，使用该功能可能容易地照准目标。

温度、气压、棱镜常数设置见表14.4.1。

表14.4.1　温度、气压、棱镜常数设置

步骤	操作	操作过程	显示
第1步	[◢]	确认进入距离测量模式第1页屏幕	HR：170°30′20″ HD：235.343 m VD：36.551 m 测量　模式　S/A　P1↓
第2步	[F3]	按[F3] (S/A) 键，模式变为参数设置，显示棱镜常数改正值 (PSM)，大气改正值 (PPM) 和反射光的强度 (信号)	设置音响模式 PSM：0.0　PPM：2.0 信号：[▌▌▌▌▌] 棱镜　PPM　T−P ———

2. 设置温度和气压

预先测得测站周围的温度和气压，温度和气压设置见表14.4.2。例：温度＋25℃气压1017.5Pa。

表14.4.2　温度和气压设置

步骤	操作	操作过程	显示
第1步	按键[◢]	进入距离测量模式	HR：170°30′20″ HD：235.343 m VD：36.551 m 测量　模式　S/A　P1↓
第2步	按键[F3]	进入设置 由距离测量或坐标测量模式预先测得测站周围的温度和气压	设置音响模式 PSM：0.0　PPM：2.0 信号：[▌▌▌▌▌] 棱镜　PPM　T−P ———
第3步	按键[F3]	按键[F3] 执行"T−P"	温度和气压设置 温度：15.0℃ 气压：1013.2 hPa 输入　———　———　回车
第4步	按键[F1]输入温度 按键[F4]输入气压	按键[F1]执行"输入"输入温度与气压。按[F4]执行"回车"确认输入	温度和气压设置 温度：25.0℃ 气压：1017.5 hPa 输入　———　———　回车

3. 设置大气改正

全站仪发射红外光的光速随大气的温度和压力而改变，本仪器一旦设置了大气改正值即可自动对测距结果实施大气改正。

(1) 改正公式如下（计算单位：m)。

F_1（精　测）= 14985518Hz

F_1（跟踪测）= 149855.18Hz

F_1（跟踪测）= 151368.82Hz

发射光波长：$\lambda = 0.865\ \mu m$

NTS 系列全站仪标准气象条件（即仪器气象改正值为 0 时的气象条件）：

气压：1013hPa

温度：20℃

大气改正的计算：

$\Delta S = 273.8 - 0.2900\,P / (1 + 0.00366T)$ ppm

式中：ΔS 为改正系数，ppm；P 为气压，hPa，若使用的气压单位是 mmHg 时，按 1hPa=0.75mmHg 进行换算。T 为温度,℃。

(2) 直接设置大气改正值的方法。测定温度和气压，然后从大气改正图上或根据改正公式求得大气改正值（ppm)，见表 14.4.3。

表 14.4.3　　大气改正值设置

步骤	操作	操作过程	显示
第 1 步	[F3]	由距离测量或坐标测量模式按[F3]	设置音响模式 PSM：　0.0　PPM：　0.0 信号：[▌▌▌▌▌] 棱镜　PPM　T-P　---
第 2 步	[F2]	按[F2]［ppm］键，显示当前设置值	PPM　设置 PPM：　0.0 ppm 输入　---　---　　回车
第 3 步	[F1] 输入数据 [F4]	输入大气改正值，返回到设置模式	PPM　设置 PPM：　4.0 ppm 输入　---　---　　回车 设置音响模式 PSM：0.0　PPM　4.0 信号：[▌▌▌▌▌] 棱镜　PPM　T-P　---

4. 大气折光和地球曲率改正

仪器在进行平距测量和高差测量时，可对大气折光和地球曲率的影响进行自动改正。

大气折光和地球曲率的改正依下面所列的公式计算：

经改正后的平距

$$D = S[\cos\alpha + \sin\alpha\, S\, \cos\alpha(K-2)\ /\ 2\mathrm{Re}]$$

经改正后的高差：

$$H = S[\sin\alpha + \cos\alpha\, S\, \cos\alpha(1-K)\ /\ 2\mathrm{Re}]$$

若不进行大气折光和地球曲率改正，则计算平距和高差的公式为

$$D = S\cos\alpha$$

$$H = S\sin\alpha$$

注意：本仪器的大气折光系数出厂时已设置为 $K=0.14$ 。K 值有 0.14 和 0.2 可选。也可选择关闭。

式中：$K=0.14$ 为大气折光系数；Re=6370km 为地球曲率半径；α(或 β) 为从水平面起算的竖角（垂直角）；S 为斜距。

操作：按[F4]开机，在“F3：其他设置”里的“F3：两差改正”，可以设置。

5. 设置反射棱镜常数

南方全站的棱镜常数的出厂设置为－30，若使用棱镜常数不是－30 的配套棱镜，则必须设置相应的棱镜常数，见表 14.4.4。一旦设置了棱镜常数，则关机后该常数仍被保存。

表 14.4.4　　棱镜常数设置

步骤	操作	操作过程	显示
第 1 步	[F3]	由距离测量或坐标测量模式 按[F3]（S/A）键	设置音响模式 PSM：－30.0　PPM：　0.0 信号：[▌▌▌▌▌] 棱镜　PPM　T－P　－－－
第 2 步	[F1]	按[F1]（棱镜）键	棱镜常数设置 棱镜：　0.0 mm 输入　－－－　－－－　回车
第 3 步	[F1] 输入数据 [F4]	按[F1]（输入）键输入棱镜常数改正值，按[F4]确认，显示屏返回到设置模式	设置音响模式 PSM：0.0　PPM：　0.0 信号：[▌▌▌▌▌] 棱镜　PPM　T－P　－－－

6. 设置最小读数

最小读数的设置（见表 14.4.5），可选择角度测量的显示单位［例］角度最小读数：5″。

表 14.4.5　　角度最小读数设置

操作过程	操作	显　示
①按 MENU 键后再按 F4 (P↓)键，显示主菜单 2/3	MENU F4	菜单　2/3 F1：程序 F2：参数组 1 F3：照明　P↓
②按 F2 键	F2	设置模式 1 F1：最小读数 F2：自动关机开关 F3：自动补偿
③按 F1 键	F1	最小读数 F1：角度
④按 F1 键	F1	最小读数 [F1：1″] F2：5″ 回车
⑤按 F2 (5″) 键后再按 F4 (回车) 键	F2	设置模式 1 F1：最小读数 F2：自动关机开关 F3：自动补偿
按 ESC 键可返回到先前模式		

7. 设置自动关机

如果 30min 内无键操作或无正在进行的测量工作，则仪器会自动关机，见表 14.4.6。

表 14.4.6　　自动关机设置

操作过程	操作	显　示
①按 MENU 键后再按 F4 (P↓)键，显示主菜单 2/3	MENU F4	菜单　2/3 F1：程序 F2：参数组 1 F3：照明　P↓
②按 F2 键	F2	设置模式 1 F1：最小读数 F2：自动关机开关 F3：自动补偿　P↓
③按 F2，显示原有设置状态	F2	自动关机开关　[开] F1：开 F2：关 回车
④按 F1 (开) 键或 F2 (关) 键，然后再按 F4 (回车) 键，返回	F1 或 F2 F4	设置模式 1 F1：最小读数 F2：自动关机开关 F3：自动补偿

8. 设置垂直角倾斜改正

当倾斜传感器工作时，由于仪器整平误差引起的垂直角自动改正数显示出来，为了确保角度测量的精度，倾斜传感器必须选用（开），其显示可以用来更好的整平仪器，若出现（“x 补偿超限”），则表明仪器超出自动补偿的范围，必须人工整平。

NTS—350 对竖轴在 x 方向的倾斜的垂直角读数进行补偿。

当仪器处于一个不稳定状态或有风天气，垂直角显示将是不稳定的，在这种状况下您可打开垂直角自动倾斜补偿功能。

用软件设置倾斜改正，可选择自动补偿的功能，此设置在断开电源后不被保留。

设置 X 倾斜改正关闭，见表 14.4.7。

表 14.4.7　垂直角倾斜改正设置

操作过程	操作	显示
①主菜单下，按 [F4] 键进入主菜单 2/3 页	[F4]	菜单 2/3 F1：程序 F2：参数组 1 F3：照明 P↓
②按 [F2] 键，选定参数组 1	[F2]	设置模式 1 F1：最小读数 F2：自动关机开关 F3：自动补偿
③按 [F3]（自动补偿）键，若已经选定开，则会显示出倾斜值	[F3]	倾斜传感器：［关］ 单轴 ——— 关 回车
④按 [F1]（单轴）键或 [F3]（关）键进行选择，然后按 [F4]（回车）键进行确认	[F1] [F4]	倾斜传感器：［X－开］ X：0°00′30″ 单轴 ——— 关 回车

9. 设置照明开关

照明开关设置见表 14.4.8。

表 14.4.8　照明开关设置

操作过程	操作	显　示
①按 [MENU] 键，再按 [F4]（P↓）键，进入第 2/3 页菜单	[MENU] [F4]	菜单 2/3 F1：程序 F2：参数组 1 F3：照明 P↓
②按 [F1] 或 [F2]，设为开或关	[F1] 或 [F2]	照明 ［关］ F1：开 F2：关

续表

操作过程	操作	显　示
③按ESC键，返回	ESC	菜单　2/3 F1：程序 F2：参数组1 F3：照明　P↓

10. 设置仪器常数

仪器常数设置的方法见表14.4.9。

表14.4.9　**仪器常数设置**

操作过程	操　作	显　示
①按住F1键开机	F1＋开机	校正模式 F1：垂直角零基准 F2：仪器常数
②按F2键	F2	仪器常数设置 仪器常数：－0.5 mm 输入　———　———　回车
③输入常数值	F1	仪器常数设置 仪器常数：1.5 mm 输入　———　———　回车
④关机	输入常数 F4 关机	校正模式 F1：垂直角零基准 F2：仪器常数

注　1. 参阅2.10“字母数字的输入方法”。

2. 按ESC键，可取消设置。

注意：仪器的常数在出厂时经严格测定并设置好，用户一般情况下不要作此项设置。如用户经严格的测定（如在标准基线场由专业检测单位测定）需要改变原设置时，才可做此项设置。

14.5　全站仪测量

14.5.1　角度测量

角度测量见表14.5.1。

表 14.5.1 角度测量

操作过程	操作	显示
①照准第一个目标 A	照准 A	V：82°09′30″ HR：90°09′30″ 置零 锁定 置盘 P1↓
②设置目标 A 的水平角为 0°00′00″按 [F1]（置零）键和 [F3]（是）键	[F1]	水平角置零 >OK? --- --- [是] [否]
	[F3]	V：82°09′30″ HR：0°00′00″ 置零 锁定 置盘 P1↓
③照准第二个目标 B，显示目标 B 的 V/H	照准目标 B	V：92°09′30″ HR：67°09′30″ 置零 锁定 置盘 P1↓

（1）水平角右角和垂直角的测量首先要确认仪器处于角度测量模式，瞄准目标的方法同经纬仪角度测量的方法。

（2）水平角（右角/左角）切换，见表 14.5.2。

表 14.5.2 水平角切换

操作过程	操作	显示
①按 [F4]（↓）键两次转到第 3 页功能	[F4] 两次	V：122°09′30″ HR：90°09′30″ 置零 锁定 置盘 P1↓ 倾斜 --- V% P2↓ H—蜂鸣 R/L 竖角 P3↓
②按 [F2]（R/L）键。右角模式（HR）切换到左角模式（HL）	[F2]	V：122°09′30″ HL：269°50′30″ H—蜂鸣 R/L 竖角 P3↓
③以左角 HL 模式进行测量		

注 每次按 [F2]（R/L）键，HR/HL 两种模式交替切换。

1. 水平角的设置

（1）通过锁定角度值进行设置，见表 14.5.3。

表 14.5.3　　水平角的设置（1）

操作过程	操作	显　示
①用水平微动螺旋转到所需的水平角	显示角度	V：122°09′30″ HR：90°09′30″ 置零　锁定　置盘　P1↓
②按 F2 （锁定）键	F2	水平角锁定 HR：90°09′30″ >设置？ ——— ———[是][否]
③照准目标	照准	
④按 F3 （是）键完成水平角设置①，显示窗变为正常的角度测量模式	F3	V：122°09′30″ HR：90°09′30″ 置零　锁定　置盘　P1↓

注　若要返回上一个模式，可按 F4 （否）键。

（2）通过键盘输入进行设置，见表 14.5.4。

表 14.5.4　　水平角的设置（2）

操作过程	操作	显　示
①照准目标	照准	V：122°09′30″ HR：90°09′30″ 置零　锁定　置盘　P1↓
②按 F3 （置盘）键	F3	水平角设置 HR： 输入　——— ———　回车
③通过键盘输入所要求的水平角，如：150°10′20″	F1 150.1020 F4	V：122°09′30″ HR：150°10′20″ 置零　锁定　置盘　P1↓

注　随后即可从所要求的水平角进行正常的测量。

2. 垂直角与斜率（%）的转换

垂直角与斜率（%）的转换见表 14.5.5。

3. 天顶距与垂直角的转换

垂直角显示如图 14.5.1 所示，天顶距与竖直角转换设置见表 14.5.6。

表 14.5.5 垂直角与斜率设置

操作过程	操作	显示
①按 F4 （P1 ↓）键转到第 2 页	F4	V：90°10′20″ HR：90°09′30″ 置零　锁定　置盘　P1↓ 倾斜　－－－　V%　P2↓
②按 F3 （V%）键①	F3	V：－0.30% HR：90°09′30″ 倾斜　－－－　V%　P1↓

注 每次按 F3 （V%）键，显示模式交替切换。当高度超过 45°（100%）时，显示窗将出现（超限）（超出测量范围）。

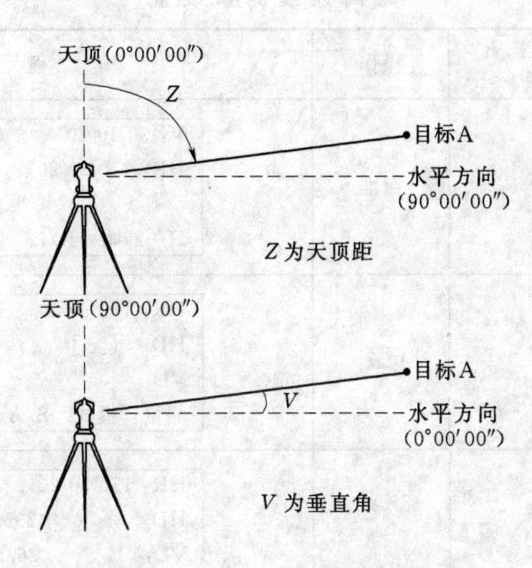

图 14.5.1 天顶距与垂直角

表 14.5.6 天顶距与竖直角转换设置

操作过程	操作	显示
①按 F4 （↓）键转到第 3 页：	F4 两次	V：19°51′27″ HR：170°30′20″ 置零　锁定　置盘　P1↓ H－蜂鸣　R/L　竖角　P3↓

续表

操作过程	操作	显示
②按[F3]（竖角）键[①]	[F3]	V：70°08′33″ HR：170°30′20″ H－蜂鸣 R/L 竖角 P3↓

注 每次按[F3]（竖角）键，显示模式交替切换。

14.5.2 距离测量

在进行距离测量前通常需要确认大气改正的设置和棱镜常数的设置，再进行距离测量。首先要确认为角度测量模式。

1. 连续测量

距离连续测量设置见表14.5.7。

表14.5.7 距离连续测量设置

操作过程	操作	显示
①照准棱镜中心	照准	V：90°10′20″ HR：170°30′20″ H－蜂鸣 R/L 竖角 P3↓
②按[◢]键，距离测量开始[①②]	[◢]	HR：170°30′20″ HD＊［r］ <<m VD： m 测量 模式 S/A P1↓
		HR：170°30′20″ HD＊ 235.343m VD： 36.551m 测量 模式 S/A P1↓
显示测量的距离[③～⑤] 再次按[◢]键，显示变为水平角（HR）、垂直角（V）和斜距（SD）	[◢]	V： 90°10′20″ HR： 170°30′20″ SD[⑥] 241.551m 测量 模式 S/A P1↓

注 1. 当光电测距（EDM）正在工作时，“＊”标志就会出现在显示窗。
2. 将模式从精测转换到跟踪，参阅“精测/跟踪测量模式”。
在仪器电源打开状态下，要设置距离测量模式，可参阅“基本设置”。
3. 距离的单位表示为：“m”（米）或“ft”、“fi”（英尺），并随着蜂鸣声在每次距离数据更新时出现。
4. 如果测量结果受到大气抖动的影响，仪器可以自动重复测量工作。
5. 要从距离测量模式返回正常的角度测量模式，可按[ANG]键。
6. 对于距离测量，初始模式可以选择显示顺序（HR、HD、VD）或（V、HR、SD）。

2. N 次测量/单次测量

当输入测量次数后，仪器就按设置的次数进行测量（见表 14.5.8），并显示出距离平均值。当输入测量次数为 1，因为是单次测量，仪器不显示距离平均值。

表 14.5.8 距离 N 次测量/单次测量设置

操作过程	操作	显示
①照准棱镜中心	照准	V：122°09′30″ HR：90°09′30″ 置零 锁定 置盘 P1↓
②按◢键，连续测量开始	◢	HR：170°30′20″ HD＊［r］ <<m VD： m 测量 模式 S/A P1↓
③当连续测量不再需要时，可按 F1 测量，测量模式为 N 次测量模式 当光电测距（EDM）正在工作时，再按 F1（测量）键，模式转变为连续测量模式	F1	HR：170°30′20″ HD＊［n］ <<m VD： m 测量 模式 S/A P1↓ HR：170°30′20″ HD： 566.346 m VD： 89.678 m 测量 模式 S/A P1↓

3. 精测模式/跟踪模式

精测模式/跟踪模式测量设置见表 14.5.9。

表 14.5.9 精测模式/跟踪模式测量设置

操作过程	操作	显示
①在距离测量模式下按 F2（模式）[①] 键所设置模式的首字符（F/T）	F2	HR：170°30′20″ HD： 566.346m VD： 89.678m 测量 模式 S/A P1↓
②按 F1（精测）键精测，F2（跟踪）键跟踪测量	F1—F2	HR： 170°30′20″ HD： 566.346 m VD： 89.678 m 精测 跟踪 ——— F HR： 170°30′20″ HD： 566.346 m VD： 89.678 m 测量 模式 S/A P1↓

注 要取消设置，按 ESC 键。

4. 距离放样

利用全站仪进行距离放样（见表14.5.10）可以大大提高工作效率和放样精度，该功能可显示出测量的距离与输入的放样距离之差。

测量距离－放样距离＝显示值

放样时可选择平距（HD），高差（VD）和斜距（SD）中的任意一种放样模式。

表14.5.10 距离放样

操作过程	操作	显示
①在距离测量模式下按[F4]（↓）键，进入第2页功能	[F4]	HR：170°30′20″ HD：566.346m VD：89.678m 测量 模式 S/A P1↓ 偏心 放样 m/f/i P2↓
②按[F2]（放样）键，显示出上次设置的数据	[F2]	放样 HD：0.000 m 平距 高差 斜距 ———
③通过按[F1]－[F3]键选择测量模式 F1：平距，F2：高差，F3：斜距 例：水平距离	[F1]	放样 HD：0.000 m 输入 ——— ——— 回车
④输入放样距离350 m	[F1] 输入350 [F4]	放样 HD：350.000 m 输入 ——— ——— 回车
⑤照准目标（棱镜）测量开始，显示出测量距离与放样距离之差	照准P	HR：120°30′20″ dHD＊［r］ <<m VD： m 输入 ——— ——— 回车
⑥移动目标棱镜，直至距离差等于0为止		HR：120°30′20″ dHD＊［r］ 25.688 m VD：2.876 m 测量 模式 S/A P1↓

注 若要返回到正常的距离测量模式，可设置放样距离为0或关闭电源。

14.5.3 坐标测量中的数据采集

14.5.3.1 操作步骤

(1) 选择数据采集文件，使其所采集数据存储在该文件中。

当需要保存测量数据的时候，应先选择参数设置，在“是否仅存坐标数据”中，选择“否”。

(2) 选择坐标数据文件。可进行测站坐标数据及后视坐标数据的调用（当无需调用已

知点坐标数据时，可省略此步骤）。

（3）设置测站点。包括仪器高和测站点号及坐标。

（4）设置后视点，通过测量后视点进行定向，确定方位角。

（5）设置待测点的棱镜高，开始采集，存储数据。

14.5.3.2 准备工作

1. 数据采集文件的选择

首先必须选定一个数据采集文件，在启动数据采集模式之后即可出现文件选择显示屏，由此可选定一个文件。

文件选择也可在该模式下的数据采集菜单中进行，见表14.5.11。

表14.5.11　　数据采集文件选择

操作过程	操作	显　示
		菜单　1/3 F1：数据采集 F2：放样 F3：存储管理　P↓
① 由主菜单1/3按[F1]（数据采集）键	[F1]	选择文件 FN： 输入　调用　———　回车
②按[F2]（调用）键，显示文件目录①	[F2]	SOUDATA　/M0123 —>*LIFDATA　/M0234 DIEDATA　/M0355 ———　查找　———　回车
③按［▲］或［▼］键使文件表向上下滚动，选定一个文件②③	［▲］或［▼］	LIFDATA　/M0234 DIEDATA　/M0355 —>KLSDATA　/M0038 ———　查找 ———　回车
④按[F4]（回车）键，文件即被确认显示数据采集菜单1/2	[F4]	数据采集　1/2 F1：输入测站点 F2：输入后视点 F3：测量　P↓

注　1. 如果您要创建一个新文件，并直接输入文件名，可按[F1]（输入）键，然后键入文件名。

2. 如果菜单文件已被选定，则在该文件名的左边显示一个符号“*”。

3. 按[F2]（查找）键可查看箭头所标定的文件数据内容。

选择文件也可由数据采集菜单2/2按上述同样方法进行。

2. 坐标文件的选择（供数据采集用）

若需调用坐标数据文件中的坐标作为测站点或后视点坐标用，则预先应由数据采集菜单2/2选择一个坐标文件，见表14.5.12。

表 14.5.12　　坐标文件选择

操作过程	操作	显示
①由数据采集菜单 2/2 按 F1 （选择文件）键	F1	数据采集 2/2 F1：选择文件 F2：编码输入 F3：设置 P↓
②按 F2 （坐标文件）键	F2	选择文件 F1：测量文件 F2：坐标文件
③按“数据采集文件的选择”介绍的方法选择一个坐标文件		选择文件 FN：______ 输入 调用 ——— 回车

3. 测站点和后视点

测站点与定向角在数据采集模式和正常坐标测量模式是相互通用的，可以在数据采集模式下输入或改变测站点和定向角数值。

测站点坐标可按如下两种方法设定：

（1）利用内存中的坐标数据来设定。

（2）直接由键盘输入。

后视点定向角可按如下三种方法设定：

（1）利用内存中的坐标数据来设定。

（2）直接键入后视点坐标。

（3）直接键入设置的定向角。

方位角的设置需要通过测量来确定。

利用内存中的坐标数据来设置测站点的操作步骤见表 14.5.13。

表 14.5.13　　测站点和后视点设置

操作过程	操作	显示
①由数据采集菜单 1/2，按 F1 （输入测站点）键，即显示原有数据	F1	点号 PT－01 标识符：______ 仪高： 0.000 m 输入 查找 记录 测站
②按 F4 （测站）键	F4	测站点 点号：PT－01 输入 调用 坐标 回车

续表

操作过程	操作	显示
③按 F1 （输入）键	F1	测站点 点号：PT－01 回退　空格　数字　　　　回车
④输入点号，按 F4 键	输入点号 F4	点号：PT－11 标识符 ： 仪高：　0.000 m 输入　查找　记录　测站
⑤输入标识符，仪高①②	输入标识符 输入仪高	点号：PT－11 标识符 ： 仪高：1.235 m 输入　查找　记录　测站
⑥按 F3 （记录）键	F3	点号：PT－11 标识符 ： 仪高：1.235 m 输入　查找　记录　测站 >记录?　［是］［否］
⑦按 F3 （是）键，显示屏返回数据采集菜单 1/3	F3	数据采集　　1 / 2 F1：输入测站点 F2：输入后视点 F3：测量　　　　P↓
⑧按 F2 键进入后视点的设置	F2	数据采集　　1 / 2 F1：输入测站点 F2：输入后视点 F3：测量　　　　P↓

注　1. 标识符可能通过输入编码库中登记号数的方法输入，为了显示编码库文件内容，可按 F2 （查找）键。

2. 如果不需要输入仪高（仪器高），则可按 F3 （记录）键。

3. 在数据采集中存入的数据有点号、标识符和仪高。

4. 如果在内存中找不到给定的点，则在显示屏上就会显示“该点不存在”。

4. 进行待测点的测量，并存储数据

待定点坐标测量见表 14.5.14。

表 14.5.14　　　　待定点坐标测量

操作过程	操作	显示
① 由数据采集菜单 1/2，按 F3 （测量）键，进入待测点测量	F3	数据采集　　1 / 2 F1：测站点输入 F2：输入后视 F3：测量　　P↓ 点号： 编码： 镜高：　0.000 m 输入　查找　测量　同前
②按 F1 （输入）键，输入点号后，按 F4 确认	F1 输入点号 F4	点号　　= PT－01 编码： 镜高：　0.000 m 回退　空格　数字　　回车 点号　= PT－01 编码： 镜高：　0.000 m 输入　查找　测量　同前
③按同样方法输入编码，棱镜高[①]	F1 输入编码 F4 F1 输入镜高 F4	点号：　PT－01 编码：SOUTH 镜高：1.200 m 输入　查找　测量　同前 角度　＊斜距　坐标　偏心
④按 F3 （测量）键	F3	
⑤照准目标点	照准	
⑥按 F1 — F3 中的一个键； 例： F2 （斜距）键； 开始测量； 数据被存储，显示屏变换到下一个镜点	F2	V：90°00′00″ HR：0°00′00″ SD＊［n］　　<<< m >测量... < 完成>
⑦输入下一个镜点数据并照准该点		点号　　－>PT－02 编码：SOUTH 镜高：1.200 m 输入　查找　测量　同前

续表

操作过程	操作	显　示
⑧按 F4 （同前）键； 按照上一个镜点的测量方式进行测量； 测量数据被存储； 按同样方式继续测量； 按 ESC 键即可结束数据采集模式	照准 F4	V：90°00′00″ HR：0°00′00″ SD＊［n］　　<<< m >测量... < 完成>

注　点编码可以通过输入编码库中的登记号来输入，为了显示编码库文件内容，可按 F2 （查找）键。

5. 查找记录数据

在运行数据采集模式时，您可以查阅记录数据，见表 14.5.15。

表 14.5.15　　　　查找记录数据

操作过程	操作	显　示
①运行数据采集模式期间可按 F2 （查找）键[①]此时在显示屏的右上方会显示出工作文件名	F2	点号　　—>PT—03 编码 ： 镜高 ：　1.200 m 输入　查找　测量　同前
②在三种查找模式中选择一种按 F1 — F3 中的一个键[②]	F1 — F3	查找 ［SOUTH］ F1：第一个数据 F2：最后一个数据 F3：按点号查找

注　1. 若箭头位于编码或标识符旁边，即可查阅编码表。
　　2. 本项操作和存储管理模式中的“查找”操作一样。

14.5.4　坐标测量

坐标测量见图 14.5.2。

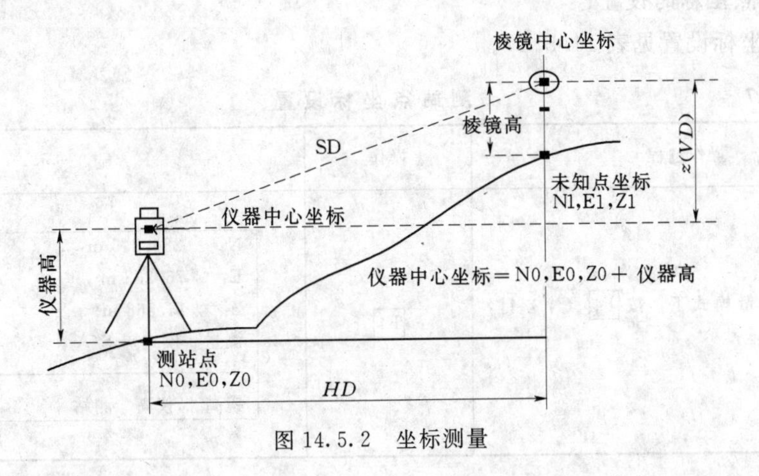

图 14.5.2　坐标测量

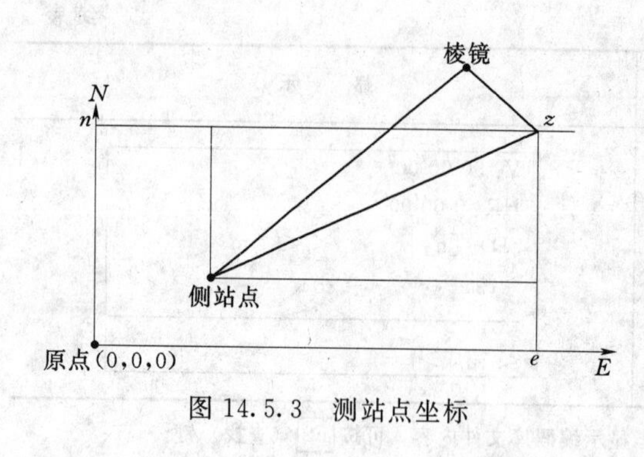

图 14.5.3 测站点坐标

1. 坐标测量的步骤

通过输入仪器高和棱镜高后测量坐标时，可直接测定未知点的坐标，见图 14.5.3。

（1）设置测站点坐标值。

（2）设置仪器高和目标高。

（3）设置后视，并通过测量来确定后视方位角，方可测量坐标。

测站点坐标为（0，0，0）时坐标测量操作见表 14.5.16。

表 14.5.16　测站点坐标为（0，0，0）时坐标测量操作

操作过程	操作	显示
①设置已知点 A 的方向角①	设置方向角	V：122°09′30″ HR：90°09′30″ 置零 锁定 置盘 P1↓
②照准目标 B，按[键图]键	照准棱镜 [键图]	N： << m E： m Z： m 测量 模式 S/A P1↓
③按 F1（测量）键，开始测量	F1	N＊ 286.245 m E： 76.233 m Z： 14.568 m 测量 模式 S/A P1↓

注　参阅“水平角的设置”。在测站点的坐标未输入的情况下，（0，0，0）作为缺省的测站点坐标；当仪器高未输入时，仪器高以 0 计算；当棱镜高未输入时，棱镜高以 0 计算。

设置仪器（测站点）相对于坐标原点的坐标，仪器可自动转换和显示未知点（棱镜点）在该坐标系中的坐标。电源关闭后，可保存测站点坐标。

2. 测站点坐标的设置

测站点坐标设置见表 14.5.17。

表 14.5.17　测站点坐标设置

操作过程	操作	显示
①在坐标测量模式下，按 F4（↓）键，转到第 2 页功能	F4	N： 286.245 m E： 76.233 m Z： 14.568 m 测量 模式 S/A P1↓ 镜高 仪高 测站 P2↓

续表

操作过程	操作	显　示
②按 F3（测站）键	F3	N－＞　0.000 m E：　0.000 m Z：　0.000 m 输入　——— ————　回车
③输入 N 坐标[①]	F1 输入数据 F4	N：　36.976 m E－＞　0.000 m Z：　0.000 m 输入　——— ————　回车
④按同样方法输入 *E* 和 *Z* 坐标，输入数据后，显示屏返回坐标测量显示		N：　36.976 m E：　298.578 m Z：　45.330 m 测量　模式　S/A　P1↓

注　输入范围：

－999999.999↖N、E、Z↖＋999999.999m

－999999.999↖N、E、Z↖＋999999.999ft

－999999.11.7↖N、E、Z↖＋999999.11.7ft＋inch

3. 仪器高的设置

仪器高的设置见表 14.5.18。

表 14.5.18　　仪器高的设置

操作过程	操作	显　示
①在坐标测量模式下，按 F4（↓）键，转到第 2 页功能	F4	N：　286.245 m E：　76.233 m Z：　14.568 m 测量　模式　S/A　P1↓ 镜高　仪高　测站　P2↓
②按 F2（仪高）键，显示当前值	F2	仪器高 输入 仪高　0.000 m 输入　——————　回车
③输入仪器高[①]	F1 输入仪器高 F4	N：　286.245 m E：　76.233 m Z：　14.568 m 测量　模式　S/A　P1↓

①　输入范围：

－999.999≤仪器高≤＋999.999m

－999.999≤仪器高≤＋999.999ft

－999.11.7≤仪器高≤＋999.11.7ft＋inch

4. 棱镜高的设置

此项功能用于获取 Z 坐标值，棱镜高的设置见表 14.5.19。

表 14.5.19 棱镜高的设置

操作过程	操作	显示
①在坐标测量模式下，按 F4 键，进入第 2 页功能	F4	N: 286.245 m E: 76.233 m Z: 14.568 m 测量 模式 S/A P1↓ 镜高 仪高 测站 P2↓
②按 F1 （镜高）键，显示当前值	F1	镜高 输入 镜高 0.000 m 输入 ——— ——— 回车
③输入棱镜高	F1 输入棱镜高 F4	N: 286.245 m E: 76.233 m Z: 14.568 m 测量 模式 S/A P1↓

5. 坐标放样步骤

放样测量模式可根据坐标或手工输入的角度、水平距离和高程计算放样元素，通常使用极坐标法进行点的放样工作，放样显示是连续的。放样测量的具体操作步骤如下：

（1）安置全站仪于测站点上，并量取仪器高。

（2）选用放样测量模式并按屏幕提示依次输入测站点名、二维或三维坐标、仪器高，并按回车确认。

（3）瞄准定向点后，按定向键进行定向测量，可直接输入定向方位角定向，也可输入定向点坐标，仪器会自动计算出定向方位角。

（4）按测量键进行放样测量，首先输入放样点的点号、坐标和棱镜高，仪器会自动计算出放样角度和放样距离，然后旋转照准部使水平角显示为 0°00′00″，在此方向线上根据放样距离指挥持棱镜人员前后移动，反复测量几次直到找到放样点为止。

14.5.5 后方交会测量

在某一待定点上，通过观测 2 个以上的已知点，以求得待定点的坐标，在全站仪测量中称为后方交会。

如果对已知点仅观测水平方向，则至少应观测 3 个已知点，这符合经典后方交会的定义。由于全站仪瞄准目标后可以边、角同测，因此，如果对 2 个已知点的观测距离已构成测边交会，已能计算测站点的坐标，而测距时必定同时观测水平角，便有了多余观测，这就要进行闭合差的调整后才计算坐标。有些仪器所带的后方交会软件中，具有处理这些多余观测的功能。

后方交会的具体操作方法如下：

(1) 安置全站仪于待定点后，输入仪器高。

(2) 选择后方交会模式，按屏幕提示输入各已知点的三维坐标、目标（棱镜）高，按测量键。

(3) 当观测方案已具备计算的条件时，屏幕询问是否观测其他点，如果有，尚可按提示输入，如果没有，则按回车。

(4) 依次瞄准各已知点，按测量键。

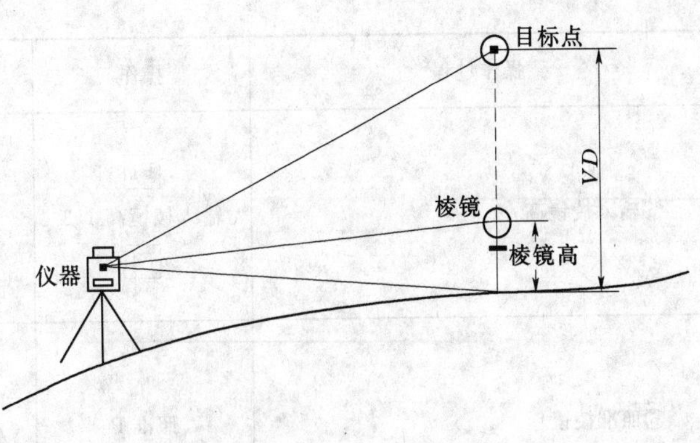

图 14.5.4 悬高测量

(5) 各点观测完毕，经过软件计算，屏幕显示测站点的三维坐标。

14.5.6 悬高测量

测量某些不能安置反光棱镜的目标（如高压电线、桥梁桁架等）的高度时，可以利用目标上面或下面能安置棱镜的点来测定，称为悬高测量，或称遥测高程。如图 14.5.4 所示。

1. 有棱镜高（h）输入的操作步骤（例：$h=1.3$m）

有棱镜高的悬高测量见表 14.5.20。

表 14.5.20 有棱镜高的悬高测量

操作过程	操作	显示
①按 MENU 键，再按 F4 （P↓）键，进入第 2 页菜单	MENU F4	菜单 2/3 F1：程序 F2：格网因子 F3：照明 P1↓
②按 F1 键，进入程序	F1	程序 1/2 F1：悬高测量 F2：对边测量 F3：Z 坐标
③按 F1 （悬高测量）键	F1	悬高测量 F1：输入镜高 F2：无需镜高
④按 F1 键	F1	悬高测量－1 <第一步> 镜高： 0.000m 输入 ––– ––– 回车

续表

操作过程	操作	显　示
⑤输入棱镜高	F1 输入棱镜高 1.3 F4	悬高测量－1 <第二步> HD：　　m 测量　－－－　－－－　设置
⑥照准棱镜	照准 P	悬高测量－1 <第二步> HD＊　<< m 测量
⑦按 F1（测量）键 测量开始显示仪器至棱镜之间的水平距离（HD）	F1	悬高测量－1 <第二步> HD＊　123.342 m 测量　设置
⑧测量完毕，棱镜的位置被确定	F4	悬高测量－1 VD：　3.435 m －－－　镜高 平距　－－－
⑨照准目标 K 显示垂直距离（VD）	照准 K	悬高测量－1 VD：　24.287 m －－－　镜高 平距　－－－

2. 没有棱镜高输入的操作步骤

没有棱镜高的测量见表 14.5.21。

表 14.5.21　没有棱镜高的测量

操作过程	操作	显　示
①按 MENU 键，再按 F4，进入第 2 页菜单	MENU F4	菜单　2／3 F1：程序 F2：格网因子 F3：照明　P1↓
②按 F1 键，进入特殊测量程序	F1	菜单 F1：悬高测量 F2：对边测量 F3：Z 坐标

续表

操作过程	操作	显　示
③按F1键，进入悬高测量	F1	悬高测量　1/2 F1：输入镜高 F2：无需镜高
④按F2键，选择无棱镜模式	F2	悬高测量－2 ＜第一步＞ HD：　m 测量　——— ———　设置
⑤照准棱镜	照准 P	悬高测量－2 ＜第一步＞ HD＊　<< m 测量　——— ———　设置
⑥按F1（测量）键测量开始显示仪器至棱镜之间的水平距离	F1	悬高测量－2 ＜第一步＞ HD＊　287.567 m 测量　——— ——— ———
⑦测量完毕，棱镜的位置被确定	F4	悬高测量－2 ＜第二步＞ V：80°09′30″ ——— ——— ———　设置
⑧照准地面点 G	照准 G	悬高测量－2 ＜第二步＞ V：122°09′30″ ——— ——— ———　设置
⑨按F4（设置）键，G 点的位置即被确定	F4	悬高测量－2 VD：　0.000 m ———　垂直角 平距　———
⑩照准目标点 K 显示高差（VD）	照准 K	悬高测量－2 V D：　10.224 m ———　垂直角 平距　———

14.5.7 对边测量

全站仪在一个测站 0 上分别与两个目标点 A、B 通视，全站仪可以测定 AB 两点之间的水平距离、斜距和高差，称为对边测量，见图 14.5.5。

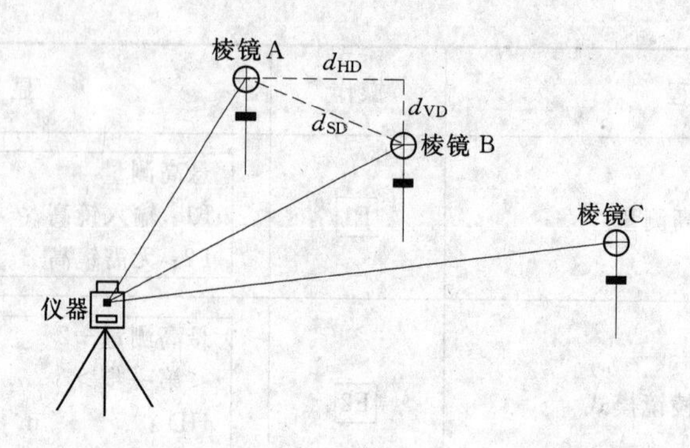

图 14.5.5　对边测量

下面以测量 A—B、A—C、A—D、…为例来介绍对边测量的步骤，见表 14.5.22。

表 14.5.22　**对　边　测　量**

操作过程	操作	显　示
①按[MENU]键，再按[F4]（P↓），进入第 2 页菜单	[MENU] [F4]	菜单　2 / 3 F1：程序 F2：格网因子 F3：照明　P1↓
②按[F1]键，进入程序	[F1]	菜单　1 / 2 F1：悬高测量 F2：对边测量 F3：Z 坐标　P1↓
③按[F2]（对边测量）键	[F2]	对边测量 F1：使用文件 F2：不使用文件
④按[F1]或[F2]键，选择是否使用坐标文件 ［例：F2：不使用坐标文件］	[F2]	格网因子 F1：使用格网因子 F2：不使用格网因子
⑤按[F1]或[F2]键，选择是否使用坐标格网因子	[F2]	对边测量 F1：MLM—1（A—B，A—C） F2：MLM—2（A—B，B—C）
⑥按[F1]键	[F1]	MLM—1（A—B，A—C） <第一步> HD：　m 测量　镜高　坐标　设置

续表

操作过程	操作	显示
⑦照准棱镜 A，按 F1 （测量）键显示仪器至棱镜 A 之间的平距（HD）	照准 A F1	MLM—1（A—B，A—C） <第一步> HD＊［n］ << m 测量 镜高 坐标 设置 MLM—1（A—B，A—C） <第一步> HD＊ 287.882 m 测量 镜高 坐标 设置
⑧测量完毕，棱镜的位置被确定	F4	MLM—1（A—B，A—C） <第二步> HD： m 测量 镜高 坐标 设置
⑨照准棱镜 B，按 F1 （测量）键显示仪器到棱镜 B 的平距（HD）	照准 B F1	MLM—1（A—B，A—C） <第二步> HD＊ << m 测量 镜高 坐标 设置 MLM—1（A—B，A—C） <第二步> HD＊ 223.846 m 测量 镜高 坐标 设置
⑩测量完毕，显示棱镜 A 与 B 之间的平距（dHD）和高差（dVD）	F4	MLM —1（A—B，A—C） dHD： 21.416 m dVD： 1.256 m ——— ——— 平距 ———
⑪按 ◢ 键，可显示斜距（dSD）	◢	MLM—1（A—B，A—C） dSD： 263.376 m HR ： 10°09′30″ ——— ——— 平距 ———
⑫测量 A—C 之间的距离，按 F3 （平距）＊	F3	MLM—1（A—B，A—C） <第二步> HD： m 测量 镜高 坐标 设置
⑬照准棱镜 C，按 F1 （测量）键显示仪器到棱镜 C 的平距（HD）	照准棱镜 C F1	MLM—1（A—B，A—C） <第二步> HD： <<m 测量 镜高 坐标 设置

续表

操作过程	操作	显示
⑭测量完毕，显示棱镜 A 与 C 之间的平距（dHD），高差（dVD）	F4	MLM－1（A－B，A－C） dHD： 3.846 m dVD： 12.256 m －－－－－－－ 平距 －－－
⑮测量 A、D 之间的距离，重复操作步骤⑫～⑭[①]		

① 按 ESC 键，可返回到上一个模式。

14.5.8 面积测量计算

使用面积测量模式，可以测量目标点之间连线所包围的面积。面积测量用于计算平面线边构成的面积。在进行面积测量计算时，应注意以下几点：

（1）如果图形边界线相互交叉，则面积不能正确计算。

（2）混合坐标文件数据和测量数据来计算面积是不可能的。

（3）面积计算所用的点数是没有限制的。

面积计算有如下两种方法：

1. 用坐标数据文件计算面积

面积测量见表 14.5.23。

表 14.5.23　　面 积 测 量

操作过程	操作	显示
①按 MENU 键，再按 F4（P↓）显示主菜单 2/3	MENU F4	菜单 2/3 F1：程序 F2：格网因子 F3：照明 P1↓
②按 F1 键，进入程序	F1	程序 1/2 F1：悬高测量 F2：对边测量 F3：Z 坐标 P1↓
③按 F4（P1↓）键	F4	程序 2/2 F1：面积 F2：点到线测量 P1↓
④按 F1（面积）键	F1	面积 F1：文件数据 F2：测量

续表

操作过程	操作	显示
⑤按[F1]（文件数据）键	[F1]	选择文件 FN：________ 输入　调用　－－－　　　　回车
⑥按[F1]（输入）键，输入文件名后，按[F4]确认，显示初始面积计算屏	[F1] 输入 FN [F4]	面积　　　0000 m. sq 下点：DATA－01 点号　调用　单位　下点
⑦按[F4]键（下点）文件中第 1 个点号数据（DATA－01）被设置，第 2 个点号即被显示	[F4]	面积　　　0000 m. sq 下点：DATA－02 点号　调用　单位　下点
⑧重复按[F4]（下点）键，设置所需要的点号，当设置 3 个点以上时，这些点所包围的面积就被计算出来，结果显示在屏幕上	[F4]	面积　　　0000 156.144m. sq 下点：DATA－12 点号　调用　单位　下点

2. 用测量数据计算面积

面积计算见表 14.5.24。

表 14.5.24　　面积计算

操作过程	操作	显示
①按[MENU]键，再按[F4]（P↓）显示主菜单 2/3	[MENU] [F4]	菜单　　　　2 / 3 F1：程序 F2：格网因子 F3：照明　　　P1↓
②按[F1]键，进入程序	[F1]	程序　　　　1 / 2 F1：悬高测量 F2：对边测量 F3：Z 坐标　　　P1↓
③按[F4]（P1↓）键	[F4]	程序　　　　2 / 2 F1：面积 F2：点到线测量 P1↓

续表

操作过程	操作	显　示
④按[F1]（面积）键	[F1]	面积 F1：文件数据 F2：测量
⑤按[F2]（测量）键	[F2]	面积 F1：使用格网因子 F2：不使用格网因子
⑥按[F1]或（[F2]）键，选择是否使用坐标格网因子。如选择[F2]不使用格网因子	[F2]	面积　　0000 m. sq 测量 ——— 单位 ———
⑦照准棱镜，按[F1]（测量）键，进行测量[1]	照准P [F1]	N＊［n］　　<< m E：　　m Z：　　m >测量……
⑧照准下一个点，按[F1]（测量）键，测三个点以后显示出面积	照准 [F1]	面积　　0003 11.144m. sq 测量 ——— 单位 ———

①　仪器处于N次测量模式。

习　题

1. 全站仪的基本构造有哪几部分组成？
2. 全站仪坐标测量中数据采集有哪些步骤？
3. 坐标测量与坐标放样有什么不同？
4. 怎样进行后方交会测量？
5. 悬高测量的原理是什么？
6. 怎样进行棱镜常数、温度和气压的设置？
7. 怎样进行距离测量的测量次数设置？
8. 怎样进行面积测量和面积计算？
9. 怎样进行对边测量？

第15章 GPS 测量简介

学习目标：

通过本章的学习了解GPS定位系统及主要特点；了解GPS定位系统组成部分和各部分的作用；理解GPS的定位原理。

15.1 GPS 定位系统

15.1.1 概述

全球定位系统（Global Positioning System，简称GPS）是美国国防部研制的全球性、全天候、连续的第二代无线电导航系统。该系统从1973年开始设计、研制、开发，耗费巨资，于1994年全面建成并正式投入运行，它是利用人造卫星可提供实时的三维位置、三维速度和高精度的时间授时信息。具有速度快、精度高、全天候的特点。这项技术为测绘工作提供了一个崭新的定位测量手段，给测绘领域带来了一场深刻的技术革命，它标志着测量工程技术的重大突破和深刻变革，对测量科学和技术的发展具有划时代的意义。

目前，GPS技术已经广泛应用于大地测量、工程测量、控制测量、地籍测量、精密工程测量以及车辆、船舶及飞机导航等方面。尤其是实时动态（GPS-RTK）测量技术的应用，更显示了全球卫星定位系统的强大生命力。

GPS卫星定位技术与常规测量相比，具有以下优点：

（1）GPS点之间不要求相互通视，不用建造觇标，对GPS网的几何图形也没有严格的要求，因而使GPS点位的选择更为灵活，可以自由的布设。

（2）定位精度高。目前采用载波相位进行相对定位，精度可达1ppm。

（3）观测速度快。目前利用静态定位方法，完成一条基线的相对定位所需要的观测时间，根据要求的精度不同，一般约为1～3h。如果采用快速静态相对定位技术，观测时间可缩短至数分钟。

（4）功能齐全。GPS测量可同时测定测点的平面位置和高程。采用实时动态测量还可进行施工放样。

（5）操作简便。GPS测量的自动化程度很高，作业员在观测中只需要安置和开启、关闭仪器、量取天线高度、监视仪器的工作状态及采集环境的气象数据，而其他如捕获、跟踪观测卫星和记录观测数据等一系列测量工作均由仪器自动完成。

（6）全天候、全球性作业。由于GPS卫星分布合理，在地球上任何地点（除室内和隐蔽地区外）、任何时刻均可连续同步观测达到4颗以上卫星，因此，在任何地点、任何时间均可进行GPS测量一般不受天气情况的影响。

15.1.2 GPS定位系统的组成

GPS定位系统由三大部分组成：空间卫星部分；地面监控部分；GPS接收机（用户设备部分），如图15.1.1所示。

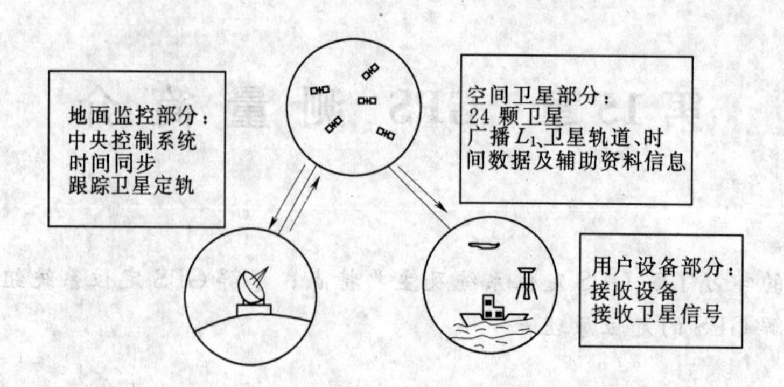

图 15.1.1　GPS 的组成

15.1.2.1　GPS 空间卫星部分

GPS 卫星星座如图 15.1.2 所示。

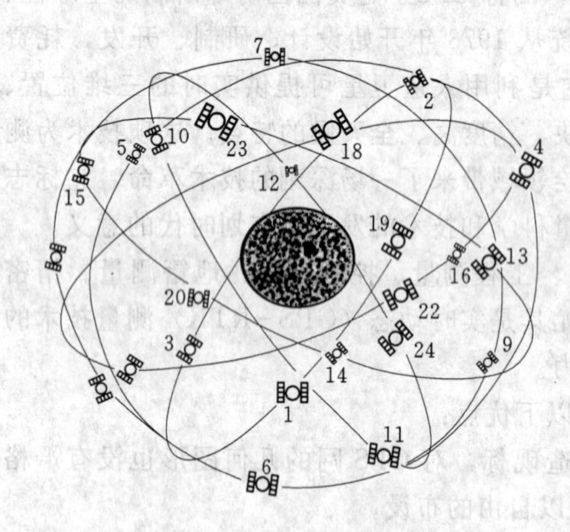

图 15.1.2　卫星星座和轨道

其基本参数是：卫星颗数为 21＋3（21 颗工作卫星，3 颗备用卫星），6 个卫星轨道面，卫星距地平均高度为 20200km，轨道倾角为 55°，卫星运行周期为 11h58min（12 恒星时），载波频率为 1.575GHz 和 1.227GHz，卫星通过天顶时，卫星的可见时间为 5h，在地球表面上任何地点、任何时刻，都能同时观测到最少 4 颗卫星，最多可达 11 颗卫星。

GPS 工作卫星的主体呈圆形，在轨重量为 843.68kg，设计寿命为 7.5 年，实际上均能超过该设计寿命而正常工作。卫星上安设有 4 台高精度的原子钟（1 台使用，3 台备用），2 台铷原子钟，2 台铯原子钟，以提供高精度的时间标准。卫星姿态采用三轴稳定方式，使螺旋天线阵列所辐射的电磁波束对准卫星的可见地面。

GPS 工作卫星的作用可概括为以下几点：

(1) 用 L 波段的两个无线载波（19cm 和 24cm 波段）向地面用户连续不断地发送导航定位信号（简称 GPS 信号），并用导航电文报告自己的现势位置以及其他在轨卫星的概略位置。

(2) 在飞越地面注入站上空时，接受由地面注入站用 S 波段（10cm 波段）发送的导航电文和其他有关信息，适时地发送给广大用户。

(3) 接受由地面主控站通过注入站发送的卫星调度命令，适时地改正运行偏差或启用备用时钟等。

15.1.2.2　GPS 地面监控部分

该系统由 1 个主控站、3 个注入站和 5 个监控站组成。监控系统的主要功能是由监控站对 GPS 卫星信号进行实时监测（包括卫星上设备是否正常工作、卫星是否沿轨道运行

等)。GPS 地面监控系统主要设立在大西洋、印度洋、太平洋和美国本土。

主控站的作用是接收由各监控站对 GPS 卫星的观测资料进行数据处理，根据所有观测资料编算各卫星的星历、卫星钟差和大气层的修正参数，提供全球定位系统的时间基准，调整卫星运行姿态，启用备用卫星。监测站的作用是对 GPS 卫星进行连续观测，以采集数据和监测卫星的工作状况，经计算机初步处理后，将数据传输到主控站。注入站的作用是在主控站的控制下，向卫星注入一系列描述卫星运动及其轨道参数的数据，包括导航电文、卫星星历、卫星钟差、其他控制参数的指令等，注入到相应的卫星存储系统，并监测注入信息的正确性。

15.1.2.3　用户设备部分

用户设备部分主要由 GPS 接收机硬件和数据处理软件，以及计算机及其终端设备组成。用户设备的主要任务是接收 GPS 信号，以获取必要的定位信息及观测量，并经数据处理而完成定位工作。GPS 卫星发送的导航定位信号，是一种全球共享的信息资源。用户在任何地点、任何时刻、任何气候条件下均可用 GPS 接收机接收信号，进行导航、定位测量。GPS 接收机硬件是用户设备部分的核心，一般包括主机、天线和电源，也有的将主机和天线制作成一个整体，观测时将其安置在测站点上。从 1981 年第一台 GPS 接收机问世以来，目前已有 200 多种型号的接收机，按用途可分为导航型接收机、测量型接收机和时频接收机。导航型接收机定位精度较低、价格便宜，用于人员、船舶、飞机、车辆等实时定位导航。测量型（大地型）接收机定位精度高、价格昂贵、结构复杂，用于精密大地测量、地形测量、工程测量、变形观测等。目前，GPS 接收机正向着多功能、广用途、全跟踪、微型化、功耗小、精度高等方面发展。

15.2　GPS 的定位原理

GPS 定位是采用空间测距后方交会原理来定位的，以 GPS 卫星和用户接收机天线之间的距离（或距离差）为基础，并根据已知的卫星瞬时坐标，确定用户接收机所对应的点位，即待定点的三维坐标（x、y、z）。因此，GPS 定位的关键是测定用户接收机至 GPS 卫星之间的距离。依测距原理常用的定位方法有伪距定位法和载波相位测量法。

15.2.1　伪距定位法

接收机测定调制码由卫星传播至接收机的时间，再乘以电磁波传播的速度，便得到卫星到接收机之间的距离。由于所测距离受到大气延迟和接收机时钟与卫星时钟不同步的影响，它不是真正星站间的几何距离，因此称为“伪距”，常用 ρ' 表示。而几何距离 ρ 和伪距 ρ' 之间的关系为：

$$\rho = \rho' + c(\delta_{ti} + \delta_t) + \delta_\rho \tag{15.2.1}$$

式中　δ_{ti} 为第 i 颗卫星的信号发射瞬间的卫星钟误差改正数，由卫星导航电文中给出，可实时改正；δ_t 为信号接收时刻的接收机误差改正，不易准确求得，一般为未知数；δ_ρ 为大气传播延迟改正数，可采用数学模型计算后加以改正，对精度要求不高的定位，还可以忽略不计。

经过 δ_{ti}、δ_ρ 的改正，式（15.2.1）可写为

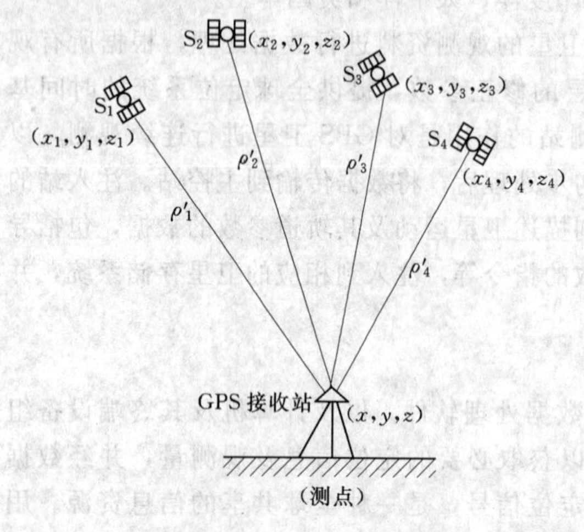

图 15.2.1 GPS 定位原理

$$\rho = \rho' + c\delta_t \tag{15.2.2}$$

即几何距离为测定的伪距加上接收机钟误差改正数乘以大气中的电磁波速。

如图 15.2.1 所示。设已知的卫星瞬时坐标为 $(x_i, y_i, z_i)(i=1,2,3,\cdots)$，$\rho_i(i=1,2,3,\cdots)$ 为 GPS 卫星和用户接收机天线之间的几何距离，而用户接收机天线坐标 (x, y, z) 是未知的，如有三颗 GPS 卫星即可建立三个距离方程

$$\rho_i = [(x-x_i)^2 + (y-y_i)^2 + (z-z_i)^2]^{0.5} \tag{15.2.3}$$

式中：$i=1, 2, 3$。

将式（15.2.3）代入式（15.2.2），则可得

$$\rho'_i = [(x-x_i)^2 + (y-y_i)^2 + (z-z_i)^2]^{0.5} - c\delta_t \tag{15.2.4}$$

式中的 ρ'_i 由接收机测得，所以式（15.2.4）中包括了 x、y、z 和接收机钟误差改正数 δ_t 4 个未知数。因此测量三颗 GPS 卫星是不能求出 x、y、z 的，用户需要同时观测 4 颗卫星，测得 4 个伪距，求解 4 个未知数，才可求出待测点坐标 x、y、z。

15.2.2 载波相位测量

载波相位测量是把接收到的卫星信号和接收机本身的信号混频，从而得到混频信号，再进行相位差（$\Delta\phi$）测量。接收机的相位测量装置只能测量载波波长不足整周波长的小数部分及整周相位的变化值，即所测的相位可看成是整波长数未知的“伪距”。由于载波的波长短（$L_{\lambda1}=19.05\text{cm}$，$L_{\lambda2}=24.45\text{cm}$），因此，测量的定位精度比“伪距”测量的定位精度高。

习　　题

1. GPS 有哪些主要特点？

2. GPS 由哪几部分组成？各部分有什么作用？

参 考 文 献

1 吕云麟，杨龙彪．建筑工程测量．北京：中国建筑工业出版社，1998

2 过静珺．土木工程测量．武汉：武汉工业大学出版社，2000

3 魏静，王德利．建筑工程测量．北京：机械工业出版社，2004

4 郑庄生．建筑工程测量．北京：中国建筑工业出版社 1992

5 胡武生，潘庆林，黄腾．土木工程测量手册．北京：人民交通出版社，2005

6 刘志章．工程测量学．北京：中国水利水电出版社，1992

7 邹永廉．工程测量．武汉：武汉大学出版社，2000

8 张慕良，叶泽荣．水利工程测量．北京：中国水利水电出版社，1994

9 牛志宏，徐启杨，兰善勇．水利工程测量．北京：中国水利水电出版社，2005

10 徐宇飞．数字测图技术．郑州：黄河水利出版社，2005

11 顾孝烈，鲍峰，程效军．测量学．上海：同济大学出版社，2004

12 靳祥升．测量学．郑州：黄河水利出版社，2002

13 李生平，朱爱民．建筑工程测量．北京：高等教育出版社，2005

14 CJJ 8—99. 城市测量规范．北京：中国建筑工业出版社，1999

15 GB 50026—93. 工程规范．北京：中国计划出版社，2001